朱梧槚和他的无穷书斋。书橱上方的照片是德国大数学家希尔伯特。

朱梧槚在他的无穷书斋中查阅资料，书橱上方的书法是中国陶瓷艺术大师徐安碧为其撰写的希尔伯特名言：“没有任何问题能像无限那样，从来就深深地触动着人们的情感，没有任何观念能像无限那样，曾如此卓有成效地激励着人们的理智，也没有任何概念能像无限那样，是如此迫切地需要予以澄清。”

20世纪80年代中期,朱梧槚(右)与他亲密的朋友兼合作者肖奚安教授(左)在餐桌上畅谈中介思维模式的重要学术意义,并构造中介逻辑演算与中介公理集合论的战略方案。

2010年8月,第9届“智能计算”国际会议在四川峨眉山召开。在会议的20余个分会场中,“中介逻辑与智能科学基础”占有第6和第16两个分会场。朱梧槚在第6分会场做了题为“中介逻辑26年”的主题报告。

朱梧槚(2008 年 3 月 8 日摄于南京)。

数学无穷与中介的逻辑基础

朱梧槚　著

北京航空航天大学软件开发环境国家重点实验室
南京航空航天大学计算机科学与技术学院
联合资助出版

科学出版社
北　京

内 容 简 介

本书是一部研究型的原创著作，全书分 6 章和 1 个附录. 第 1、2 两章讨论经典与非经典数学的基础问题，其核心主题是介绍中介数学. 第 3 章严格定义了潜无限、实无限和基础无限，并研讨了无穷集合的相容性问题. 第 4 章建立了潜无限数学系统. 第 5 章讲述如何改造传统造集观念. 第 6 章和附录给出了古今数学物理危机中相关一流问题的解决方案.

本书虽为学术专著，但也可作高等院校数学、计算机专业的研究生及重点院校高年级本科生的基础理论课程教材使用，也可供相关专业的师生，特别是逻辑学专业的师生研读.

图书在版编目(CIP)数据

数学无穷与中介的逻辑基础/朱梧槚著. —北京：科学出版社，2012

ISBN 978-7-03-034422-9

Ⅰ.①数… Ⅱ.①朱… Ⅲ.①数学逻辑－研究 Ⅳ.①O141

中国版本图书馆 CIP 数据核字(2012)第 104773 号

责任编辑：赵彦超 汪 操/责任校对：包志虹

责任印制：徐晓晨/封面设计：耕者设计工作室

科 学 出 版 社 出版

北京东黄城根北街 16 号

邮政编码：100717

http://www.sciencep.com

北京京华虎彩印刷有限公司 印刷

科学出版社发行 各地新华书店经销

*

2012 年 6 月第 一 版 开本：B5(720×1000)

2018 年 3 月第二次印刷 印张：16 插页：2

字数：300 000

定价：98.00 元

(如有印装质量问题，我社负责调换)

谨以此书纪念我的父亲和母亲，他们为了我长大成人千辛万苦，特别是为我长达二十余年的不幸遭难,在心灵上倍受创伤,并在精神上付出了沉重的代价.

序

本书内容的主题是讨论包括中介系统与数学无穷在内的数学基础问题."数学基础"是 20 世纪上半叶所诞生的一个数学分支学科,该学科专门研究如何为古今种种数学系统奠定其理论基础的问题,或者说如何为种种数学系统奠定其逻辑基础的问题. 20 世纪 30 年代以后的相当一段时间内,形成了数学基础热.随着时间的推移,数学基础热逐渐降温直至低潮.然而不要忘记,数学基础这一分支学科自从诞生之日起,就必定成为数学之存在和发展中的一个永恒的研究课题.

本书共 6 章.前两章讨论经典与非经典数学的理论基础问题.其中第 1 章研讨精确性经典数学的理论基础问题.其中包括:(1)如何在现代意义下正确理解逻辑数学悖论这个概念的内涵;(2)数学的三次危机;(3)古典集合论的思想方法;(4)如何导致近代公理集合论的建立和发展.第 1 章所论内容可视为本书的一个导引,实为切入本书核心主题的一个简要历史回顾.第 2 章研讨非经典数学主要是模糊数学的理论基础问题.自从 20 世纪 60 年代,由 Zadeh 创始而发展起来的模糊数学,面临着如何奠定其理论基础的问题,其中除了讨论奠基方案之一的 ZB 公理集合论系统之外,主要研讨中介数学系统如何为精确性经典数学和不确定性非经典数学提供一个共同的理论基础,以及如何在数学基础理论意义下完成数学研究对象从精确性量性对象到不确定性量性对象的再扩充.中介数学系统 MM 是指在中介原则之下,以中介逻辑演算 ML 为推理工具的中介公理集合论系统 MS. ML&MS 是由本人和肖奚安教授长期合作研究共同创建和发展起来的.中介数学系统不仅是本书所要重点论述的内容之一,而且还要应用和渗透到本书相关内容的研讨中(详见 3.4.2 节、5.1.2 节、5.2.2 节、5.2.3 节、6.1～6.9 节).有关中介数学系统的第一篇文章[1]于 1984 年发表,迄今已 28 个年头了. 28 年来中介系统已有长足的发展,先后出现了有如中介代数、中介模型论和中介不完全信息系统等 11 个研究方向(详见 2.5).近年来,洪龙教授将中介真值程度词进行了数值化,由此开辟了中介数学系统在工程科学方面的应用前景,并在图像处理、计算机网络等方面取得了令人满意的应用效果,其中用于图像滤波的效果明显优于模糊数学方法和其他方法[2]-[15].有关中介数学系统的建立和发展至今的其他方面的部分文献见[16]－[87].另一方面,有关中介数学系统的众多辞条(计 54 条)被收录在一些大型工具书中,详见[88]－[91].

在此还应指出,本书内容的核心主题是数学无穷的逻辑基础,即后 4 章.其中

第 3 章讨论各种可数无穷集合与不可数无穷集合概念的相容性问题，而第 4 章主要介绍潜无限数学系统的逻辑基础与集合论基础. 第 5 章讨论：(1)建立中介实无限数学系统 MAIMS 的重要性和必要性；(2)建立 MAIMS 的思想原则与方案；(3)中介实无限刚性集合的内涵与结构. 第 6 章主要讨论中介与二值两种思维模式下的不可缺失性. 其一是针对数学、物理危机中所提出之用以解决危机的概念进行分析研究，例如第一次数学危机中 Pythagoras 的"单子"、物理危机中 W. Heisenberg 的"普遍长度"，以及第二次数学危机中 Newton 的"无穷小量"等，这些概念在二值逻辑框架内是无法解读的，但在中介逻辑系统中，却可给出科学而合理的解读. 其二如最古老的 Zeno 悖论，在二值逻辑框架内一直无法解决，但在中介逻辑系统中却给出了逻辑数学解释方法，由此说明中介与二值两种思维模式都是不可缺失的，因为精确性与模糊性都客观存在，所以在人类智慧的历史进程中，二值与中介两种思维方式理应同步发展才是最理想的模式，可惜历史与现实并非如此.

在这里，请允许我用科普语言，从历史的角度向读者描绘一下本书后 4 章内容的渊源和究竟做了一件什么样的事情，借以引起大家的兴趣.

大家知道，19 世纪 Cantor 创建了古典集合论，从而为整个经典数学提供了一个共同的理论基础，就像为整个数学大厦奠定了墙基. 然而，人们很快发现古典集合论中出现了各种自相矛盾的东西，人们称之曰悖论. 就像在数学大厦的墙基上发现了这样那样的裂缝. 后经许多数学家的共同努力，在改造古典集合论的基础上，建立了近代公理集合论，使得在古典集合论中所出现之种种悖论都不在近代公理集合论中出现. 这就是说，那些在数学大厦墙基上所出现的裂缝已被全部修补完整. 亦即整个数学大厦有了一个无裂缝的相对牢固的墙基，但也未能从理论上证明这个当前无裂缝的墙基今后永远不会出现新的裂缝. 这就是说，虽然在近代公理集合论中能避免历史上已经出现的悖论，但却又无法证明今后一定不会有新的悖论在其中出现. 近代公理集合论有几种版本，其中显得较为自然而被广泛使用的一种版本叫做 ZFC 系统，该系统由 Zermelo 于 1908 年首先提出，后经 Fraenkel 等加以改进而建成. 本书第 3 章中对数学无穷之逻辑基础进行研究，也没有发现数学大厦墙基上有某种新的裂缝出现，但却出乎意料地发现了墙基内部产生了隐性的裂痕. 就像一个人，从外表看似乎很健康，没有任何疾病的症状，但在 CT 或核磁共振的检测下，却发现其体内某些部位发生了病变，例如有某种肿瘤之类的病灶. 那么数学无穷之逻辑基础的研究又是以怎样的方法或手段发现墙基内部存在隐性裂痕的呢？这种相当于 CT 或核磁共振的检测方法是：兼容两种无穷观的分析方法和潜无限与实无限在 ZFC 系统内外都是无中介的矛盾对立面，以及它们满足排中律这一重要前提与事实. 读者将会在本书 3.3 节和 3.4 节中看到，所说的分析方法和事实为近现代数学本身所固有. 只是人们未加挖掘，当然更不会以此作为考察基础问题的手段.以上就是第3章内容的一个科普性的描绘.

然而数学大厦墙基内部发生了隐性裂痕一事,却迫使我们直接面对且亟待解决两个问题:其一是如何为近现代数学与计算机科学重新选择一个新的没有隐性裂痕的理论基础;其二是在什么解读方式下能全面保存近现代数学与计算机科学理论的所有研究成果.我们为此而在本书第4章中建立了潜无限数学系统,借以直接面对和解决所说的两个亟待解决的问题.

在此顺便指出:江苏省计算机科学与技术50周年(1958~2008)相关学术会议认定上文所说之"潜无限数学系统"(详见参考文献[127]、[138]、[139]、[140]、[141])为计算机科学提供了更为合理的理论基础,相关具体内容如下所示:

江苏省计算机科学技术工作肇始于1956年,半个世纪后,江苏省科学技术协会组织相关专家总结评估了省内计算机科学技术工作50年来的主要工作,并于2008年11月召开第二届江苏省青年科学家大会.在计算机科学技术分论坛,由著名计算机科学家徐家福教授作大会主题报告,报告题目是"江苏省计算机科学与技术发展50年",内容分历程、工作、特点及展望四部分.其中有关成就与工作部分:(1)计算机科学理论;(2)计算机软件;(3)应用技术;(4)计算机网络;(5)计算机产业.其中计算机科学理论有4项工作,第1项讲的就是"无穷观"并明确指出:"无穷"这一概念是数学的基础,也是计算机科学的基础.长期以来,南京航空航天大学研究了两种不同的无穷观,即"潜无穷"与"实无穷",建立了潜无穷数学系统,这是一种以修正了的二值逻辑演算为推理工具的潜无穷弹性集合的公理集合论.与直觉主义数学和近代公理集合论相比,它既保持能行性与潜无穷的完全一致性,又未舍弃任何合理内容,从而能为计算机科学提供更为合理的理论基础.

在下文中,将言及本人有兴趣于思考和研究数学无穷之逻辑基础的起因与过程.1954~1955年间,本人与同窗好友陈祥硕在著名哲学家刘丹岩教授的指导下,深入研读《Hegel的小逻辑》①.其中Hegel关于积极无限与消极无限的深刻论述,引起了我的极大兴趣.我由此而结合数学基础问题进行思考和研究,1956年,与数学老师徐利治教授合作发表了《超穷过程论中的两个基本原理与Hegel的消极无限批判》一文[92],这也是本人有关数学无穷研究的第一篇文章.1957年又有4篇与数学无穷相关的研究文章公开发表或在科学讨论会上报告并收入文集[93]-[96].然而不幸的是本人于20世纪50年代中期被错划为右派,并被定性为极右分子.尽管如此,本人也没有放弃数学无穷之逻辑基础的学习、思考与研究.1959~1961年间,我阅读和学习了恩格斯的《反杜林论》,其中有恩格斯语(后知该语已被誉为恩

①Hegel,Hegel的小逻辑,贺麟译.北京:商务印书馆,1950.

格斯名言)："无限纯粹是由有限组成的，这本身就已经是矛盾，可是事情就是这样."[①]本人是为研究数学而学习哲学的，在此学习背景下，我很快就想出了恩格斯名言的一个数学模型，这就是恰由全体自然数构成的集合：

$$N=\{x\mid n(x)\}(n(x)=_{\mathrm{df}}\text{“}x\text{ 为自然数”})$$
$$=\lambda:\{1,2,3,\cdots,n,\cdots\}.$$

N(或 λ)是一个无穷集合，因而是一个无限性对象，然而这个无限性对象却纯粹是由有限序数(即 $\forall n(n\in N\to n<\omega)$组成的. 从而由上述恩格斯名言可以直接断言 N(或 λ)是一个自相矛盾的错误概念. 然而必须拿出一个严格的逻辑数学证明来，否则将是无稽之谈. 直觉地感到，就 λ 序列而言：着眼于序数，它永远是进行式，因而是潜无限；又着眼于基数，它是肯定完成式，必须是实无限. 为之，必须彻底弄明白两种无穷观的区别和联系. 这也进一步激发了我思考与研究数学无穷之逻辑基础的热情与志趣. 直到 1978 年，随着中国进入改革开放时代，我终于在 1978 年底彻底平反，并于 1979 年 1 月被重新录用于南京大学数学系任教，同时也重新获得了发表论文与出版著作的权利. 为之本人在长期思考数学无穷的基础上，自 1979 年起发表了与数学无穷密切相关的一系列文章并出版了与数学无穷之逻辑基础相关的著作和译著[97]—[114]. 例如《潜尾数论导引》一文[97]实际上就是对自然数系统矛盾性的探索与研究，又例如在《几何基础与数学基础》一书[109]中，第 8 章讨论了"数学无穷与哲学无穷"，第 9 章讨论了"非 Cantor 自然数序列结构及其在悖论分析中的应用"，该章核心内容讨论"引申了的 Zeno 悖论与 Engels 关于有限生成无限的矛盾论". 其核心思想就是对自然数系统之矛盾性进行进一步的探索和分析. 当然，在此只能列举一二，不可能也没有必要在此一一列举[97]—[114]的所有主题内容. 有兴趣的读者可查阅[97]—[114]中与数学无穷相关的内容.

往后的相当一段时期，虽然还在不断思考无穷观问题，但由于集中精力思考和研究中介数学系统[1]—[91]，以及忙碌不堪的学术活动与学术事务工作，因而对数学无穷的深入研究有所搁置. 一直断断续续地在思考这一主题，但也从来没有放弃过数学无穷的学习与思考. 直到 2000 年才下决心专注研究数学无穷的逻辑基础，并组织数学无穷之逻辑基础的讨论班，先后有不少同行学者介入到讨论班中来，其中也有若干科研单位的计算机科学的研究人员，然而真正能耐心地长期坚持此项研究工作的人毕竟很少. 最后只剩下我的两个博士生坚持与我切磋推敲一些细节，这两个学生是南京大学现代逻辑与逻辑应用研究所的杜国平教授和南京工业大学信息科学与工程学院的宫宁生教授. 他们承担了全部后勤工作，并由此而成为相关研究论文的合作者. 最近 9 年，我们有关数学无穷之逻辑基础的研究，又在国内外发

---

① 当年所读版本与笔记均已散失，恩格斯语是从 1970 年新版中找到并录下的.

表了一批论文和专著[115]－[144]、[202]－[204]、[206]－[211].

其实历史地说，我们也在先师们的直觉判断中受到启发和教诲.

例如，莱布尼兹(Leibniz)指出过："所有整数的个数这一提法自相矛盾，应该抛弃."[145]又例如，自从古典集合论出现悖论以后，豪斯多夫(Hausdorff)就曾不胜感慨并直截了当地提醒大家说："这一悖论使人不安，倒不在于产生矛盾，而是我们没有预料到会有矛盾：一切基数所组成的集，显得是如此先验地无可置疑. 正如一切自然数所组成的集一样地自然可信，由此就产生了如下的不确定性，即会不会连别的无限集，亦即一切无限集，都是这种带有矛盾的似是而非的非集."[146]－[147]

再例如鲁宾逊(Robinson)于1964年在"逻辑学、方法论和科学哲学国际会议"上作大会报告时所发表的见解："关于数学基础，我的立场(见解)是基于如下的两个主要原则(或观点)：(1)无穷集合按任何词义来说都不存在(无论在实际上或理论上都不存在)，更精确地说，关于无穷集合的任何陈述或大意陈述在字面上简直都是无意义的；(2)但是我们还是应该如通常那样去从事数学活动，就是说当我们做起来的时候，还是应该把无穷集合当做似乎是真实存在的那样."[148]

MoresKline说："有一句古老的忠告说：当心您的朋友，您的敌人自会留意. 在科学活动中，这句话的意思就是：怀疑明显的东西，这样您将能清除科学真理中那些含混不清的内容. 任何能对明显的东西进行挑战的人，必定是十分勇敢的英雄，因为人们会认为这种挑战是疯狂的行为."[145]

由于自然数集合和无穷集合不仅是十分明显的东西，甚至可以说是众所周知的常识性的东西. 但在这里，我们应该坚信Leibniz、豪斯多夫和Robinson都是十分勇敢的英雄，而绝不是什么疯子. 他们都有很高的数学修养，又都是历史上作出过重大贡献的大师级的数学家和逻辑学家. 因此，我们有理由相信他们如上的断言绝不是不负责任的胡言乱语，而是一种直接领悟事物本质的直觉判断. 至于上述Robinson之(2)，可能是暂时性的一种权宜之计.

由本书3.1节可知，无穷观问题的研究和争论不仅由来久远，而且广泛涉及数学、计算机科学、逻辑学和哲学等众多领域. 有一种观点认为数学是关于无穷的科学，事实上，如果没有无穷的概念，我们很难看出数学如何存在. ①

半个多世纪以来，本人之主要研究兴趣，一直是数学基础与计算机科学之逻辑基础的相关领域，并愿终身为此而努力工作. 20世纪80年代后，我有三位君子之交淡如水的老友，他们在我为事业而奋斗的历程中，始终如一地支持和鼓励我，使我意志坚定，勇于排除任何功利思潮的干扰，克服和越过种种难关，并且永不迷失方向. 让我借此机会向我的三位老友表示衷心感谢. 他们是：(1)著名机械电子工程

①Eli. Maor，无穷之旅——关于无穷大的文化史，王前等译. 上海：上海教育出版社，2000.

专家朱剑英教授,他酷爱数学,通读《古今数学思想》,精通模糊数学,又是将模糊数学应用于多变量生产过程控制的第一人;(2)著名计算机科学家与逻辑学家、中国科学院院士李未教授,他在形式系统序列与极限理论、程序设计理论及方法、计算机体系结构、网络计算等方面做出了杰出贡献,他是开放逻辑的创始人;(3)著名信息科学家与逻辑学家徐扬教授,他不仅将代数格与蕴涵代数相结合建立了格蕴涵代数,而且是基于格蕴涵代数的格值逻辑系统的创始人.

最后,我还要向著名的计算机科学家徐家福先生、著名数学家和逻辑学家王世强先生和我的大学同学董韫美院士致以衷心感谢.他们对我从事中介逻辑与数学无穷之逻辑基础这两项研究工作,始终如一地给予关切和支持.

本书是在我 2008 年 3 月在大连理工出版社出版的《数学与无穷观的逻辑基础》基础上,经过删节、改写和增补而成稿的.自 2008 年 3 月起,关于数学无穷之逻辑研究又获一系列新结果,其中最核心的结果是:(1)我们从潜无限(poi)与实无限(aci)中分离出来第三种无限,即基础无限(eli);(2)poi 与 aci 在 ZFC 系统内外,都是无中介的矛盾对立面(A,$\neg A$),并满足排中律 $\vdash \mathrm{poi} \vee \mathrm{aci}$;(3)在连续性数学中,变量 x 无限趋向其极限 x_0 的 poi 方式与 aci 方式,同样是无中介的矛盾对立面,并满足排中律 $\vdash x \uparrow x_0 \wedge x \not\top x_0 \vee x \uparrow x_0 \wedge x \top x_0$.

在这里,我要向大连理工大学出版社的刘新彦主任和梁锋副主任,以及科学出版社数理分社的责任编辑表示衷心感谢!他们为了《数学与无穷观的逻辑基础》和《数学无穷与中介的逻辑基础》的出版,付出了辛勤的劳动并给予了诚挚的帮助.

最后还应指出,限于个人水平,疏漏和不足之处在所难免,敬请读者和同行专家批评赐教,不胜感谢,余不一一.

朱梧槚

2011 年 10 月于南京江宁揽翠苑小区寓所

目　录

特殊符号的名称及其解读方式

（Ⅰ）数学无穷的逻辑基础

（1）“↑”的名称是“开放进行词”，解释并读为：进行式$=_{df}$going，每一$=_{df}$E ________，枚举$=_{df}$enu ________，无限趋近于$=_{df}$ina ________，无止境地$=_{df}$kne ________.

（2）“⊤”的名称是“正完成词”，解释并读为：肯定完成式$=_{df}$gone，所有$=_{df}$∀ ________，穷举$=_{df}$exh ________，达到$=_{df}$rea ________.

（3）“⊤̸”的名称是“反完成词”，解释并读为：否定完成式$=_{df}$¬gone$=f$-going，否定所有$=_{df}$¬∀ ________，否定穷举$=_{df}$¬exh ________，永远达不到$=_{df}$¬rea ________.

（4）“∈”的名称是“二元谓词”，解释并读为：“属于”.

（5）“$\overrightarrow{\in}$”的名称是“二元谓词”，解释并读为：“包容于”.

（6）“Ω_F”的名称是“背景词”，解释并读为：“有穷背景世界”.

（7）“Ω_P”的名称是“背景词”，解释并读为：“潜无限背景世界”.

（8）“Ω_A”的名称是“背景词”，解释并读为：“实无限背景世界”.

（9）“E”的名称是“枚举量词”，解释并读为：“每一”或“任一”，不允许解读为“所有”.

（10）“∀”的名称是“全称量词”，解释并读为：“所有”，不允许解读为“每一”或“任一”.

（11）“FRig(x)”的名称是“集合词”，解释并读为：“x是有穷刚性集合”.

（12）“PSpr(x')”的名称是“集合词”，解释并读为：“x'是潜无限弹性集合”.

（Ⅱ）中介逻辑演算与中介公理集合论

（1）“～”的名称是“模糊否定词”，解释并读为：“部分地”.

（2）“╕”的名称是“对立否定词”，解释并读为：“对立于”.

（3）“≺”的名称是“真值程度词”，解释并读为：“真值程度弱于”或“真值程度不强于”.

（4）“≍”的名称是“等值词”，解释并读为：“真值程度等度于”.

（5）“$\overset{\circ}{\sim}$”的名称是“模糊清晰词”，解释并读为：“模糊加圈”.

（6）“$\angle^{\circ}$”的名称是“常规清晰词”，解释并读为：“常规加圈”.

（7）“$\overset{\circ}{╕}$”的名称是“对立清晰词”，解释并读为：“对立加圈”.

（8）“⇒”的名称是“素朴蕴涵词”，解释并读为：“普通蕴涵”.

（9）“⇔”的名称是“素朴等值词”，解释并读为：“普通当且仅当”.

（10）“＝”的名称是“等词”，解释并读为：“等同于”.

（11）“∈”的名称是“二元常谓词”，解释并读为：“属于”.

（12）“$\mathfrak{M}$”的名称是“一元常谓词”，解释并读为：“小”.

第1章　精确性经典数学的理论基础问题

1.1　古典集合论的诞生及其思想方法

古典集合论是德国大数学家Cantor在19世纪所创立的一个数学学科.当然,从古典集合论到近代公理集合论的发展来看,集合论更是现代数理逻辑的一个重要分支,对此,读者可参阅文献[110]之绪论中的相关内容.另外,在《集合论导引》[111]第1章中讨论过集合论发展的历史概要,其中不仅涉及古典集合论的创立,同时还论及了古典集合论的先驱发展.在这里,将侧重于数学基础方面略述其中的相关内容.

数学发展到19世纪,特别是受当时的工业科学与自然科学蓬勃发展的影响,数学进入了一个大发展时期.数学诸分支,不论是几何、代数还是分析,都取得了长足的进步,以至于迫切需要为数学诸分支寻找一个共同的理论基础.正是在这样的历史背景下,Cantor系统地总结了长期以来数学之认识与实践,终于在集合理论的研究和认识上,从零碎不全的初级阶段上升到系统展开的理论阶段.实际上,关于集合甚或无穷集合之萌芽,一直可追溯到Euclid著述《几何原本》的时代,因为Euclid确立了空间是位置点之无限堆积的观点.但在往后的很长一段时间里,人们一直没有认真地研究过集合和无穷集合的概念.直到17世纪,Galileo发现了“自然数全体”能与“平方数全体”建立一一对应,亦即

$$\begin{array}{cccccc} 1, & 2, & 3, & \cdots, & n, & \cdots \\ \updownarrow & \updownarrow & \updownarrow & & \updownarrow & \\ 1^2, & 2^2, & 3^2, & \cdots, & n^2 & \cdots \end{array}$$

从而在此意义上可以认为部分自然数的个数与全体自然数之个数是相同的,这就动摇了自古以来“全体大于部分”这一公认无疑的原则.实际上,“全体大于部分”这一原则是基于有穷性事物之上抽象出来的,对于无限性对象来说,该原则就未必成立.从而Galileo的发现大大刺激了人们去探索和研究无穷集合,后来,有如Dedekind和Cantor等数学家,曾基于有穷集合不可能出现Galileo发现的类同情况,进而用“能否与自身之真子集建立一一对应关系”去划分有穷集合与无穷集合.然而总体上看,在19世纪Cantor以前,对于无限集的认识和研究,一直还是滞留于零碎不全的认识与研究中,只有Cantor才使得对集合理论的研究系统化,使之作为一门独立的数学分科确立起来,缔造了一门崭新的数学学科——集合论.相对于后

来发展起来的近代公理集合论而言，通常称 Cantor 当时所建立起来的集合论为古典集合论，又因为 Cantor 仅以朴素的形式陈述它的理论，既没有公理化，也没有形式化，故又有素朴集合论①之称.

对于 Cantor 创建古典集合论的学术意义和历史功绩，应当指出如下两点：

第一，扩充了数学研究对象. 如所知，数学研究对象是在不断扩充之中逐步丰富起来的. 例如，微积分的创立完成了数学研究对象从常量到变量的扩充，而概率论的诞生完成了数学研究对象从确定性到随机性的再扩充. 而古典集合论的建立，则完成了数学研究对象由有限与潜无限到实无限的再扩充，也就是说，实无限量性对象是在 Cantor 建立古典集合论之后，才被明确引入数学领域中的. 正因为如此，Hausdorff 才说："从有限推进到无限，乃是 Cantor 的不朽功绩."[146]-[147]

第二，为精确性经典数学的各个数学分支提供了一个共同的理论基础. 这首先是因为集合论的思想和方法渗透到经典数学的各个分支中，例如，没有集合论就不会有测度论，也就不会有描述性的实变函数论. 又如抽象空间理论的研究，在近代数学的发展中据有重要地位，但各种抽象空间，无非都是具有各种特殊结构的无限集，它们不仅以集的概念作为基础，也从集合论中吸取了研究方法. 再说近世代数主要是探讨具有某些结合规律之元素系统的构造，在这里集合的概念也是基本的，而集合论中的思想方法，也同样渗透进代数领域，如此等等. 其次是整个精确性经典数学都能在集合论基础上被推导出来，这就是说，任何一条数学定理，都能从集合论的思想规定出发，把它推导出来，而且，任何一个数学概念，都能从集合论的概念出发，把它定义出来. 再则关于 Лобачевский 几何的相对相容性证明，最后被归结到集合论的相容性证明. 基于如上所论，几乎一致公认，整个精确性经典数学都可奠定在集合论的基础上，也就是说，集合论是经典数学各个分支的共同的理论基础.

正如上文所提及，古典集合论的创始者 Cantor 仅以朴素的形式陈述它的理论，既没有明确原始(基本)概念，也没有罗列其不证自明的思想规定. 当然，也更谈不上公理化和形式化了. 虽然如此，但只要我们对古典集合论的内容细加分析和概括总结，就会看出 Cantor 当时的几个主要的基本原则或思想方法不外乎是：概括原则、外延原则、一一对应原则、延伸原则、穷竭原则和对角线方法. 其中概括原则与外延原则用于造集并确定集与集的相等，一一对应原则与对角线方法用于引出基数概念和确定更大基数的存在，延伸原则与穷竭原则实质上用于描叙良序集的生成和实无限研究对象的确立.

首先来谈谈基本概念的问题. 文献[111]中 2.1 节开头指出："任何一个理论系

---

①称"素朴集合论"，而不叫做"朴素集合论"，完全是遵从数学界的约定俗成.

统,都包含着一些不加定义而直接引入的基本概念.例如,Euclid 几何系统或 Лобачевский 几何系统中的点、直线和平面……都是它们所属系统中之基本概念.”在这里,集合也是这样一个基本概念,近代公理集合论者,都放弃了对集合下定义的做法,把它作为基本概念引入.事实上,一个理论系统包含着某些不加定义的基本概念是合乎情理的,因为对任何一个概念下定义,必须借助于比它更为基本的概念,从而在一个理论系统中,如此倒推下去,最后总有一些概念再也找不出比它更为基本的概念来定义它,只能自相地通过举例、说明或譬如而描述之.

古典集合论的创始者 Cantor 曾想给集合的概念下个定义,他指出:“把一些明确的(确定的)、彼此有区别的、具体的或想象中抽象的东西看做一个整体,便叫做集合.”Cantor 本人认为如此一番描述已给集合下了一个定义,其实不然,因为诸如整体、总体、总合、集合等都是等价概念,亦就是说,Cantor 在这里使用了与集合相等价的概念(整体)去定义集合概念,也就是 Hausdorff 所指出的:“Cantor 在用莫明定义莫明.”[146]-[147]所以 Cantor 的这类说法,只是一种同义反复,只能当做一种说明,当做是对原始的、人所公认的思维过程的指证.“这种思维过程之演变为更原始的过程,迄今没有实现.”[146]-[147]对于集合概念的描述,Лузин 有一个很好的说明:“我们想象有一个透明而不可穿过的囊膜,就像一只严密封闭的袋子.假设在这个囊膜中包含了一个给定的集合 M 的所有元素,而且在这囊膜中,除了这些元素以外,再没有任何别的东西……这个包含了所有元素(而且除了它们以外,没有任何别的东西)的透明囊膜,也足以用来很好地表示将诸元素 e 汇集在一起的那个作用,由于汇集的作用,才产生了集合 M.”[198]根据上述 Cantor 关于集合的描述和 Лузин 的说明可知,作为一个集合而言,它所涉及的不仅是构成集合的对象(即它的元素),而更重要的还要涉及使这些对象构成一个整体的那种汇集作用.

现在让我们来谈 Cantor 创建古典集合论的思想方法.作为 Cantor 建立古典集合论的一个最重要的思想方法就是概括原则的使用,该原则显得自然和直观,使用起来又方便有力.当然,在 Cantor 的早期工作中,并没有将该原则的思想明确立为公理,而只是隐蔽地被使用,后来,直到 Frege 才公开而明确地作为公理模式使用之.所谓概括原则,通俗地说,就是任给一个性质 p,我们就能把所有满足所给性质 p 的对象,也仅由这些具有性质 p 的对象汇集在一起而构成一个集合.用符号来表示就是

$$G=\{g \mid p(g)\}.$$

其中“|”左边的 g 表示集合 G 的任一元素,而“|”右边的 $p(g)$ 表示 G 的元素 g 具有性质 p,又{ }表示把所有具有性质 p 的对象 g 汇集成一个集合.因此,概括原则的另一表达式就是

$$\forall g(g \in G \leftrightarrow p(g)).$$

亦即 G 的任一元 g 必具有性质 p，而任一具有性质 p 的对象必为集合 G 的元素. 如果用数理逻辑的术语来说，概括原则指的是任给只含一个自由变元 x 的公式 F，则总有一集 A，它恰由所有满足 F 的 x 所组成. 应当指出，概括原则在一阶逻辑中是公理模式，因而不是一条公理，实际上是无穷多条公理，其符号表达式为

$$\forall x_1,\cdots,\forall x_n,\exists y\forall t(t\in y\leftrightarrow\psi(t,x_1,\cdots,x_n)).$$

通常用 Σ_0 表示所有的概括原则公式所构成的集. 若对其中所出现的公式 ψ 加以种种不同的限制，如不含量词或不含参数 $x_1,\cdots,x_n$，就能构成 Σ_0 的各种各样的真子集，这是一些特殊类型的真包含于 Σ_0 中的概括原则公式的集合，通常记为 $\Sigma_1,\Sigma_2,\cdots$.

对于概括原则的认识和使用，除了上文已经指出的，这是一个公理模式而不是一条公理之外，还应注意如下几点：

(1) 对于概括原则中所涉及的那个用以造集的性质 p，必须是精确的和界线分明的，亦即对于世界上任何对象 x，要么 x 具有性质 p(即 $p(x)$)，要么 x 不具有性质 p(即$\neg p(x)$). 如果所给性质 p，存在对象 x，它部分地具有性质 p，或者说不清楚该 x 是否具有性质 p，则该性质 p 就不是精确的或界线分明的，从而也就不是概括原则或 Cantor 意义下用以造集的性质. 例如，所有美男子(性质 p)就不能在 Cantor 意义下或概括原则意义下组成集合，因为所给性质 p(美男子)不是一个精确的或界线分明的性质，事实上，存在着这样的男人，他是否具有性质 p(美男子)是不能明确判定的. 还应指出，对于认识、理解和使用概括原则之如上所说的要求，并没有什么明文叙述，只是一种无形中必须遵守和贯彻的前提，从本质上说，这与文献[111]1.4 节和本书 2.5 节所论之下述情况是一致的，就是在经典二值逻辑和精确性经典数学中，一方面不将“无中介原则”明文立为公理；另一方面却将该“无中介原则”贯彻始终. 有兴趣的读者不妨对照分析之.

(2) 在古典集合论中，对于任何一个上述(1)中所论之界线分明的精确性质 p，均可在概括原则意义下构造集合，亦即在精确性质前提下，概括原则的造集功能不受任何限制，完全自由.

(3) 对于任意一个 Cantor 意义下的造集性质 p，运用概括原则所构造出来的集，恰由全体具有性质 p 的对象组成，即任何具有性质 p 的对象必在该集中，而该集中除了具有性质 p 的对象之外不包含任何其他对象.

基于上述讨论可知，由概括原则构造出来的集合与用以构造它的性质是一意确定的，因而集合由它的元素完全决定，那么自然地认为对于两个集合，当且仅当它们的元素完全相同时，才把这两个集合看做是相同的. 亦即任给两个集合 A 和 B，如果对于每个 $a\in A$ 能推出 $a\in B$，反之对于每个 $b\in B$ 能推出 $b\in A$，则称集合 A 与 B 相等，记为 $A=B$，这就是外延原则. 其符号表达式为

$$A=B \Leftrightarrow \forall x(x\in A \leftrightarrow x\in B),$$

其中⇔为自然语言中之“当且仅当”的简记，不同于形式语言中的等值词↔，对此在文献[110]2.1节中有专门说明，可查阅之.

一一对应原则和对角线方法也是Cantor建立古典集合论的思想方法，但这两者通常是熟知的，例如在“实变函数论”课程的教材或有关素朴集合论的书籍中都会涉及与之相关的论述，读者也可查阅文献[111]3.4节及4.4节中的相关内容.在这里，基于从数学基础的角度考虑问题，对Cantor运用对角线方法去证明全体实数为不可数无穷多一事，还有一番小小的议论，借以和有兴趣的读者共同探讨之.为了使这番小小的议论在文字上能前后连贯起见，不得已从一一对应原则的通俗朴素的描述开始.如所知，任给两个集合 A 和 B，如果存在规则 f，对于每个 $a\in A$，f 有唯一确定的 $b\in B$ 与之对应；反之，对于每一 $b\in B$，据 f 有唯一确定的 $a\in A$ 与之对应，则称集合 A 与 B 的元素之间在 f 之下建立了一一对应关系.其中要注意的是这种一一对应关系总是相对于某个对应规则而言的，当对应规则 f 改变了，成为某个新的规则 g，则 g 就确定了某个新的一一对应关系，如此等等.如果集合 M 和集合 N 的元素之间能建立一一对应关系，则称 M 与 N 是对等的，记为 $M\cong N$.又若 $M\cong N$，则称集 M 与 N 有相同的基数(或称等势)，任何集 M 的势记为 $\overline{\overline{M}}$.又若一个集合 M 的元素能与自然数集 N 的元素之间建立起一一对应关系，则称 M 为可数无穷集.如所知，人们早已用多种方法证明了全体有理数集合为一可数集.另一方面，凡是与自然数集合对等的集，它们的基数都相同，记为 $\aleph_0$.反之，凡是具有 $\aleph_0$ 基数的集合都是可数集.

试看Cantor如何利用对角线方法去证明(0,1)区间内全体实数的集为不可数集合.通常用 R 表示全体实数构成的集，现令

$$R_1=\{x\mid x\in R \,\&\, 0<x<1\}.$$

要证 R_1 为不可数集合.现反设 R_1 为可数集，于是 R_1 的元可与自然数集 N 之元建立如下的一一对应：

$$\begin{array}{ccccccccccc}
\overbrace{N} & & \overbrace{R} & & & & & & & & \\
1 & \longleftrightarrow & \theta_1 & = & 0. & p_{11} & p_{12} & p_{13} & \cdots & p_{1n} & \cdots \\
2 & \longleftrightarrow & \theta_2 & = & 0. & p_{21} & p_{22} & p_{23} & \cdots & p_{2n} & \cdots \\
3 & \longleftrightarrow & \theta_3 & = & 0. & p_{31} & p_{32} & p_{33} & \cdots & p_{3n} & \cdots \\
\vdots & & \vdots & & & & & & \ddots & & \\
n & \longleftrightarrow & \theta_n & = & 0. & p_{n1} & p_{n2} & p_{n3} & \cdots & p_{nn} & \cdots \\
\vdots & & \vdots & & & & & & & & \ddots
\end{array}$$

此处我们将 R_1 的每一元都用十进制小数的形式写出. 现让我们定义一个实数 θ 如下：

$$\theta=0.p'_{11}p'_{22}\cdots p'_{nn}\cdots.$$

其中

$$p'_{nn}=\begin{cases}2, & 当\ p_{nn}=9\ 时,\\ p_{nn}+1, & 当\ p_{nn}\neq 9\ 时.\end{cases}$$

如此，一方面显然有 $\theta\in R_1$，另一方面，θ 却与上面所排列之 R_1 的无穷序列：

$$\theta_1,\theta_2,\theta_3,\cdots,\theta_n,\cdots$$

中之每一元素都不相同，因为 θ 与该序列中之任一 $\theta_i(i=1,2,3,\cdots,n,\cdots)$ 都有一个有穷差位，即 $p'_{ii}\neq p_{ii}$（此处还请读者考虑一下，上文中为什么当 $p_{nn}=9$ 时，规定 $p'_{nn}=2$，而不是令 $p'_{nn}=0$. 对此，文献[111]中 4.4 节相关论述有一个详细的注释，不妨参阅之），从而矛盾，故反设 R_1 为可数集合一事不成立，即 R_1 为不可数集，又 $R_1\subset R$. 故全体实数集 R 为不可数集合.

如上构作新实数 θ 并往证实数全体为不可数的过程便是 Cantor 对角线方法的一种形式. 这不仅为人们所熟知，且其论证过程之正确性与有效性亦为人们所公认.

虽然如此，根据“相异实数有穷差位判别原则”①和上述“对角线方法”，大家认为已经能够判定实数 θ 与 R_1 中之每个实数 θ_i 相异，但是能否就此断言，根据相异实数有穷差位判别原则和上述对角线方法，就能有效地判定实数 θ 与 R_1 中一切实数为相异？如果我们从无限性对象中之“每一”与“所有”的关系上考虑问题，情况还是较为复杂的. 让我们从 θ_1 开始，依次相接地根据“相异实数有穷差位判别原则”和上述“对角线方法”去判定 θ 与 $\theta_i\in R_1(i=1,2,\cdots)$ 为相异，由于有效地判定 $\theta\neq\theta_i$ 所依据的差位位数 i 总等于 θ_i 的足指数，而 θ_i 之足指数 i 又总等于 R_1 中在此之（包括 θ_i）前已被判定与 θ 相异之实数的个数，即借以有效地判定 R 中实数与 θ 相异之差位位数 i，总等于 R_1 中已被判定与 θ 相异之实数的个数 i. 既然“相异实数有穷差位判别原则”规定差位位数恒为有穷（即 $i<+\infty$），那么 R 中已被判定与 θ 相异之实数的个数也不可能递增到无穷，即恒为有穷个（即 $i<+\infty$），但已设 R_1 中有可数多个实数，如此，在“相异实数有穷差位判别原则”和所给“对角线方法”之下，又如何去判定 θ 与 R_1 中一切实数相异呢？实际上，其中存在着一个看上去不成问题，而实质上却是隐藏得较深的问题值得我们深思，那就是“每一”与“所有”在无限性对象中的关系问题. 现设 M 是一个无穷集合，如果已知 M 之一切元具有性

①所谓相异实数有穷差位判别原则，指的是二实数相异，当且仅当它们的小数展开式中，存在着某有穷位上的小数互异.

质 p 时，则回过头去分析 M 中之每一元时，无疑可以断言 M 中每一元具有性质 p. 但是反过来，如果已知 M 中每一元具有性质 p，即从 M 中一个一个地取出其元，每取一元均可判定其具有性质 p，能否就此断言 M 中之一切元都具有性质 p？我们认为，要分别情况具体分析，值得深入探讨. 按照传统的推理原则或数理逻辑中全称量词的含义，"每一"与"所有"是画等号的，不论在有限性对象中还是在无限性对象中，都是如此，只要每一 x 具有性质 p，就等于所有 x 有性质 p. 当然，在有穷集合中，两者画等号显然不成问题，但在无穷集合中，有些具体情况就可能不同了. 就像"全体大于部分"的原则在有限性对象中普遍成立，但对无限性对象而言就不适用了.

现设 M 为一无穷集合，又令符号 E 表示"每一"，而 $\Rightarrow$ 表示"如果…，那么…". 我们给出如下两个表达式：

$$\forall x(x\in M\&p(x))\Rightarrow \text{E}x(x\in M\&p(x)), \qquad (\text{i})$$

$$\text{E}x(x\in M\&p(x))\Rightarrow \forall x(x\in M\&p(x)). \qquad (\text{ii})$$

按照传统观点，上述(ⅰ)、(ⅱ)两个表达式都无条件成立. 而我们认为，上述表达式(ⅰ)是无条件成立的，但表达式(ⅱ)只能有条件地成立. 但这个条件的抽象内涵是什么？在什么情况下表达式(ⅱ)不成立，又在什么条件下成立？这是值得研究的.

在古典集合论的思想方法中，还有两条原则值得我们总结，这就是延伸原则与穷竭原则. Cantor 本人并没有明确提出这两条原则，更没有给它们以精确陈述①，但在展开他的无限集理论时，却在实际上贯穿了延伸、穷竭的思想方法，在这里，我们将利用 Peano 系统中的继元与归纳二公理，对延伸与穷竭二原则的基本思想作一说明. 当然，关于自然数的 Peano 公理系统是众所周知的. 在文献[111]4.1 节中，不仅有对 Peano 系统的一般的分析讨论，还对如何从集合论中导出 Peano 系统，即如何从集合概念出发，用构造性的方法去建立自然数系统，从而把整个算术理论嵌入集合论或奠定在集合论基础之上等，均有严格而详细的讨论. 按理说，这一切也都是数学基础问题所应论及的内容，读者不妨参阅之. 在这里，仅侧重于延伸、穷竭二原则的思想分析，而作一番类比性的讨论. 为了陈述上的连贯和便于对照分析，先将 Peano 系统叙述如下：

"Peano 从不经定义的集合、自然数、后继数与属于等概念出发"[111]，再加上下述 5 条公理而构成关于自然数的 Peano 系统. 这 5 条公理是

(1) 0 是一个自然数，

---

①20 世纪 50 年代，徐利治教授根据 Cantor 的延伸与穷竭二原则的思想，在文献[149]中提出了不断延伸原理与相对穷竭原理，后又在文献[92]、[93]、[94]中作了哲学与数学的分析讨论，从而把 Cantor 的有关原始思想上升到一个新的高度. 同时也对延伸、穷竭二原则给出了精确的刻画，请参阅文献[109]第 8 章 § 2.

(2) 继元公理：每个自然数的后继数仍为自然数，

(3) 0 不是任何其他自然数的后继数，

(4) 如果两个自然数 a 和 b 的后继数相等，则 a 和 b 也相等，

(5) 归纳公理：若 M 是由一些自然数所组成的集合，而 M 含有 0，且当 M 含有任一自然数 a 时，则 M 也一定含有 a 的后继数. 那么 M 就含有全部自然数.

于是，自然数序列

$$\lambda:0,1,2,3,\cdots,n,n+1,\cdots$$

的生成，可分为两个步骤，首先是按照 Peano 的继元公理所指："在每一个自然数 n 之后，都有一个紧跟在 n 之后的自然数 $n+1$(即 n 的后继元)"，亦即"若 n 是一个自然数，则有后继元 $n+1$，它仍为自然数."如此，以 0 为始元，得到 1(即 $0'$)，再引出 2(即 $0''$)……以此类推，没有限制地导出了一个自然数不断增长的链，不妨记为

$$\vec{P}_n:0\prec 1\prec 2\prec 3\prec\cdots\prec n,$$

我们称这种链 $\vec{P}_n$ 为延伸变程，它能任意地给出自然数序型而并不包括自然数全体，因而 $\vec{P}_n$ 不具有序型 ω.

由此可见，仅由延伸变程 $\vec{P}_n$ 是不能得到自然数序列 λ 的，要想得到具有序型 ω 的自然数序列 λ，还要引进另一个基本原则，其基本思想(针对生成如上之 λ 序列而言)就是要肯定："我们能将继元公理所规定的延伸手续进行完毕，从而穷举了 0 之后的一切继元而形成 λ 序列."这就相当于 Peano 公理系统中的归纳公理，可称这条原则为"穷竭原则"，该原则后来又成为近代公理集合论中之"无穷公理"的思想基础.

因此，形成自然数序列 λ 的第二个步骤，便是在延伸变程的基础上，依据穷竭原则的思想将全体自然数排列完毕. 亦即由

$$\vec{P}_n:0\prec 1\prec 2\prec 3\prec\cdots\prec n,$$

以 $n+1\cdots|\omega$ 的方式穷举了一切自然数而形成

$$\lambda:0,1,2,3,\cdots,n,\cdots|\ \omega.$$

如此，λ 序列必包含无穷多个元而具有序型 ω，Cantor 称 ω 为真无穷(实无穷或绝对无穷). 相应地，可称那个延伸变程为假无穷(势能无穷或消极无穷).

总之，基于继元公理与归纳公理，并在 Peano 系统中的其他公理配套下，突出地体现了生成自然数全体的两个关键步骤，那就是首先通过继元公理而去一个一个地生成自然数，然后通过归纳公理而去汇集成全体自然数集合，在这里，不仅具体地体现了 Cantor 的延伸与穷竭思想，同时也可看出其中与 Cantor 之概括原则的造集思想的本质联系.

最后，让我们再从观点与方法的角度略谈几句 Cantor 的概括原则. 如所知，在哲学上，方法论与宇宙观在一定条件下是互为通用的. 因此，当您对一些问题

摆观点时,往往正是在讲方法,而在您阐述处理问题的方法时,却也同时在表明您的观点,进而在学术问题上的观点往往就是思想方法,又思想方法也正是学术观点. 上文所论之 Cantor 的概括原则即可视为一例,因为该原则既是 Cantor 用以构造集合的一种思想方法,同时又是他认识和理解"集合"这种研究对象的一种基本观点.

1.2 何谓悖论

悖论一词,在英语中为"paradox"或"absurdity",从字面上讲就是自相矛盾的谬论. Kline 指出:人们为了不把自相矛盾的真相摆在桌面上,才采用了"paradox"或"absurdity"一类的婉转措辞[155]. 不去管它,反正时间一长,悖论一词也习惯了,其涵义也人人皆知了.

悖论的起源,一直可以追溯到古希腊和我国先秦哲学时代,但在古代及其往后的一个相当长的历史时期中,所谓悖论,只是泛指那些推理过程看上去是合理的,但推理的结论却又违背客观实际的这类推理过程. 其中最有代表性的要算著名的 Zeno 悖论了. Kline 在文献[156]中论及 Zeno 的四个悖论时,引述了 Aristotle 的陈述形式,今以其中头两个为例阐明之. Kline 指出:Aristotle 在他的《物理》中陈述了第一个悖论,叫做两分法悖论,其说如下:"第一个悖论说运动不存在,理由是运动中的物体在到达目的地前,必须到达半路上的点."这话的意思是说为通过 AB,必须先到 C,为到达 C 必先到达 D,等等. 换言之,若设空间无限可分,从而有限长度含无限多的点,这就不可能在有限时间内通过有限长度. 不妨让我们对以上之说翻译一下,或者说将如上所说讲讲清楚,如图 1.1 所示:

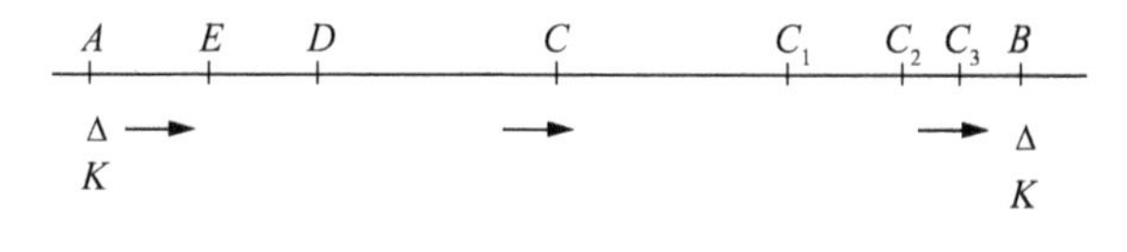

图 1.1

某物 K 欲沿直线 AB,由点 A 处移动到点 B 处,则首先要移到 AB 线段之中点 C,而要到达 C 点,又必须先达线段 AC 之中点 D,为要到达 D 点,则应先达线段 AD 之中点 E,如此等等. 或者说物体 K 要由点 A 移动到点 B,则要经过线段 AB 之中点 C,线段 CB 之中点 C_1,线段 C_1B 之中点 C_2 等等,直至无穷. 总而言之,该物 K 要从 A 点移动到点 B,必须经过无穷多个中点,每经过一个中点,都要有时间,因而在有限时间内,物体 K 不可能由 A 点移动到 B 点,而且不论点 A 与点 B 之间的距离多么小,都是如此. 以上的推理过程看上去合理,但其推得的结论完全违背客观实际,因为物体的位移运动是孩童都明白的事. Kline 在论及第二个 Zeno 悖论时指出:"第二个悖论叫 Achilles 和乌龟赛跑的悖论."据 Aristotle 所述:"动得很慢的东西不能被动得很快的东西赶上,因为追赶者首先必须到达被追赶者之出发点,因而行动较慢的被追赶者必定总是跑在前头,这论点同二分法悖论一样,所不同者是不必再把所需通过的距离一再平分."[156]在这里,也让我们把如上所论之事说明白些,如图 1.2 所示:

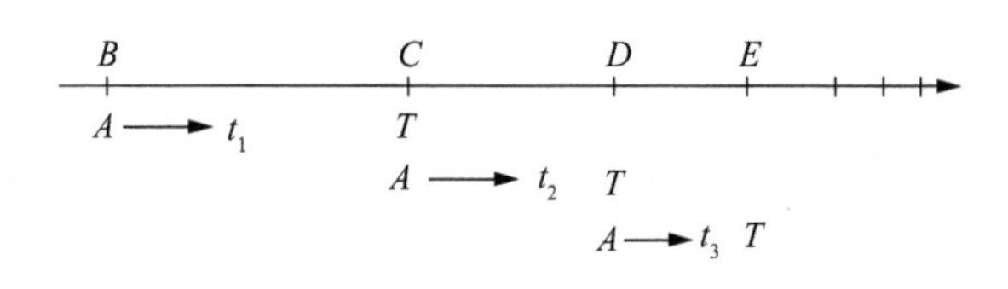

图 1.2

令 A 表示希腊的神行太保 Achilles,又以 T 表示乌龟(tortoise),现 A 在 B 点,T 在点 C 处,令 A 沿 BC 方向追赶 T. 如果 A 要赶上 T,则首先要跑完 B 到 C 这段距离,无论 A 跑的速度多么快,总要有一定的时间 t_1 才能跑到点 C 处,既有一定的时间 t_1,则不论 T 爬得多么慢,总能爬去一段距离而到达点 D 处,因而 A 要赶上 T,又必须先跑完 C 到 D 这段距离,无论 A 跑的速度多么快,总要有一定的时间 t_2 才能跑完由 C 到 D 的距离,既有一定的时间 t_2,则不论 T 爬得多么慢,总能爬去一段距离而到达点 E 处,从而 A 要赶上 T,又必须先跑完由 D 到 E 这段距离,如此等等,这种推理过程,循环往复,可以无限制地一直重复下去,所以 A 永远赶不上 T. 这种推理过程看上去是合理的,然而推理的结论却与客观现实完全相反. 因为任何人都会有如下的实践经验:即移动得慢的东西,一定会在有限时间内被移动得比它快的东西追到.

可以说在很长的历史阶段中,无法对上述一类 Zeno 悖论给出令人满意的解释方法,种种解释都囿于哲理分析. 1983 年,我在厦门大学讲学时,发现数学与哲学专业研究生历来对上述 Zeno 悖论的任何哲理分析深表费解和不满,但对我基于收敛的无穷级数可以求和原则所作之下述解释方法,表示尚可认同却也有微词. 我的解释方法是若某物 K 用 1 分钟时间由点 A 处移动到点 B 处,那么将用$\frac{1}{2}$分钟时间由点 A 处移动到第一个中点 C 处,又用$\frac{1}{4}$分钟时间由点 C 处移动到第二个中点 C_1 处,又用$\frac{1}{8}$分钟时间由点 C_1 处移动到第三个中点 C_2 处,如此等等,直至无穷,该无穷多个时间的和将是

$$\frac{1}{2}+\frac{1}{2^2}+\frac{1}{2^3}+\cdots+\frac{1}{2^n}+\cdots.$$

如所知,这是一个收敛的无穷级数,其和正好是1分钟时间,即 $\sum_{n=1}^{\infty}\frac{1}{2^n}=1$.所以某物 K 能在有限时间内由点 A 处移动到点 B 处,并非无穷多个有穷时间之和总为无穷.

然而问题又来了,因为人们随之而将Zeno悖论引申为下述抛球问题,即设有甲、乙二人互相抛球,甲先用 $\frac{1}{2}$ 分钟时间把球抛给乙,而随之乙又用 $\frac{1}{4}$ 分钟时间把球抛回甲手中,而甲又随之用 $\frac{1}{8}$ 分钟时间把球抛回到乙之手,如此往复以至无穷;既然承认收敛的无穷级数能以求和,那么也可对甲乙二人所费抛球时间加以求和,这就是

$$\frac{1}{2}+\frac{1}{2^2}+\frac{1}{2^3}+\cdots+\frac{1}{2^n}+\cdots=\sum_{n=1}^{\infty}\frac{1}{2^n}=1.$$

问抛球手续自开始进行到1分钟时,球落在甲手中还是乙手中?或者说,既然收敛的无穷级数可以求和,那么对上述甲、乙二人抛球过程所用之时段序列当亦可求和,因而自始至1分钟时,该抛球过程终止,故问此时球在何处?对此问题,潜无限论者由于不承认无穷过程能进行完毕,只承认可以无限制地进行下去,即永远在进行之中,从而抛球手续永远只能滞留于无限制的往复进程之中,所以潜无限论者对此问题可以避而不答,但实无限论者却承认往返无穷之抛球手续是可以进行完毕的,因而无法回避这个问题,却又无法回答这个问题.人们也在这一意义下,把上述抛球问题叫做抛球悖论.这也可视为Zeno二分法悖论的一种引申,该引申了的Zeno悖论(即抛球问题)在西方数理哲学界流传一时①.

在历史上,还有另一种情形而被称之为悖论的,那就是由于新观念的发现和引入,违背了具有历史局限性的传统观念.因而这就不是推理看上去好像是合理的问题,而是传统观念貌似真实之事了.例如,我们在1.1节中所论及之Galileo的发现,即"平方数与自然数一一对应"而矛盾于"全体大于部分"这一传统原则,当时也有Galileo悖论之称,这就不是发现在推理上有什么问题,而是从有限性对象关系中抽象出来的(全体大于部分)原则,对于无限性对象不能适用的实情了.又例如,我们将在下文中要论及的古代Pythagoras学派成员Hippasus的发现,即等腰直角三角形之直角边与其斜边不可通约的事实,从而矛盾于"一切量都可用有理数表示"的传统信条.后来也被叫做Hippasus悖论.诸如此类的悖论还可列举,但所有这些均与当今意义下所说的悖论之含义存在较大距离.

---

①1982年,徐利治、朱梧槚等给出了抛球悖论的一种解释方法,详见文献[103]—[105]及文献[109]的9.1～9.3节.

那么,所谓当今意义下所说之悖论的含义又是什么呢?或者说,现在是怎样去定义悖论这个概念的.曾有一类流行的说法,如“悖论是一种导致逻辑矛盾的命题.这种命题,如果承认它是真的,那么它又是假的,如果承认它是假的,那么它又是真的.”[157]又如“悖论是指这样一个命题 A,由 A 出发,可以找到一语句 B,然后,若假定 B 真,就可推得 $\neg B$ 真,亦即可推出 B 假.若假定 $\neg B$ 真,即 B 假,又可推导出 B 真.”[158]再有如“一个命题构成一个悖论,如果由它的真可以推出它的假,而由它的假又可推出它的真.”[159],诸如此类的定义法,本质上是一样的,无非是说,悖论就是一种肯定与否定相等价的复合命题,其符号表达式或可记为 $A\Leftrightarrow\neg A$.悖论概念的这种定义法,不能说它是错的,还应说它是相当合理的,但应指出,还有不足之处,或者说尚不够全面.第一,任何一个悖论,实质上都相对地被包含在某个理论体系中,例如,我们下文要论及的 Russell 悖论和 Cantor 悖论等,都是被包含在古典集合论中的悖论.可能有的悖论看上去不针对哪个理论系统,其实只是该悖论所属之系统的原始概念和基本原则没有明朗化罢了.否则,如果竟有这样一个悖论,它将被包含在历史的和将来的任何一个理论体系中,或者不被包含在历史的和将来的任何一个理论体系中,那么,我们就既不要去研究什么悖论的成因,也不必去考虑排除悖论的办法,因为既有这种绝对的悖论出现,那么研究它也无济于事.当然,我们也不相信会有这种悖论出现.由此可见,当我们给悖论下定义时,如果忘记了“相对于某一理论体系”这个前提,将会造成怎样的误解.第二,并不是每个悖论都要被陈述为一个命题或某一语句的形式,有的悖论往往要以一个推演过程来表述.第三,人们也并不习惯于把每个悖论都化归为“肯定等价于否定”的形式,也可用某个系统中并存的两个互相矛盾的命题来表述一个悖论.例如,我们将在下文中要论及的 Cantor 悖论,大家都习惯于把它表述为古典集合论中的两个互相矛盾的命题.既没有也不必化归为两个矛盾命题的等价式.总之,孤立地用 $A\Leftrightarrow\neg A$ 去作为悖论的定义是不够全面的.所以,我们主张采用 A. A. Fraenkel 与 Y. Bar-Hillel 的说法:“如果某一理论的公理和推理原则看上去是合理的,但在这个理论中,却推出了两个互相矛盾的命题,或者证明了这样一个复合命题,它表现为两个互相矛盾的命题的等价式.那么,我们就说这个理论包含了一个悖论.”[160]应当说,这样来定义悖论较为全面合理,因为在这里,首先指明了任何一个悖论,总是相对于某一理论系统而言的,其次又指出了一个悖论,可以表现为某一理论系统中之两个互相矛盾的命题的形式,同时又指出,悖论也可集中地表现为“肯定等价于否定”的复合命题.照此看来,上文所述的那种 $A\Leftrightarrow\neg A$ 的定义方法,只是反映了 Fraenkel 与 Bar-Hillel 陈述中之最后两句话,因而不够全面.在此还应特别指出,Fraenkel 与 Bar-Hillel 的如上陈述中的第一句话,不光是指明了任一悖论总相对于某个理论系统,更重要的是强调了该系统的公理和推理原则看上去是合理的,如果疏忽了这一点,那么大家就可轻而易举地将一些明显的矛盾命题,凑合起来构成一个系统,然后宣布已在该系统中创造性地发现了悖论.

公元前6世纪,克里特哲学家Epimenides构造了一个命题:一个克里特人说:"所有的克里特人所说的每一句话都是谎话."现在问该命题是真是假,若设其为真,那么因为说这句话的人也是一个克里特人,从而按该命题的结论可知其为假,这就是说,由这句话为真可推知该话为假.当然,若设这是一句假话,则未必导致矛盾,亦即由该命题之假不能推出其为真.但仅就一命题之真可导出该命题为假这一点而言,也够引人注目了,并与上文所言之当今意义下的悖论概念已有一半吻合了,亦可在这个意义上,把Epimenides所构造的这个命题视为当今意义下之悖论的直接起源,在此顺便指出,也有把上述Epimenides命题误认为当今意义下之悖论的情况出现过.例如,"据说有一个克里特人说:'凡克里特人都说谎',结果无论这句话是真是假,都引起矛盾."[161]"古希腊时代一个克里特岛上的人说:'克里特岛上的人是说谎者'.如果这句话真,则他自己(是克里特岛上的人)便说谎,从而这句话假.如果这句话假,则克里特岛上的人不说谎,而这句话可为真."[162]又如文献[163]中亦有类似陈述.其实诸如此类的说法都是一种误解或疏忽,因为若设Epimenides命题为假,应推出并非每个克里特人总说谎,但推不出这句话为真话.对此,有兴趣的读者还可查阅文献[164]—[166]中相关内容的讨论.

类同于Epimenides命题的例子是可以构造的,例如,"上帝是全能的,全能就是胜过一切."试问此话真假如何?若设该话为真,则可问:"上帝能否创造一个对手来击败上帝呢?"如果能,则上帝就要被上帝创造出来的对手击败,故上帝并非全能.如果不能,就说明上帝还有事情做不到,因而并非全能.不论何说,均导致"上帝全能"为假,但是反设这句话为假,却并不导致任何矛盾,全能的上帝本来就不存在.

上文所论之现代意义下的悖论概念,也可这样表述:"一个理论系统,其基本概念和思想原则看上去是合理的,但在系统中却发现有命题A,设A为真,导致矛盾,设A为假,也导致矛盾.用符号来表示,即$A \vdash B, \neg B \& \neg A \vdash B, \neg B$(当然,实质上是和$A \Leftrightarrow \neg A$一回事),那么,就说在该理论中出现了悖论."如此,上述Epimenides命题或"上帝全能"就都不构成现代意义下的悖论,因为在那里,只有$A \vdash B, \neg B$,但是没有$\neg A \vdash B, \neg B$.另一方面,上述二例虽不构成现代意义下的悖论,却也指明了一种逻辑上的道理,那就是当否定者自身被包括在被否定之对象中时,则否定者本身必然走向它的反面."上帝全能"原要否定一切,而否定者上帝本身也置身于这一切之中,结果走向反面,上帝自身也被否定.Epimenides命题中的那个克里特人也是一样,由于他自身也是克里特人,必然导致他自身说谎.

公元前4世纪,Eubulides顺着Epimenides命题的思路,构造了一个命题,"现

在我说的是一句假话".后来,人们又把 Eubulides 命题等价地改述为下述命题:

在本页本行里所写的那句话是谎话.

由于上一行里除了这句话本身之外别无其他的话,因此,这是一句话中有话的话,而且被套在其中的话就是套它之话本身,于是若设该话为真,则就要承认该话之结论,而其结论是指明这是一句假话,而所指的那一行中除了该话本身之外别无其他话,从而推出这是一句假话.又若设该话为假,则应肯定该话结论之反面为真,而该话结论之反面是指明这是一句真话,同样因为所指的那一行中除了该话本身之外别无他话,从而又推出这是一句真话.总之,设其为真导出矛盾,设其为假也导出矛盾.哪种说法都不行.因而这是一种符合现代意义下之悖论概念的悖论.人们称之为"强化了的说谎者悖论"或"永恒性说谎者悖论".

后来,Russell 还对 Epimenides 命题指出,如果在 Epimenides 命题再加上一个前提,即先假定"在此克里特人说这句话之前的每个克里特人所说的每句话为假话",则加了这个前提的 Epimenides 命题也成为现代意义下的悖论.因设其为真可推出它为假是无疑的,现再设其为假,则至少有一个克里特人说过真话,但在所加前提下,也就只有该克里特人所说的这句话为真话了.因而就由其假也可导出其为真.从而也就符合现代意义下的悖论概念了.

对于上述"强化了的说谎者悖论"而言,问题出在什么地方?主要在于语无层次,或说语言层次不分,被论断是真是假的话和论断它的话混而为一,套在同一个层次上了.后来,Tarski 还对这个"永恒性说谎者悖论"进一步概括,给出了一个严格的表述形式,如下所述:

首先,按照"命题为真"的含义,有这样的原则:

(1) X 是真的,当且仅当 P.

这里 P 是任意一个命题,而 X 是这一命题的名称.

现考虑命题:

C 不是真的.

现用缩写符号 C 来表示本页上一行里所写下的那个命题.于是应有:

(2) "C 不是真的"等同于 C.

由(1)可知:

(3) "C 不是真的"是真的,当且仅当 C 不是真的.

由(2)和(3)可知:

C 是真的,当且仅当 C 不是真的.

矛盾.

问题在何处?问题在"C 不是真的"本来是一个论断命题 C 是真是假的命题,但在这里,由于"C 不是真的"等同于 C,因而被论断的命题 C 又是论断 C 的命题本身.所以仍然是论断者和被论断者混而为一.不妨把这种混而为一的情况叫做“自关联”.现让我们设法避开这个自关联,矛盾能否由此消除呢?请看下述古代学者Socrates和Plato的对话:

Plato:下面Socrates说的是假话;

Socrates:上面Plato说的是真话.

现问Socrates语是真话还是假话,设其为真,则应承认Plato语为真,按Plato语的结论,则应肯定Socrates语为假.故由其真可推出其为假.反之,设Socrates语为假,则应承认Plato语为假,故应肯定Plato语之结论的反面为真,因而又推出Socrates语为真,如此又由其假推知其为真.类似地问Plato语的真、假时亦将导致悖论,这叫做Socrates-Plato悖论.

这说明避开了自关联也会出矛盾.实际上,这里的Plato语本来是用于论断Socrates语之真假的,而被论断的Socrates语,却又成为论断(用以论断Socrates语的)Plato语,所以兜了一圈,仍然混乱了语言层次,这和自关联是换汤不换药,前者是混而为一,后者是循环而为一.还有一位英国数学家,把上述Socrates-Plato悖论改写为如下的形式:

在一张白卡片的一面写:

这张卡片背面的句子是真的.

在同一张卡片的另一面写的是:

这张卡片背面的句子是假的.[163]

显然,这和Socrates-Plato悖论在内容实质上是一样的.

现在让我们在下一行写上一句话:

现在正在下雨. (A)

再在下一行写一句话:

前一行里写的那句话是谎话. (B)

这是不能形成悖论的.语句(B)是真是假,要看(A)的真假,而(A)的真假决定于现在是否下雨.在这里,语句(A)是被论断的话,而语句(B)是对(A)作论断的话.所以语言层次分明,既不混同又不循环,这表明要排除上文所论之“强化了的说谎者悖论”和“Socrates-Plato悖论”,关键在于语言分层,这既是近代语义学诞生和发展的一个背景,同时也是近代语义学所研究的一个重要内容.

1.3 数学危机

所谓数学危机,指的是在数学发展的某个历史阶段中,出现了一种相当激化的、涉及整个数学理论基础的矛盾.“公元前5世纪,一个希腊人,Pythagoras学派的Hippasus,发现了等腰直角三角形的直角边与斜边不可通约,从而导致了数学的第一次危机."[156] 事情是这样,当时人们还处在刚刚从自然数概念脱胎而形成有理数概念的早期阶段,对于无理数的概念一无所知.因此,当时人们的普遍见解是确信一切量均可用有理数来表示,亦就是说,在任何精确度的范围内的任何量,总能表示为有理数,这在当时,已成为希腊人的一种普遍信仰.这也是 Pythagoras 学派的信条,在 Pythagoras 看来,不仅深信数的和谐与数是万物之本源,而且宇宙间的一切现象都能归结为整数或整数比.另外,Pythagoras 学派的重大贡献之一是证明了勾股弦定理,也就是直角三角形两直角边之平方和等于斜边的平方,然而 Hippasus 指出:取一直角边均为 1 的等腰直角三角形,如果其斜边为整数比,约去分子分母间的公因数后为 m/n,那么 m 与 n 中至少有一个是奇数,由勾股弦定理知有 $1^2+1^2=\left(\frac{m}{n}\right)^2$,于是 $2=m^2/n^2$,故 $m^2=2n^2$,所以 m 是偶数,那么,一方面由于 m 与 n 中必有一个为奇数而知 n 为奇数,另一方面,既然 m 为偶数,当可表为 $m=2k$,于是 $4k^2=2n^2$,故 $n^2=2k^2$,因而 n 亦为偶数,矛盾.这表明所说等腰直角三角形之斜边无法用整数或整数之比去表示.这就严重触犯了 Pythagoras 学派的信条,同时也冲击了当时希腊人的普遍见解,这使人们感到惊奇不安.直接动摇了这个历史时期的数学基础,传统观念受到了挑战.正如 1.2 节所提及的,Hippasus 的这一发现,也被叫做 Hippasus 悖论.相传 Pythagoras 学派因此而将 Hippasus 投入海中处死,因为他在宇宙间搞出了一个直接否定他们学派信条的怪物,而且他不顾学派的规定,敢于向学生披露新的数学思想.当然,Hippasus 的伟大发现是淹不死的,它以顽强的生命力而被广为流传,迫使人们去认识和理解"整数及整数比(有理数)不能包括一切几何量".迫使 Pythagoras 学派承认这一悖论和提出单子概念去解决这一矛盾.单子概念是一种如此之小的度量单位,以致本身是不可度量却同时要保持为一种单位.这或许是企图通过"无限"来解决问题的最早努力.但是,Pythagoras 学派的这种努力又引起了 Zeno 的非难.Zeno 认为一个单子或者是 0,或者不是 0,如果是 0,则无穷多个单子相加也产生不了长度,如果不是 0,则由无穷多个单子组成的有限长线段应该是无限长的,不论怎么说都矛盾.[167] 如上所说之 Hippasus 的发现所引起的矛盾局面,连同 1.2 节中所言及的 Zeno 悖论在内,都被视为构成数学第一次危机的组成部分.另一方面,这种危机局面的出现,也进一步促使人们,从依靠直观感觉与经验而转向依靠证明,推动了公理几何学与逻辑学的诞生和发展.

数学史上把 18 世纪微积分诞生以来在数学界出现的混乱局面称为数学的第二次危机.如所知,在 17 世纪和整个 18 世纪,由于微积分理论的产生及其在各个领域里的广泛应用,使得微积分理论得到了飞速的发展.但在另一方面,当时的整个微积分理论却是建立在含混不清的无穷小概念上,从而没有一个牢固的基础,遭到了来自各个方面的非难和攻击.

大主教 Berkeley 于 1734 年向数学家质疑:所谓瞬时速度是 $\Delta S/\Delta t$ 在 Δt 趋向于 0 时的值,那么 ΔS 或 Δt 是什么? 如果 Δt 和 ΔS 是 0,则 $\Delta S/\Delta t$ 就是 0/0,从而无意义. 如果它们不是 0,即使极为微小,其结果只能是近似值,绝不是所求瞬时速度的精确值,总之,不论它们是 0 或不是 0,都将导致荒谬. 对此,大家都熟悉自由落体下落距离的公式 $S=\frac{1}{2}gt^2$,因为$\frac{1}{2}g$ 不过是一常数. 为简单计,讨论 $S=t^2$ 就可以了. 当 $t=t_0$ 时,下降距离为 $S_0=t_0{}^2$,当 $t=t_0+h$ 时,其下降距离将为 $S_0+L=(t_0+h)^2$,故物体在 h 秒内所降之距离为 $L=(t_0+h)^2-S_0=(t_0+h)^2-t_0{}^2$. 从而 h 秒内物体下落之平均速度为

$$\frac{L}{h}=\frac{(t_0+h)^2-t^2}{h}=\frac{2t_0h+h^2}{h}=2t_0+h.$$

显然,当时间的间隙 h 越小时,平均速度就与瞬时速度或真正速度越接近,但是不论 h 多么小,只要 h 不等于 0,则平均速度就不等于点速度或真正速度. 如果 $h=0$,即考虑那一点的速度,但此时已经没有距离的改变,从而所说之$\frac{L}{h}$变成了没有意义的$\frac{0}{0}$,从而也无法求得真正的速度.

Newton 和 Leibniz 也曾为摆脱此困境而分别提出种种解释,例如:

(1) 说 h 是无穷小,故 h 不等于 0,因而认为$\frac{L}{h}=\frac{2t_0h+h^2}{h}$有意义,并可化简为 $2t_0+h$,但无穷小与有限量相比,可以略而不计,于是 $2t_0+h$ 就变为 $2t_0$,并且 $2t_0$ 就是 $t=t_0$ 时的点速度.

(2) 说$\frac{2t_0h+h^2}{h}$的终极比(ultimate ratio)为 $2t_0$,也就是 $t=t_0$ 时的速度.

(3) 说 h 趋于 0 时,既不在 h 变为 0 之前,也不在 h 变为 0 之后,而正好在 h 刚刚达到 0 时,$\frac{2t_0h+h^2}{h}$之值为 $2t_0$.

不论哪种说法,无非都是为消除如下的矛盾而使之能摆脱困境,这个矛盾是:一方面要使$\frac{2t_0h+h^2}{h}$有意义,必须 h 不等于 0;另一方面,要使 $t=t_0$ 时的真正速度为 $2t_0$,则又必须 $h=0$. 那么同一个数量 h 在同一个问题中,如何能既等于 0,同时又不等于 0 呢? 这个矛盾,人们也曾称之为 Berkeley 悖论.

在这一时期,从各个方面对微积分理论的种种非难和攻击中,要算 Berkeley 大主教所作的批评最为激烈. "Berkeley 批判了 Newton 的许多论点,例如,在《求曲边形的面积》一文中,Newton 说他避免了无穷小,他给 x 以增量,展开 $(x+0)^n$,减

去 x^n，再除以 0，求出 x^n 的增量与 x 的增量之比，然后扔掉 0 的项，从而得到 x^n 的流数. Berkeley 说 Newton 首先给 x 以一个增量，然后让它是 0，这违背了背反律. ”[112]“至于导数被当做 y 与 x 消失了的增量之比，即 dy 与 dx 之比，Berkeley 说它们既不是有限量，也不是无穷小量，但又不是无. 这些变化率只不过是消失了的量的鬼魂. ”[112]大主教 Berkeley 之所以猛烈批评微积分，主要是因为他对当时自然科学的发展所造成之对宗教信仰的日益增长的威胁极为恐惧. 但也正由于当时的微积分理论没有一个牢固的基础，致使来自各方面的非难和批评言之有物. 所以，“在整个 18 世纪，对于微分和积分运算的研究具有一种特殊的痛苦，因为一方面是纯粹分析领域及其应用领域内的一个接一个的光辉发现，但与这些奇妙的发现相对照的却是由其基础的含糊性所导致的矛盾愈来愈尖锐. ”[112]这就不能不迫使数学家们认真对待这个 Berkeley 悖论，借以解除数学的第二次危机，这就直接导致了微积分的 Cauchy-Weierstrass 时代. Cauchy 详细而又系统地发展极限论，Dedekind 在实数论的基础上，证明了极限论的基本定理，Cantor 与 Weierstrass 都加入了为微积分理论寻找牢固的基础而努力工作的行列，发展了 $\varepsilon-\delta$ 方法和极限理论，避开了实体无限小和无限大概念的设想和使用，这就是今天所说的标准分析.

普遍认为，由于严格的微积分理论的建立，上述数学史上的两次危机已经解决. 但在事实上，建立严格的分析理论是以实数理论为基础的，而要建立严格的实数理论，又必须以集合论为基础，而古典集合论的诞生和发展，却又偏偏出现了一系列悖论，并由此而构成了更大的危机.

悖论的出现，原来并没有真正引起数学家和逻辑学家的重视，似乎古昔相传的悖论，只是人为地制造出来的东西，并不值得介意. 直到 19 世纪 90 年代，悖论在作为整个数学之理论基础的集合论中出现了，这才开始引起数学家们的注意.

古典集合论的创始者 Cantor 于 1895 年第一个在他自己所创立的集合论中发现了悖论，但他没有公开，也不敢公开. 然而矛盾是包不住的，1897 年，原先由 Cantor 自己所发现的这个悖论还是由 Burali-Forti 发现了，并且公诸于世，因而人们就称之为 Burali-Forti 悖论. 现陈述如下：

首先，在超限数论中，可证得下述定理成立. [168]

定理 1　任何一个良序集 A，不能与 A 的任何截段 A_a 相似.

定理 2　凡由序数所组成的集，按其大小为序排列时，必为一良序集.

定理 3　一切小于序数 α 的序数所组成之良序集 W_α 的序数 $\overline{W}_\alpha$ 就是序数 α，即 $\overline{W}_\alpha=\alpha$.

其次，让我们将一切序数汇集起来构成一集，记为 Γ，亦即

$$\Gamma=\{x \mid x \text{ 为一序数}\},$$

根据 Cantor 用以造集的概括原则来构造上述集合 Γ 是完全合理的. 于是，由上述

定理 2 可知，Γ 能以排成一良序集，故良序集 Γ 有一序数，记为 r，即 $\overline{\Gamma}=r$. 既然 Γ 是一切序数所组成的良序集. 应有 $r\in\Gamma$，那么 Γ_r 便是 Γ 之元 r 截 Γ 所得的一个截段，由定理 3 可知 $\overline{\Gamma_r}=r$. 如此将由上述 $\overline{\Gamma}=r$ 与 $\overline{\Gamma_r}=r$ 而推知 $\overline{\Gamma}=\overline{\Gamma_r}$. 这表明良序集 Γ 的序数与它的一个截段 Γ_r 的序数相同，因而 Γ 与 Γ_r，相似，从而矛盾于定理 1. 大家称这个矛盾为 Burali-Forti 悖论.

在 Burali-Forti 悖论公布后两年，即 1899 年，Cantor 又发现了一个矛盾，并公诸于世，人们称之曰 Cantor 悖论，陈述如下：

如所知，在古典集合论中有下述定理.

定理 4（Cantor 悖论） 任何集合 M 的势（基数）$\overline{\overline{M}}$ 小于其幂集 $\mathscr{P}(M)$ 的势 $\overline{\overline{\mathscr{P}(M)}}$. 其中所谓幂集，即对任何集 M 而言，由 M 的一切子集所构成的集合叫做 M 的幂集，并记为 $\mathscr{P}(M)$.

现据 Cantor 的概括原则，可构造一切集合所组成的集合，记为 U，即

$$U=\{x \mid x \text{ 为一集}\}.$$

如此，一方面由上述 Cantor 定理知有 $\overline{\overline{U}}<\overline{\overline{\mathscr{P}(U)}}$，另一方面，又可证 $\overline{\overline{\mathscr{P}(M)}}$ 为 U 的一个子集. 事实上，设 $x\in\mathscr{P}(U)$，则 x 为 U 的一个子集，故 x 为一集合，按 U 的定义与构造，应有 $x\in U$，于是 $\mathscr{P}(U)\subseteq U$，从而应有 $\overline{\overline{\mathscr{P}(M)}}\leqslant\overline{\overline{U}}$，矛盾. 人们称之曰 Cantor 悖论.

直到 1900 年，虽然在古典集合论中出现了如上所述的一些悖论，但也并没有引起数学家们的多大不安，因为大家认为悖论的出现，只是牵涉到集合论中的一些较为专门的技术问题，只要作些技术性的修改或调整，便能解决问题. 因而在这种认识之下，不仅没有为悖论的出现而不安，相反地，一种充满安全感的情绪笼罩着大家. 正如文献[162]中所述："集合论的概念是逻辑概念，而且一般认为集合是属于逻辑的，逻辑的理论似乎应该是没有矛盾的. 因此，归约到了集合论，看来快要达到目的了. 的确，在 1900 年于巴黎召开的国际数学会议上，法国大数学家 Poincaré 宣称：数学的严格性，看来今天才可说是实现了. 事实上，当时的数学家都喜气洋洋，非常乐观."[162] 以前，对于非欧几何的不矛盾性、欧氏几何的不矛盾性、实数论的不矛盾性等，人们虽然不能马上作出证明，但大家都相信不会导致矛盾，事实上，也从未遇到出现矛盾的麻烦.[162] "现在已把这些理论的不矛盾性直接间接地归约到集合论的不矛盾性，以致人们更加相信集合论绝对不会出现矛盾."[162]

然而，如上所述的这种安全的想像未能维持多久，事隔不到两年，著名的 Russell 悖论被公诸于世，这可惊动了整个西方哲学界、逻辑学界和数学界. 因为人们对 Russell 悖论稍加分析，就会看出，只要用逻辑术语来替代集合论术语，Russell 悖论就要直接牵涉到逻辑理论本身，从而直接冲击了数学与逻辑这两门一向被认

为是最严谨的学科，这就使数学家和逻辑学家不得不去认真对待和研究悖论问题了. 现将 Russell 悖论陈述如下：

集合可分为两种：一种是本身分子集，例如，“一切概念所组成的集”，由于它本身也是一个概念，所以必为该集自身的一个元素. 又如“一切集合所组成的集合”也是一个本身分子集，因为按定义知任何集都是该集的元素，而其本身即为一集合，因而也不能例外地为该集(即其自身)的一个元素. 另一种是非本身分子集，即其本身不是它自身的元素. 例如，自然数集合决不是某个自然数，因此自然数集合 N 不可能是 N 的一个元素，即 $N \notin N$. 如此，任给一集 M，则 M 要么是本身分子集，即 $M \in M$，要么是非本身分子集，即 $M \notin M$. 现据 Cantor 的概括原则，可将一切非本身分子集汇集起来构成一集，亦即

$$\Sigma = \{x \mid x \notin x\}.$$

此处 $x \notin x$ 表示集合 x 不是它自身的元素，即 x 为一非本身分子集. 另外，我们也用 $x \in x$ 来表示集合 x 为其自身的一个元素，此时 x 便是一个本身分子集了. 现在要问上述一切非本身分子集($x \notin x$)构成的集 Σ 是哪一种集合？即问此集 Σ 是本身分子集，还是非本身分子集？若设 Σ 为本身分子集，则 Σ 为其自身的一个元素，而 Σ 的每个元素都是非本身分子集，从而作为 Σ 之元的 Σ 也必须是一个非本身分子集. 故由 Σ 为本身分子集而推得 Σ 为非本身分子集，亦即由 $\Sigma \in \Sigma$ 而推出 $\Sigma \notin \Sigma$，或者说由 Σ 具有 $x \in x$ 的性质推得 Σ 具有性质 $x \notin x$，总之矛盾. 现再设 Σ 为一非本身分子集，又按 Σ 的构造可知，任何非本身分子集都是 Σ 的元素，故 Σ 作为非本身分子集亦应为 Σ 的一元素，即 $\Sigma \in \Sigma$，故 Σ 是一个本身分子集. 如此，又由 Σ 为非本身分子集而推得 Σ 为本身分子集，亦即由 $\Sigma \notin \Sigma$ 而推得 $\Sigma \in \Sigma$，或者说由 Σ 有性质 $x \notin x$ 而推得 Σ 具有性质 $x \in x$，还是矛盾. 亦即不论哪种说法都说不通. 这就是著名的 Russell 悖论.

Russell 悖论作为古典集合论中的一个悖论，不仅很快发现它可化归为最基本的逻辑概念的形式，而且进一步发现能用日常语言来表述它的基本原则，Russell 自己就在 1919 年把它改为著名的“理发师悖论”. 现陈述如下：

李家村上所有有刮胡子习惯的人可分为两类，一类是自己给自己刮胡子的；另一类则是自己不给自己刮胡子的，李家村上有一个有刮胡子习惯的理发师自己约定：“给且只给村子里自己不给自己刮胡子的人刮胡子.”现在要问这个理发师自己是属于哪一类的人？如果说他是属于自己给自己刮胡子的一类，则按他自己的约定，他不应该给他自己刮胡子，因而是一个自己不给自己刮胡子的人. 再设他是属于自己不给自己刮胡子的一类，则按他自己的约定，他必须给他自己刮胡子，因之他又是一个自己给自己刮胡子的人了. 哪种说法都说不通，这就是所谓理发师悖论.

顺便指出，Zermelo 也曾同时独立地发现了这个悖论，所以也有 Russell-Zermelo 悖论之称. Russell 悖论的出现，不仅对上文所述之 Poincaré 关于“完全的严格性已经达到”这个说法是一个否定，而且直接动摇了 Poincaré 企图通过集合论来为微积分奠基的信心. 另外，有如 Dedekind 正在为分析数学和数论奠基而著述《什么是数，其意义如何?》一文，又有逻辑学家兼数学家 Frege 的巨著《关于算术概念》也接近完成，但由于他们的理论，都涉及集合论及其基本概念，从而一时延搁了所说的这些著作的出版. 特别是 Frege 还感慨地写道：“对于一个科学家来说，没有一件事比下列事实更为扫兴的了，即当他的工作刚刚完成的时候，突然发现它的一块基石崩塌了下来，当本书（指上述《关于算术概念》一书）的印刷快要完成的时候，Russell 先生给我的一封信，使我陷于这样的境地. ”[162]

综上所述，人们恰当地把集合论悖论的出现及其所引起的争论局面称之为数学的第三次危机. 应当指出，在一定程度上讲，数学第三次危机乃是前两次危机的发展和深化，因为集合论的悖论所涉及的问题更加深刻，涉及的范围更为广阔.

1.4 近代公理集合论对悖论的解决方案

应当指出：“Russell 对于悖论的研究很有贡献，这是许多数学家和逻辑学家公认的，虽然他的理论在实践上造成很大的困难，但现有的一些解决悖论的方法，无不渊源于 Russell 早年提出的见解. ”[171] 因为 Russell 是从本质上，而不是从个别技术性细节上来分析悖论的，亦即“Russell 把 Cantor 集合论所导致的悖论剥去了一切数学上技术性的枝节，从而揭示了这样一个惊人的事实，即我们的逻辑直觉（诸如关于真理、概念、存在、集合的直觉）是自我矛盾的. ”[172] Russell 认为：“一个集合可以用两种方法予以定义，我们可以枚举它的元素……也可以指明它的性质……那种枚举式的定义称为外延性的定义，而那种指明性质的定义方法称为内涵式的定义. ”[173] 基于这样一种考虑问题的准则，寻找出路的办法有两条道路可走，这就是 Russell 当年所指出的几个可能方向中的被称之曰“量性限制理论”和“曲折理论”这样两个方向，更确切地可称之为“外延理论”和“内涵理论”. 对于 Russell 指出的曲折理论，后来在 Quine 的工作中得到了阐发，至于量性限制理论，其最主要的特性就是对于全集或无限之关于某种现象的概念的存在性加以限制，后来由 Zermelo 和其他人所发展起来的公理化集合论，就可以看成是对这一思想的阐发. [172] 此外，随着悖论的出现和研究，人们也曾考虑过，既然作为整个经典数学之理论基础的集合论是自相矛盾的，那么能否干脆把那个矛盾百出的古典集合论抛弃掉，设法为数学寻找别的理论作为它的基础，但经探索研究，发觉这样做实在太难了. 还不如立足于改造古典集合论，使之能以自圆其说. 因而大家又致力于改造古典集合论了. 迄至目前为止，归纳起来，“改造的方案主要有二：一是 Russell

的类型论，二是 Zermelo 的公理集合论."[161] 关于 Russell 的类型论，在本书中就不讨论了，在本节中，我们将分析讨论 Zermelo 等人沿着 Russell 指出的量性限制论那个方向所展开的工作和思想方法.

自 Russell 悖论出现以后，Zermelo 想借助于他所说的"划分公理"（也称分出公理或子集公理）来排除它（或说给出解释方法），至于该法是否有效，尚要看他的具体做法再作定论.

划分公理　任给一集 L 和一性质 p，则集合 L 中一切满足性质 p 的元素可以汇集起来构成一集 Γ，即 $\Gamma=\{x|x\in L\&p(x)\}$ 为一集合.

此处的性质 p，当然是 Cantor 意义下能以用来造集的精确性质，即一元谓词. 对此，请参阅本书 1.1 节中关于概括原则之讨论的相关内容.

根据划分公理，可证下述定理为真.

定理　任给一集 L，必有 L 的一个子集 Γ，它不是 L 的元素，即总有 $\Gamma\subseteq L\&\Gamma\notin L$.

证明　设 L 为任给的一个集合，又令 $x\notin x$ 为上述划分公理中所说的性质 p，则由上述划分公理可知 $\Gamma=\{x|x\in L\&x\notin x\}$ 为一集，显然，Γ 为 L 的一个子集，现证 Γ 不是 L 的一个元素，即要证 $\Gamma\notin L$. 否则，若设 $\Gamma\in L$，即 Γ 为 L 的一个元素. 由于集合 L 中的任何元素，要么具有性质 $x\notin x$，要么不具有性质 $x\notin x$，从而具有性质 $x\in x$，无一例外，现既已设定 $\Gamma\in L$，则 Γ 也不例外，它要么具有性质 $x\notin x$，即 Γ 为一非本身分子集，即有 $\Gamma\notin\Gamma$，要么 Γ 具有性质 $x\in x$，即 Γ 为一本身分子集，即有 $\Gamma\in\Gamma$.

我们先设 Γ 有性质 $x\notin x$，又因我们假设有 $\Gamma\in L$，故 Γ 具有性质 $x\in L\&x\notin x$，根据 Γ 的构造可知 Γ 为 Γ 的一个元素，从而 $\Gamma\in\Gamma$，即 Γ 具有性质 $x\in x$，矛盾.

我们再设 Γ 具有性质 $x\in x$，即 $\Gamma\in\Gamma$，故 Γ 为 Γ 的一个元素，但因 Γ 的每一元素均有性质 $x\in L\&x\notin x$，故作为 Γ 之元素的 Γ 也不例外，亦应具有性质 $x\in L\&x\notin x$，故 Γ 有性质 $x\notin x$，又矛盾.

总之，在原设 $\Gamma\in L$ 的前提下，哪种说法都导致矛盾. 故原设不能成立. 故 Γ 不是 L 的元素.

有了上述定理，即可证明 Russell 悖论中的那个"一切非本身分子集的'集'Σ"不是一个集合. 否则，若设 $\Sigma=\{x|x\notin x\}$ 为一集合. 则由定理可知，Σ 必有一子集 Γ 不是 Σ 的元素，亦即应有

$$\Gamma\subseteq\Sigma\&\Gamma\notin\Sigma. \tag{△}$$

既然 Σ 为一集合，Γ 又是它的子集，于是应承认 Γ 是一个集合，从而可问 Γ 是本身分子集，还是非本身分子集. 若设 Γ 为本身分子集，则有 $\Gamma\in\Gamma$，但因 $\Gamma\subseteq\Sigma$，故推知 $\Gamma\in\Sigma$，矛盾于上述(△). 再设 Γ 为非本身分子集，则因 Σ 为一切非本身分子集汇集

起来构成的集合，从而 Γ 必为 Σ 的一个元素，故 $\Gamma\in\Sigma$，又矛盾于上述（$*$），总之哪种说法都导致矛盾，这表示原设 $\Sigma=\{x|x\notin x\}$ 为集合一事不能成立. 从而 Σ 不是集合. 既然 $\Sigma=\{x|x\notin x\}$ 根本不是集合，那也不能问 Σ 是本身分子集还是非本身分子集，从而也就谈不上 Russell 悖论的出现和存在了.

这样一来，从表面上看，似乎只要承认划分公理，Russell 悖论就能排除，或者说就能给出 Russell 悖论的一种解释方法，其实不是这样简单. 人们要问，划分公理是和那些原始概念、推理原则和基本原理结合起来进行推理的. 否则，仅由一条划分公理，不要说进行推理，连它自身的陈述也不可能. 所以"只要承认划分公理，便可给出 Russell 悖论的解释方法，或者就能排除 Russell 悖论"这种孤立的说法，不只是粗糙的，几乎可以说是错误的. 实际上，必须配以一整套的原始概念和推理原则，亦即要有一个公理系统，其中包括划分公理在内，我们能够证明 Russell 悖论不在这个系统中出现.

现在，让我们考虑一下概括原则与划分公理之间的关系，显然，Zermelo 的划分公理不过是 Cantor 之概括原则的一个简单的推论，因为只要承认概括原则，我们可将划分公理中构造 Γ 的 $x\in L\,\&\,p(x)$ 视为一个整体，并看成是概括原则用以造集的某种性质 p，那么就得承认

$$\Gamma=\{x|x\in L\,\&\,p(x)\}$$

为一集合. 所以，在承认概括原则的前提下，那个所谓划分公理便自然成立，无需作为公理引入. 但是反过来是不一样的，概括原则决不是划分公理的推论，因为划分公理必须预先设定存在一个集合 L 为前提，概括原则造集却没有此要求.

这样一来，如果从承认概括原则这个前提出发，一方面由概括原则直接推知 Russell 悖论中的那个 $\Sigma=\{x|x\notin x\}$ 为一集合，另一方面却又由概括原则而推出划分公理，从而由上文所论而推知 $\Sigma=\{x|x\notin x\}$ 根本不是集合. 这表明从概括原则这个前提出发，既可以推出 A，又能推出 $\neg A$，由此而普遍怀疑，这个概括原则本身就是自相矛盾的，自然就是导致悖论的祸根了.

再举一例，一方面由概括原则可导出划分公理，又由此而可证明"任一集合必有一子集不是它的元素". 从而又可有下面的结论：

Cantor 悖论中的那个 $E=\{x|x$ 为一集$\}$不是集合. （$*$）

否则，若设 E 为一集，则 E 必有一子集 Γ 不是 E 的元素. 但既然已设 E 为一集，那么 E 的子集 Γ 当然也是一个集合，那么按照 E 的定义与构造，必有 $\Gamma\in E$，这就矛盾于 Γ 不是 E 的元素了. 所以这个 E 不是集合.

另一方面，由概括原则和令"集合"为造集的性质 p，必有结论：

Cantor 悖论中的那个 $E=\{x|x$ 为一集$\}$是一个集合. （$*$）$'$

如此，由概括原则这个前提出发，又推出了互相矛盾的（$*$）和（$*$）$'$这样两个

具体的结论，矛盾的焦点再次集中到概括原则这个 Cantor 用以造集的思想方法上去了. 然而问题究竟出在什么地方，似乎又突出地表现在“一切集合汇集在一起”或者“一切非本身分子集汇集在一起”究竟能不能构成集合这样一个问题，致使大家进一步认为：概括原则所肯定的那种造集的任意性似应加以适当的限制. 不论如何，概括原则都是导致悖论的祸根，应当把它抛弃或修改，这已逐渐深入人心了.

但在这里，我们却要郑重提出一点异议，固然如上文所论，由概括原则这个前提出发，能以推出 A 和 $\neg A$ 两个互相矛盾的命题. 以致普遍怀疑概括原则本身可能有问题，如果只是怀疑，则不仅可以理解，甚至是无可非议的. 但若由此结论，一定是概括原则这个思想方法的问题，它无疑是导致悖论的祸根，那就不是无可非议，而是可以提出异议了，即使如下文将要论及的那样，立足于修改概括原则而去给出悖论的解释方法已经取得一定成效的情况下，还是可以提出异议的. 因为虽说从概括原则这一前提出发，推出了互相矛盾的结论. 但若孤立地只有一条概括原则，能进行推理吗？从概括原则到矛盾命题的出现，不仅是一个过程，而且需要一整套的基本概念和推理原则与之配套并进行推理，如此推出了矛盾，就一定只能是概括原则的问题，为什么不可能是与之配套的某个别的推理原则出了问题，或者也可能是概括原则与某几个其他配套原则都有些问题，总之，仅由前文所论而把导致悖论的责任完全归结到概括原则有问题的根据并不充分，对此，我们认为还是可以考虑，并值得再作探索与研究的. 当然，对于本书而言，这不过是一段题外之言而已.

现在，还是让我们言归正文. 后来，Zermelo 首先构造公理系统，在限制概括原则之造集的任意性原则下，形成了一个没有概括原则，但包括划分公理在内的集合论公理系统. 在该系统内，只承认按系统中公理所允许的限度内构造出来的集才是系统中的集合，否则，当造集依据超出系统中各公理所要求的限度时，就不承认它是系统中的集合. 该系统能对历史上既经出现的二值逻辑数学悖论给出解释方法，即它们不会在系统内出现.

Zermelo 于 1908 年建立了他的集合论公理系统后，几经改进. 最后由 Fraenkel 与 Skolem 在 1921～1923 年间给出了一个严格的解释，进而形成著名的 ZF 系统，ZF 系统是承认选择公理的，通常也写成 ZFC 系统，其中英文字母 C 表示该系统接受选择公理.

如所知，我们曾在文献[110]中讨论过经典二值逻辑的命题演算系统和谓词演算系统. ZFC 系统是以二值逻辑演算系统为其配套之逻辑工具的. 在这里，我们对 ZFC 系统的形式语言与逻辑演算的公理、推理规则等就略而不叙了，但将该系统的各个非逻辑公理作一介绍，借以对这一系统的基本面貌有一概略的了解. 最后还要对 ZF 系统作一简短的一般性评述.

关于 ZFC 系统的陈述有许多版本，在这里，我们采用 Herberr B. Enderton 所

著的 *Elements Of Set Theoty* 一书中的陈述形式，在该书之末所附的公理表中，包括了外延、空集、配对、并集、幂集、子集(即划分)、无穷、选择、替换、正则等 10 条非逻辑公理，我们将按这些公理在该书中的出处一一笔录，有的再写出其另外通用的表达式，特别重要的是给出这些公理的自然语言的素朴解释.

外延公理 $\forall A \forall B[\forall x(x \in A \Leftrightarrow x \in B) \Rightarrow A = B]$.

该公理说，如果两个集合有完全相同的元素，则它们相等.

空集公理 $\exists \varnothing \forall x x \notin \varnothing$.

通常也表达为 $\exists \varnothing \forall x(x \notin \varnothing)$.

该公理表示无条件地承认存在一个不含任何元素的集合，即存在一个集合，任何对象都不是它的元素.

对偶公理 $\forall u \forall v \exists B \forall x(x \in B \Leftrightarrow x = u$ 或 $x = v)$.

该公理指出，对于任何集合 u 与 v，总存在一个集合，恰以 u 与 v 为它的元素.

并集公理(初级形式) $\forall a \forall b \exists B \forall x(x \in B \Leftrightarrow x \in a$ 或 $x \in b)$.

该公理认为，对任何两个集合 a 和 b，存在一个集合，它的元素或者属于 a，或者属于 b，或者属于两者.

幂集公理 $\forall a \exists B \forall x(x \in B \Leftrightarrow x \subseteq a)$.

该公理指出，对任意集合 a，存在一个集合，它的元素恰好是 a 的一切子集. 当然，这里的 $x \subseteq a$ 还可表达为 $\forall t(t \in x \Rightarrow t \in a)$.

子集公理 对每一个不包含 B 的公式________，如下的表达式是公理：

$$\forall t_1 \cdots \forall t_k \forall C \exists B \forall x(x \in B \Leftrightarrow x \in C \,\&\, \underline{\qquad\qquad}).$$

若用自然语言叙述，这个公理断言(对任意 $t_1, \cdots, t_k$ 和 C)存在这样的一个集合 B，其元素正好是 C 中所有使得那个不包含 B 的公式________成立的那些元素 x. 于是，自然得出 B 是 C 的子集(子集公理之名由此而来). 集合 B 被($t_1, \cdots, t_k$ 和 C)唯一确定. 并可用抽象记号的变形 $B = \{x \in C \mid \underline{\qquad\qquad}\}$ 来给它命名，子集公理也叫做划分公理或分出公理.

并集公理(高级形式)

$$\forall x[x \in B \Leftrightarrow (\exists b \in A) x \in b],$$

通常也表达为

$$\forall A \exists B \forall x[x \in B \Leftrightarrow \exists b(b \in A \,\&\, x \in b)].$$

该公理说，对任意集合 A，存在一个集合 B，它的元素正好是 A 的元素的元素全体.

定义 1 对任何集合 a，它的后继 a^+ 定义为

$$a^+ = a \cup \{a\}.$$

定义 2 如果集合 A 满足如下条件：

(1)$\varnothing \in A$,

(2)$\forall a(a\in A\Rightarrow a^{+}\in A)$,

则称该集 A 为一归纳集. 其中条件(2)也叫做集合 A 在后继下封闭,即对每个 $a\in A$,总是 $a^{+}\in A$,亦即如果 a 是 A 的元素,则 a 的后继 a^{+} 也必为 A 的元素.

虽然我们还没给出"无限"的形式定义,但实际上已经看到,任何一个归纳集将是无限的. 但我们至今还没有提供无限集的存在性公理,同时也无法证明任何归纳集的存在. 我们将以公理的形式来保证归纳集的存在.

无穷公理 $(\exists A)\varnothing\in A\&[\forall a\in A\Rightarrow a^{+}\in A]$,

通常也表达为

$$\exists A(\varnothing\in A\&\forall a(a\in A\Rightarrow a^{+}\in A)).$$

该公理指的是无条件承认归纳集的存在.

选择公理

$$\begin{aligned}&\forall A(A\neq\varnothing\&\forall a(a\in A\\&\Rightarrow a\neq\varnothing)\&\forall a\forall b(a\in A\&b\in A\&a\neq b\\&\Rightarrow a\cap b\neq\varnothing)\Rightarrow\exists B(x\in B\\&\Rightarrow\exists b(b\in A\&x\in b\&b\cap B=\{x\}))).\end{aligned}$$

该公理说,设 A 是这样一种集合:(a)A 是非空集合,并且 A 的每个元素都是非空集合,(b)A 的任何两个不同的元素不相交. 那么存在一个集合 B,恰以 A 的每个元素中的一个元素的全体构成(即对每个 $b\in A$,$b\cap B$ 是某个 x 的单元集$\{x\}$).

关于选择公理,有多种等价形式,文献[111]6.5 节对此作了专门的分析讨论,有兴趣的读者不妨参阅之.

替换公理

$$\begin{aligned}&\forall A[(\forall x\in A)\forall y_1\forall y_2(\varphi(x,y_1)\&\varphi(x,y_2)\\&\Rightarrow y_1=y_2)\Rightarrow\exists B\forall y(y\in B\Leftrightarrow(\exists x\in A)\varphi(x,y))],\end{aligned}$$

通常也表达为

$$\begin{aligned}&\forall A[(\forall x\forall y_1\forall y_2(x\in A\&\varphi(x,y_1)\&\varphi(x,y_2)\\&\Rightarrow y_1=y_2)\Rightarrow\exists B\forall y(y\in B\Leftrightarrow\exists x(x\in A)\varphi(x,y))].\end{aligned}$$

此处应注意,B 不在公式 $\varphi(x,y)$ 中出现.

现将替换公理译成自然语言:我们把公式 $\varphi(x,y)$ 读为"x 提名 y",则该公理的前提说:"任给集合 A,A 的每个元素至多提名一个对象[①]."而该公理的结论是说:"所有被集合 A 之元素所提名的那些对象可以汇集起来构成一个集合 B."公理之名称"替换"反映了集合 A 中的每个元 x,由它的被提名者(如果有的话)所代替而

---

① 此处$(\forall x\forall y_1\forall y_2(x\in A\&\varphi(x,y_1)\&\varphi(x,y_2)\Rightarrow y_1=y_2)$叫做集合 A 是单值的.

产生了集合 B 这样一种思想.

正则公理 $(\forall A\neq\varnothing)(\exists m\in A)m\cap A=\varnothing$,
也可表达为 $\forall A(A\neq\varnothing\Rightarrow\exists m\in(m\in A\,\&\,m\cap A=\varnothing))$.

该公理说,每个非空集合 A,至少有一个元素 m,使得 m 与 A 无公共元素.

从上述 ZFC 系统的这些非逻辑公理的内容来看,Zermelo-Fraenkel 构造 ZFC 系统的思路和中心目标,仍在于为分析学奠定严格的基础,如前文所述,微积分的基础,通过 Cauchy 到 Dedekind 归约到了实数论,而实数论的不矛盾性又归约于集合论的不矛盾性.那么 ZFC 系统按如下路线去为微积分奠基,这就是由无穷公理来保证自然数集合的合法性(对此,读者可参阅文献[111]4.1 节,在那里,详细讨论了如何从集合论概念出发,用构造性方法去建立自然数系统等),再由幂集公理导致实数集的合法化,然后再由子集公理来保证实数集中满足性质 p 的元素所组成之子集的合法性,这样一来,只要 ZFC 系统无矛盾,严格的微积分理论就能在 ZFC 公理集合论上建立起来了.但是,问题在于 ZFC 系统本身的无矛盾性至今没有被证明,因而不能保证该系统今后一定不出现新的悖论.当然,对于历史上既经出现的种种二值逻辑数学悖论都能在 ZFC 系统中给出解释方法,亦即这些悖论不在其中出现,而且 ZFC 系统一直展开到今天,也没有发现新的矛盾.尽管如此,Poincaré 指出:我们设置栅栏,把羊群围住,免受狼的侵袭,但也很可能在围栅栏时,就已经有一条披着羊皮的狼被围在其中了.所以怎能保证今后一定不出问题呢?总之,Zermelo 的解释方法或避免悖论的方案,应该说取得了相当大的成效,然而不仅没有彻底解决问题,而且还有其他遗留问题,例如,对概括原则的限制过多,在避免悖论的同时,失去了诸多合理内容等,因而难以令人满意.

第 2 章　关于模糊数学的理论基础问题[①]

2.1　模糊性与模糊数学

如所知，模糊数学是 20 世纪 60 年代由美国著名的控制论专家 Zadeh 创立并发展起来的一个新兴数学分支. 现在，无论在理论研究方面，还是在应用研究方面，模糊数学都已取得了长足的发展. 模糊集合论、模糊拓扑、模糊测度等名词在数学文献中已屡见不鲜；模糊控制、模糊决策、模糊评判等方法也已为各部门专业人员所经常使用；模糊洗衣机、模糊空调之类的家用电器更是早已面世，并与传统电器产品争夺市场. 总之，模糊数学 30 年来发展迅速，已经不再是它刚刚诞生之际那样，被某些传统数学家拒之于数学家族门外，并为自己能争得一席之地而四方呼吁. 既然如此，为何还要提出“模糊数学之理论基础”这种问题呢？可能有人认为，模糊数学既在理论上获得了深刻的发展，又有广泛的应用成果，难道它的基础还不牢固吗？至今还去讨论模糊数学的奠基问题，是否已属多此一举. 须知数学可以先长树枝，并且开花结果，然后再回过头去扎根，或者说数学可以先构作“空中楼阁”，然后再去打牢地基，这也可认为是数学学科发展的一大特色. 数学史上这种情况举不胜举，微积分的奠基问题便是如此. 如所知，18 世纪的微积分，在天文学、力学、物理学和工程科学等众多学科中的应用都取得了巨大成功，但在当时连什么是无穷小都说不清，更谈不上什么是微积分的理论基础了，直到 19 世纪，Cauchy 和 Weierstrass 等才把微积分奠定在极限论的基础上，亦即直到那时才给微积分找到一个合理的基础. 模糊数学也是一样，虽然它已在各个方面都取得了长足的发展，但其理论基础究竟是什么？却至今没有一个统一的认识. 本书第 1 章讨论的是精确性经典数学之理论基础问题，而在本章中，我们将专门讨论一下模糊数学（或称非经典数学）的理论基础问题，这对于了解和认识模糊数学的发展将是有益的.

数学是从量的侧面去探索和研究客观世界的一门科学. 数学有精确性的特点，这种认识也由来已久. 天际中行星的位置可借助于数学公式计算出来，定向爆破中的泥石，可借助数学方程设计的要求被抛洒到指定地点. 因此，一讲到“量”，似乎就意味着精确和准确.“定量分析”是针对不精确的“定性分析”而言的. 如此看来，数

---

①由于本章所涉及的模糊系统、ZB 系统、中介系统等是不同的系统，故本章中各节的定理和定义各自独立编号.

学似乎从来就是与精确相伴，而与模糊无缘. 这样的认识不仅由来已久，而且随着精确性数学在各方面的应用所取得的巨大成功而日益强化，以致人们在任何地方使用数学工具时，总是首先想到如何将自身之各种概念和关系精确化和严密化，那些一时难以精确化的学科或领域，似乎统统成为没有数学用武之地的异域.

其实，量性概念并不总是精确的，诸如多、少、高、低、快、慢……也都是刻画事物之量的侧面的量性概念，而这些量性概念之不精确性是显然的，指着一堆物品，何谓多，何谓少，谁能精确地划个界线？有一个古昔相传的悖论：因为从一大堆沙子中取走一粒沙子，仍不失其为一大堆沙子，这是一个大家都可接受的命题，不妨记为(*). 现在我们就不断地、一粒一粒地从这一大堆沙子中取走沙子，并且反复运用上述命题(*)，那么，即使一直取到只剩下几粒沙子，但是根据命题(*)可知，这仍然是一大堆沙子，然而这却明显与事实不符. 故为一悖论. 这就和本书 1.2 节开头所论及的那样，公理和推理过程看上去是合理的，但推理的结论却又违背客观实际，但要注意的是：尽管刚才所说的取沙子悖论与古代的 Zeno 悖论同属这种意义下的一类悖论，但是 Zeno 悖论与取沙子悖论在性质上又大异其趣，两者不可等同视之. 所说的取沙子悖论还可这样那样地变形，其中“秃头悖论”便是著名一例，因为一个人拔掉一根或长出一根头发是不会改变这个人是或不是秃头这一事实的，这也是一个可公认的命题. 于是，对于一个头发长得非常浓密的人来说，他当然不是秃头，现在我们就在这个人头上一根一根地拔头发，那么根据所说的命题，即使拔到他头上只剩 3 根头发，甚或全部拔光，根据所说的命题，他依然不是秃头. 从推理的角度看，推理过程没有问题，但推理结果却违背客观事实，故为一悖论. 但这种悖论的性质又与 Zeno 悖论不同，这里的问题并不涉及无穷级数求和之类的命题. 那么，这里的问题出在什么地方？其根本原因在于像“一大堆”、“很多”、“很少”、“秃头”(即“头发很少”)等刻画事物之量的侧面的概念本身具有模糊性，但我们在上文所论之命题和推理过程中，却把这些具有模糊性的量性对象一如既往地当做精确性量性对象那样地去处理了. 实际上，诸如“一大堆”和“秃”这类概念是界限不分明的. 你能规定不少于一万粒沙子是一大堆，那么九千九百九十九粒呢？就不能称为一大堆了？这显然是说不通的. 你能说一个人头上有 20 000 根头发不算秃头，那 19 900 根头发又如何？亦即多少粒算一大堆，多少粒不是一大堆，又多少根头发不算秃头，多少根头发算秃头，这些都是说不清的，或者说没有一个分明的界限.

既然模糊的量性对象是客观存在的，那么过去的精确性经典数学为什么认为量性对象总是精确的呢？其实这是认识上的一种历史局限，或是一种故意地视而不见，因为一旦涉及模糊的量性对象，许多判断不好叙述，许多推理难于进行，直至许多结果不能明确，以致一幅精确完整的数学绘画变得支离破碎，这是大家所不愿看到的，所以干脆就把模糊量性对象拒之于经典数学的大门之外.

其实,纵观数学历史的发展,数学研究对象也是在不断地扩充之中丰富起来的.囿于历史的局限,对某些量性对象,往往无法去作数学的描述和分析,以至于其不成为数学研究对象,从数学史的角度看,这是常有的事.例如,古希腊的 Pythagoras 学派原先只研究有理数,当时对无理数毫无认识,因而无理数在当时也不是数学的研究对象,后来由于 Hippasus 的发现,才促进了无理数的诞生(参阅本书 1.3 节中的相关内容),无理数也就随之成为数学研究对象了.Cantor 以前的数学家,只研究有限或潜无限量性对象,而实无限量性对象不是数学研究对象,直到 Cantor 古典集合论的诞生,实无限量性对象才成为数学研究对象.随机性量性对象原先也不是数学研究对象,但它最终还是进入了数学领域,这就是概率论这个重要的数学分支的诞生①.如此看来,模糊量性对象被精确性经典数学拒之门外,并不意味着它不能成为数学研究对象,只是数学暂时还没有研究和处理它的办法.直到 1965 年,Zadeh 首次引入模糊集的概念,数学才真正开始直接面对模糊性量性对象,数学的发展进入了数学研究对象由精确性到模糊性的再扩充时代.

所谓直接面对模糊性量性对象,其含义是:

(1) 直接承认模糊性量性对象也是一种数学研究对象,不再把它拒之于数学大门之外.

(2) 直接用数学方法去研究模糊性量性对象,而不是将模糊性量性对象转化为精确性量性对象后再去研究它.

对于上述(2),确实有人想过,或说潜意识地主张过,先将模糊性量性对象转化为精确性量性对象后再去研究它.特别是电子计算机的不断更新换代和迅速发展,更是刺激了人们的这种想法或主张.然而令人失望的是:无论计算机的运行速度有多快,容量有多大,依然没有办法灵活地去处理模糊性的问题和研究模糊量性对象.例如,有人请你到车站接他的一个朋友,虽然你与那位被接的朋友从未谋面,但若告诉你此人个子高,又结实魁梧,鼻梁特高,厚嘴唇,大耳朵,头发乌黑而十分浓密,根据这些特点,你在车站十有八九能很快从人群中辨认出这个人来.如果按照上述(2)中涉及的那种精确化观点,那就要先说清楚那位被接的朋友身高 1.82 米,体重 93 公斤,鼻梁高度是多少公分,头发共有多少根,如此等等.那么你到车站后,就得一个人一个人地去量身高,称体重,数头发等等,如此这般地去认人,岂不莫明其妙.然而真要让一台机器人去车站接人,那就只能给它输入一系列数据,再一一对照吻合后,机器人才能认出被接的人.这就是先将模糊概念精确化后再处理的办法,而这种办法的别扭和不方便是显而易见的.我们上文(1)中所说之直接处理模

①在本书中有三处论及数学研究对象的再扩充,除了此处之外,还有 1.1 节和 2.5.4 节,读者不妨对照参阅之.

糊量性对象的方法，恰恰要扬弃所说的这种机械而经典的办法.

应当指出，上文所论及的有如多、少、大、小、高、矮等一类模糊性量性对象，其实都是在人的观念世界中所构造出来的各种概念. 现实世界中各种事物的许多量的侧面原来都是一清二楚的，并不带有模糊性. 例如一个人的年龄，从出生那一刻到现在，共有几年几月几日，直至多少小时多少分秒，都是清清楚楚的，同样一个人的头发共有多少根，身高多少公分等等，均为一些准确无误的数字，没有什么模糊特征，但是人们为了简化和使用上的方便，就会引入模糊性量性概念，例如对于人的年龄来说，人们从中概括出所谓“童年”、“少年”、“青年”、“中年”、“老年”等概念，这些概念虽然不那么一清二楚，带有模糊性，然而使用起来既自然又方便. 否则，如果没有这些带模糊性的概念，我们的日常判断和日常语言都将会变得繁琐和困难. 例如有人说：“街对面的一个年轻人在欺负一位老者”. 如果没有“年轻”和“老者”这种模糊性概念，那么只能这样说：“街对面一个××岁至××岁的人在欺负一位××岁以上的人”. 诸如此类，岂不繁琐别扭之极. 如此说来，模糊性似乎只是人们为了使用上的方便而构造出来的一些概念性的东西，进而并非客观事物的固有属性了. 其实话也不能这么说，首先，有如人们构造出“中年”这样一个带有模糊性的概念之后，中年这个带有模糊性的性质也就成为所有那些在某种年龄段中之人的固有性质了. 其次，现实世界中还实际上存在着各种各样的对象，模糊性本身就是这些对象的存在形态，那就是对立物在转化过程中的一种中介状态，亦就是认识论中常说的那种既非对立甲方，又非对立乙方的“非此非彼”状态. 例如，导体和绝缘体是一种对立物，半导体是客观存在的对象，而半导体这种东西就呈现为部分地具有导体的性质(当这种材料在一定温度之上而使之自由电子多时)，同时又部分地具有绝缘体的性质(当这种材料在一定温度之下而使之自由电子少时)，因而半导体就是导体与绝缘体这种对立物的中介状态，或可称为该对立物的中介对象. 如果将所有的导体汇集起来构成一集合 S，则凡是导体均属于 S，凡是绝缘体均不属于 S，而凡是半导体就只能说部分地属于 S，同时又部分地不属于 S. 我们也可用图形来表示刚才所说的这种状况，即如图 2.1 所示：

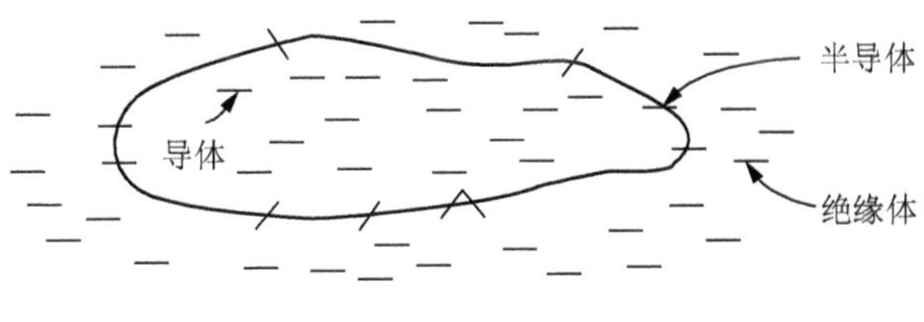

图 2.1

又如黎明和黄昏都是客观存在的形态，它们本身就具有既是白昼又是黑夜这种模糊性，它们呈现为由黑夜转化为白昼和由白昼转化为黑夜的中介过度状态，也就是部分地具有白昼的性质，同时又部分地具有黑夜的性质．再如“中性人”是一类客观存在的对象，那么中性人本身就具有半男半女的模糊性，所以刚才所说的这些模糊性，就不是先构造出具有模糊的概念，再去归纳具有这种模糊性的对象，而是客观上存在着这样的对象，它本身就具有非此非彼的模糊性．关于中介对象和中介原则等等，读者可参阅本书的 2.5.2 节和 2.5.3 节，在这里仅通过实例作些描述，并不去作一般性的和哲学上的分析讨论．总的来说，模糊性这种东西，应该说既有主观的，也有客观的．但是作为数学研究对象而言，都是数学研究的客观对象．因为数学研究对象并不局限于现实世界中的量性对象，同时也包括观念世界中的量性对象，诸如数、几何图形、关系结构等等，都不是现实世界中的某物，而是观念世界中的产物，然而不论如何，它们既是现实世界的客观反映，也都是数学研究的客观对象．

2.2　奠基于精确性经典数学之上的模糊数学

从本节起，开始介绍关于模糊数学奠基的种种方案，并对它们作简短评说．

1965 年，美国控制论专家 Zadeh 在他的开创性论文《Fuzzy Set》中首先提出模糊集合的概念，这是利用精确性经典数学的工具和方法刻画模糊数学概念的成功范例．

定义 1　给定论域 U，其上的一个模糊子集 A 是指对任何 $x\in U$ 都有一个数 $\mu_A(x)$ 与之对应，并称之为 x 属于模糊子集 A 的隶属程度．亦即，模糊子集 A 完全由映射

$$\mu_A: U\to[0,1]$$

决定．

为简便计，以下将映射值 $\mu_A(x)$ 就记作 $A(x)$．U 上所有模糊子集的集合记作 $\mathscr{F}(U)$．在这个定义之下，可以将精确集合中的许多概念照搬过来．

定义 2　设 $A,B\in\mathscr{F}(U)$，若对任何 $x\in U$，$A(x)\leqslant B(x)$，则称 B 包含 A，记作 $A\subseteq B$，或 $B\supseteq A$．当 A 与 B 互相包含时，即 $A\subseteq B$ 并且 $B\subseteq A$ 同时成立时，称 A 与 B 相等，记作 $A=B$．显然，$A=B$ 当且仅当对所有 x，$A(x)=B(x)$．

定义 3　$A,B\in\mathscr{F}(U)$，它们的并集记为 $A\cup B$，定义为：对所有 $x\in U$，

$$A\cup B(x)=\max(A(x),B(x)),$$

它们的交集 $A\cap B$ 定义为对所有 $x\in U$，

$$A\cap B(x)=\min(A(x),B(x)).$$

A 的补集 A'，定义为对所有 $x\in U$，

$$A'(x)=1-A(x).$$

容易由定义验证，模糊子集的并、交、补运算满足精确集合运算的大部分性质，比如幂等律、交换律、结合律、吸收律、分配律、零一律、复原律、对偶律(De Morgan 律)

等.但互补律 $A\cup A'=U$ 与矛盾律 $A\cap A'=\varnothing$ 都不成立.

如此定义的模糊子集与同一论域上的精确子集之间有着十分密切的关系,这种关系就是通过"分解定理"与"表现定理"可以实现两者的转化.

定义 4 设 $A\in\mathscr{F}(U)$,$\lambda\in[0,1]$,A 的 λ 截集是指如下一个精确集合 $A_\lambda=\{x\mid x\in U\wedge A(x)\geqslant\lambda\}$. A 的 λ 强截集是指精确集合 $A_{\underset{\cdot}{\lambda}}=\{x\mid x\in U\wedge A(x)>\lambda\}$. 其中的 λ 称为阈值,或置信水平.

定义 5 A,λ 同上,A 与 λ 的数乘集 λA 是指如下模糊子集:对所有 $x\in U$,$(\lambda A)(x)=\min(\lambda,A(x))$.

有了以上的概念,我们不难证明如下的分解定理:

定理 1(分解定理) 设 $A\in\mathscr{F}(U)$,则

(1)$A=\bigcup\limits_{\lambda\in[0,1]}\lambda A_\lambda$; (2)$A=\bigcup\limits_{\lambda\in[0,1]}\lambda A_{\underset{\cdot}{\lambda}}$.

此定理是说,模糊子集 A 可以分解为一族 λ 截集 A_λ,或 λ 强截集 $A_{\underset{\cdot}{\lambda}}$(它们都是精确集合)之并.

此外,我们若定义集合套如下:

定义 6 设有一族集合 $\{A_\alpha\mid\alpha\in[0,1]\}$,满足条件:$\alpha_1<\alpha_2\Rightarrow A_{\alpha 1}\supseteq A_{\alpha 2}$,则称此族集合为一集合套(或集轮).

定理 2(表现定理) 若 $\{A_\alpha\mid\alpha\in[0,1]\}$ 是一个集轮,则可以构造一个模糊子集 $A=\bigcup\limits_{\alpha\in[0,1]}\alpha A_\alpha$.

表现定理恰好是分解定理的另一面,它是说,一族精确集合只需满足一定的条件,就可用以表示一个模糊子集.我们可以把模糊子集与精确集合间的这种关系类比于实数与有理数之间的关系:一个实数可以作为一个有理数序列的极限;反之,任何一个收敛的有理数序列也可以代表一个实数.类似地,一个模糊子集可以分解为一个精确集合族;反之,任何一个称为"集轮"的精确集合族也能表示一个模糊子集.

以上两条定理与前面的定义清楚地表明了,Zadeh 的模糊集合论是直接奠基于精确性经典数学之上的,模糊集合论中所使用到的论域 U 是一个精确集合,闭区间[0,1]上的实数是精确性经典数学中的重要量性对象,隶属函数是经典数学中的一个普通映射.所以,一个模糊集,就是精确性经典数学中的一个特殊结构而已.也就是说,可以认为这种模糊集合论完全是精确性经典数学的一个分支.后来,人们把[0,1]换成带补的完全分配格,讨论 L 模糊集.原先模糊集合论中相应的许多结论和概念,几乎可以不加改变地搬过来.但从理论基础的意义上说,它与上文所论之模糊集合论没有本质上的区别,仍然是直接奠基于精确性经典数学上的一个特殊结构.但是,我们却不可由此(模糊集合论是精确性经典数学的一个分支)而武断地认为,模糊集合论得不出精确性经典数学得不到的新结果,进而认为发展模糊

数学是不必要的.须知任何数学理论的发展都有很强的实际背景,人们无非是把实际背景中所体验到的种种结论抽象为用数学上的形式语言加以严格的表达而已,没有实际背景而凭空构造出来的数学结构是不可想象的.模糊集合论这种数学结构之所以被提出并得到很大的发展,这是由于人们迫切需要数学地处理模糊量性对象.若非如此,某个数学家凭空提出研究从 U 到[0,1]上的映射,那既不可能引起众多研究者的注意而得到许多结果,也不可能让所得结果获至模糊概念之关系的合理而生动的解释,并得到许多方面的应用.如此看来,模糊集合论的结果在经典数学中作出的说法既正确又不正确.说它对乃是因为模糊集合论所使用的概念、方法完全是经典数学中的概念和方法,所以模糊集合论的任何结果都无一例外地可以认为是经典数学范围内的结果.说它不对,乃是因为模糊集合论研究的对象毕竟是经典数学所拒绝研究的模糊量性对象,也正由于模糊量性对象中的大量事实为模糊集合论提供着生动丰富的源泉,才使模糊集合论有了蓬勃的发展,这绝不是在经典数学中简单地定义了一个从 U 到[0,1]上的映射,然后进行漫无目标的形式推导就能办到的.

其实,综观全部数学史,用现成的数学工具和方法去处理一类原来不研究的数学对象,也是不乏先例的.为了类比地说明这一点,最好的一例,莫过于用测度论这一工具去研究随机现象而形成的公理化概率论的情况了.我们知道,在概率论诞生之前的经典数学只研究确定性现象,即在一组确定的条件下,必然出现唯一确定的结论这样一类现象;而不去考虑不确定的随机现象,即在一组确定的条件之下,可能出现这种或那种不同结果的现象.但是反观现实世界,在概率论诞生之前,不确定的随机现象比比皆是,人们早就在探索从数量的角度去把握随机现象的方法.于是“概率”的概念渐渐产生,古典概率论也渐趋成熟.直至 20 世纪 30 年代,由苏联数学家 Колмогров 构作的概率论公理化系统,彻底地解决了概率论之奠基问题,把概率论完全纳入确定性经典数学的范畴.例如,我们先在给定的空间 Ω 上定义一个 σ 代数 $\mathscr{F}$,这实际上是 Ω 的某些子集构成的类,但要对集合的可数(无穷)并、交及补运算封闭,“事件”就被定义为 $\mathscr{F}$ 的元素,而“概率”P 就被定义为该 σ 代数 $\mathscr{F}$ 上的一个正则、规范和 σ 可加的实值测度,即概率是映射 $P:\mathscr{F}\to[0,1]$,且满足条件

(1)$P(A)\geqslant 0$ 对任何 $A\in\mathscr{F}$ 成立,

(2)$P(\Omega)=1$,

(3)若 $A_i\in\mathscr{F}(i=1,2,\cdots)$,且 $i\neq j$ 时 $A_i\cap A_j=\varphi$,则

$$P(\bigcup_{i=1}^{\infty}A_i)=\sum_{i=1}^{\infty}P(Ai).$$

从而,随机现象中许多符合实际的规律,就都能表现为这种特殊的测度论中的定理.如此,人们在这个系统中所从事的仍然是一种确定性经典数学的工作,然而它

所表现的，都是随机现象中的概率论规律.因而所说的这种确定性经典数学的工作，实际上是有关随机现象的研究工作，亦即着眼于方法和手段，它是确定性的；着眼于对象和结果，却是随机性的.

基于以上历史事实，可以类比地说明如下几点：首先，既然能运用只处理确定性现象的经典数学的概念和方法去处理和研究它所拒绝考虑的随机现象，那么将当前这种只研究精确现象的经典数学的概念和方法，用以处理和研究它所拒绝考虑的模糊现象的做法，同样是合理可行的.其次，正如概率论只能成为经典数学的一个分支那样，Zadeh 开创的模糊集合论也只能成为经典数学的一个分支.这样，不管是概率论，还是模糊集合论，都是奠基于精确性经典数学，即以经典二值逻辑为配套的推理工具的近代公理集合论 ZFC 之上.最后，既然概率论中能涌现出大量的、确定性经典数学所没有的成果，那么，在当前的研究方法之下，模糊数学也将丰富地获得精确性经典数学所没有的成果.

事实也是如此.自 Zadeh 创建模糊集合论以来，模糊数学得到迅猛的发展.人们利用将从非空集 X 到非空集 Y 的点映射 f 提升为从 $\mathscr{F}(x)$（x 上所有模糊子集的集）到 $\mathscr{F}(y)$ 的集映射的强有力的扩张原理，以及依据精确性经典数学中各种概念到模糊数学中的合理推广和移植，成功地发展了模糊代数、模糊拓扑、模糊数、模糊测度与积分，直至模糊拓扑线性空间、模糊赋范空间等一系列模糊数学分支学科，从中获得一大批精确性经典数学中所没有的结果.然而无论如何，这些工作都是直接奠基于精确性经典数学之上的.

现在，让我们稍具体一点地考察两个例子，借以进一步说明上文所论的结论，为此，先给出扩张原理如下：

扩张原理 设 f 是从非空集合 X 到非空集合 Y 的点映射，则 f 可由下式扩张为从 $\mathscr{F}(x)$ 到 $\mathscr{F}(y)$ 的集映射 f 及由 $\mathscr{F}(y)$ 到 $\mathscr{F}(x)$ 的逆映射 f^{-1}：

$$f(A)(y)=\begin{cases}\sup\limits_{f(x)=y} A(x), & \text{当 } y\in f(X)\text{ 时},\\ 0, & \text{当 } y\notin f(X)\text{ 时},\end{cases}$$

$$f^{-1}(B)(x)=B(f(x)),\text{对所有 } x\in X.$$

显然，当 A,B 分别是 X,Y 的通常子集时，

$$f(A)=\{y\mid \exists x\in A(y=f(x))\},\quad f^{-1}(B)=\{x\mid f(x)\in B\}.$$

2.2.1 模糊拓扑

定义 7 若 $A\in\mathscr{F}(U)$ 满足条件：$A(x)=\lambda>0$，当 $y\neq x$ 时 $A(y)=0$，则称 A 为模糊点，记为 x_λ.以 U^* 记 U 上所有模糊点之集.

定义 8 设 $x_\lambda\in U^*$，$A\in\mathscr{F}(U)$，当 $x_\lambda\subseteq B$ 时，即 $B(x)\geqslant\lambda$ 时，称模糊点 x_λ 属于

B,记为 $x_\lambda \in B$. 若 $A(x)+\lambda>1$,则称 x_λ 重于 A,记为 $x_\lambda \tilde{\in} A$.

模糊点与模糊子集间的"属于"关系(注意这不是清晰集合意义下的属于关系)以及"重于"关系,都是通常清晰点与清晰集合之间属于关系的推广."重于"关系是 1977 年蒲保明、刘应明提出的,这个关系在许多方面都有比"属于"关系更优的性质,对模糊拓扑学、模糊分析学等方面的发展都起着一种根本性的作用.

定理 3　设 $\{A_\alpha \mid \alpha \in \mathscr{A}\}$ 是 U 上的模糊子集族,则模糊点 $x_\lambda \tilde{\in} \bigcup_{\alpha \in A} A_\alpha$ 当且仅当有某个 α 使 $x_\lambda \tilde{\in} A_\alpha$.

但是这一似乎显然的基本性质在模糊点与模糊子集的"属于"关系之下却不成立. 例如,就取模糊子集 A_n 为模糊点 $x_{1-\frac{1}{n+1}}(n=1,2,\cdots)$,则 $\bigcup_{n=1}^{\infty} A_n = x_1$,于是依定义 $x_1 \in \bigcup_{n=1}^{\infty} A_n$,但对任何 n,$x_1 \bar{\in} A_n$.

模糊拓扑学的研究起于 C. L. Chang 1968 年发表的文献[175],此文给出了模糊拓扑空间的一种定义. 1976 年 R. Lowen 提出了模糊拓扑空间的另一种更强也更适宜的定义[176]:

定义 9　设 T 是非空集 X 上的一族模糊子集:$T \subseteq \mathscr{F}(X)$,称 T 是 X 上的模糊拓扑,若 T 满足:

(1)对任何 $r \in [0,1]$,$r^* \in T$. 这里 $r^* \in \mathscr{F}(X)$,对任何 $x \in X$,$r^*(x)=r$;

(2)对任何 $U,V \in T$,有 $U \cap V \in T$;

(3)对任何 $Ua \in T(a \in \mathscr{A})$,有 $\bigcup_{a \in A} Ua \in T$.

此时(X,T)称为模糊拓扑空间. 而 $U \in T$ 称为开集,而当 U 的补集 $U' \in T$ 时,称 U 为闭集.

在定义了模糊拓扑空间之后,我们就可以仿照通常的分明拓扑学中那样,定义"邻域"的概念如下:

定义 10　在模糊拓扑空间(X,T)中,模糊子集 A 称为模糊点 x_λ 的邻域,若有开集 $B \in T$,使 $x_\lambda \in B \subseteq A$.

但是这个邻域概念不甚理想,因为拓扑中的某些关于邻域的性质不能平移到模糊拓扑中来. 文献[177]在他们的"重于"关系基础上,引入了"重域"概念以代替"邻域"概念.

定义 11　在模糊拓扑空间(X,T)中,模糊子集 A 称为模糊点 x_λ 的重域,若有开集 $B \in T$,使 $x_\lambda \tilde{\in} B \subseteq A$. 这里 $\tilde{\in}$ 是模糊点与模糊子集的重于关系.

利用这个重域概念,文献[177]建立了一个完整的模糊拓扑空间的收敛理论. 继后,重域概念在积空间与商空间、紧性、一致结构与嵌入理论等方面继续发挥重要作用. 刘应明还证明了:在模糊拓扑空间中,在"扩充原则"、"包含原则"、"由值域决定的原则"及"普适原则"下确定的点与集的邻属关系恰是重于关系，相应的邻近构造就是重域系[178]. 这就从本质上指出了重域概念的合理性.

从以上对模糊拓扑中最重要的几个概念的定义中，我们可以清楚地看出，不管引入的概念是怎样定义(这要取决于数学家对该领域的理解和他本人对数学本质的把握程度)，它们总是有赖于模糊集概念. 而这里使用的模糊集又总是在精确性经典数学中构造出来的一种特殊结构. 所以，模糊拓扑学奠基于精确性经典数学，应当是明白无疑的了.

2.2.2 模糊代数

模糊代数专门研究模糊集的各种代数结构，诸如模糊群、模糊线性空间等. 这方面最早的工作见于 1971 年 A. Rosenfeld 的文献[179]，其中首次引入模糊群. 而模糊线性空间则是 1977 年被引入的.[180]我们来看一下它们的定义：

定义 12 设 G 是一个群，A 是 G 的一个模糊子集，称 A 是 G 上的模糊子群(或模糊群)，如果对 G 中任何 x,y 满足：

(1)$A(xy)\geqslant\min(A(x),A(y))$.

(2)$A(x^{-1})\geqslant A(x)$.

易由以上定义知，$A(x^{-1})=A(x)$，若 e 是 G 的单位元，则对所有 $x\in G$，$A(x)\leqslant A(e)$.

定理 4 设 X 是数域 K 上的线性空间，$A,B\in\mathscr{F}(x)$. $f:X\times X$ 与 $g:K\times X\to X$ 分别是 X 上的加法和数乘映射，则它们的提升为

$$f(A,B)(x)=(A+B)(x)=\sup_{s+t=x}\min(A(s),B(t)),$$

$$g(k,A)(x)=(kA)(x)=\begin{cases}A(x/k), & \text{当 } k\neq 0,\\ (0A)(x)=\begin{cases}\sup\limits_{t\in X}A(t), & x=\theta\\ 0, & x=\theta\end{cases}, & \text{当 } k=0,\end{cases}$$

特别对 A,B 分别取模糊点 x_λ，与 y_μ，有

$$X_\lambda+y_\mu=(x+y)_{\min(\lambda,\mu)},$$

$$kX_\lambda=(kx)_\lambda.$$

证明可由扩张原理直接推得. 这样，我们就对线性空间 x 中模糊子集间引入了加法和数乘运算. 可用它们来定义模糊线性空间.

定义 13 X 是数域 K 上的线性空间，A 是 X 中的模糊子集，若对任何 $m,n\in K$，都有 $mA+nA\subseteq A$，就称 A 是模糊线性空间.

不难看出，当 A 是 X 的一个通常的清晰子集时，$mA+nA\subseteq A$ 也表明 A 是 X 的线性子空间.

从以上关于模糊群和模糊线性空间的定义看，它们与前面论及的模糊拓扑的定义一样，也都是在奠基于精确性经典数学的模糊集合论上，再附加上种种条件而形成的，因而就无一例外地直接奠基于通常的经典数学之上了. 不过这里稍有不同的是，模糊群是通常的经典的模糊子集，模糊线性空间是通常的经典线性空间的模糊子集. 也就是说，要定义模糊群、模糊线性空间，必须先有通常的群和线性空间，这样，它们就在另一层意义上更直接依赖于精确性经典数学了.

还有诸多的模糊数学分支，比如模糊测度、模糊数、模糊集值映射、模糊赋范空间、模糊拓扑线性空间、模糊拓扑群等，也都是类似于上面两个例子，在经典数学理论之下，适当引进模糊子集后加以定义和展开的. 因而，就像上面所分析的一样，也都是直接奠基于精确性经典数学之上的. 应该说，模糊数学沿着这个方向发展下去，将是有生命力和卓有成效的. 道理也很清楚：我们可以时时借助于十分成熟的经典数学方法和利用十分丰富的经典数学成果. 相信模糊数学的主流，在今后相当长一段时间内仍是这个方向，并且仍可不断地取得丰硕的成果.

2.3　ZB 公理集合论系统

如所知，由 Zadeh 首次引入模糊集定义之后，为了数学工作的广泛性，模糊集概念已几经修改和扩张. Goguen 把隶属函数的值域[0,1]闭区间改为可传的半序集，而 Brown 则将它限制为完备布尔格. 我们看到，不论这样或那样的定义方式，都必须依赖于一个事前约定的集合，这使得这些模糊集合系统都要奠基于经典集合论——比如说，最常用的 ZF 公理集合论——之上，这一点已在上一节中详细分析过；并且，这些被确定了的模糊集的元素和模糊度本身却都不再是它自己那种模糊集了.

为了使我们一开始工作就始终与模糊集打交道，并且所考虑的模糊集的元素本身也是模糊集，我们自然会想到布尔值全域 $V^{(B)}$.

定义　对于完备布尔代数 $B=(B,+,\cdot,-,0_B,1_B)$，令 $V_\alpha^{(B)}=\{x\mid \mathrm{Func}(x)\wedge \mathrm{Ran}(x)\subseteq B\wedge \exists\beta<\alpha(\mathrm{Dom}(x)\subseteq V_\beta^{(B)})\}$，$V^{(B)}=\bigcup_{\alpha\in O_n} V_\alpha^{(B)}$，则称 $V^{(B)}$ 为布尔值全域.

这个定义是如此完成的：我们首先依层次递归地定义 $V_\alpha^{(B)}$，对于序数 α，第 α 层布尔值全域 $V_\alpha^{(B)}$ 中的元素都是一些函数，这些函数的定义域是某个低层次 $V_\beta^{(B)}$ 的子集，而它的值域乃是布尔代数 B 的某个子集. 亦即，这些函数是将低层次布尔值全域中的某些元素映射到布尔代数 B 中去. 在对所有序数 α 都定义了 $V_\beta^{(B)}$ 之后，它们求并后的全体就成为布尔值全域 $V^{(B)}$.

容易证明，$u\in V^{(B)}$ 当且仅当 $\mathrm{Func}(u)\wedge \mathrm{Ran}(u)\subseteq B\wedge(\mathrm{Dom}(u)\subseteq V^{(B)}$. 即布尔值全域 $V^{(B)}$ 中任何元素 u 都是一个定义在布尔值全域 $V^{(B)}$ 的某个子集上、取值为布尔值的函数. 从中又可看出，若 $v\in \mathrm{Dom}(u)$，则 $v\in V^{(B)}$，即 u 的定义域中任一元

素又是布尔值全域$V^{(B)}$中的元素，也即它与u具有同一类型的特征. 我们对于任何$x\in \mathrm{Dom}(u)$，如果将$u(x)$的值（它是一个布尔值）看做x属于u的程度，即模糊集合论中的隶属度，那么布尔值函数即可考虑为模糊集，布尔值全域$V^{(B)}$就可看做模糊集的全域. 这种定义方式下的“模糊集”的元素仍是“模糊集”，达到了前后一致的要求.

但是，这种将布尔值函数就“看做”是模糊集的直观想法毕竟还不是严格的数学描述，那么，如何将这种想法数学化呢？

张锦文引进“正规弗晰集合结构”的概念，证明了任一正规弗晰集合（即模糊集合）结构都是带本元的集合论公理系统 ZFA 的一个布尔值模型，它们能够作为模糊集合论的理论基础，张锦文又在文献[181]中写道：“我们的工作表明：Cantor 集合论是公理集合论的标准模型，而我们的结构U（弗晰集合论作为U的部分）正是公理集合论的一种非标准模型. 现代模型论表明，非标准模型是一类理论（例如形式数论、实数理论、集合论等）的必然的逻辑结论，有标准模型就有非标准模型，有 Cantor 集合论就有布尔值集合论，也就有弗晰集合论.”

就是说，张锦文并没有为模糊集合论提出专有的理论体系（公理化系统），而是找寻到经典公理集合论（它们是用来刻画清晰集合的集合论系统，比如 ZF，或带本元的 ZFA）的一种非标准模型，并说明这种非标准模型能够很好地表现模糊集合的特性，因而可以看做是模糊集合论的模型.

真正利用这种想法，对模糊集合论建立起自身的、不依赖于经典的集合论系统的新的公理系统的，当属 Chapin 和 Weidner，下面就介绍他们的工作.

E. W. Chapin 1975 年在文献[183]中提出的“集合值集论”公理系统是一个将模糊集合公理化的形式系统. 在这个系统中，属于关系ε看做是三元关系$\varepsilon(x, y, \omega)$，它被解释为“$x$以至少$\omega$的程度属于$y$”，也就是说，这个三元关系在满足$0\leqslant\omega\leqslant\mu_y(x)$的情况下都看做是精确地真的；而不是解释为“$x$以程度$\omega$属于$y$”，即不被解释为$\mu_y(x)=\omega$. 当然，这个$\mu_y(x)$是我们借用模糊数学的惯用记号，表示$x$对于$y$的隶属程度，它并不是系统内的符号. Chapin 的形式系统虽在许多方面恰当地反映了模糊集合论的本性，但也有一些不甚准确之处，即不太适合模糊数学本来的意图.

因而，A. J. Weidner 在分析了 Chapin 系统的某些不足之后，又提出了一个新的模糊集合论的新的公理化系统，他称之为 Zadeh-Brown 系统，简称 ZB 系统，以表明它是以 Zadeh 开创的模糊集合论和以 Brown 的L模糊集合论（亦即将隶属函数扩充为从X到一个完备布尔格L上的映射）为实际背景的公理系统.

Weidner 指出，Chapin 的公理系统有以下几点不甚符合模糊数学的本来意图. 第一，在模糊集合论中的隶属函数$\mu_y(x)$可以看做二元函数，比如就记作$\mu_y(x, y)$，

即给定两个对象 x 和 y，就有唯一确定的值，使 x 以该值为度隶属于 y. 这样，将映射的值域从[0,1]变为其他代数结构，就可形成种种模糊集之变形. 但 Chapin 的三元关系 ε 却无法看做二元函数，因为对给定的 x 和 y，将有许多 ω(只要满足 $0 \leqslant \omega \leqslant \mu_y(x,y)$)，都满足 $\varepsilon(x,y,\omega)$，这样，当然不可能将 ω 写成 x 和 y 的函数值形式. 因此，模糊集合的现代变形就难以仍然看做 Chapin 系统的模型. 第二，Chapin 系统中的关系公理使得"度"的每个模糊子集也是"度"，这样对于那些有资格充任"度"的集作了太严格的限制；"度"之间的种种关系仅限于模糊子集间的关系，这其中主要的就是包含关系 $\subseteq$. 显然，度和度之间完全没有关系是不适用的，但把度与度之间的关系严格限制为集之间的包含关系，恐怕也是不恰当的. 第三，Chapin 的空集公理假定了这样一个极小度的存在性：每个元素 x 都以极小度属于任何元素 y，亦即 $\varepsilon(x,y,0)$ 永真，这里以 0 表示这个极小度. 在任何通行的模糊集系统中并不存在这种统一的最小度. 事实上，"x 以 0 度属于 y"还是当做"x 不属于 y"为好，不宜与"x 以 ω 度属于 y"相提并论. 因为如果我们把这两者用同一种关系式表达，将在以后的公理、定理叙述中时时要剔除度为 0 的情况而给自己带来麻烦.

Weidner 在作了这些分析之后，给出了他的 ZB 公理系统. 我们在下文就来阐述这个公理系统的原始符号、公理及主要结果. 主要内容取材于文献[184]，但有些地方也表达了我们的意见，并对原文的少数笔误作了一些修改.

ZB 系统不依赖于事先约定的其他集合论系统(比如 ZFC 系统或 ZFA 系统)，它是一个建基于一阶逻辑之上的独立存在的公理化系统. 它有如下两个原始符号：

ε ——三元谓词符号，$\varepsilon(x,y,\omega)$ 解释成 x 以模糊度 ω 是 y 的元素；

$\leqslant$——二元谓词符号，解释成模糊度的序. 模糊度是一个定义概念，将在下文中给出定义，因为 ZB 中的个体都是模糊集而无其他，所以，这就先验地规定了，模糊性的质量(模糊度)自身也是模糊集.

以下依次给出 ZB 系统的非逻辑公理，并对各公理作一些说明.

模糊外延性公理：

ZB1　$\forall x \forall y[\forall z \forall \omega(\varepsilon(z,x,\omega) \leftrightarrow \varepsilon(z,y,\omega)) \rightarrow x=y]$.

这就是说，两个模糊集 x 和 y 要相等，仅须任何无素在相同的度之下同时属于 x 和 y. 须指出的是，这也包括了有的元素在任何度之下既不属于 x 也不属于 y.

模糊函数化公理：

ZB2　$\forall v \forall \omega \forall x \forall z[\varepsilon(z,x,v) \wedge \varepsilon(z,x,\omega) \rightarrow v=\omega]$.

此即若一个模糊集以某个度是另一模糊集的元素，则这个度是唯一的. 故模糊 ε 关系可以看做是二元函数，即当 $\varepsilon(x,y,\omega)$ 成立时，ω 可看做是 x、y 唯一确定的函数值 $\mu_y(x)$. 显然，这与 Zadeh、Brown 等人的模糊集合论的方法是一致的.

为了形式化地定义"u 是度"，我们只需引入如下定义：

定义 1 $D(u)\leftrightarrow\exists z\exists x(\varepsilon(z,x,u))$.

我们想使所有的度上的$\leqslant$关系是半序，并且其中有最大元，任何两个度有最大下界，这都反映在以下的序公理 ZB3 之中.

序公理：

ZB3 $\forall u\forall v\forall w[(u\leqslant v\to D(u)\wedge D(v)\wedge D(u)\to u\leqslant u)$
$\wedge(u\leqslant v\wedge v\leqslant u\to u=v)\wedge(u\leqslant v\wedge v\leqslant w\to u\leqslant w)$
$\wedge(D(u)\wedge D(v)\to\exists w(w\leqslant u\wedge w\leqslant v\wedge\forall w'(D(w')$
$\wedge w'\leqslant u\wedge w'\leqslant v\to w'\leqslant w)))\wedge\exists w''(D(w'')$
$\wedge\forall u(D(u)\to u\leqslant w''))]$

这条公理较长，实际上一共有 6 个句子，确定了 6 件事情. 第 1 句，$u\leqslant v\to D(u)\wedge D(v)$ 指出凡可在关系$\leqslant$之下进行比较的模糊子集都是“度”. 当然，这并没有说任何两个度之间一定可以比较. 以下 3 句分别确定了度之间$\leqslant$关系的自反性、反对称性及可传性：$D(u)\to u\leqslant u$，$u\leqslant v\wedge v\leqslant u\to u=v$，$u\leqslant v\wedge v\leqslant w\to u\leqslant w$. 第 5 句是 $D(u)\wedge D(v)\to\exists w(w\leqslant u\wedge w\leqslant v\wedge\forall w'(D(w')\wedge w'\leqslant u\wedge w'\leqslant v\to w'\leqslant w))$，此即对任何两个度 u、v，都存在一个最大下界 w，它既不超过 u，不超过 v(从而是 u、v 的公共下界)，又比 u、v 的任何下界 w' 要大. 最后一句 $\exists w''(D(w'')\wedge\forall u(D(u)\to u\leqslant w''))$ 是说，有这样一个度 w''，它比任何度 u 都要大. 第 5、6 两句所确定的 u、v 的最大下界和整个度中的最大元，由反对称性可以证明它们都是唯一的；所以，可以用 uv 来记 u 和 v 的最大下界，用 1 记度中的最大元，又称为最大度.

以上三条公理刻画的是基本概念 ε 和$\leqslant$的特征. 下面的 ZB4～ZB7 等 4 条公理则是由已给模糊集造新的模糊集的几种方法.

模糊对偶公理：

ZB4 $\forall x\forall y\forall u\forall v[D(u)\wedge D(v)\wedge(x\neq y\vee$
$(x=y\wedge u=v))\to\exists f(\forall z\forall w(\varepsilon(z,f,w)\leftrightarrow$
$(z=x\wedge w=u)\vee(z=y\wedge w=v)))]$

其含义是，对任何 x 和 y 以及任何度 u 和 v，当 $x\neq y$ 时，或者 $x=y$ 且 $u=v$ 时，一定存在一个模糊无序对 f，其中仅有 x 和 y 分别以度 u 和 v 是 f 的元素. 显然，由 ZB1，这样决定的 f 是唯一的. 我们记之为$\{x,y\}_{u,v}$，或者$\{y,x\}_{v,u}$，但不可记为$\{x,y\}_{v,u}$，因为这样将成为 x 以 v 度、y 以 u 度是 f 的元素了. 若 $x=y$，必须 $u=v$，就将这个模糊无序对$\{x,x\}_{u,u}$记作$\{x\}_u$，这是一个模糊单点集. 另外，我们还可以注意到，在经典集合论中，含 x、y 两元素的无序对$\{x,y\}$是唯一的，但在这里，由于度的变化，含 x、y 两元素的无序对$\{x,y\}_{u,v}$却有无穷个. 最后，将度为 1 的无穷对$\{x,y\}_{1,1}$就简记为$\{x,y\}$，它们又成为经典集合论中的无序对了.

下一条公理称为模糊联集公理，这是近代公理(或称精确的经典)集合论 ZF 系统中的联集公理在模糊集论中的平移. 显然,对给定的模糊集 x,我们希望 x 的任一元素的任一元素都属于 x 的联集,问题在于它们属于 x 的联集的度该是多少?看来最合理的规定应该如下:假定 $\varepsilon(t,x,u)$ 及 $\varepsilon(z,t,w)$,直觉地,我们置 z 以度 uw 属于 x 是恰当的. 这好像 t 与 x 以强度为 u 的绳子相联,z 与 t 又以强度为 w 的绳子相联,则 z 与 x 之间联接的强度应该是 u 与 w 的最小值. 不过我们以 u 和 w 的最大下界 uw 来代替两者的最小值而已. 因为度之间仅有半序关系,两者的最小值不一定存在,必须代之以最大下界. 然而,如果还有另一个 t',使得同一对 z 和 x 还以 t' 为桥梁相联:$\varepsilon(z,t',w')$ 和 $\varepsilon(t',x,u')$,此时又可形成一个 $u'w'$,成为 z 属于 x 的度,我们就面临着究竟选哪一个作为 z 属于 x 的度的问题. 当然,看来最合理的办法是在 uw 和 $u'w'$ 中选择较大的一个,同上理由,我们就取它们的最小上界. 但是,至此我们还没有肯定过度的集合的最小上界的存在性,然而,这一点是能够做到,不过要等到 ZB6 给出之后. 为了缩短模糊联集公理的长度,我们先引入以下的定义:

定义 2　$\mathrm{UB}(z,x;w)\leftrightarrow[D(w)\wedge\forall t\forall u\forall v(\varepsilon(z,t,u)\wedge\varepsilon(t,x,v)\rightarrow uv\leqslant w)]$;

$$w=\mathrm{LUB}(z,x)\leftrightarrow\mathrm{UB}(z,x;w)\wedge\forall w'(\mathrm{UB}(z,x;w')\rightarrow w\leqslant w').$$

注意 z,x 不是度,$\mathrm{LUB}(z,x)$ 也并不是 z,x 的最小上界,而是联接 z 与 x 的"最小上界度".

模糊联集公理:

ZB5
$$\begin{aligned}&\forall x\exists f\forall z((\exists t\exists u\exists v(\varepsilon(z,t,u)\wedge\varepsilon(t,x,v))\\&\rightarrow\exists w(\varepsilon(z,f,w)))\wedge\forall w(\varepsilon(z,f,w)\\&\rightarrow\exists t\exists u\exists v(\varepsilon(z,t,u)\wedge\varepsilon(t,x,v))\\&\wedge w=\mathrm{LUB}(z,x))).\end{aligned}$$

要注意的是,模糊联集公理的这种表达形式,实际上断言了度的某个聚类(即所有联接 z 和 x 的"上界度"w 的类,即满足定义 2 中的 $\mathrm{UB}(z,x;w)$ 的所有 w 组成的类)之最小元的存在性. 因为它断言:给定任何模糊集 x,有这样一个模糊集 f 存在,使得对于任何 z,若 $\exists t\exists u\exists v(\varepsilon(z,t,u)\wedge\varepsilon(t,x,v))$,就有 w 满足 $\varepsilon(z,f,w)$,并且这个 w 就是 $\mathrm{LUB}(z,x)$. 这句话已经断定 $\mathrm{LUB}(z,x)$ 的存在性了,除非 z 与 x 之间不存在 t 使任何 $\varepsilon(z,t,u)$ 与 $\varepsilon(t,x,v)$ 成立. 假如我们选择模糊集合的联集公理如下:

$$\begin{aligned}\forall x\exists f\forall z\forall w(\varepsilon(z,f,w)\leftrightarrow\exists t\exists u\exists v(\varepsilon(z,t,u)\\\wedge\varepsilon(t,x,v))\wedge w=\mathrm{LUB}(z,x)),\end{aligned}$$

则在满足 $\varepsilon(z,t,u)$ 及 $\varepsilon(t,x,v)$ 的 t、u、v 都存在之后,我们还不能断言 z 以某个度 w 属于 f,因为我们尚不知道是否存在一个 w 使 $w=\mathrm{LUB}(z,x)$.

易证满足 ZB5 的 f 是唯一的,记作 $\bigcup x$.

下一公理是模糊替换公理模式. 我们用 $\psi(\vec{u})$ 记 $\psi(u_1, u_2, \cdots u_n)$，其中 $u_1, u_2, \cdots u_n$ 都是 ψ 的自由变元.

模糊替换公理:

ZB6 令 $\psi_1(s, z; \vec{p}_1)$ 及 $\psi_2(z, w; \vec{p}_2)$ 是 ZB 的至少含两个自由变元的公式，则

$$\forall \vec{p}_1 \forall \vec{p}_2 [\forall s \forall z \forall z' (\psi_1(s, z; \vec{p}_1) \wedge \psi_1(s, z'; \vec{p}_1) \to z = z')$$
$$\wedge \forall z \forall w \forall w' (\psi_2(z, w; \vec{p}_2) \wedge \psi_2(z, w'; \vec{p}_2)$$
$$\to w = w' \wedge D(w)) \to \forall x \exists y (\forall z \forall w (\varepsilon(z, y, w)$$
$$\leftrightarrow \exists s \exists v ((\varepsilon(s, x, v) \wedge \psi_1(s, z; \vec{p}_1) \wedge \psi_2(z, w; \vec{p}_2)))].$$

这就是说，若 $\psi_1(s, z; \vec{p}_1)$ 及 $\psi_2(z, w; \vec{p}_2)$ 都是从第一变元到第二变元的(单值)函数，那么，对任何模糊集 x，我们总可以将其中的元素 s(它以模糊度 v 属于 x)替换为任一元素 z，并且让 z 以某个度 w 属于新构成的模糊集 y. 要注意的是，在经典集合论 ZF 中，替换公理是把集中的元素任意替换为其他元素，而在 ZB 中，除了元素的任意替换之外，还对"度"任意替换. 故而可把 ZB6 看做是替换两次的公理. 我们还要指出，公理中最后一式 $\psi_2(z, w; \vec{p}_2)$ 中的 z 并不是 $\psi_2(v, w; \vec{p}_2)$ 之误，因若写成 $\psi_2(v, w; \vec{p}_2)$，倒反而会引起同一元素以两个不同的度属于同一模糊子集的矛盾.

为形成相当于幂集公理的 ZB7，须先引入模糊子集的概念.

定义 3 $x \subseteq y \leftrightarrow \forall z \forall w (\varepsilon(z, x, w) \to \exists u (w \leqslant u \wedge \varepsilon(z, y, u)))$. 易证模糊子集关系是自反、反对称及可传的.

模糊幂集公理:

ZB7 $\forall x \exists y \forall z (z \subseteq x \leftrightarrow \exists w (\varepsilon(z, y, w)))$.

注意我们不能断言 x 的模糊幂集 y 的唯一性，因为对于 x 的任一子集 z，我们没法确定唯一的度 w 使 $\varepsilon(z, y, w)$. 这诸多满足条件的 y，我们都称之为 x 的幂集. 有人会认为，取定这个隶属度 w 会带来方便，但问题在于，这个唯一的隶属度 w 的待选者从直觉上看是难以确定的. 不过这种不唯一性并不妨碍系统的建立和发展. 须知即便不是如此约定，利用 ZB6，也还是允许我们将度加以变化而得到 x 的任何其他的模糊幂集.

由已知模糊集而造出新模糊集的 4 条公理(ZB4～ZB7)就叙述到此，关于由它们还可定义的其他运算待稍后作出. 现在再给出 ZB 的最后两条公理：模糊正则公理 ZB8 和模糊无穷公理 ZB9，它们的功能与 ZF 中的正则公理及无穷公理相类似，前者使我们证得如下结果：没有一个模糊子集以任何度成为自己的元素，也不存在无限递降的模糊 ε 串. 后者则无条件地断定含有无穷多个模糊集的集合之存在性.

模糊正则公理:

ZB8 $\forall x [\exists z \exists w (\varepsilon(z, x, w)) \to \exists z \exists w (\varepsilon(z, x, w) \wedge$
$\neg \exists y \exists u \exists v (\varepsilon(y, z, u) \wedge \varepsilon(y, x, v)))]$.

模糊无穷公理：

ZB9　$\exists x[\exists z\exists w(\varepsilon(z,x,w)\wedge\forall z\forall w(\varepsilon(z,x,w)\rightarrow$
$\exists v(\varepsilon(\bigcup\{z,\{z\}\},x,v)))]$.

至此，ZB 公理集合论系统构造完毕.

以下将由这些公理出发，给出其他一些重要概念的定义，并证明一些重要而基本的定理. 首先，我们来定义一种“标准集”，即其元素都以最大度 1 属于此集. 我们可以将它们视为精确的经典集合.

定义 4　$\mathrm{STD}(x)\leftrightarrow\forall z\forall w(\varepsilon(z,x,w)\rightarrow w=1)$.

任给一个模糊集 x，我们可以证明，由之得以确定唯一的一个标准集：

定理 1　$\forall x\exists!\ y(\mathrm{STD}(y)\vee\forall z(\varepsilon(z,y,1)\leftrightarrow\exists v(\varepsilon(z,x,v))))$.

证明　定义 $\psi_1(s,z)\leftrightarrow s=z,\psi_2(z,w)\leftrightarrow w=1$，再用 ZB6 即得.

定理 1 中唯一的 y 称为 x 的标准化集，记作 x_s. 显然 x 是标准集当且仅当 $x=x_s$，公理 ZB7 断言了任何一个模糊集 x 的模糊幂集的存在性，然而，我们也指出它不是唯一的. 不过，通过对这些幂集的标准化，我们可以得到 x 的唯一标准模糊幂集，这个幂集称为 x 的强幂集，记为 $P_s(x)$.

在 ZF 系统中，子集公理可由替换公理证出. 当我们在 ZB 中搞清子集公理的形式之后，类似的结果也可以在 ZB 中证出.

定义 5　模糊子集公理是 ZB 中如下形式的公式：

$$\forall\vec{p}[\forall z\forall w\forall v(\psi(z,w;\vec{p})\wedge\psi(z,v;\vec{p})\rightarrow v=w)$$
$$\rightarrow\forall x\exists y(\forall z\forall w(\varepsilon(z,y,w)\leftrightarrow\exists v(\varepsilon(z,x,v)$$
$$\wedge w\leqslant v)\wedge\psi(z,w;\vec{p})))].$$

定理 2　对于任何 $\psi(z,\vec{w};p)$，子集公理在 ZB 中是可证公式.

证明　在 ZB6 中令 $\psi_1(s,z)\leftrightarrow s=z,\psi_2(z,w,x;\vec{p})\leftrightarrow\psi(z,w;\vec{p})\wedge\exists v(\varepsilon(z,x,v)\wedge w\leqslant v)$ 即得.

实际上，子集公理是说，对模糊集 x 的每一个元素 z，都指定一个比它属于 x 的度较小的度，使 z 以此度属于新造的模糊集 y. 显然，这个 y 是 x 的子集.

作为子集公理的一个直接应用，可以证明模糊空集的存在性：

定理 3　$\exists!y\forall z\forall w(\neg\varepsilon(z,y,w))$.

即任何元素 z 都不以任意的度属于这个 y，称这个唯一存在的 y 为模糊空集，记为 $\varnothing$.

由定理 2 还可以得到.

定理 4　若 $\psi(z;\vec{p})$ 是 ZB 中至少有一个自由变元的公式，则

$$\forall\vec{p}\forall x\exists!\ y(\forall z\forall w(\varepsilon(z,y,w)\leftrightarrow\varepsilon(z,x,w)\wedge\psi(z;\vec{p}))).$$

此定理实际上更接近 ZF 中的子集公理.

以下要证明度的最小上界的存在性. 先给出两个定义:

定义 6 $\mathrm{Fsd}(x)\leftrightarrow x\neq\varnothing\wedge\forall z\forall w(\varepsilon(z,x,w)\rightarrow D(z))$.

这个 x 是度的模糊集(fuzzy set of degrees).

定义 7
$$w=\sup(x)\leftrightarrow\mathrm{Fsd}(x)\wedge D(w)$$
$$\wedge\forall z\forall u(\varepsilon(z,x,u)\rightarrow z\leqslant w)\wedge\forall w'(D(w')$$
$$\wedge\forall z\forall u(\varepsilon(z,x,u)\rightarrow z\leqslant w')\rightarrow w\leqslant w').$$

这个 w 是度的模糊集 x 的上确界.

定理 5 $\forall x(\mathrm{Fsd}(x)\rightarrow\exists!\ w(w=\sup(x)))$.

此定理可以用 ZB6 和 ZB5 证明,因证明较长,限于篇幅,略去. 作为定理 5 的特例,考虑两个度 u 和 v,知存在唯一的 $w=\sup(\{u,v\})$. 我们给出以下定义.

定义 8 令 $D(u)$,$D(v)$,则唯一的 $w=\sup(\{u,v\})$称为 u 和 v 的最小上界,记为 $u+v$.

前面已定义了模糊集的模糊联集,然而在那儿并没有定义两个模糊集合的模糊并集. 我们知道,在精确性经典集合论中,$a\cup b$ 被定义为$\bigcup\{a,b\}$. 我们想平移这个定义,似乎应当考虑模糊性,就是说给定 x,y,我们可以有许多其元素仅是 x 和 y 的模糊集$\{x,y\}_{u,v}$,因此,也就有许多不同的模糊并集,比如说定义 $x\cup_{u,v}y=\bigcup(\{x,y\}_{u,v})$似乎也是合理的. 然而,由这个定义,我们不能期望得到经典的结果的类似物,比如 $x\subseteq x\cup_{u,v}y$. 因为我们可以有一个元素以度 w 属于 x,但它却以较 w 为小的度 wu 属于 $x\cup_{u,v}y$.

作了这一番考察之后,我们发现最适宜的定义是 $x\cup y=\bigcup(\{x,y\})$. 此即,我们把两个模糊集的并集看做是一个标准集的联. 换句话说,在把两个模糊集归并为一时不存在模糊性,模糊性仅存在于各模糊集之本身. 由这个定义,我们看到精确性经典集合论中许多关于两个集合之并的结果,都可类推到 ZB 之中.

定理 6 $\forall a\forall b\forall u\forall v\forall w\forall z$

(i)$\varepsilon(z,a,u)\wedge\varepsilon(z,a,v)\rightarrow\varepsilon(z,a\cup b,u+v)$,

(ii)$\varepsilon(z,a,u)\wedge\forall v(\neg\varepsilon(z,b,v))\rightarrow\varepsilon(z,a\cup b,u)$,

(iii)$\varepsilon(z,a\cup b,w)\rightarrow\exists u(\varepsilon(z,a,u)\wedge u\leqslant w)$
$$\vee\exists v(\varepsilon(z,b,v)\wedge v\leqslant w).$$

定理 7 $\forall a\forall b\forall c\forall d$

(i)$a\cup b=b\cup a$,

(ii)$a\subseteq a\cup b$,

(iii)$a\subseteq b\leftrightarrow a\cup b=b$,

(iv)$a\cup a=a$,

(v)$a\cup\varnothing=a$,

(vi) $a \subseteq b \wedge c \subseteq d \rightarrow a \cup c \subseteq b \cup d$,

(vii) $(a \cup b) \cup c = a \cup (b \cup c)$.

现在来定义模糊交. 为此,我们先使用如下公式的一个简记:

$$\begin{aligned}&\psi(z,w;x) \leftrightarrow D(w) \wedge \forall t(\exists u(\varepsilon(t,x,u))\\&\rightarrow \exists v(\varepsilon(z,t,v))) \wedge \forall t \forall u \forall v(\varepsilon(t,x,u) \wedge \varepsilon(z,t,v)\\&\rightarrow w \leqslant uv) \wedge \forall w'(D(w') \wedge \forall t \forall u \forall v(\varepsilon(t,x,u)\\&\wedge \varepsilon(z,t,v) \rightarrow w' \leqslant uv) \rightarrow w'w).\end{aligned}$$

显然,ψ 是以它的第二个变元 w 为结果的一个函数,即给定 z 和 x,只有唯一的一个 w(如果存在的话)使 $\psi(z,w;x)$ 成立. 此时,我们可以利用子集公理得到下面结果:

$$\begin{aligned}&\exists!\, y(\forall z \forall w(\varepsilon(z,y,w) \leftrightarrow \exists v(\varepsilon(z,\cup x,v)\\&\wedge w \leqslant v) \wedge \psi(z,w;x))).\end{aligned}$$

定义 9　以上这个唯一的 y 记作 $\cap x$,称之为 x 的模糊交.

有些不同于精确性经典集合论的情况会发生. 我们考虑某个 t 以很小的度 u 属于 x,则 $\cap x$ 只能以 $\leqslant u$ 的度含有一切元素. 这样就可能有 $x \subseteq y$,但却 $\cap x \not\subset \cap y$,这与精确性经典集之交的性质相悖. 不过我们若按如下方式定义两个模糊集的模糊交之后,它们的性质却是与精确性经典集合论中两个集合之交集的性质相同.

定义 10　$a \cap b = \cap \{a,b\}$.

定理 8　$\forall a \forall b \forall z \forall w[\varepsilon(z,a \cap b,w) \leftrightarrow \exists u \exists v(\varepsilon(z,a,u) \wedge \varepsilon(z,b,v) \wedge w = uv)]$.

这个定理是显然的. 下面的这些性质则全是精确性经典集合论之定理的翻版.

定理 9　$\forall a \forall b \forall c \forall d$

(i) $a \cap b = b \cap a$,

(ii) $(a \cap b) \cap c = a \cap (b \cap c)$,

(iii) $a \cap b \subseteq a$,

(iv) $a \subseteq b \leftrightarrow a \cap b = a$,

(v) $a \cap a = a$,

(vi) $a \cap \varnothing = \varnothing$,

(vii) $a \subseteq b \wedge c \subseteq d \rightarrow a \cap c \subseteq b \cap d$,

(viii) $a \cup (a \cap b) = a$,

(ix) $a \cap (a \cup b) = a$.

最后,利用模糊正则公理,我们能证得如下定理:

定理 10　$\forall x \forall y[x \cup \{x\} = y \cup \{y\} \rightarrow x = y]$.

这条定理是说:x 的“后继”若与 y 的“后继”相等,则 x 与 y 相等. 显然,我们可以证明$\forall z(z\cup\{z\}\neq z)$. 这与定理10一起,使我们得以保证满足模糊无穷公理ZB9的任何模糊集合x,都必定含有无穷多个模糊集.

当然,我们还可以在ZB系统中定义更多的新概念,证明更多的定理,以致把模糊数学所需要的各种概念间的关系都一一刻画出来. 不过,一方面限于篇幅,我们不可能再去进行这种展开;另一方面,这种展开也不再属于数学基础的范畴,因而也不在本书讨论范围之内了.

我们更关心的却是这样一个问题,即本节开头所探讨的问题:能否将布尔值模型就当做是公理系统ZB的模型,从而就在这个意义上说,ZB就是模糊集合论的恰当的公理化系统呢? 以下的讨论表明,布尔值全域$V^{(B)}$确实可以被看做是ZB的一个模型;而前文已指出,布尔值全域已经能被很好地看做是模糊集的全域,那么,模糊集合的全域也就能认为是ZB系统的模型. 或者反过来说,ZB公理系统就是刻画模糊集合论的合适的形式系统.

首先不难证明ZB公理系统相对于ZF系统是相容的.

定理11 若ZF相容,则ZB相容.

证明 将ZB这样解释到ZF中:把$\varepsilon(x,y,w)$翻译作$x\in y\wedge w=1$,这样,ZB的各公理都成为ZF中的公理. 所以,若ZF相容,则ZB相容.

本节开始,我们已经用超穷递归的方法定义了布尔值全域$V^{(B)}$. 我们再依ε层次递归地定义V在$V^{(B)}$中的嵌入.

定义11 $\bar{x}=\{<1',\bar{y}\mid y\in x\}$,这里$1'$是布尔代数$B$中的最大元.

为使$V^{(B)}$是ZB的模型,进行如下的解释:

(i)$\varepsilon(z,x,w)$解释为

$$z\in \mathrm{Dom}(x)\wedge w=\overline{x(z)},$$

(ii)$u\leqslant w$解释为

$$\exists u'\exists v'(u',v'\in B\wedge u'\leqslant' v'\wedge u=\overline{u'}\wedge v=\overline{v'})$$

其中$\leqslant'$是B中的自然顺序.

定理12 在上述解释下,$V^{(B)}$构成ZB的模型.

本定理的证明相当长,我们只能简要地叙述如下:

我们首先指出在该模型中的度就是B的元素在定义11中所确定映射之下的象$\bar{x}$、$\bar{y}$等. 外延公理、函数化公理、序公理及对偶公理都不难得到.

为证明$V^{(B)}$中的联集公理,假设$x\in V^{(B)}$,我们定义$f\in V^{(B)}$如下

$$\mathrm{Dom}(f)=\bigcup\{\mathrm{Dom}(t)\mid t\in \mathrm{Dom}(x)\},$$

且对于$z\in \mathrm{Dom}(f)$,$f(z)=\Sigma_{t\in A_z}t(z)\cdot x(t)$,其中$A_z=\{t\mid z\in \mathrm{Dom}(t)\wedge t\in \mathrm{Dom}(x)\}$,"$\cdot$"表示$B$中的乘法算子. 这样我们可证$f$符合公理中的要求,即刻画了$\bigcup x$.

为证$V^{(B)}$中替换公理模式,令$x\in V^{(B)}$并定义$y\in V^{(B)}$如下

$\mathrm{Dom}(y)=\{z\in V^{(B)}\mid \exists t(t\in \mathrm{Dom}(x)\wedge \psi_1(t,z))\wedge \exists w(w\in B)\wedge \psi_2(z,\overline{w}))\}$.
且 $z\in \mathrm{Dom}(y)$，$y(z)$ 为使得 $\psi_2(z,\overline{w})$ 成立的唯一 $w\in B$.

模糊子集关系的定义之解释为：x 是 $V^{(B)}$ 中 y 的模糊子集当且仅当 $\mathrm{Dom}(x)\subseteq \mathrm{Dom}(y)$ 且 $\forall z\in \mathrm{Dom}(x)(x(z)\leqslant' y(z))$. 为证明 $V^{(B)}$ 中的幂集公理，对于 $x\in V^{(B)}$ 定义 $y\in V^{(B)}$ 为：$\mathrm{Dom}(y)=\{z\in V^{(B)}\mid \mathrm{Dom}(z)\subseteq \mathrm{Dom}(x)\}\wedge \forall t(t\in \mathrm{Dom}(z)\rightarrow z(t)\leqslant' x(t))\}$，且对于任何 $z\in \mathrm{Dom}(y)$，有 $y(z)=1'$.

正则公理被下述论断所证实：若 $x\in V^{(B)}$ 且 $x\neq\varnothing$，则 $\exists z\in \mathrm{Dom}(x)$ 满足 $\mathrm{Dom}(z)\cap \mathrm{Dom}(x)=\varnothing$. 最后，无穷公理可以利用通常的归纳法来定义而满足：$f_0=\varnothing$，$f_{n+1}:\{f_o,\cdots,f_n\}\rightarrow\{1'\}$，以及 $x:\{f_n\mid n\in w\}\rightarrow\{1'\}$. 这个 x 即为所断定存在的无穷集.

这就完成了本定理的证明.

最后还可指出一点，在这个模型中（以及更一般地，在 ZB 中），以度 $\overline{o'}$（最小度）的隶属并不是严格地与“非隶属”同样，当然这将与 Zadeh 模糊集合论不相吻合. 然而我们可以从“外部”就将最小度的隶属看成是非隶属.

2.4　中介数学系统

至此，我们已讨论了两种为模糊数学奠基的方案：其一是直接利用精确性经典数学的所有工具和方法，来构造各种数学结构（它们仍然是经典数学的数学结构），以表示我们所期望的模糊数学应具有的各种特征，也就是直接奠基于精确性经典数学之上的方案. 其二则是独立于已有的精确性数学之外，重新专为模糊数学构造一个公理化集合论系统 ZB. 然而我们要指出，配套于 ZB 的逻辑工具仍然是经典的二值逻辑系统. 我们知道，二值逻辑是为刻画那类非此即彼、非真即假的判断而建立的；而模糊现象却并不具有如此的特性. 因而，用二值逻辑作为逻辑工具来构建刻画模糊现象的公理系统，与用精确性集合论工具来刻画模糊现象一样，虽也可以取得成功，却依然难于充分体现模糊性.

为了改变这种状况，应该构建特有的反映模糊性的逻辑系统，再以这个逻辑系统为配套的推理工具，建立特别反映模糊性的集合论系统. 这项工作已经完成，这就是本节中将要介绍的中介数学系统.

我们之所以把该系统称为“中介数学系统”，而不称为“模糊数学系统”，一是以示它与现有的直接奠基于精确性经典数学之上的模糊数学有重大的区别，二来也指明该系统建基于“中介原则”之上. 中介原则是说：有些谓词是有一类所谓中介对象的，即该对象对这个谓词而言，既不能说是严格意义下的“真”，也不能说是严格意义下的“假”，我们将一律称之为“中介”状态.

这样，我们首先就应建立具有三种真值（即真、中、假）的逻辑系统以直接反映中介原则.中介逻辑演算系统(Medium Logic,简记为 ML)就是这样的逻辑演算系统.ML 由中介逻辑的命题演算系统 MP 及其扩张区域 MP*、中介逻辑的谓词演算系统 MF 及其扩张区域 MF*、中介同异性演算系统 ME、ME* 组成.在 ML 中,我们直接引入对立否定词╕和模糊否定词～,其含义是:对于谓词 $P(\cdot)$,如果 $P(x)$为假,就说╕$P(x)$真;如果 $P(x)$为中介,则说～$P(x)$真.中介逻辑的命题演算系统 MP 除了它的形成规则及其归纳定义之外,共有十二条形式推理规则,其中只有肯定前提律(∈)、传递律(τ)和反证律(¬)(注意否定词¬在 MP 中被定义为$\neg P =_{\mathrm{df}} P \rightarrow \sim P$,即╕$P\vee\sim p$)已为经典二值逻辑系统所具有,其余皆为中介逻辑演算系统所特有.具体内容请读者参见文献[16]—[18].

为了下面阅读的方便,我们再指出 ML 中几个符号的含义.我们用 $A \models\!\!\!\!\dashv B$ 表示两个合式公式 A 与 B"等值",即对于任何指派,A 的真值与 B 的真值完全相同.注意它与二值逻辑中 $A \vdash\!\!\!\dashv B$ 的意义相当,但在中介逻辑中,$A \vdash\!\!\!\dashv B$ 却不再表示 A 与 B 等值,而只表示:A 真时 B 一定真,B 真时 A 也一定真,但 A 取中或假值时,对 B 就没有限制要求了.我们在 MP* 中证明了,$A \models\!\!\!\!\dashv B$ 当且仅当:(1)$A \vdash B$ 且～$A \vdash \sim B$ 且╕$A \vdash$╕B,或者(2)$A \vdash\!\!\!\dashv B$ 且╕$A \vdash\!\!\!\dashv$╕B,或者(3)$A \rightarrowtail\!\!\!\!\leftarrowtail B$ 是永真式.

现在,我们就来简略介绍中介数学系统中的中介公理集合论(Medium Axiomatic Set Theory,简记为 MS)的内容.由于内容较多,依发表时的顺序分为六小节叙述.

首先,中介公理集合论系统 MS 除承认和使用中介逻辑演算系统的全部形式符号、定义符号和推理规则外,还要引入两个基本的常谓词:其一是二元谓词∈,解释并读为"属于",其二是一元常谓词 $\mathfrak{M}$,解释并读为"小".

2.4.1 两种谓词的划分与定义

先给出精确谓词和模糊谓词这两个重要概念在 MS 中的形式定义,并讨论和建立 MS 的外延性公理和对偶公理.

公理Ⅰ(外延性公理) $a=b \rightarrowtail\!\!\!\!\leftarrowtail \forall z(z\in a \rightarrowtail\!\!\!\!\leftarrowtail z\in b)$.

这条公理相当于 ZFC 中的外延公理,但在 MS 中,a 与 b 的相等由任何元素属于两者都要等值来决定.

定义 1(子集) $a\subseteq b \Leftrightarrow_{\mathrm{df}} \forall z(z\in a \prec z\in b)$.

定义 2(真子集) $a\subset b \Leftrightarrow_{\mathrm{df}} a\subseteq b \wedge (a\neq b \vee a\cong b)$.

定理 1 $a=b \rightarrowtail\!\!\!\!\leftarrowtail a\subseteq b \wedge b\subseteq a$.

公理Ⅱ(对偶公理) $\exists c \forall x(x\in c \rightarrowtail\!\!\!\!\leftarrowtail ⫽\!\!\circ(x=a \vee x=b))$.

定义 3(对偶集) $x\in \{a,b\} \Leftrightarrow_{\mathrm{df}} ⫽\!\!\circ(x=a \vee x=b)$.

定义 4(单点集)　$\{a\}=_{\mathrm{df}}\{a,a\}$.

定义 5(有序对)　$<a,b>=_{\mathrm{df}}\{\{a\},\{a,b\}\}$.

定义 6(单点序)　$\{a\}=_{\mathrm{df}}a$.

定义 7(有序组)　$<a_1,a_2,\cdots,a_n>=_{\mathrm{df}}<<a_1,\cdots,a_{n-1}>,a_n>,n=2,3,4,\cdots$.

以上这些定义都是 ZFC 系统中相应定义的简单平移，但是都必须考虑到被定义式取真、假值以及取中值的情况下的合理性. 以下则要引入 MS 中特有的“模糊谓词”和“清晰谓词”概念了.

定义 8(模糊谓词)　$\underset{\langle x_1,\cdots,x_n\rangle}{\mathrm{fuz}}P\Leftrightarrow_{\mathrm{df}}\exists x_1\exists x_2\cdots\exists x_n(\overset{\circ}{\sim}P(x_1,\cdots x_n;t_1,\cdots t_r))$.

定义 9(清晰谓词)　$\underset{\langle x_1,\cdots,x_n\rangle}{\mathrm{dis}}P\Leftrightarrow_{\mathrm{df}}\urcorner\underset{\langle x_1,\cdots,x_n\rangle}{\mathrm{fuz}}P$.

我们说谓词 P 对于它的变元$\langle x_1,\cdots x_n\rangle$是模糊的，是指有一组该元的值使得 P 取中值. 在定义 8 中，谓词 P 之前的模糊否定词之所以不取～，而取清晰化后的$\overset{\circ}{\sim}$，是要保证 $\underset{\langle x_1,\cdots,x_n\rangle}{\mathrm{fuz}}P$ 这个谓词本身不再是模糊谓词. 否则的话，“P 是模糊谓词”也不能确定真假，那就太复杂了. 事实上，在这两个定义之下，我们有

定理 2　$\underset{\langle x_1,\cdots,x_n\rangle}{\mathrm{dis}}P\Leftrightarrow\forall x_1\cdots\forall x_n[P(x_1,\cdots x_n;t)\vee\urcorner P(x_1,\cdots x_n;t)]$.

定理 3　$\underset{\langle x_1,\cdots,x_n\rangle}{\mathrm{fuz}}P\vee\underset{\langle x_1,\cdots,x_n\rangle}{\mathrm{dis}}P$.

定理 3 恰好反映了我们的意愿：一个谓词要么是模糊谓词，要么是清晰谓词，而不可能有这两者的中介. 这也说明，我们虽认为有许多反对对立均具有中介过渡，但并不坚持认为一切反对对立均具有中介过渡，这里的“模糊”与“清晰”这一对反对对立面就是一例. 有了清晰、模糊谓词，不难定义清晰集和模糊集，并且可以证明已经定义过的一些集合的清晰性.

定义 10(清晰集)　$\mathrm{dis}a\Leftrightarrow_{\mathrm{df}}\underset{x}{\mathrm{dis}}(x\in a)$.

定义 11(模糊集)　$\mathrm{fuz}a\Leftrightarrow_{\mathrm{df}}\underset{x}{\mathrm{fuz}}(x\in a)$.

定理 4　$\mathrm{dis}\{a,b\}$.

定理 5　$\mathrm{dis}<a_1,\cdots a_n>(n\geqslant 2)$.

定理 6　$\mathrm{dis}a\wedge\mathrm{dis}b\Rightarrow a\subseteq b\vee a\not\subseteq b$.

这里 $a\not\subseteq b$ 是$\urcorner(a\subseteq b)$的缩写. 此定理说，a 与 b 都是清晰集，$a\overset{\sim}{\subseteq}b$(即～$(a\subseteq b)$)就不可能发生，同样 $a\simeq b$(即～$(a=b)$)也不可能发生，见下面的定理.

定理 7　$\mathrm{dis}a\wedge\mathrm{dis}b\Rightarrow a=b\vee a\neq b$.

最后，我们可以期望有序对$<a,b>$具有与 ZFC 中之有序对有类同的性质，即下述定理 8. 该定理的证明比较长且有一定的复杂性.

定理 8　$<a,b>=<c,d>\rightarrowtail\!\!\measuredangle\!\!\circ(a=c\wedge b=d)$.

2.4.2 集合的运算

我们将在本段建立"恰集"这一重要概念，并且引入由集合造出新集的若干运算，包括联、交、外集、中介集、清晰集、卡氏积、幂集等. 其中，外集、中介集、清晰集是 ZFC 系统所没有的.

定义 12(恰集) $a \underset{x}{\text{exa}} P(x,t) \Leftrightarrow_{\text{df}} \forall x(x \in a \succ\!\!\prec P(x,t))$. 此即，$a$ 是谓词关于变元 x 的恰集，是指 $x \in a$ 的真值与 $P(x)$ 的真值完全相同.

定理 9 $a \underset{x}{\text{exa}} P(x,t) \wedge b \underset{x}{\text{exa}} P(x,t) \Rightarrow a=b$.

此定理表明一个谓词关于某变元的恰集是唯一的，这使下面的记号成为合法.

定义 13(恰集简记) $a=\{x \mid P(x,t)\} \Leftrightarrow_{\text{df}} a \underset{x}{\text{exa}} P(x,t)$.

以下将利用恰集简记来引入一系列的集合运算.

公理Ⅲ(联集公理) $\exists b(b=\{x \mid \exists y(y \in a \wedge x \in y)\})$.

定义 14(联集) $\bigcup a =_{\text{df}} \{x \mid \exists y(y \in a \wedge x \in y)\}$.

定义 15(联) $a \cup b =_{\text{df}} \bigcup \{a,b\}$.

定义 16(多元集) $\{a_1,\cdots,a_{n-1},a_n\} =_{\text{df}} \{a_1,\cdots,a_{n-1}\} \cup \{a_n\}, n=3,4,\cdots$.

注意联与联集的区别：给定 a，a 的联集 $\bigcup a$ 是用 a 的元素的元素为元素的；而对于两个集合 a 和 b，它们的联 $a \cup b$ 是用 a 的元素以及 b 的元素作元素的.

不难想见，当 a 是清晰集，a 的元素也是清晰集时，联集 $\bigcup a$ 也是清晰集；当 a，b 都是清晰集时，a 与 b 的联 $a \cup b$ 也是清晰集. 这反映在以下定理中：

定理 10 $\text{dis}a \wedge \forall x(x \in a \Rightarrow \text{dis}x) \Rightarrow \text{dis} \bigcup a$.

定理 11 $\text{dis}a \wedge \text{dis}b \Rightarrow \text{dis}(a \cup b)$.

定理 12 $a \cup b=\{x \mid x \in a \vee x \in b\}$.

定理 12 在 ZFC 系统中是很显然的，但在 MS 中，由于命题可取中值，情况就变得复杂了. 依照前面的定义，我们须证 $\exists y(y \in \{a,b\} \wedge x \in y) \boxminus x \in a \vee x \in b$，可以通过如下 4 个推理的证明而证之：(1) $\exists y(y \in \{a,b\} \wedge x \in y) \vdash x \in a \vee x \in b$，(2) $x \in a \vee x \in b \vdash \exists y(y \in \{a,b\} \wedge x \in y)$，(3) $\urcorner \exists y(y \in \{a,b\} \wedge x \in y) \vdash \urcorner(x \in a \vee x \in b)$，(4) $\urcorner(x \in a \vee x \in b) \vdash \urcorner \exists y(y \in \{a,b\} \wedge x \in y)$.

紧接着的交集运算与上面平行展开.

公理Ⅳ(交集公理) $\exists b(b=\{x \mid \forall y(y \in a \prec x \in y)\})$.

定义 17(交集) $\bigcap a =_{\text{df}} \{x \mid \forall y(y \in a \prec x \in y)\}$.

定义 18(交) $a \cap b =_{\text{df}} \bigcap \{a,b\}$.

定理 13 $\text{dis}a \wedge \forall x(x \in a \Rightarrow \text{dis}x) \Rightarrow \text{dis} \bigcap a$.

定理 14 $\text{dis}a \wedge \text{dis}b \Rightarrow \text{dis}(a \cap b)$.

定理 15　$a\cap b=\{x|x\in a\wedge x\in b\}$.

下一个要定义的集合运算是“外集”，即素朴集合论中的补集. 我们知道，在ZFC系统中，通常的一个集合之补不再是ZFC中的集合，因若承认补集的存在将会在ZFC之中引起悖论. 所以只能讨论差集或相对补集. 然而从我们的思维规律看，有了集合，立即就会想到它的(绝对)补集，这是很自然的事. 在ZFC中不允许补集的存在是为了避免悖论，而不是对思维规律的最恰当的反映；当我们能用其他的办法(不是像ZFC系统，用限制集合大小的办法)避免悖论之时，我们当然希望引入补集运算，现在我们更确切地称之为“外集”：

公理 V(外集公理)　$\exists b(b=\{x|x\notin a\})$.

定义 19(外集)　$a^{-}=_{\mathrm{df}}\{x|x\notin a\}$.

下面这几条关于外集运算的性质是易证的.

定理 16　$a^{--}=a$.

定理 17　$(a\cup b)^{-}=a^{-}\cap b^{-}$.

定理 18　$(a\cap b)^{-}=a^{-}\cup b^{-}$.

定理 19　$\mathrm{dis}a\succ\!\!\!-\!\!\!\prec\mathrm{dis}a^{-}$.

外集是把集合外面的元素(即不属于 a 的元素)变为本身内部的元素. 下面的中介集则是把“中介属于”某集合的元素汇集而成的集(当然，同时也把集合外部的和内部的元素都变为中介集的“中介对象”).

公理 Ⅵ(中介集公理)　$\exists b(b=\{x|x\tilde{\in} a\})$.

定义 20(中介集)　$a^{\sim}=_{\mathrm{df}}\{x|x\tilde{\in} a\})$.

定理 20　$a^{-\sim}=a^{-}$.

定理 21　$a^{\sim\sim}=a\cup a^{-}$.

定理 22　$(a\cup b)^{\sim}=(a^{\sim}\cap b^{\sim})\cup(a^{\sim}\cap b^{\sim})\cup(a^{-}\cap b^{-})$.

定理 23　$(a\cap b)^{\sim}=(a^{\sim}\cap b^{\sim})\cup(a^{\sim}\cap b)\cup(a\cap b^{\sim})$.

正像中介逻辑演算系统ML中有清晰化算符一样，在我们的中介公理集合论中也将引进清晰算子，它可将任何集合改造成清晰集.

公理 Ⅶ(清晰集公理)　$\exists b(b=\{x|{\angle\!\!\!/}_{\circ}(x\in a)\})$.

定义 21(清晰化集)　$a^{\circ}=\{x|{\angle\!\!\!/}_{\circ}(x\in a)\})$.

所谓 a 的清晰化集，是将 a 的边界上的中介对象和外部元素全都推向外部，内部元素保持不变而形成的清晰集. 清晰化集一定是清晰的.

定理 24　$\mathrm{dis}a^{\circ}$.

定理 25　$\mathrm{dis}a\Rightarrow a^{\circ}=a$.

定理 26　$a^{\circ\circ}=a^{\circ}$.

定理 27 $x\in a\Leftrightarrow x\in a^{\circ}$.

定理 28 $a^{\circ -}=(a^{-}\cup a^{\sim})^{\circ}$.

定理 29 $(a\cup b)^{\circ}=a^{\circ}\cup b^{\circ}$.

定理 30 $(a\cap b)^{\circ}=a^{\circ}\cap b^{\circ}$

为了以后使用的方便,我们还定义一个集合的"缩集"如下:

定义 22(缩集) $a\updownarrow=_{\mathrm{df}}a^{\sim -}\cap a$.

定理 31 (1)$x\in a\Rightarrow x\tilde{\in}a\updownarrow$;

(2)$x\tilde{\in}a\Rightarrow x\notin a\updownarrow$;

(3)$x\notin a\Rightarrow x\notin a\updownarrow$.

仿照 ZFC,我们再引入卡氏积和幂集.

公理Ⅷ(卡氏积公理) $\exists c(c=\{x|\exists y\exists z(y\in a\wedge z\in b\wedge \measuredangle x=\langle y,z\rangle)\})$.

定义 23(卡氏积) $a\times b=_{\mathrm{df}}\{x|\exists y\exists z(y\in a\wedge z\in b\wedge \measuredangle x=\langle y,z\rangle)\}$.

定理 32 $\mathrm{dis}a\wedge \mathrm{dis}b\Rightarrow \mathrm{dis}(a\times b)$.

公理Ⅸ(幂集公理) $\exists b(b=\{x|x\subseteq a\})$.

定义 24(幂集) $\mathscr{P}a=_{\mathrm{df}}\{x|x\subseteq a\}$.

定义 25(幂清晰集) $\mathscr{P}a=_{\mathrm{df}}(\mathscr{P}a)^{\circ}$.

2.4.3 谓词与集合

本段将给出"概集"这个重要概念的形式定义,并讨论和建立 MS 的泛概括公理、替换公理、选择公理和后继恰集公理,其中泛概括公理的建立和讨论是本段的中心内容,也是整个 MS 系统的一个中心内容.

定义 26(概集)

$$a\ \underset{x}{\mathrm{com}}\ P(x,t)\Leftrightarrow_{\mathrm{df}}\forall x((P(x,t)\Rightarrow x\in a)\wedge(\urcorner P(x,t)\Rightarrow x\notin a)).$$

定义 27(正规谓词)

(1)若 x,y 是项,则 $x\in y$,$x=y$ 都是正规谓词;

(2)若 P,Q 是正规谓词,则 $P\rightarrow Q$,$\urcorner P$,$\sim P$ 都是正规谓词;

(3)若 $P(a;t)$是正规谓词,个体词 a 在其中出现,x 不在其中出现,以 x 替换 a 的所有出现(相应地,部分出现),则 $\forall x P(x,t)$(相应地,$\exists x P(x,t)$)是正规谓词.

MS 中的谓词是正规谓词,当且仅当它能由上述形成规则(1)(2)(3)经有限步生成. P 是 MS 中的正规谓词记为 $\mathrm{Nor}P$.

由此定义知,凡 MS 中谓词含有$\prec$或 $\mathfrak{M}$,或含有定义符号$\rightarrowtail$,$\Rightarrow$,$\measuredangle$,$\simeq$,$\doteq$时,该谓词就不是正规谓词.

公理 X(泛概括公理)　对任何 Nor$P$,只要其中不含 a 的自由出现,则 $\exists a(a \underset{x}{\text{com}} \exists x_1,\cdots \exists x_n(\angle\!\!\angle^{\circ}(x=\langle x_1,\cdots,x_n\rangle \wedge P(x_1,\cdots,x_n;t)))$.

定理 33(泛概括定理)　对于任何 Nor$P(x,t)$,只要其中不含 a 的自由出现,则 $\exists a(a \underset{x}{\text{com}} P(x,t))$.

此定理就是 Cantor 概括原则的推广.它断言,对于任何正规谓词 $P(x)$,不管它是清晰的,或是模糊的,我们都可以用它来造集,这个集的元素是如此确定的:凡满足 $P(x)$,亦即使该谓词为真者,就在集合的内部;凡满足$\neg P(x)$,亦即使该谓词为假者,就在集合的外部,但要注意,凡满足$\sim P(x)$者,亦即使得该谓词取中值者,我们没有肯定落在集合的何处.事实上,允许它们落在集合外部、内部或边界上.这样生成的集合当然不是唯一的,将它们都称为谓词 P 的概集.初看起来,这种由谓词仅能造概集的规定不符合 Cantor 概括原则的要求,因为依据概括原则,任给谓词,应该能造相应的恰集.不过,当把谓词限定为清晰谓词之时,就能得出所要求的结论了,对此请参阅下文 2.5.4 的相关内容,在那里将会有更直观的认识和理解.

定理 34　$\underset{x}{\text{dis}} P(x) \wedge a \underset{x}{\text{com}} P(x) \Rightarrow \underset{x}{\text{dis}} a \wedge a \underset{x}{\text{exa}} P(x)$.

定理 35　对任何 Nor$P(x,t)$,只要其中不含 a 的自由出现,则$\underset{x}{\text{dis}} P(x,t) \Rightarrow \exists a(a \underset{x}{\text{exa}} P(x,t))$.

因为不难看出,Cantor 所用来造集的谓词全都是 MS 中的正规清晰谓词,故定理 34 表明 MS 中全面保留了 Cantor 意义下的概括原则.至于为什么 Cantor 的概括原则会引起悖论(例如 Russell 悖论),而我们在 MS 中同样使用之却不会引起悖论,将在 2.4.6 节中专门讨论.

现在我们用这两条定理来构造全集和空集,并初步讨论全集与空集的性质.

定理 36　$\exists a(a \underset{x}{\text{exa}}(x=x))$.

定义 28(全集)　$V=_{\text{df}}\{x \mid x=x\}$.

定理 37　$\forall x(x\in V)$.

定义 29(空集)　$\varnothing=_{\text{df}}V^{-}$.

定理 38　$\forall x(x\notin\varnothing)$.

定理 39　$V^{\sim}=\varnothing^{\sim}$.

定理 40　(1) $\forall x(x\tilde{\in}V^{\sim})$,(2) $\forall x(x\tilde{\in}\varnothing^{\sim})$.

定理 41　$\forall x(x\notin a)\prec a=\varnothing$.

定理 42　$\text{dis}a\Rightarrow a^{\sim\circ}=\varnothing$.

定理 43　$\varphi^{\sim\circ}=\text{V}^{\sim\circ}=\varnothing$.

为了给出替换公理,须先定义单值谓词.

定义 30(单值谓词)

$$\underset{(x_1,x_2)}{\mathscr{U}_n}\varphi(x_1,x_2,t)\Leftrightarrow_{\mathrm{df}}\forall x_1\forall x_2\forall x_3(\varphi(x_1,x_2,t)\wedge\varphi(x_1,x_3,t)\Rightarrow x_2=x_3).$$

公理Ⅺ(替换公理) 对任何 $\underset{(x_1,x_2)}{\mathscr{U}_n}\varphi(x_1,x_2,t)$,只要其中没有 b 的自由出现,则

$$\forall a[\mathfrak{M}(a)\Rightarrow\exists b(\mathfrak{M}(b)\wedge b\ \underset{y}{\mathrm{exa}}(\exists x(x\in a^{\circ}\wedge\varphi(x,y,t))))].$$

替换公理是说,对于任何小集 a,可以用单值谓词 φ 将其内部的元素换为其他元素,从而形成新的小集 b,这个新集称为 a 被 φ 替换而得的替换集.

定义 31(替换集) $\underset{\varphi(x,y)}{\mathrm{rep}}\,a=_{\mathrm{df}}\{y\mid\exists x(x\in a^{\circ}\wedge\varphi(x,y,t))\}$,其中 $\varphi(x,y,t)$是单值谓词.

由替换公理不难得出如下的子集定理:

定理 44 $\mathfrak{M}(a)\Rightarrow\exists b(\mathfrak{M}(b)\wedge b\ \underset{y}{\mathrm{exa}}(y\in a^{\circ}\wedge\psi(y)))$.

下面再给出 MS 中的选择公理.

定义 32(么元素集) $I(a)\Leftrightarrow_{\mathrm{df}}\exists x(a=\{x\})$.

公理Ⅻ(选择公理)

$$\mathfrak{M}(a)\wedge\forall x\forall y((x\in a\wedge y\in a\wedge\neg(x=y))\Rightarrow x\cap y=\varnothing)$$
$$\Rightarrow\exists b(\mathfrak{M}(b)\wedge\forall x(x\in a\wedge x\neq\varnothing\Rightarrow I(b\cap x))).$$

这就是说,如果小集 a 中任何元素两两不交,则可以找到一个"选择集"b,它也是小集,且 b 与 a 中每个元素之交为单点集.注意元素两两不交的刻画是$(x\in a\wedge y\in a\wedge\neg(x=y))\Rightarrow x\cap y=\varnothing$,而不是$(x\in a\wedge y\in a\wedge\urcorner(x=y))\Rightarrow x\cap y=\varnothing$,因为依后一条件,有时将找不到选择集 b.

以下讨论后继、后继集和后继恰集,然后给出后继恰集公理,由后继恰集的存在性立即可推出无穷集合的存在.所以在 MS 中我们不再另列无穷公理.

定义 33(后继) $a^{+}=_{\mathrm{df}}a\cup\{a\}$.

定义 34(后继集) $b\mathrm{suc}a\Leftrightarrow_{\mathrm{df}}a\subseteq b\wedge\measuredangle\forall x(x\in b\prec x^{+}\in b)$.

定理 45 $\forall a\exists b(b\mathrm{suc}a)$.

定理 46 $\sim(b\mathrm{suc}a)\Leftrightarrow\sim(a\subseteq b)\wedge\forall x(x\in b\prec x^{+}\in b)$.

公理ⅩⅢ(后继恰集公理) $\mathfrak{M}(a)\Rightarrow\exists b[\mathfrak{M}(b)\wedge b\ \underset{x}{\mathrm{exa}}\forall y(y\mathrm{suc}a\prec x\in y)]$.

定义 35(后继恰集) $a^{\#}=_{\mathrm{df}}\{x\mid\mathfrak{M}(a)\wedge\forall y(y\mathrm{suc}a\prec x\in y)\}$.

所谓后继恰集,是针对小集才设置的.实际上,小集 a 的后继恰集是 a 的所有后继集之交,也就是 a 的"最小后继集",这一点将在后面证明.如果我们能把 a 的所有后继集组成一个集合 S,那么后继恰集 $a^{\#}$ 就是 S 的交集$\cap S$,然而遗憾的是,我们做不到这一点,即无法用泛概括公理或其他公理将 a 的所有后继集聚拢为一集,所以我们需要后继恰集公理.

定理 47　$\neg\mathfrak{M}(a)\Rightarrow a^{\#}=\varnothing$.

定理 48　$\mathfrak{M}(a)\Rightarrow a\subseteq a^{\#}$.

定理 49　$\forall x(x\in a^{\#}\prec x^{+}\in a^{\#})$.

定理 50　$\mathfrak{M}(a)\Rightarrow a^{\#}\ \mathrm{suc}\ a$.

定理 50 是定理 48、定理 49 的直接结论，它表明小集的后继恰集必是后继集，我们还可证：

定理 51　$\mathfrak{M}(a)\Rightarrow\exists b(\mathfrak{M}(b)\wedge(b\ \mathrm{suc}\ a))$.

定理 52　$\forall y(y\ \mathrm{suc}\ a\prec a^{\#}\subseteq y)$.

这又表明，a 的后继恰集是 a 的所有后继集的子集，因而(再加上定理 50)是 a 的一个最小后继集.

定理 53　$\mathfrak{M}(a)\Rightarrow\forall x(x\in a^{\#}\Leftrightarrow(x\in a\vee\exists y(y\in a^{\#}\wedge y^{+}=x)))$.

此定理又指出，小集 a 的后继恰集 $a^{\#}$ 中任何元素，要么是 a 的元素，要么是 $a^{\#}$ 中别的某元素的后继，而无其他什么元素. 这从另一角度刻画了后继恰集的极小性.

最后，我们还通过如下几条定理指出，清晰小集的后继恰集仍是清晰小集.

定理 54　$\mathrm{dis}a\wedge b\,\mathrm{suc}a\Rightarrow b^{\circ}\mathrm{suc}a$.

定理 55　$\mathrm{dis}a\Rightarrow\mathrm{dis}a^{\#}$.

定理 56　$\mathfrak{M}(a)\wedge\mathrm{dis}a\Rightarrow\exists b(\mathfrak{M}(b)\wedge\mathrm{dis}b\wedge b\,\mathrm{suc}a)$.

后继恰集 $a^{\#}$ 即为定理 56 中存在的 b.

这样，如果我们取 $a=\varnothing$，则知后继恰集 $\varnothing^{\#}$ 是小集，且是清晰集，它就是 ZF 中的 ω.

2.4.4　小集与巨集

本节引入小集与巨集的概念. 虽然前文已出现了小集符号 $\mathfrak{M}$，并在后继恰集处讨论了它的一些性质，但还没有系统全面地刻画这一基本概念. 本节将用一系列公理来完成这种刻画，同时也就结束了构造 MS 整体框架的工作.

公理 XIV (清晰公理)　$\underset{x}{\mathrm{dis}}\,\mathfrak{M}(x)$.

即，“小集”这个概念认定为清晰的. 当然，这只是我们把自己的工作限定在清晰范畴内，以求得问题的简化；并不排除以后再发展为考虑“小集”、“巨集”、“中集”的可能性.

定义 36(巨集)　$GI(a)\Leftrightarrow_{\mathrm{df}}\neg\mathfrak{M}(a)$.

公理 XV (巨集公理)　$GI(a)\vee GI(a^{\sim})\vee GI(a^{-})$.

公理 XVI (小清晰公理)　$\mathfrak{M}(a)\Leftrightarrow\mathfrak{M}(a^{\circ})$.

公理 XVII (单点小集公理)　$I(a)\Rightarrow\mathfrak{M}(a)$.

公理ⅩⅧ(小联集公理)　$\mathfrak{M}(a)\wedge\forall x(x\in a\Rightarrow\mathfrak{M}(x))\Rightarrow\mathfrak{M}(\bigcup a)$.

公理ⅩⅨ(小交集公理)　$\mathfrak{M}(a)\wedge\exists x(x\in a\wedge\mathfrak{M}(x))\Rightarrow\mathfrak{M}(\bigcap a)$.

这一系列公理指明了我们约定哪些集合是小集,它们的意义都是清楚明白的.由它们出发,我们可以证明以下这些集合的“小集性”.

定理 57　$\mathfrak{M}(\{a,b\})$.

定理 58　$\mathfrak{M}(a)\wedge\mathfrak{M}(b)\Rightarrow\mathfrak{M}(a\cup b)$.

定理 59　$\mathfrak{M}(a)\vee\mathfrak{M}(b)\Rightarrow\mathfrak{M}(a\cap b)$.

定理 60　$\mathfrak{M}(a)\wedge b\subseteq a\Rightarrow\mathfrak{M}(b)$.

定理 61　$\mathfrak{M}(\varnothing)$.

定理 62　$GI(V)$.

定理 63　$\mathfrak{M}(\{a_1,a_2,\cdots a_n\})$.

我们已经讨论了空集、单点集、多元集,以及在一定条件下小集的并、交、子集等都具有小集性.我们知道,当 a 是小集时,a 的清晰集 a° 也是小集,但 $a^{\sim}$ 及 a^{-} 不一定是小集,并且 $a^{\sim}$ 与 a^{-} 中至少有一个是巨集.所以,小集的概念是针对集合的“内部”元素多少而定的,它与其边界上的元素和外部元素无关.

为了讨论余下的幂集运算、卡氏积运算的小集性,我们又需加入新公理,这也是 MS 中最后一条公理:

公理ⅩⅩ(小幂集公理)　$\mathfrak{M}(a)\wedge\mathfrak{M}(a^{\sim})\Rightarrow\mathfrak{M}(\mathscr{P}a)$.

这是说:当 a 和 a 的中介集 $a^{\sim}$ 均为小集时,a 的幂集 $\mathscr{P}a$ 也是小集,初看起来,只需规定 $\mathfrak{M}(a)$,即可认为 $\mathfrak{M}(\mathscr{P}a)$;然而在经典集合论中成立的事实到中介集合论中将变得复杂起来;如果不规定 $\mathfrak{M}(a^{\sim})$,那么 a 的子集中可以有许多许多个其“内部”元素相同,但“边界”元素各不相同(它们仍算是不同的子集),所以此时就不能保证其幂集 $\mathscr{P}a$(以 a 的这些子集为元素)仍是小集了.不过,当 a 是清晰集时,我们只需 a 是小集即可保 $\mathscr{P}a$ 是小集.

定理 64　$\mathfrak{M}(a)\wedge \mathrm{dis}\, a\Rightarrow\mathfrak{M}(\mathscr{P}a)$.

定理 65　$\mathfrak{M}(a)\Rightarrow\exists b(\mathfrak{M}(b)\wedge b\ \underset{x}{\mathrm{exa}}(x\subseteq a^{\circ}\wedge \mathrm{dis}x))$.

对于小集 a,我们可以把 a 的清晰集 a° 的一切清晰子集 x 概括成小集 b,这个小集称为 a 的清晰幂集,注意它与定义 25 中的幂清晰集有所不同.

定义 37(清晰幂集)　$\mathscr{P}d(a)=_{\mathrm{df}}\{x\mid\mathfrak{M}(a)\wedge x\subseteq a^{\circ}\wedge \mathrm{dis}\, x\}$.

易证以下两条定理.

定理 66　$\mathfrak{M}(\mathscr{P}d(a))$.

定理 67　$\mathrm{dis}(\mathscr{P}d(a))$.

最后来讨论卡氏积的小集性.为此,只需用某个小集作为 $a\times b$ 的扩集即可,我们通过下面的各定理做到这一点:

定理 68　$\mathfrak{M}(a)\wedge\mathfrak{M}(b)\wedge x\in a\wedge y\in b\Rightarrow\langle x,y\rangle\in\mathscr{P}d(\mathscr{P}d(a\cup b))$.

定理 69　$\mathfrak{M}(a)\wedge\mathfrak{M}(b)\Rightarrow(a\times b)^{\circ}\subseteq\mathscr{P}d(\mathscr{P}d(a\cup b))$.

定理 70　$\mathfrak{M}(a)\wedge\mathfrak{M}(b)\Rightarrow\mathfrak{M}(a\times b)$.

至此,各种运算之后对于集合小集性的影响讨论完毕.

2.4.5　MS 与 ZFC 之间的关系

如所知,作为精确性经典数学的理论基础的 ZFC 公理集合论系统,通常包括外延、对偶、空集、联集、幂集、替换、分出、无穷、选择、正则等 10 条非逻辑公理. 但其中分出公理可由替换公理推出,而正则公理又仅是为避免悖论而设置的,对于由 ZFC 推出整个精确性经典数学不起作用. 所以,我们只要在 MS 中对个体和谓词加以适当限制后,能把上述 10 条公理中除正则公理和分出公理之外的各条公理均作为定理推出,就表明整个精确性经典数学也能奠基于 MS. 但同时,MS 还研究和处理模糊谓词和模糊集合等模糊性量性对象,因为 MS 在中介原则和泛概括公理的观点下,不仅承认中介对象的存在,同时还接受模糊造集谓词的使用. 因而,可以更广泛地说,MS 已经成为精确经典数学和研究模糊现象的不确定数学的共同基石.

我们首先指出,若将中介逻辑演算系统 ME 中的形式符号$\neg$、$\Rightarrow$、$\forall$、$=$分别视为经典二值逻辑中的否定词、蕴涵词、全称量词及等词,则经典二值逻辑便是 ML 的子系统,因为这些逻辑联接词满足下列推理规则[45]:

$(\in)A_l,\cdots,A_n\vdash A_i(i=l,2,\cdots,n)$.

(τ)如果 $\Gamma\vdash\Delta$(不空)$\vdash A$,则 $\Gamma\vdash A$.

$(\neg)$如果 $\Gamma,\neg A\vdash B,\neg B$,则 $\Gamma\vdash A$.

$(\Rightarrow_-)A\Rightarrow B,A\vdash B$.

$(\Rightarrow_+)$若 $\Gamma,A\vdash B$,则 $\Gamma\vdash A\Rightarrow B$.

$(\forall_-)\forall xA(x)\vdash A(a)$.

$(\forall_+)$如果 $\Gamma\vdash A(a)$,a 不在 Γ 中出现,则 $\Gamma\vdash\forall xA(x)$.

$(I_-)A(a),a=b\vdash A(b)$,其中 $A(b)$是由 $A(a)$中 a 的某些出现替换为 b 而得.

$(I_+)\vdash a=a$.

再将$\wedge$、$\vee$、$\Leftrightarrow$、$\exists$视为导出符号,这就形成通常使用的经典二值逻辑演算系统 F^{I*},它仍然是中介逻辑演算系统 ML 的子系统. 下文就以该系统作为近代公理集合论系统 ZFC 的配套逻辑工具.

我们用这些逻辑工具先在 MS 中定义自然数系统.

定义 38(递归集)　$\mathrm{Ind}(a)\Leftrightarrow_{\mathrm{df}}\mathfrak{M}(a)\wedge\varnothing\in a\wedge\forall x(x\in a\Rightarrow x^{+}\in a\}$.

定理 71　$\exists a(\mathrm{Ind}(a)\wedge\forall x(x\in a\Leftrightarrow\forall y(\mathrm{Ind}(y)\Rightarrow x\in y)))$.

实际上,递归集就是至少含元素$\varnothing$的后继集,而定理 71 所肯定存在的是最小的递归集,也就是我们在前文指出的$\varnothing$的后继恰集$\varnothing^{\#}$. 当然,这里的命题联接词做了更改,这是为了使本段的工作全部能嵌入 ZFC 中而做的技术处理,但在一定条件下(即当所考虑的集合均是清晰集时),这种表达与前文使用$\prec$等符号的表达是一致的.

定义 39(自然数集) $\omega(a)\Leftrightarrow_{\mathrm{df}}\mathrm{Ind}(a)\wedge\forall x(x\in a\Leftrightarrow\forall y(\mathrm{Ind}(y)\Rightarrow x\in y))$.

将定理 71 中所肯定存在的集合 a 称为自然数集. 此集是唯一的,但我们没有使用这一性质,这里只约定"a 是自然数集"这个谓词的定义,这种记法比较方便. 自然数集的元素即自然数.

定义 40(自然数) $N(b)\Leftrightarrow_{\mathrm{df}}\exists a(\omega(a)\wedge b\in a)$.

定理 72 $\forall x(N(x)\Rightarrow\mathrm{dis}(x))$.

定理 73 (1) $N(0)$.

(2) $\forall x(N(x)\Rightarrow N(x^{+}))$.

(3) $\forall x(N(x)\Rightarrow(x=0\vee\exists(N(y)\wedge x=y^{+})))$.

(4) $\forall x\forall y((N(x)\wedge N(y)\wedge x^{+}=y^{+})\Rightarrow x=y)$.

(5) $\forall x(N(x)\Rightarrow\neg(x^{+}=0))$.

证明 (1)、(2)、(5)都是显然的,现证(3)和(4).

证(3) 设 $N(x)$,即存在 a,使 $\omega(a)\wedge x\in a$,则由 $\mathfrak{M}(a)$,及定理 44(子集定理),存在下列集合:

$$b=\{y\mid y\in a\wedge(y=0\vee\exists z(z\in a\wedge z^{+}=y))\}.$$

因 $0\in b$,且 $\forall y(y\in b\Rightarrow y^{+}\in b)$,故 $\mathrm{Ind}(b)$,从而 $x\in b$. 即 $x=0\vee\exists y(y\in a\wedge y^{+}=x)$,显然这里 y 满足 $N(y)$,故(3)得证.

证(4) 设 $N(x)\wedge N(y)\wedge x^{+}=y^{+}$,则存在集合 a、b,使 $x\in a\wedge\omega(a)$及 $y\in b\wedge\omega(b)$. 因 $\mathrm{Ind}(a)$及 $\omega(b)$,有 $y\in a$. 再由 $\mathfrak{M}(a)$及定理 44,存在集合 $c=\{z\mid z\in a\wedge\bigcup z^{+}=z\}$. 因 $\bigcup 0^{+}=\bigcup(0\cup\{0\})=0$,故 $0\in c$. 设 $z\in c$,由本定理(2),可知$\bigcup(z^{+})^{+}=\bigcup(z^{+}\cup\{z^{+}\})=(\bigcup z^{+})\cup(\bigcup\{z^{+}\})=z\cup z^{+}=z\cup(z\cup\{z\})=z\cup\{z\}=z^{+}$. 从而 $z^{+}\in c$,故 $\mathrm{Ind}(c)$. 由此可得 $x\in c$ 且 $y\in c$,因此 $x=\bigcup x^{+}=\bigcup y^{+}=y$. 故(4)得证.

容易看出,定理 73 中的(1)～(5)即为 Peano 自然数系统的 5 条公理. 以此 5 条性质为公理,并以前述之逻辑系统为推理工具,即可在 MS 中推出所有自然数性质. 特别地,可在下文中使用自然数上的归纳原理和递归原理等. 以下将用 m、n、k 等字母表示自然数.

定义 41(n 次联集) $\bigcup^{0}x=_{\mathrm{df}}x$; $\bigcup^{n+1}x=_{\mathrm{df}}\bigcup(\bigcup^{n}x)$.

定义 42(良集) $\omega(x)\Leftrightarrow_{\mathrm{df}}\mathrm{dis}(x)\wedge\mathfrak{M}(x)\wedge\forall n\forall y(y\in\bigcup^{n}x\Rightarrow\mathrm{dis}(y)\wedge\mathfrak{M}(y))$.

我们所定义的良集,就是本身是小的清晰集,其元素也是小的清晰集,其元素的元素以及再其后的元素的元素的元素等，直至任何一层的"子孙"，都仍是小清晰集. 良集有一个很好的性质，即其元素仍为良集：

定理 74　$w(a) \Leftrightarrow \forall x(x \in a \Rightarrow w(x)) \wedge \mathrm{dis}\, a \wedge \mathfrak{M}(a)$.

我们在 ZFC 中所遇见的所有集合都是良集，因此，我们就把这里所定义的良集作为 ZFC 对象的代表. 为方便起见，下文中凡良集均用希腊字母 α、β、γ 等表示之. 即 $\forall \alpha(\cdots)$ 表示 $\forall x(w(x) \rightarrow \cdots)$，$\exists \beta(\cdots)$表示 $\exists y(w(y) \wedge \cdots)$等. 接下来，可以证明下述 8 个定理，它们是：

定理 75　$\forall \alpha \forall \beta(\forall \gamma \in \alpha \Leftrightarrow \gamma \in \beta) \Rightarrow \alpha = \beta)$.

这是 ZFC 中的外延性公理.

定理 76　$\forall \alpha \forall \beta \exists \gamma \forall \delta(\delta \in \gamma \Leftrightarrow (\delta = \alpha \vee \delta = \beta))$.

这是 ZFC 中的对偶公理.

定理 77　$\exists \alpha \forall \beta(\neg(\beta \in \alpha))$.

这是 ZFC 中的空集公理.

定理 78　$\forall \alpha \exists \beta \forall \gamma(\gamma \in \beta \Leftrightarrow \exists \delta(\delta \in \alpha \wedge \gamma \in \delta))$.

这是 ZFC 中的联集公理.

定理 79　$\forall \alpha \exists \beta \forall \gamma(\gamma \in \beta \Leftrightarrow \forall \delta(\delta \in \gamma \Rightarrow \delta \in \alpha))$.

这是 ZFC 中的幂集公理.

定理 80　设 $\psi(x, y)$为只含谓词$\in$及形式符号$\neg$、$\Rightarrow$、$\wedge$、$\vee$、$\exists$、$\forall$、$=$的合式公式，则

$$\forall \alpha \forall \beta \forall \gamma(\psi(\alpha, \beta) \wedge \psi(\alpha, \gamma) \Rightarrow \beta = \gamma)$$
$$\Rightarrow \forall \alpha \exists \beta \forall \gamma(\gamma \in \beta \Leftrightarrow \exists \delta(\delta \in \alpha \wedge \psi(\delta, \gamma))).$$

这是 ZFC 中的替换公理，我们简要地证明如下：

证明　由 MS 的公理Ⅺ(替换公理)知，对任何 α，存在集合 b 满足：

$$\mathfrak{M}(b) \wedge b \underset{y}{\mathrm{exa}}(\exists x(x \in \alpha^{\circ} \wedge \psi(x, y) \wedge w(y))),$$

注意我们取公理Ⅺ中的单值谓词为 $\psi(x, y) \wedge w(y)$，易知它仍是单值谓词. 从而有

$$\mathfrak{M}(b) \wedge \forall y(y \in b^{\circ} \Leftrightarrow \exists x(x \in \alpha \wedge \psi(x, y) \wedge w(y))) \qquad (*)$$

注意我们使用的是$\Leftrightarrow$符号，所以 $y \in b \succ\!\!\prec \exists x(\cdots)$完全可推出 $y \in b^{\circ} \Leftrightarrow \exists x(\cdots)$，并且 α 是清晰的，$\alpha^{\circ} = \alpha$，所以上式中的 b 上角加圈以及 α 不加圈都是合法的. 特别地，我们有 $\forall y(y \in b^{\circ} \Rightarrow w(y))$，故 $w(b^{\circ})$. 可记这个 b°为 β.

对任意 $\gamma \in \beta$，由上式(＊)知，存在 δ 使 $\delta \in \alpha$ 且 $\psi(\delta, \gamma)$. 反之，对任何 γ，若存在 δ 使 $\delta \in \alpha$ 且 $\psi(\delta, \gamma)$，则 $\exists x(x \in \alpha \wedge \psi(x, \gamma) \wedge \omega(\gamma))$，于是依(＊)，$\gamma \in \beta$，综上知

$$\forall \alpha \exists \beta \forall \gamma(\gamma \in \beta \Leftrightarrow \exists \delta(\delta \in \alpha \wedge \psi(\delta, \gamma))).$$

定理 81　$\exists \alpha(0 \in \alpha \wedge \forall \beta(\beta \in \alpha \Rightarrow \beta^{+} \in \alpha))$.

这是 ZFC 中的无穷公理.

定理 82 $\forall\alpha(\forall\beta\forall\gamma(\beta\in\alpha\wedge\gamma\in\alpha\wedge\neg(\beta=\gamma)\Rightarrow\neg\exists\delta(\delta\in\beta\wedge\delta\in\gamma))$
$\Rightarrow\exists\delta\forall\eta(\eta\in\alpha\wedge\neg(\eta=0)\Rightarrow\exists!\ \gamma(\gamma\in\delta\wedge\gamma\in\eta)))$.

这是 ZFC 中的选择公理.

既已证明了对于良序集而言,ZFC 中的外延、对偶、空集、联集、幂集、替换、无穷、选择等 8 条公理都为真,又知道分出公理可由替换公理证出,那么就把 ZFC 中除正则公理之外的所有公理都在 MS 中作为定理证明出来了.我们把 ZFC 中除正则公理以外的所有公理所构成的公理系统记为 ZFC^{-},因而 ZFC^{-} 是 MS 的子系统.ZFC^{-} 之配套的推理工具已在本段开头陈述过了.总之,至此已达到了本节开头所说的目的.

2.4.6 逻辑数学悖论在 MS 中的解释方法

我们在 2.4.5 节中指出,ZFC^{-} 中的所有公理均可在 MS 中对个体和谓词加以限制后得以证明.我们又曾指出:对于展开精确性经典数学而言,ZFC^{-} 系统已足,因为正则公理在 ZFC 系统中只是为了避免悖论才设置的,该公理对于推出整个经典数学不起作用.读者也许会认为 MS 中没有正则公理,则可能要出问题,例如 MS 能够避免悖论的发生吗?或者最起码的,ZFC 能得以避免的悖论,在 MS 中还能有效地避免吗?本段的讨论将表明,历史上种种逻辑数学悖论,包括过去在 ZFC 中无需解释的著名的关于 $n(3\leqslant n<\omega)$ 值逻辑的莫绍揆悖论以及无穷值悖论,都可以在 MS 中得到合理的解释.

定理 83 $a\underset{x}{\mathrm{com}}{\not\sim}P(x)\wedge b\underset{x}{\mathrm{com}}\overset{\circ}{\sim}P(x)\Rightarrow(a\cup(b\downarrow))\underset{x}{\mathrm{exa}}P(x)$.

定理 84 $\forall S(\neg(S\underset{x}{\mathrm{exa}}\,x\,\tilde{\in}\,x))$.

这两条定理表明,若任何谓词(不管是不是正规谓词)都允许造概集,则我们可对任何谓词造恰集,但如果对任何谓词(哪怕是正规谓词,例如定理 84 中的 $x\tilde{\in}x$)可造恰集,即会引起矛盾.所幸的是,在我们的中介公理集合论系统中,只允许正规谓词才可造集,而且只允许造概集,这就使得直接用概括原则引起悖论的道路被切断了.但是,允许正规谓词可以造概集是否会引起矛盾呢?下面的定理表明,虽在二值逻辑中可能会引起的矛盾,在多值逻辑中却能避免.

定理 85 $a\underset{x}{\mathrm{com}}(x\tilde{\in}x)\Rightarrow\neg(a\tilde{\in}a)$.

定理 86 $a\underset{x}{\mathrm{com}}(x\notin x)\Rightarrow\neg(a\tilde{\in}a)$.

证明 依概集的定义,所有 $x,x\notin x\Rightarrow x\in a$.$\dashv(x\notin x)\Rightarrow\dashv(x\in a)$,即 $x\in x\Rightarrow x\notin a$.以 $x=a$ 代入,有 $a\notin a\Rightarrow a\in a$,$a\in a\Rightarrow a\notin a$,亦即有 $a\notin a\Leftrightarrow a\in a$.这在经典逻辑中是一个悖论,也就是著名的 Russell 悖论.但在中介逻辑中,这不是说 $a\notin a$ 与

$a\in a$ 等值，而只是当 $a\notin a$ 真，即 $a\in a$ 假时，$a\in a$ 也真；反之，$a\in a$ 真时，$a\notin a$ 也真. 只是我们令 $a\tilde{\in} a$，这一切都仍是可成立的.

类似地，也可以在 MS 中找到对沈有鼎悖论的解释.

定义 43(*n* 循环集) $cyc_1(x)\Leftrightarrow_{\text{df}} x\in x$,

$$cyc_n(x)\Leftrightarrow_{\text{df}} \exists x_1\cdots\exists x_{n-1}(x\in x_1\wedge x_1\in x_2\wedge\cdots\wedge x_{n-1}\in x)(n\geqslant 2).$$

定理 87 $a\ \underset{x}{\text{com}}\ \dashv cyc_n(x)\Rightarrow\sim cyc_n(a)$.

此定理之证明与定理 86 的证明相似，即若设 $cyc_n(a)$，则会引起矛盾，若设 $\dashv cyc_n(a)$，也会引起矛盾. 所以只有 $cyc_n(a)$ 取中值才可，即有 $\sim cyc_n(a)$.

如此看来，在中介逻辑中，避免产生矛盾的办法是将一些命题的真值推向既不真又不假的中间值；那么，对于多值逻辑悖论，又将向何处推移呢？

我们先在 ML 中定义一个新的蕴词$\rightharpoonup$：

$$p\rightharpoonup q\Leftrightarrow_{\text{df}}(p\rightarrow q)\vee\sim p\ .$$

又定义 $(p\rightharpoonup^1)q\Leftrightarrow_{\text{df}} p\rightharpoonup q$，$(p\rightharpoonup)^{n+1}q\Leftrightarrow_{\text{df}} p\rightharpoonup(p\rightharpoonup)^n q\ \ n=1,2,\cdots$.

易证(1)$p\rightharpoonup q,p\vdash q$，(2)若 $\Gamma,p\vdash q$，则 $\Gamma\vdash p\rightharpoonup q$，(3)$(p\rightharpoonup)^{n+1}q\dashv\vdash(p\rightharpoonup)^n q$. 这说明$\rightharpoonup$满足文献[185]和文献[187]中关于蕴涵词的要求.

定理 88 对任何自然数 n，总有

$$\neg p\vdash\forall a\neg(a\ \underset{x}{\text{exa}}(x\in x\rightharpoonup)^n p).$$

定理 89 $a\ \underset{x}{\text{com}}(x\in x\rightharpoonup)^n p\Leftrightarrow a\in a)$.

定理 88 表明，当 p 是命题变元时，谓词 $(x\in x\rightharpoonup)^n p$ 的恰集不存在(因为此时可取 p 为不真，依定理 88，就有

$$\forall a\neg(a\ \underset{x}{\text{exa}}(x\in x\rightharpoonup)^n p)).$$

在文献[185]和文献[187]中，莫绍揆悖论和无穷逻辑悖论都是利用概括原则将谓词 $(x\in x\rightharpoonup)^n p$ 造集而产生出来的. 我们在中介公理集合论中并不允许任何谓词均可造恰集，这当然使上述两种悖论无法产生. 此外，定理 89 还表明，谓词 $(x\in x\rightharpoonup)^n p$ 可以造成概集，并且这个概集 a 将具有 $a\in a$ 的“怪异”特征.

最后我们来讨论 Cantor 的最大基数悖论. 由于还没有定义“基数”这个概念，我们可以用“等价”的概念引出“基小于或等于”、“基等于”、“基小于”这些概念，它们实际上就代替集合取基数之后的比较大小.

定义 44(等价)

$$a\overset{f}{\simeq}b\Leftrightarrow_{\text{df}} f^{\circ}\subseteq a^{\circ}\times b^{\circ}\wedge\forall x(x\in a^{\circ}$$

$$\Rightarrow\exists y(y\in b^{\circ}\wedge<x,y>\in f^{\circ}))\wedge\forall y(y\in b^{\circ}$$

$$\Rightarrow\exists x(x\in a^{\circ}\wedge<x,y>\in f^{\circ}))\wedge\underset{<x,y>}{\mathfrak{U}_n}(<x,y>\in f^{\circ})\wedge\underset{<y,x>}{\mathfrak{U}_n}(<y,x>\in f^{\circ}),$$

$$a \simeq b \Leftrightarrow_{df} \mathfrak{M}(a) \wedge \mathfrak{M}(b) \wedge \exists f (a \overset{f}{\simeq} b).$$

定义 45(基小于或等于、基小于等)

$$a \overset{Ca}{\leqslant} b \Leftrightarrow_{df} (a^{\circ} \subseteq b^{\circ}) \vee \exists c (c^{\circ} \subseteq b^{\circ} \wedge a \simeq c),$$

$$a \overset{Ca}{\geqslant} b \Leftrightarrow_{df} b \overset{Ca}{\leqslant} a, a \overset{Ca}{=} b \Leftrightarrow_{df} (a \overset{Ca}{\leqslant} b) \wedge (b \overset{Ca}{\leqslant} a),$$

$$a \overset{Ca}{<} b \Leftrightarrow_{df} b \wedge \neg (b \overset{Ca}{\leqslant} a), b \overset{Ca}{>} a \Leftrightarrow_{df} a \overset{Ca}{<} b.$$

定理 90 $\mathfrak{M}(a) \Rightarrow a \overset{Ca}{\leqslant} \mathscr{P}d(a)$.

定理 91 $\mathfrak{M}(a) \Rightarrow \neg (\mathscr{P}d(a) \overset{Ca}{\leqslant} a)$.

由以上两定理,立即得:

定理 92 $\mathfrak{M}(a) \Rightarrow a \overset{Ca}{<} \mathscr{P}d(a)$.

也就是说,任何小集"基小于"它的清晰幂集.但同时,我们还有如下的定理.

定理 93 $\forall x (V \overset{Ca}{\geqslant} x)$.

定理 94 $V \overset{Ca}{\geqslant} \mathscr{P}d(V)$.

定理 95 $\forall x (\mathfrak{M}(x) \Rightarrow x \in M) \Rightarrow \dashv \mathfrak{M}(M)$.

虽然有的集基大于或等于它的幂集,但它不会是小集,而是诸如 V 之类的巨集.而如果把所有的小集组成一个集,此集不会再是小集(定理 95),由此可想见,把所有"基数"放在一起聚合成一个集,也不会是小集,对于这个集,它与其幂集之间的关系不会再是"基小于"关系.当然,有关 Cantor 最大基数悖论的完全解释有待于 MS 中基数概念的精确建立.这里仅是类比地说明一下.

2.5 从计算机科学与数学研究的角度看中介系统的发展

2.5.1 中介系统目前的发展概况

关于中介系统第一篇论文(文献[1])发表于 1984 年 7 月.如果依此计算的话,则可认为中介系统的研究、建立和发展已经 28 年了.中介系统是在中介原则观点下建立起来的、并以中介逻辑演算为逻辑推理工具的一种新的数学理论系统.

狭义的中介系统仅指中介逻辑演算系统 ML,它由中介命题逻辑演算系统 MP 及其扩张区域 MP^*,中介谓词逻辑演算系统 MF 及其扩张区域 MF^*,以及带等词的中介谓词演算系统 ME^* 等 5 个演算系统构成.有关 ML(MP、MP^*、MF、MF^*、ME^*)的严格的语义研究,已由潘正华教授等多位逻辑工作者进行并完成,即其可靠性、相容性和完备性均已被严格证明.

ML 作为一种有其自身特色的三值逻辑演算系统而言,既是广义中介系统的基础部分,也是构造中介公理集合论系统并使之严格形式化的配套工具.

广义的中介系统,则除了包含其基础部分 ML 之外,还应包括下列已经建立并发展起来的研究内容和方向:

(1)中介代数系统(吴望名、潘吟、张东摩).

(2)中介模态逻辑系统(邹晶、张东摩).

(3)中介公理集合论系统(朱梧槚、肖奚安).

(4)中介证明论系统(钱磊).

(5)中介模型论系统(朱朝晖、钱磊).

(6)中介模型力迫论系统(朱朝晖).

(7)中介不完全信息推理系统(邓国彩).

(8)中介程序设计语言 MILL 及其解释系统(宋云波、徐宝文).

(9)中介自动推理的理论与实现系统(张东摩).

(10)中介直觉主义系统(钱磊).

(11)中介逻辑的非标准化扩张区域(宫宁生、张东摩).

限于本节的性质与篇幅,此处不能对上述种种研究内容与方向作进一步的详细介绍,只能请有兴趣的读者去查阅相关的文献.

20 世纪 90 年代中期以来,又有不少逻辑工作者在中介逻辑方面做了有意义的工作,详见参考文献[2]—[15]、[61]—[79]、[82]—[87],而其中有如下两项工作值得专门指出如下:

(1)由潘正华教授所完成的中介逻辑之无穷值模型的建立及其在知识表示与知识推理方面的应用.关于中介逻辑之无穷值模型的建立有重要意义,因为这样一来,上文所指 ML 作为一种有其自身特色的三值逻辑演算,实际上只是中介逻辑的一个三值模型而已[82].

(2)由洪龙教授所完成的中介真值程度词的数值化工作,并由此而开辟了中介逻辑在工程科学方面的应用前景,并且在数字图像处理、计算机网络等 20 多个领域和方面取得了令人满意的应用效果,其中用于图像滤波的效果明显优于模糊数学方法和其他方法.

2.5.2　中介系统的哲学背景

如所知,自从 Aristotle 以来,形式逻辑就区分了反对对立和矛盾对立.如果两个概念都有其自身的肯定内容,并在同一内涵的一个更为高级的概念中,二者之间存在着最大的差异,那么这两个概念就是反对对立概念.例如,善和恶、美和丑、男人和女人等等.又当两个概念中,其中一个的内涵否定另一个的内涵,那么这两个概念就是矛盾对立概念.例如,劳动和非劳动、资本和非资本、男人和非男人等等.

其实反对对立概念在日常生活、社会科学和自然科学中都是经常使用和无处不有的，数学领域亦当不会例外.

设 P 为一谓词(概念或性质)，若对任一对象 x 而言，总是要么 x 完全满足 P，要么 x 完全不满足 P，亦即不存在这样的对象，它部分地满足 P，部分地不满足 P，则我们就说 P 是清晰谓词，并简记为 $\mathrm{dis}P$. 又若对谓词 P，有某个对象 x，它部分地具有性质 P，部分地不具有性质 P，则称 P 是模糊谓词，并简记为 $\mathrm{fuz}P$. 我们把形式符号～叫做模糊否定词，解释并读为“部分地”，于是 $\sim P(x)$ 表示对象 x 部分地具有性质 P，而 $P(x)$ 表示对象 x 完全具有性质 P. 我们把形式符号 ╕叫做对立否定词，解释并读为“对立于”. 并把谓词 P 的反对对立面记为 ╕P. 如此，我们就用 P 和 ╕P 抽象地表示一对反对对立概念. 而以 P 和 $\neg P$ 抽象地表示一对矛盾对立概念. 如所知，在经典二值逻辑中，形式符号 $\neg$ 的名称是否定词，解释并读为“非”.

现任给 P 和 ╕P，如果对象 x 满足 $\sim P(x)\,\&\sim$ ╕$P(x)$，即 x 部分地具有性质 P，又同时部分地具有性质 ╕P，我们就说 x 为 P 和 ╕P 的中介对象，这也就是哲学上常说的“非此非彼”. 所谓“此”与“彼”，指的就是 P 与 ╕P. 而“非此非彼”就是对立面在其转化过程中的中介状态，即同一性在质变过程中的集中表现. 它呈现为既不完全是对立面的“此”方，又不完全是对立面的“彼”方. 例如，黎明就是黑夜转化到白昼的中介，而黄昏则为白昼转化为黑夜的中介. 这种对立面的中介概念或对象，从日常生活到各个自然科学或社会科学领域中，也是经常运用和处处皆是的，诸如中年就是老年与少年的中介，0 是亦正亦负的中性数，半导体就是导体与绝缘体的中介，如此等等. 如所知，认识论中也有所谓对立面总有中介对象存在的基本原则，其中所说的对立面，实际上就是指的反对对立概念 P 和 ╕P. 综上所论，就是构造中介系统的哲学背景.

2.5.3　中介系统的思想原则

如所知，在经典的二值逻辑和精确性经典数学中，除了拒不考虑和研究普遍存在且为人们所经常使用的模糊性质或模糊概念外，特别是在论域的适当限制下，首先否认中介对象的存在，进而在所给论域中，使反对对立与矛盾对立被视为同一，以致 $\neg P$ 就是 ╕P，即如非美即丑，非善即恶，非真即假等等.

这就是说，在经典二值逻辑演算中，无形中贯彻了如下一条原则：在论域的适当限制下，任给谓词 P 和对象 x，要么有 $P(x)$，要么有 ╕$P(x)$. 也就是无条件认为，对任何谓词 P，都没有 x 能使有 $\sim P(x)$，不妨将这一原则叫做“无中介原则”. 但应注意，经典数学并不把该无中介原则作为一条公理明确列出，只是在系统的建立和展开中无形地把这一原则的精神贯彻始终.

然而，我们主张建造一套承认中介对象存在的逻辑演算系统 ML 和公理集合论系统 MS,即所谓中介数学系统 MM. 在 MM 中,要贯彻一条相反于“无中介原则”的原则. 那就是无条件承认,并非对于任何谓词 P 和对象 x,总是要么 $P(x)$ 真,要么 ╕$P(x)$ 真. 亦即存在这样的谓词 P,有对象 x 使得 $P(x)$ 和 ╕$P(x)$ 都部分地真. 我们把这条原则叫做“中介原则”. 同样地,我们在中介系统或中介数学系统中,也不把中介原则作为一条公理明确立出,而是在系统的建立和展开中,无形地将中介原则的精神贯彻始终. 但应注意,中介原则并不主张任何反对对立面都有中介,而只是认为并非任何反对对立面都没有中介.

2.5.4　数学研究对象的再扩充

数学是从量的侧面去研究客观世界的一门科学. 它以客观世界中的量性对象为自己的研究对象,但在一定的历史阶段中,囿于历史的局限,总有这样或那样的未被数学地考察和研究过的量性对象. 例如,在很长的历史阶段中,数学只能处理静态的、有限性的和潜无限性的量性对象,这就是常量数学的发展和研究. 直到 18 世纪以后,数学才能处理动态的量性对象,这就是从微积分学创立以后的变量数学的发展和研究. 而 19 世纪古典集合论的创立,标志着数学进入处理实无限量性对象的时代. 这就是 Hausdorff 所说的:“从有限推进到无限,乃是 Cantor 的不朽功绩.”[146]再如确定性的经典数学只处理确定性的量性对象,对于随机性的量性对象不作分析研究,而后由于概率论的诞生和发展,标志着数学研究对象由确定性到随机性的再扩充.

20 世纪 60 年代,由 Zadeh 创始而被发展起来的模糊集理论,标志着数学研究对象由精确性量性对象到模糊性量性对象的再扩充. 问题在于这一扩充并没有在纯数学的基础理论意义下彻底实现. Zadeh 的历史功绩,在于他是第一个十分明确地指出,必须数学地分析处理模糊现象,同时又提供了一种相对合理可行的处理方法,这就是当前发展起来的、用精确性经典数学手段去处理模糊现象的方法. 如所知,Zadeh 是一位著名的控制论专家,大量的涉及模糊现象的实际问题,刺激他考虑如何数学地分析处理这些模糊现象,加上他的才智和思想活跃,使他创建了当今的模糊集理论. 但因 Zadeh 不是纯粹数学家,专业的限制决定了 Zadeh 不能在数学基础理论意义下去解决数学研究对象的再扩充问题,同时也决定了 Zadeh 只能提供当前这种相对合理的、处理模糊现象的方法.

中介系统是在中介原则之下建立起来的一套以 ML 为逻辑推理工具的数学理论系统. 不仅在 ML 中直接引进了模糊否定词～和对立否定词╕,而且在中介公理集合论 MS 中给出了有如模糊谓词 $\underset{\langle x_1,\ldots,x_n\rangle}{\text{fuz}} P$,清晰谓词 $\underset{\langle x_1,\ldots,x_u\rangle}{\text{dis}} P$,概集 $a\ \underset{x}{\text{com}} P$,恰集 $a\ \underset{x}{\text{exa}} P$ 等概念的形式定义. 这表明中介系统已在数学基础理论意义下解决了模糊谓词的造集问题.因而也在数学基础理论意义下完成了数学研究对象由清晰量性对象到模糊量性对象的再扩充.

素朴地说,可将上述概集、恰集等描述如下:

定义 1 给定谓词 P,如果集合 A 满足条件:

(1)$P(x)\vdash x\in A$,

(2)$\dashv P(x)\vdash x\notin A$.

则称 A 为对应于 P 的概集,记为 $a \underset{x}{\mathrm{com}} P$.

定义 2 给定谓词 P,如果集合 A 满足条件:

(1)$P(x)\vdash\dashv x\in A$,

(2)$\sim P(x)\vdash\dashv x\tilde{\in} A$,

(3)$\dashv P(x)\vdash\dashv x\notin A$.

则称 A 为对应于 P 的恰集,记为 $a \underset{x}{\mathrm{exa}} P$.

此处 $x\tilde{\in} A$ 读为 x 部分地属于 A .当然,在精确性经典数学中,任给一对象 x 和一集合 A,要么 $x\in A$,要么 $x\notin A$.但在中介系统中,由于对立否定词$\dashv$和模糊否定词$\sim$的引进,对象与集合的关系也相应地扩张了.特别是给定一个集合 A,如果没有 x 能使有 $x\tilde{\in} A$,则称 A 为清晰集,记为 dis$A$.若对集合 A,有对象 x 使有 $x\tilde{\in} A$,则称 A 为模糊集,记为 fuz$A$.

显然,对于任何 $a \underset{x}{\mathrm{exa}} P$ 而言,A 是唯一确定的.但对于 $A \underset{x}{\mathrm{com}} P$ 而言,A 就未必是唯一确定的.并且谓词 P 的恰集一定是该谓词的概集,反之,则未必.然而当谓词 P 为一 dis$P$ 时,则 P 的恰集与概集相同,并且唯一确定.今设 P 为一 fuz$P$,则如图 2.2 所示:A,B,C 都是 P 的概集,而且其中之 A 和 C 均为清晰集,但 B 却为模糊集,因从图 2.2 上看,有对象是部分地属于 B 的.

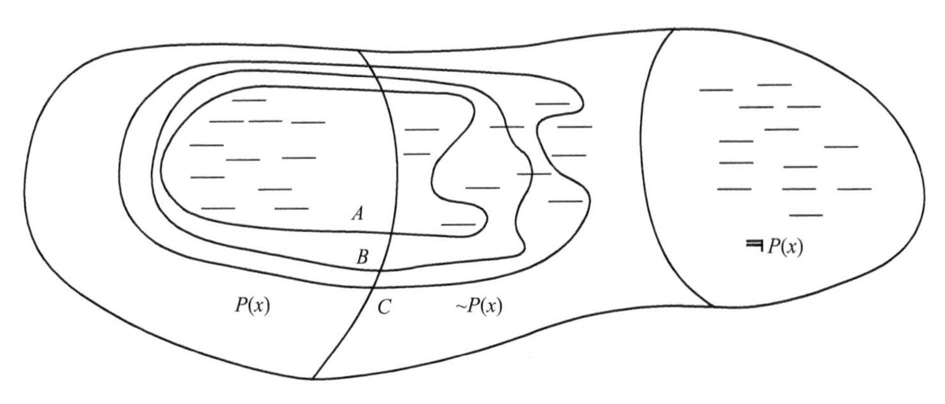

图 2.2

又如图 2.3 所示:集合 D 就是 P 的唯一确定的恰集,当然 D 也是 P 的一个概集.当然,这里要注意,对于任一使有 $x\tilde{\in}D$ 的 x 而言,我们不从定量的角度再去区分 x 部分地属于 D 的程度是多是少.

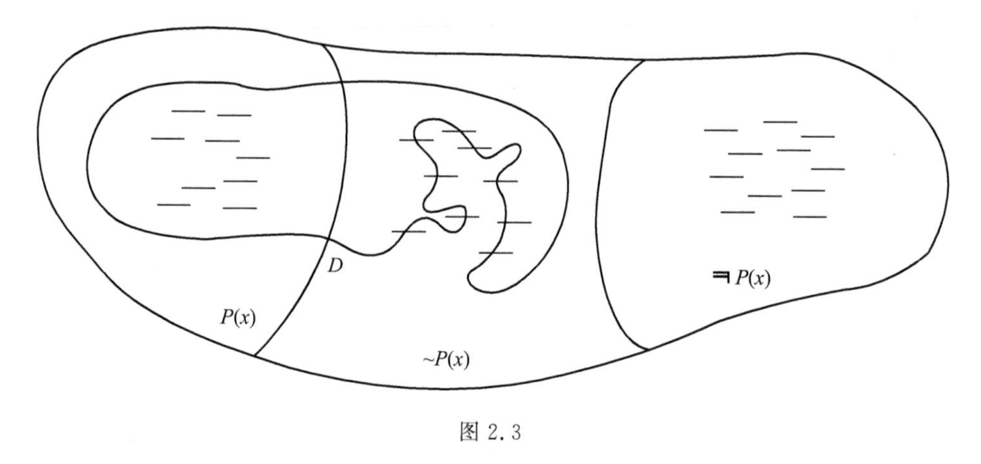

图 2.3

再如图 2.4 所示,当 P 为清晰谓词时,集合 E 乃是 P 的唯一的恰集,同时也是 P 的唯一的概集,即 P 的概集与恰集相等,并且是唯一确定的.

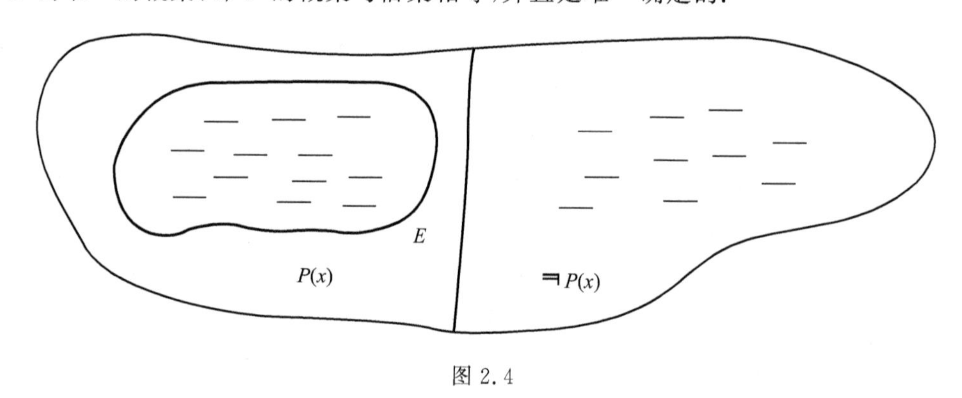

图 2.4

2.5.5　概括原则的修改问题

自从古典集合论出现悖论以后,人们一度发现从概括原则出发,能导致互相矛盾的结论,以致普遍怀疑概括原则本身就是导致悖论的根本原因.因而立足于修改概括原则去排除悖论的意见被普遍接受,从而成为历史上排除悖论的主要方案.而且事实上迄今为止,几种获致一定成效的方案都涉及概括原则的修改.但所有这些方案都有一个共同的特点,这就是在排除悖论的同时过多地限制了概括原则的合理内容.因而存在这样一个遗留问题,那就是如何去寻找一种方案,它既能排除悖论,又能最大限度地保留概括原则的合理内容.这一遗留问题的求解,在经典数学范围内不仅没有解决，而且看上去难以在经典数学范围内获得解决.

但在中介系统中，通过泛概括公理的引进，并在中介公理集合论中一系列相关定理的证明，最终解决了这个问题，即有如下结论成立：

(*)在中介公理集合论 MS 中，既能有效地排除历史上已出现的各种悖论，又能保留概括原则的全部内容.

本结论(*)表明，对于上述有关如何修改概括原则的遗留问题，已在中介系统中彻底解决.

2.5.6 经典数学系统和中介数学系统之间的关系

如所知，ZFC 之所以被公认为整个经典数学的理论基础，其中有一条重要的理由，就是由 ZFC 能推出整个经典数学. 而 ZFC 通常包括外延、空集、对偶、并集、幂集、子集、无穷、选择、替换和正则等 10 条非逻辑公理. 其中的正则公理又叫做基础公理，它对于由 ZFC 推出整个经典数学是不起作用的，ZFC 设置该公理之目的在于保证∈关系的良基性和 ZFC 之集都是基本的. 所以 ZFC 中用以推出整个经典数学的是正则公理以外的其余九条公理. 但这九条公理也不是每一条都是必要的，即并非都是独立的，有如子集公理的设置，实际上是为了使用起来方便且自然，如果不怕麻烦，那么有了替换公理与其他公理配套，便足以覆盖子集公理的作用了. 不论如何，ZFC 中除正则公理以外的每一条非逻辑公理均可在某种约束条件下严格地被证明为 MS 中的定理，对此，读者可参阅 2.4.5 节的相关内容. 还应指出，所说的某种约束条件是必要的. 如果简单地理解为 ZFC 中除正则公理以外的各条公理在 MS 中无条件地成立，则将导致悖论的出现，因在 MS 中没有考虑 ZFC 的正则公理. 但在所说的约束条件下来看 MS 中的这些(ZFC 之公理)定理，则就无须担心悖论的出现，因为 MS 中据以排除悖论的方法与正则公理的思想内容无关. 我们把 ZFC 中除正则公理以外之其余的公理所构成的公理系统记为 ZFC^-.

此外，我们又在文献[45]中严格证明了经典二值逻辑演算系统是中介逻辑演算系统的子系统. 这也堪称为中介逻辑演算系统 ML 的一种特色，历史上，不少三值逻辑系统反过来都是经典二值逻辑演算的子系统，而 ML 却真正扩充了经典二值逻辑系统.

综上所说，我们可以获致如下的结论：即中介系统拓宽了经典数学的逻辑基础和集合论基础. 因为由中介公理集合论系统 MS 配以中介逻辑演算系统 ML 为推理工具，一方面可以推出 ZFC^- 及其配套的逻辑工具，即经典二值逻辑演算系统 CL，并由 ZFC^- 配以 CL 后，即可推出整个经典数学，另一方面，在近代公理集合论 ZFC 中只允许精确谓词可以造集，但在中介公理集合论 MS 中，精确谓词可以造集，模糊谓词也能造集. 如上结论可由图 2.5 表示如下：

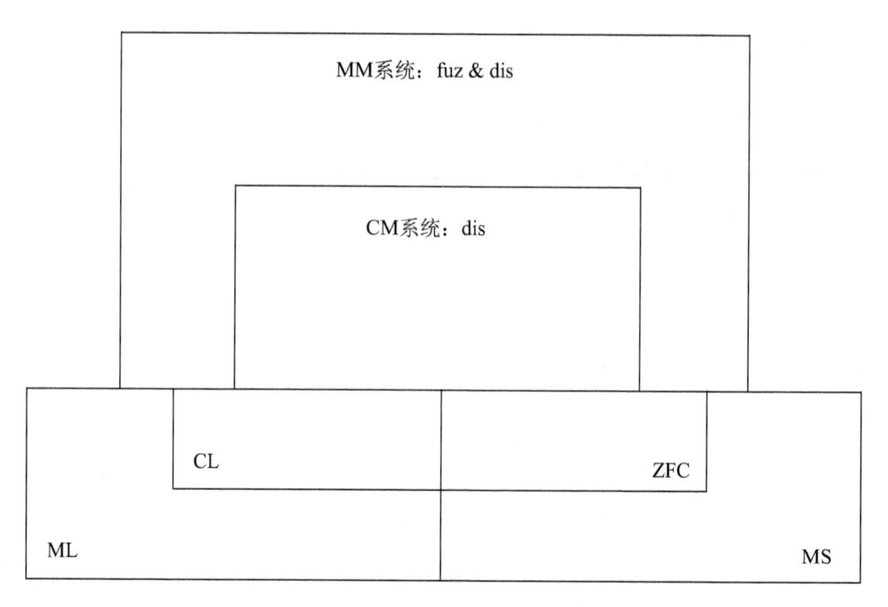

图 2.5

其中 dis 表示清晰，fuz 表示模糊，CL 表示经典的二值逻辑演算系统，CM 表示经典数学，MM 表示中介数学或未来的不确定性数学. 在这里，我们特称 ML&MS\CL&ZFC⁻ 为 CL&ZFC⁻ 的中介真扩张区域，亦即我们规定：

$$\mathrm{ML\&MS \backslash CL\&ZFC^{-}} =_{\mathrm{df}} \mathrm{CL\&ZFC^{-}}\text{ 的中介真扩张区域；}$$

相应地，我们也规定：

$$\mathrm{ML \backslash CL} =_{\mathrm{df}} \mathrm{CL}\text{ 的中介真扩张区域，}$$

$$\mathrm{ML \backslash ZFC} =_{\mathrm{df}} \mathrm{ZFC^{-}}\text{ 的中介真扩张区域.}$$

2.5.7　中介系统在计算机科学中的应用前景

在认识论中有一条重要原则，那就是对立面的相互转化过程中总有中介过渡现象，即所谓中介状态或中介对象. 它是同一性在质变过程中的集中表现. 既然对立面的相互转化普遍存在，则中介状态也必然普遍存在. 那么从量的侧面去研究中介对象或同一性在质变过程中的集中表现就是不可避免的了. 中介系统正是在这样的实际背景上构造的，它当然与客观实际有着紧密的联系，也就会在实践中得到应用.

当前，人脑思维的秘密尚未揭开，但普遍认为人脑思维不是离散数字式的，也不完全是简单的是与非的二值逻辑演算，思维在本质上存在着过渡和中介. 推理过程也不是一维的和点线式的，而应该是多维的和网状式的. 因而以人的智能为基础的计算机科学，就应建立在承认中介状态的、能反映出智能特征的逻辑体系的基础上.因而可以设想,中介系统将会在计算机科学的研究中,获得应用并进一步充实和发展其自身.另外,从技术的角度来说,凡是涉及思维、推理、判断和决策的地方,也几乎都要涉及过渡现象,即中介对象,所以中介系统也会在这些技术的发展中发挥作用.正如2.5.1节中所已指出的那样,洪龙教授的近期工作[2]-[15]正好说明了这一点.

人工智能是当前十分活跃的高技术领域之一,它的应用领域十分广泛.当前的四大应用领域是:自然语言理解、专家系统、规划与问题求解、机器视觉,其中自然语言的多义性,早在计算机的处理过程中造成诸多不便.对此的早期研究只注重语法分析,后来发现这样做是片面的,开始运用语义规则,这就要求计算机具有更多的知识,但是直到20世纪60年代末期,仍然是语法第一.直到20世纪70年代,出现了T. Winograd的自然语言理解程序,才改变了这个局面.R. Schank认为听话和说话都是语义第一,而语义的基本成分是概念,因而他在1973年提出了“概念依赖理论”,创立了“概念图解法”.并在计算机上实现了用英语解释英语,用德语解释英语,并作出推理性答话等等.现在这一理论已十分流行,并已能用来理解童话故事.然而大量的概念都带有模糊性和非此非彼的中介性,因而只有充分考虑这种客观存在的模糊性和中介性,才能使自然语言的理解更加真实可信.专家系统是近年来普遍感兴趣的领域,而目前的专家系统所存在的主要问题还是经验色彩太浓,推理过于简单,使用的逻辑工具大多是一阶逻辑,模糊集论的创始人Zadeh曾指出:“我的立场是——这也正是我不同于人工智能的研究者们的地方——人工智能中需要逻辑,但我们所要的不是一阶逻辑,而是模糊逻辑,即作为不精确或近似推理之基础的逻辑.”实际上,Zadeh在这里所说的这种逻辑,应该是那种以中介原则为背景,能以反映不精确推理并成为其基础的一种逻辑体系.

知识表示现有十余种方法,尽管这些方法都在特定的场合获得了一定的成果.但由于排斥了客观存在的模糊现象和中介状态,因而迄今为止未能使人工智能真正地在知识工程中获得完善的实际应用.既然中介系统直接以非此非彼的中介过渡和模糊量性对象为直观背景.因而可设想,若能将中介系统应用到上述理论和技术中,则无论是人工智能还是知识工程的研究领域,有可能出现新局面,取得新进展.同样亦如2.5.1节中曾已提及的那样,潘正华教授的近期工作已经显示了这一点.又例如,中介自动推理的理论与实现、中介定理证明器的研制成功以及中介逻辑程序设计语言MILL的建立,也说明了中介系统在计算机科学研究中的应用前景.

第3章 数学无穷与数学基础

3.1 无穷观问题的简要历史回顾

3.1.1 两种无穷观的萌芽

远在古希腊时代，无限的概念与方法就已渗透进数学领域，并已开始了潜无限和实无限这两种无穷观的萌芽. 一般说来，古希腊人对无限的认识是与他们的自然观直接联系的. 例如，古希腊人关于物质始源问题，爱奥尼亚学派的 Anaxagoros（约 BC500～BC428）就认为物质是无限可分的；而古代原子论者却认为存在着最小的不可分质点. 显然，在这两种认识中既已蕴育着两种不同的无限观. 前者导致事物无限可分而永远在分割的进程中，这就是潜无限观的萌芽；后者引向事物为不可分的最小质点的无限堆积，这就是形成实无穷概念的起始.

古希腊人对无限的讨论，虽然主要是哲理性的探索，但已有直接运用无穷概念来解决数学问题. 例如，Democritus（约 BC460～BC370）就曾从事过这方面的工作. 如所知，Democritus 是古代伟大的原子论者，他认为，万物由不断运动着的原子所组成，而这种原子是一种不可再分的物质粒子. Democritus 也把这种原子论的思想应用到数学中来，把各种几何形体的面积和体积视为这种原子所组成的行列或原子层的总和，他曾用这样的方法求得锥体和圆锥体的体积. 从数学史上看，Democritus 的“数学原子论”所产生的影响是很大的，因为从他开始，“固定无穷小量的观念就顽固地粘附于数学之上了，每当逻辑显得无济于事时，直观就常常会求助于它. ”[189] 显然，Democritus 的“数学原子论”在实质上就是实无限观念在数学中的应用. 另一方面，潜无限观念在古希腊人那里也同样应用于数学领域，例如，诡辩学派的 Antiphon（BC430 左右）和 Bryson（约 BC450）就曾试图通过潜无限过程来解决圆的求积问题，Antiphon 认为可以通过不断地增加边数的方法求得与圆重合的圆内接正多边形之面积. 而 Bryson 则不仅作圆的内接正多边形，同时也作圆的外切正多边形，通过边数不断增多的进程，圆面积将成为内接与外切正多边形面积的平均值.

3.1.2 两种无穷观的确立

历史上第一次明确地只承认潜无限而反对实无限的应推 Aristotle（约 BC384～BC322），略早于他而明确承认实无限的是 Plato（约 BC427～BC347），在 Plato 看来，理念是唯一真实的存在，人们对世界的认识也就是对理念世界的认识，而数学知识是属于这种纯理念的知识，从而在 Plato 那里，数学对象就获得了一种本体论上的实在性[190]. 从而那种不能通过经验方法直接证明而要通过思维才能把握的实无限观念就勿庸置疑地获得了它的合法地位，从而 Plato 作为一个实无限论者是理所当然的. 事实上，从数学历史的发展来看，Plato 的这种思想一直成为数学实无限论者的主要依据.

Aristotle 则与 Plato 相反，他的"基本倾向是在依靠逻辑的同时，更大力地依靠感官的直接印象，而对于感觉能力所不能及的抽象和外推是不喜欢的."[189] 这就势必要对实无限采取排斥的态度，他也明确认为："无限只能是一种潜在的存在，而不能是一种实在的存在. 它不会在什么时候现实地具有独立的存在. 它的潜在的存在只是对知识而言. 因为分割过程永远不会告终；这个事实保证了这种活动存在的潜在性，但并不能保证无限独立地存在."[189] Aristotle 这种仅仅承认潜无限而否认实无限的立场也就是后来数学中潜无限论者的基本观点.

3.1.3 Zeno 悖论与无穷观问题的关系及其引起的思考

在这里，我们又要提到古希腊的 Zeno 悖论，M. Kline 在论及 Zeno 悖论时曾指出："关于运动的四个悖论是各不相关的，但总的用意可能是为提出某种重要的论点. 当时人们对空间和时间有两种对立的看法；一种认为空间和时间无限可分，那样的话，运动是连续而又平顺；另一种空间和时间是由不可分的小段组成的（像放电影时那样），如此，运动将是一连串的小跳动. Zeno 的争论是针对这两种理论的. 他那关于运动的前两个悖论是反对第一种学说的，而后两个悖论则是反对第二种学说的."[156] 现在如用不同的无穷观来分析关于时空的这两种学说的话，则第一种学说是潜无限观点，后一种学说则是原子论者的实无限观点. 由此可见，立足于无穷观来看 Zeno 悖论，则前两个悖论实际上是向潜无限论者的挑战，而后面两个悖论则是对实无限观点的抨击. 例如，在 В. И. ЛеНИН 的哲学笔记中可以看到有关 Aristotle 对 Zeno 第一悖论反驳的摘录与评注如下："Aristotle 回答说，空间和时间是可以无限地划分的，但并没有被无限地划分开来. 培尔（Bayle）称 Aristotle 这个回答是无力的，他说：'如果我们在一英寸大小的材料上划下了无穷多条的线条，我们不会作出这样一种划分，这种划分会把 Aristotle 以为仅是可能的无限性变成现实的无限性.'……Hegel 写道：'这如果二字绝妙！'就是说，如果我们把无限的划分进行到底！"[192]

在这里，Aristotle 想用潜无限观点去回答 Zeno 对潜无限观念的挑战当然是无力的. 然而，即使我们立足于把无限的划分进行到底的实无限观点，试问又能对 Zeno 的挑战作出什么有力的回答呢？而且即使由此而能作出某种解释的话，那么此时面对 Zeno 的后面两个悖论又该如何解释呢？另一方面，就从 Zeno 的时代来看，Zeno 悖论的出现也说明当时关于无限的认识和理解缺乏逻辑基础，以致在 Euclid 以后，古希腊人一时对无限采取了一种笼统的排斥态度.

3.1.4　无穷观问题从文艺复兴到微积分时代的演变

十五世纪前后，随着文艺复兴的开始，经院哲学走向衰落，作为文艺复兴的一部分，Plato 的数理哲学思想得到了复兴，这使得无穷小方法开始萌芽. 但无穷小方法的普遍应用还是 16 世纪到 17 世纪上半叶的事，在此要特别提到 Kepler 的《酒桶的立体几何》这一著作，Kepler 在该书中成功地使用了无穷小量分析法求得一些曲面体的体积. 由于 Kepler 的工作影响甚大，以致造成了这一时期的一个显著特点，就是无穷小量在数学上的广泛应用. 从而就无穷观而言，这一时期的数学家基本上都是实无限论者，亦就是把无穷小看成是一种固定的对象. 应当指出，这一认识对微积分理论（特别是 Newton 最初的流数法）的建立是十分重要的. 因为只有这样，无穷小量才能真正成为数学的研究对象，人们才有可能冲破在有限和无限之间那种不可逾越的界线. 当然，作为问题的另一方面，由于传统观念的束缚，无穷小量是不是 0 的问题就突出地摆在面前，从无穷小量的应用来看，它应该既是 0 又不是 0，而从无穷小量作为一种确定的研究对象来看，它又不应该既是 0 又不是 0.

由于当时大家建立于实践之上的信心，也由于对理性的信仰，数学家们并没有为上述困难而过多地感到烦恼，但是到了 Newton 和 Leibniz 时期，情况就不同了. 因为他们的工作依然还是建立在无穷小量的基础上，又由于无穷小理论中的逻辑困难，Newton 和 Leibniz 一方面力图为无穷小分析提供坚实的理论基础，却又由于他们都不能正确把握经验与理性，因此不能解决问题. 所以才有 Berkely 大主教对无穷小分析的大肆攻击而使矛盾激化了. 但应指出，Berkely 的攻击对促使微积分理论的发展是有贡献的，因为他确有成效地迫使人们认真对付无穷小理论中的逻辑困难，促使了 $\varepsilon-\delta$ 准则的诞生，进而完成了从无穷小分析到极限理论的演变，但由于极限理论建立在潜无限观念的基础上，又能在形式上避开上述逻辑困难，从而潜无限又逐渐取代了实无限的优势.

3.1.5　数学基础诸流派在无穷观问题上的争论

自从古典集合论出现悖论以后，基于如何解决悖论问题的观点与方法各异，形成了不同的学派，并诞生了“数学基础”这一新的数学分支学科. 20 世纪 30 年代以后的相当一段时期内，出现了数学基础热. 许多与数学基础相关的文章或论著都说形成了数理逻辑的三大流派，指的是以 Russell 为代表人物的逻辑主义学派、以 Brouwer 为代表人物的直觉主义学派和以 Hilbert 为代表人物的形式主义学派. 其实这种流行的说法存在着诸多历史误解.首先,如上所说之三大流派的形成都渊源于数学基础问题的研究,理应称之为数学基础三大流派;其次,更为实质性的历史误解是:形式主义学派的宗旨与 Hilbert 的数学基础观根本不同,从而奉 Hilbert 为形式主义学派之代表人物就更不符合历史真实.

如果查阅 Hilbert 全集,您不会发现他在什么地方发表过与形式主义学派相一致的主张,更不会发现他在什么场合表示过他是形式主义者.连 Hilbert 的学生 Bernays 也不同意把 Hilbert 列为形式主义学派的人物.特别是形式主义者 Curry 曾明确指出,"现在有许多人把形式主义与应称为 Hilbert 主义的互相等同起来,这是不对的."[109]为什么会造成这样的历史误解,主要是因为绝大多数形式主义者都"奉 Hilbert 为祖师"[109],时间一长,大家就习惯于此说了.那么形式主义学派的主要代表人物应该是谁倒也一时说不清楚,也可能既有 Hilbert 大师在前,其他人也就只好让位.但是有一点是大家知道的,有如 Curry、Robinson 和 Cohen 等学者均自称是形式主义者.

基于如上所述的情况,我们在此就不再采纳数理逻辑三大流派之说,而改称为数学基础诸流派,其中当然包括以 Hilbert 为代表人物的 Hilbert 主义学派在内.限于本书的性质与篇幅,我们在此不对诸流派之宗旨、方法、方案以及一般评论相加讨论,仅仅侧重于诸流派在无穷观问题上的主张和观点的概述.

在微积分的 Cauchy-Weierstrass 时代到来以后不久,由于 Cantor 对于无限集理论的研究,实无限概念又在艰苦斗争中复活起来.而且 Hilbert 明确指出:"在严格的意义上讲,只有在 Cantor 的集合论中,才开始了对无限的真正研究……单靠分析不能使我们洞察到无限的本质,只有通过一门与一般哲学思考方法相接近的而且提供了关于无穷的整个问题的新观点的学科才能做到,这就是 Cantor 所创立的集合论."[170]然而,由于集合论悖论的出现,很快就形成了数学的第三次危机,并由此而导致了"数学基础论"这一学科的诞生,推动了从"古典集合论"到"近代公理集合论"的发展.在数学基础诸流派中,也突出地反映了不同学派之间的不同的无穷观的争论.例如,以 Brouwer 为代表的直觉主义派十分彻底地采纳了潜无限论者的无穷观,因为根据直觉主义者"存在必须可构造"的基本观点,势必导致对实无限概念的排斥,因为从生成的观点来看任何一个无穷集合或实无限对象都是不可构造的.若以最简单的自然数集为例讨论的话,按照能行性或构造性的要求必然否定自然数全体这个概念,因为任何有穷多个步骤都不能把所有的自然数构造出来,更谈不上汇成整体了,而且即使先假设有那么一个全体自然数构成的集摆在那里的话,直觉主义者也不承认能把全体自然数逐一复查完毕,亦即不承认有走遍自然数论域的概念.在他们看来,自然数 1,2,3,…只能永远处在不断地被构造的进程中.例如,直觉主义者 Weyl 明确指出:"Brouwer 使这一点明确了,就是没有任何证据能够证明所有自然数的整体的存在性……自然数列，它能够通过不断地达到下一个数而超越任何一个已经达到的界线，从而也就开辟了通向无限的可能性，但它永远停留于创造(生成)的状态之中，而决不是一个存在于自身之中的事物的封闭领域."[194]由此可见，直觉主义学派是彻底的潜无限论者，他们的基本立场是：(1)在无穷观的问题中，彻底采纳潜无限而排斥实无限；(2)否认传统逻辑的有效性而重建直觉主义逻辑；(3)拆除一切非构造性数学的框架，重建直觉主义的构造性数学. 然而直觉主义对数学的这番改造运动，不仅进展极其缓慢，而且由此而要损失一大块有用且合理的数学，因此，几乎可以认为这个改造运动难以取得圆满成功. 至于以 Russell 为代表的逻辑主义派的无穷观，由于逻辑主义派的基本立场是确认全部数学的有效性，并认为能把全部数学化归为逻辑，因此，要确认全部数学的有效性，势必要确认实无限观点下的无限集理论. 因此，就无穷观而言，逻辑主义派是实无限论者，亦即确认实无限性研究对象在数学领域中的合理性. 因此，普遍认为："Russell 及其追随者明显地承认无限性对象的存在性."[195]但又由于 Russell 为排除集合论悖论而发展他的分支类型论，从而在 Russell 系统中的实无限性对象就在不同的类和级中表现为一定的层次结构. 至于以 Hilbert 为代表的 Hilbert 主义派的无穷观，由于 Hilbert 的基本主张是：一方面希望保存古典数学的基本概念和古典逻辑的推理规则，特别是那些与实无限性有关的概念和方法，有如无限集概念与排中律在无限集上的使用等；但在另一方面，Hilbert 又出于可信性的考虑，对这些实无限性概念和方法又顾虑重重，几乎和直觉主义一样地认为可信性只存在于有限之中，无限则是不可靠的，这一有穷主义观点终于贯彻在他的元理论的推理规则之中. 因此，Hilbert 基于要在有穷主义可信性的考虑中保存实无限观点下的古典数学与古典逻辑推理规则，不得不把全部数学划分为具有真实意义的"真实数学"和不具有真实意义的"理想数学"，而把那些与实无限相关的概念和方法作为理想的概念和方法纳入数学领域，并希望通过有穷主义的构造性方法在元理论的研究中证明理想数学的相容性，以使实无限性的理想成分在应用上的有效性与上述有穷主义立场获致统一，这就是 Kriesel 所说的："Hilbert 是从有限性观点出发去理解超穷方法之应用的."[196]因此，Hilbert 主义派的无穷观便是理想数学中的实无限论者，元数学理论中的有穷主义者. 此外，可以认为形式主义学派的无穷观和 Hilbert 的无穷观很接近，或者说形式主义学派基本上继承了 Hilbert 的无穷观.

3.1.6　无穷观问题之困惑和迷茫

在哲学上有所谓消极无限与积极无限之分，哲学上的这两种不同的无限性概念在数学中的具体表现就是潜无限和实无限，哲学上两种无穷观的一系列争议在数学中的反映便是潜无限论者与实无限论者的论战史. 从数学的角度看，Bourbabi

学派在他们的《集合论》一书中也曾简要陈述过相关的历史背景，特别引人注目的是言及有如 Gauss、Galois、Poincare、Kronecker、Borel、Lebesgue 和 Weyl 等在数学上作出杰出贡献的学者皆反对实无限概念，以致在实无限观点下的 Cantor 集合论长期得不到承认. 然而令人费解的是除了直觉主义学派在他们的构造性数学中彻底远离实无穷之外，众多反对实无限的数学家的杰出工作都立足于实无限观点下的集合论. 在这里，仅就如上所列出的几位反对实无限概念的数学家而言，首先 Borel 的一系列重要贡献都和 Cantor 集合论的思想，特别是与可数集合概念密切相关. 例如，他有一个著名结果就是证明了可数集合的测度为 0. 而且 Borel 在建立实变函数论、测度论、可数概率等学科上都作出了开创性的杰出贡献，而这些学科都以 Cantor 的实无限性集合论为基础. 又如 Lebesgue，他的杰出贡献之一就是改进了 Borel 的测度论并建立了 Lebesgue 测度. 另外，他在拓扑学中引入了紧性定义及紧度量空间的 Lebesgue 数. 再说 Poincare，他不仅是第一个把 Cantor 集合论应用于分析学的大数学家，而且 19 世纪末 Cantor 集合论问世时，他就在国际数学家大会上乐观地宣称"现在数学的完全严格性已经达到了". 无论后来 Russell 悖论给他的乐观蒙上了什么样的阴影，他从 1894 年开始，依然完成了一系列关于近世代数、拓扑学方面的研究，还创建了代数拓扑学，可以认为 1933 年以前的代数拓扑学的发展完全基于 Poincare 的思想方法，而在这里所涉及的这些研究领域都要以实无限的 Cantor 集合论为基础. 就直觉主义的代表人物之一的 Weyl 和攻击 Cantor 集合论最为激烈的 Kronecker 这两位数学家而言，也都在群论、近世代数和拓扑学等直接以 Cantor 集合论为基础的数学领域中作出过重要的研究成果. 从哲学的角度看，众多古典哲学家坚持实无限观念，特别是相对于数学分析中 ε-δ 方法和直觉主义的无穷观，对于那种不断扩展式的潜无限进程，古典哲学家们早已提出过强烈的批评，Kant 认为这种无穷观是可怕的，Spinoza 认为这是一种想象的无限，Hegel 则称之为恶的无限性，Engels 和 ЛеНИН 也对区分真假无穷的必然性给予肯定的回答. 的确，尤其是在数学领域里探索无穷奥秘的崎岖小路上，无穷观问题着实令人困惑和迷茫，亟待研究和澄清. 并由此而不能不使我们回想起 Hilbert 在一次著名的演讲中所发的感慨："没有任何问题能像无限那样，从来就深深地触动着人们的情感；没有任何观念能像无穷那样，曾如此卓有成效地激励着人们的理智；也没有任何概念能像无限那样，是如此迫切地需要予以澄清."[193]

3.2 两种无穷观的区别和联系

3.2.1 何谓实无限与潜无限

历史上，Aristotle 是第一个明确承认潜无限而反对实无限的学者，而略早于

Aristotle 的 Plato 则是第一个明确承认实无限而反对潜无限的学者. 自古至今 2000 余年来,坚持潜无限观念的学者们和坚持实无限观念的学者们,一直是在互相否定的模式中争论不休,并且广泛涉及哲学、逻辑、计算机科学理论和数学等众多领域,卷入这场争论的大学者们,留给我们一大堆有关两种无穷的素朴描述,不妨陈述一二如下:

(1)Aristotle 明确认为,无限只能是一种潜在的存在,而不能是一种实在的存在. 他说:"因为分割过程永远不会告终;这个事实保证了这种活动存在的潜在性,但并不能保证无限独立地存在."[191]

(2)Aristotle 说:"空间和时间是可以无限地划分的,但并没有被无限地划分开来."[192]

(3)贝尔(Bayle)说:"如果我们在一英寸大小的材料上划下了无穷多条线条,我们不会作出这样一种划分,这种划分会把 Aristotle 以为仅是可能的无限性变成现实的无限性."[192]

(4)列宁(Ленин)针对贝尔所言"如果我们在一英寸大小的材料上划下了无穷多条线条"一语指出:"这就是说,如果我们把无限的划分进行到底!"[192]

(5)外尔(Weyl)指出:"布劳威尔(Brouwer)使这一点明确了,自然数列,它能够通过不断地达到下一个数而超越任何一个已经达到的界线. 从而也就开辟了通向无限的可能性,但它永远滞留于创造(生成)的状态之中,而绝不是一个存在于自身之中的事物的封闭领域."[194]

通过这些素朴的描述,可将潜无限和实无限的差别规范为如下两点:

其一从生成的角度看,潜无穷永远是进行式(forever going,简记为 f-going),而实无穷却是肯定完成式(gone).

其二从存在的角度看,潜无穷是动态的和潜在的,而实无穷是静态的和实在的.

从而潜无限的两条基本性质是:

(1)非有限:从而给出了被强化为潜无限的可能性(going);

(2)必须永远是进行式(f-going):从而否定了达到进程终极处的可能性($\neg$ gone,即 f-going).

又实无限的两条基本性质是:

(1)非有限:从而给出了中介过渡为实无限的可能性(going);

(2)必定是肯定完成式:从而肯定了达到进程终极处(gone).

例如,我们常用$[a,b]$表示坐标轴上的一个闭区间,在$[a,b]$内有无穷多个点,现令变量 x 在该区间内沿着 X 轴朝向 b 点移动,则变量 x 在区间内不仅可以无限趋近于其极限点 b(going),并在区间内最终可达到极限点 b(gone). 从而我们可称

变量 x 在 $[a,b]$ 内以实无限方式趋向其极限点 b. 我们又常用 (a,b) 来表示坐标轴上的一个开区间，在 (a,b) 内有无穷多个点，但端点 a 和 b 不在 (a,b) 内，此时同样令变量 x 在该区间内沿 X 轴朝向 b 点移动，尽管 b 点仍是变量 x 的极限点，但却不在 (a,b) 内，所以变量 x 在该区间内虽然仍可无限趋近于 b 点(going)，但在区间 (a,b) 内却永远达不到 b 点(f-going)，从而我们可称变量 x 在 (a,b) 内以潜无限方式趋向其极限点 b.

又例如，在数学领域中，通常用符号 O_∞ 来表示不在实平面上的一个无穷远点，而变量 x 无限趋近该无穷远点 O_∞，则上述潜无限的两条基本性质在此体现为：

(1′)非有限：从而给出了变量 x 无止境地趋向无穷远点 O_∞ 的可能性(going)；

(2′)必须永远是进行式(f-going)：从而否定了变量 x 达到无穷远点 O_∞ ($\neg$ gone, f-going).

又上述实无限的两条基本性质在此体现为：

(1′)非有限：从而给出了变量 x 趋向并到达无穷远点 O_∞ 的可能性(going)；

(2′)必定是肯定完成式：从而肯定变量 x 必须达到无穷远点 O_∞ (gone).

总之，实无限是由非有限的进行式(going)，中介过渡(transition)为完成式(gone)，而潜无限是由非有限的进行式(going)强化(strengthen)为永远是进行式(f-going)，而无论是潜无限还是实无限，同样都是非有限进程. 因此，我们有

$$\text{非有限进程}\begin{cases}\text{实无限：肯定达到进程终极处(gone)；}\\ \text{潜无限：否定达到进程终极处}(\neg\text{ gone}, f\text{-going}).\end{cases}$$

现在我们再从另一个切入点去进一步讨论和理解潜无限和实无限，面对我们的研究对象和事物，如果采纳每个每个或逐个逐个的手续进行处理或做出判断，则称之为枚举手续. 在这里，我们就用这一方式，明确定义了“枚举手续”这一概念. 有关枚举手续的具体举例，在各个领域中可谓比比皆是，现举例说明如下：

例 1 上文所述关于时空分割之历史性著名言论即为一例. 亦即我们在一英寸大小的材料上，如果划一线条，再划一线条……如此无止境地、一条一条地划下去(going)，如果永远滞留于这种继续不断地划的进程中(f-going)，那么这一具体的枚举手续所面对的就是潜无限. 然而，就像上文中贝尔所说：“如果我们已经在这一英寸大小的材料上划下了无穷多条线”，或者像列宁所指出的：“如果我们把这种无限的划分进程进行到底！”这就是说，如果把所说的这个具体的枚举手续(going)进行完毕(gone)，或者说穷举(gone)了这一具体的枚举手续(going)，那么这一具体的枚举手续此时所面对的就既不是非有限的进行式(going)，也不是潜无限(f-going)，而是已经完成了的实无限，所以无止境的枚举手续是进行式(going)，而将枚举手续进行完毕，或者说穷举了这一具体的枚举手续就是完成式(gone). 简言之，由枚举到穷举的转换，也就是由非有限的进行式(going)到完成式(gone)的中

介过渡.

例 2 给定一只理想的空杯子 G,再给一个无穷背景世界中的精确谓词 P,我们找来一个满足 P 的对象 x,就将 x 投入 G 中,再找来一个满足 P 的对象 y,再将 y 投入 G 中,因为 P 在无穷背景世界中,所以这种逐个逐个地找,又逐个逐个地投的手续,当然可以无止境地进行下去(going).但是只要这种枚举手续(going)尚未进行完毕,而仍在枚举的进程中(going),那么它所面对的就是非有限的进行式(going),又若穷举了这种枚举手续,亦即如果你能够而且已经找到了所有满足 P 的对象,并且又都将其投进了 G(gone),则它此时所面对的就是实无限.反之,如果所说的这种枚举手续(going)被强化(strengthen)为永远在这种枚举进程中(f-going),则此时所面对的就是潜无限.

例 3 从古代原子论者 Democritus 和古典集合论创始者 Cantor 的观念出发,任何一个无穷集合都是一个实无穷集合.现给定一个无穷集合 A,再给一个无穷背景世界中的选择标准 f,我们就可按 f 在 A 中选出一个元素来,再选出一个元素……这种按 f 在 A 中逐个逐个地选出元素的手续,也是一种具体的枚举手续.

例 4 Cantor 古典集合论中的一一对应原则用在无穷集合上,也是一种枚举手续.因为任给两个无穷集合 A 和 B,再给一个对应规则 f,如果 A 和 B 在 f 之下能够建立起一一对应关系,那么当我们在 A 中任选一个元素,则由 f 必能在 B 中找到唯一确定的元素与之对应,再在 A 中另找一个元素,则由 f 又能在 B 中找出与之对应的唯一确定的元素,反之亦然,因为 A 和 B 都是无穷集合,所以,这种手续可以无止境地进行下去,所以,这也是一种枚举手续.

例 5 在极限论中运用 ε-N 方法所定义的无穷大序列,其思想方法和 Brouwer 构造性地构造自然数的思想方法完全一致,都是设定一个限度,超出这个限度,再设定一个限度,再超出这个限度,而且不论你设定的限度 N 有多大,总能超出这个限度,所以这种设定超出,再设定再超出的手续可以无止境地进行下去,因而,这又是一种具体的、典型的枚举手续.

形形式式之枚举手续的实例是无穷无尽的,通过如上一些实例的讨论,可知任何无止境的枚举手续,所反映或指称的只是进行式(going).只有将无止境的枚举手续进行完毕,即穷举了该枚举手续之后,才能面对或指称实无限.反过来说,对于实无限而言,由于它必定是完成式,因此必须将枚举手续进行完毕,也就是穷举了某种枚举手续.而对于潜无限而言,由于它永远是进行式(f-going),从而必须否定能将枚举手续进行完毕,亦即必须否定穷举枚举手续,因此我们有

$$\text{非有限的枚举手续}\begin{cases}\text{实无限:肯定穷举该枚举手续(gone);}\\ \text{潜无限:否定穷举该枚举手续(going).}\end{cases}$$

总之，认识和理解潜无限与实无限的切入点是可变的，但万变不离其宗，那就是实无限必定是肯定完成式（gone），潜无限必定永远是进行式（f-going）. 为此，达到也好，穷举也好，归宗都是完成式. 又永远达不到也好，永远在枚举进程中也好，归宗都永远是进行式. 由于永远是进行式（f-going）不同于完成式（gone），永远在枚举进程中不同于穷举，永远达不到不同于达到，所以潜无限与实无限，无论从生成的角度还是存在的角度看，都不存在任何意义上的等同，否则可谓既不尊重前人，也不尊重历史，特别是对卷入两种无穷观之争的大学者们是大不敬.

综上所述，至少可以认为，我们已经在哲学层面上规范了潜无限和实无限的区别和联系. 归纳起来，无非就是上文所论之一个出发点和两个切入点，再次罗列如下：

（Ⅰ）一个出发点：

$$\text{非有限}\begin{cases}\text{实无穷：必定是完成式（gone）；}\\ \text{潜无穷：永远是进行式（}f\text{-going）.}\end{cases}$$

（Ⅱ）切入点之一：

$$\text{非有限进程}\begin{cases}\text{实无限：肯定达到进程终极处；}\\ \text{潜无限：否定达到进程终极处.}\end{cases}$$

（Ⅲ）切入点之二：

$$\text{非有限的枚举手续}\begin{cases}\text{实无限：肯定穷举该枚举手续；}\\ \text{潜无限：否定穷举该枚举手续.}\end{cases}$$

可以认为：在逻辑层面上没有直接的潜无穷和实无穷概念，因为逻辑只研究可能性对象，不研究存在性对象，而潜无穷与实无穷都是一种存在性概念，也就是 Aristotle 所说的潜在的存在（潜无限）和 Plato 所说的实在的存在（实无限）. 因此逻辑与无穷观没有直接的关联性，然而间接的关联性却必然是有的，因为逻辑能为研究存在性对象提供推理工具，就像二值逻辑演算是近代公理集合论的推理工具那样. 大家知道，二值逻辑演算中有一个全称量词 ∀，解释并读为“每一”或“所有”，今后深入研究下去，我们将引进所谓枚举量词 E，只能解释并读为“每一”，又规定全称量词 ∀ 只允许解释并读为“所有”. 如此在无穷论域中严格区分了“每一”（枚举）与“所有”（穷举）之后，枚举量词 E 将成为研究与刻画枚举进程（going）和潜无限（f-going）对象的逻辑工具之一，而全称量词 ∀ 将成为研究与刻画实无限（gone）对象的逻辑工具之一. 并且逻辑层面上的“E”正好相应于哲学层面上的枚举进程，而逻辑层面上的“∀”却相应于哲学层面上的穷举手续.

就数学层面而言，对于潜无限观念和实无限观念的直接使用是很普遍的，例如在极限论中，为了避免 Berkeley 悖论，运用 ε-N 和 ε-δ 方法所定义的无穷大序列和无穷小序列，完全采纳了潜无穷观念的思维方式. 又如在 Brouwer 的直觉主义构

造性数学中,则是彻底不兼容实无穷观念的,他们完全否认全体自然数能构成一个封闭领域的认识,因而从基于 Brouwer 对象对偶直觉的无止境地生成的自然数的进程开始,直到展形连续统的构成,全部是建立在永无止境的潜无限的观念之上的. 但在古典集合论和近代公理集合论中,从 Cantor 到 Zermelo 对于无穷集合的存在和构造,都非常强调实无限的完成式. 给定一个 Cantor - Zermelo 意义下的无穷背景世界中的造集谓词 P,则由 P 所决定的唯一确定的无穷集合 $A=\{x|P(x)\}$ 是由且仅由所有满足谓词 P 的对象 x 所构成的,这就是在完全穷举所有满足 P 的对象 x 的基础上来产生这个集合 A 的. 所以在古典集合论和近代公理集合论中的任何一个无穷集合的构造,都立足于完成了的实无穷观念.

实际上,Cantor 古典集合论的创立,标志着数学的发展进入了数学研究对象由有限、潜无限量性对象到实无限量性对象的再扩充时代. 在 Cantor 以前,众多数学家都持潜无限观念. 例如,大数学家 Gauss 在给舒马赫(Heiurich Shumacher)的著名信件中就以十分坚定的口气表明了他的见解:"我反对把无穷量当做一种完成了实体来使用,这在数学中是绝对不允许的. 无穷不过是谈及极限时的一种说话方式而已. "[205] 所以道本(J. W. Dauben)在《Cantor 的无穷的数学和哲学》一书中指出:"Cantor 清楚地意识到,他的超穷数和超穷集合论面临着传统见解的反对. 他著述《基础》一书的目的之一就是论证这种对于完成了的、实无穷的反对是毫无根据的,他希望以一种无可反驳的方式来对高斯那样的数学家、Aristotle 那样的哲学家以及托马斯 · 阿奎那(Thomas Aquinas)那样的神学家作出答复. Cantor 相信,反对在数学、哲学和神学中使用实无穷是基于一种广泛流传的错误见解. "[205]

最后,就计算机科学理论这一层面而言,潜无穷观念的直接使用及其基础性是最重要的,因为计算机科学理论特别强调能行性. 大家知道,人们对直觉主义学派的历史性评价中有一条是完全肯定的,那就是:"联系到计算机数学的发展,直觉主义学派的构造性观点和方法有重要意义,他们的能行性要求尤其具有十分重大的现实意义,因为在使用电子计算机时,不能不注意能行性. "[109] 在无穷观问题上,正如上文所述,直觉主义学派及其构造性数学系统,乃是彻底贯彻潜无穷观念,而决不兼容实无穷观念.

下文将在引入一系列简记符号的基础上,给出潜无限和实无限的符号化了的描述性定义,今后在建立形式系统时,所说的一些简记符号亦可以作为相应的"算子"符号被引入.

(1)简记符号"↑"的名称是"开放进行词". 解释并读为:

(a)进行式$=_{\mathrm{df}}$going,

(b)每一____________$=_{\mathrm{df}}$ E ____________,

(c)枚举____________$=_{\mathrm{df}}$enu ____________,

(d)无限趋近于____________ $=_{df}$ ina ____________,

(e)无止境地____________ $=_{df}$ kne ____________.

(2)简记符号“丅”的名称是“正完成词”. 解释并读为:

(a)肯定完成式 $=_{df}$ gone,

(b)所有____________ $=_{df}$ $\forall$ ____________,

(c)穷举____________ $=_{df}$ exh ____________,

(d)达到____________ $=_{df}$ rea ____________.

(3)简记符号“下”的名称是“反完成词”. 解释并读为:

(a)否定完成式 $=_{df}$ $\neg$ gone $=_{df}$ f-going,

(b)否定所有____________ $=_{df}$ $\neg\forall$ ____________,

(c)否定穷举____________ $=_{df}$ $\neg$exh ____________,

(d)永远达不到____________ $=_{df}$ $\neg$rea ____________.

此外,我们把“有限”简记为“fin”,“无限”简记为“inf”,“潜无限”简记为“poi”,“实无限”简记为“aci”,亦即我们有:fin $=_{df}$“有限”,inf $=_{df}$“无限”,poi $=_{df}$“潜无限”,aci $=_{df}$“实无限”.

如所知,在古典集合论和近代公理集合论中,所谓有穷集合 A,指的是存在着某个自然数 $n\in N$,能使有 A 和 n 建立一一对应关系,亦即若有 $\exists n(n\in N\wedge A\sim n)$,则称 A 为有穷集合,并记为 A[fin],进而无穷集合 A 被定义为非有穷集合,并记为 A[inf],亦即 A[inf] $=_{df}$ $\neg A$[fin]. 而且所有的无穷集合(即所有的非有穷集合)都是完成了的实无穷集合,因为任何一个无穷集合 $A[\text{inf}]=\{x|P(x)\}$,都是穷尽了所有满足谓词 P 的对象 x 汇集起来构成的. 所以在这样的数学模型背景下,“无穷”被定义为“非有限”,从而在那里,要么坚持“非有限”即“实无限”的二分法原则,要么坚持“潜无限”和“实无限”之间界线模糊而不予明确区分的思想原则. 在这里,我们将避开这样的数学模型背景,并在更抽象的层面上将“潜无限”与“实无限”概念定义如下:

aci $=_{df}$ $\neg$fin $\wedge\uparrow\wedge$ 丅,

poi $=_{df}$ $\neg$fin $\wedge\uparrow\wedge$ 下.

这就是说,无论是“潜无限”(poi)还是“实无限”(aci),首先应该不是有限($\neg$fin)并已进入进行式($\uparrow$),这是“潜无限”和“实无限”的一个共同的基础,亦即都有了一个通向无限的可能性($\neg$fin $\wedge\uparrow$),然后在这个共同的基础上,再明确给定“潜无限”和“实无限”的分界线. 这个分界线就是:实无限必须是肯定完成式(丅:$\forall$、exh、rea),而潜无限却必须是否定完成式(下:E、enu、ina),既然完成式已被否定($\neg$gone),因此,进行式就被强化(strengthen)为永远是进行式(f-going),从而永远处于“每一”(E)、“枚举”(enu)和“无限趋近”(ina)的进程中.

3.2.2　潜无限与实无限之间的对立关系

我们在2.5.2节中讨论了两种对立关系，即反对对立关系和矛盾对立关系，并用$(P,\exists P)$抽象地表示一对反对对立概念，而以$(P,\neg P)$抽象地表示一对矛盾对立概念.其中形式符号ㅋ的名称是对立否定词，解释并读为“对立于”，而形式符号$\neg$的名称是否定词，解释并读为“非”. 正如2.5.3节中所指出的，在经典二值逻辑与精确性经典数学中，只要对论域适当限制，完全否认中介对象的存在，从而反对对立与矛盾对立被视为同一，以致$\neg P\equiv \exists P$，那么对于任一特定的$(P,\exists P)$而言，只要确认其间没有中介对象，即没有x能使有$\sim p(x)\ \&\sim\exists p(x)$，则此$(P,\exists P)$也就是$(P,\neg P)$，反之，任何$(P,\neg P)$亦就是没有中介对象的$(P,\exists P)$. 此处形式符号$\sim$的名称是模糊否定词，解释并读为“部分地”. 详见2.5.2节，下文同此不再注释. 在这里，我们将讨论并确定潜无限(poi)与实无限(aci)究竟是有中介的反对对立关系$(P,\exists P)$，还是无中介的矛盾对立关系$(P,\neg P)$. 讨论的基础和出发点是3.2.1节中所给出之潜无限与实无限的描述性定义，亦即

$$\text{aci}=_{\text{df}}\neg\text{fin}\wedge\uparrow\wedge\top,$$
$$\text{poi}=_{\text{df}}\neg\text{fin}\wedge\uparrow\wedge\overline{\top}.$$

有关抽象符号↑、⊤、$\overline{\top}$的名称和各种解读方式详见3.2.1节，在那里还有诸如非有限、潜无限、实无限、枚举、穷举、无止境地等一系列简记符号及其解读方式需要熟悉. 如此，上述定义无非是说，无论是潜无限(poi)还是实无限(aci)，首先不应该是有限，即“非有限”($\neg$fin)，并已进入进行式(↑)，这是潜无限(poi)与实无限(aci)的一个共同的基础，都有了一个通向无限的可能性($\neg$fin∧↑)，然后在这个共同的基础上，明确给出潜无限(poi)与实无限(aci)的分界线，这个分界线就是：实无限(aci)必须在$\neg$fin∧↑(going)基础上中介过渡(transition)到它们的对立面肯定完成式(gone)，即⊤：∀、exh、rea. 而潜无穷(poi)却必须在$\neg$fin∧↑(going)的基础上强化(strangthen)为永远是进行式(forever-going，简记为f-going)，既然永远是进行式(f-going)，从而阻断了由$\neg$fin∧↑(going)过渡(transition)到肯定完成式(gone)的可能性，这是对肯定完成式(gone)的否定($\neg$gone)，即：$\overline{\top}$、Ε、enu、ina，从而永远处于“每一”(Ε)、“枚举”(enu)和“无限趋近”(ina)的进程中.

在这里，有一点值得注意，这就是进行式(giong)与肯定完成式(gone)是一种对立关系. 从哲学层面上讲，对立关系的此方，将通过非此非彼的中介状态，过渡(transition)到对立关系之彼方. 那么作为进行式(giong)这个对立的此方，将通过什么样的中介状态过渡(transition)到肯定完成式(gone)这个对立之彼方去呢？若用符号与英文简记来表达时，这种中介状态应该是～giong∧～gone. 所以实无限(aci)应由进行式(giong)这个对立的此方，通过～giong∧～gone这个中介状态，过

渡(transition)到肯定完成式(gone)这个对立关系之彼方.然而潜无限(poi)是由进行式(giong)强化(strangthen)为永远是进行式(f-going)去实现的.那么相对于进行式(giong)与肯定完成式(gone)这一反对对立关系(P,∃P)而言,进行式(giong)与永远是进行式(f-going)均在对立关系此方这个层面上,所以两者(going 与 f-going)不构成对立关系,从而两者之间也不存在通过什么非此非彼之中介状态的过渡(transition)之类情况.这就是说,由进行式(giong)到永远是进行式(f-going)仅仅是同在此方的层面上的某种加强或强化(strangthen)而已.如此,为了更好地体现由¬fin∧↑(going)到丅(gone)的过渡(transition),以及由¬fin∧↑(going)到下(¬gone,即 f-going)的强化(strangthen)的内涵,我们不妨将 3.2.1 中关于实无限(aci)与潜无限(poi)之描述性定义,重新表达为

aci$=_{\mathrm{df}}$¬fin∧↑transition 丅,

poi$=_{\mathrm{df}}$¬fin∧↑∧strengthen 下.

如所知,在 3.2.1 节中曾通过一个出发点与两个切入点深入讨论了实无限(aci)与潜无限(poi)之区别和联系.下文将同样通过所说之一个出发点和两个切入点,讨论并确定潜无限(poi)与实无限(aci)这一对立关系,究竟是有中介的反对对立关系(P,∃P),还是没有中介的反对对立关系,即矛盾对立关系(P,¬P).

在 3.2.1 节中讨论两种无穷之区别和联系的一个出发点是:

非有限:{实无限:必定是完成式(gone),
潜无限:永远是进行式(f-going).

正如前文所述,所谓永远是进行式(f-going),就是对进行式(going)的永远肯定及其状态的完全稳定,从而阻断了进行式(going)过渡(transition)到肯定完成式(gone)的可能性,因此也就是对肯定完成式(gone)的否定.为之,利用 3.2.1 节中相关的简记符号及其解读方式,上述这个出发点可以重新表述为:

非有限:{aci:丅肯定完成式(gone),
poi:下否定完成式(¬gone,f-going).

再看切入点之一:

非有限进程{实无限:肯定达到进程终极处,
潜无限:否定达到进程终极处.

在这里实无限(aci)与潜无限(poi)不仅仍然是一种肯定与否定的关系.而且我们还可以在简记符号"↑"、"丅"、"下"之名称及其各种解读方式中,选取相适应的解读方式,组合成一组简记及其解读方式如下:

a↑b $=_{\mathrm{df}}$"变量 a 无限趋近于极限 b",

a 丅 b $=_{\mathrm{df}}$"变量 a 达到极限 b",

a 下 b $=_{\mathrm{df}}$"变量 a 永远达不到极限 b",

$a \uparrow b \wedge a \top b =_{df}$“变量 a 无限趋近于极限 b 并且达到极限 b”，

$a \uparrow b \wedge a \overline{\top} b =_{df}$“变量 a 无限趋近于极限 b 并且永远达不到极限 b”，

从而在如上一组组合式的简记及其解读方式下，我们可将上述切入点之一，在变量趋向其极限的层面上重新表述为：

$$\text{非有限进程}\begin{cases}\text{aci}: x \uparrow b \wedge x \top b(\text{肯定达到 } b, \text{reach}b), \\ \text{poi}: x \uparrow b \wedge x \overline{\top} b(\text{否定达到 } b, \neg\text{reach}b).\end{cases}$$

其中 $\neg$reach b，即永远达不到 b，这是对“达到”这个肯定完成式(gone)的一种否定.

至于切入点之二指的是：

$$\text{非有限的枚举手续}\begin{cases}\text{实无限：肯定穷举该枚举手续}, \\ \text{潜无限：否定穷举该枚举手续}.\end{cases}$$

实际上，联系枚举与穷举的各种解读方式就是：

$$\text{非有限的枚举手续}\begin{cases}\text{aci：肯定穷举}(\forall, \text{exh}), \\ \text{poi：否定穷举}(\neg\forall, \neg\text{exh}).\end{cases}$$

其中 $\neg\forall$ 和 $\neg$exh，就是永远在枚举(enu)进程中，无论如何，实无限(aci)与潜无限(poi)在这里任然是一种肯定与否定的关系.

综上所述，可以结论实无限(aci)与潜无限(poi)这一对立关系是矛盾对立关系($P,\neg P$)，也就是没有中介的反对对立关系($P,\dashv P$). 因此在实无限(aci)与潜无限(poi)这一对立关系中不存在任何中介过渡，从而在任何框架下或在任何系统中，总有

$$\vdash \text{aci} \vee \text{poi}.$$

这表明不存在这样的概念 α 能使有

$$\sim \text{aci}(\alpha) \wedge \sim \text{poi}(\alpha).$$

我们在 2.4.1 节中给出了模糊谓词 $< x_1, \overset{\text{fuz}}{\cdots}, x_n > P$ 和清晰谓词 $< x_1, \overset{\text{dis}}{\cdots}, x_n > P$ 的形式定义(详见 2.4.1 节中的定义 8 和定义 9)，并在那里证明了

$$< x_1, \overset{\text{fuz}}{\cdots}, x_n > P \vee < x_1, \overset{\text{dis}}{\cdots}, x_n > P.$$

这表明(aci，poi)与($< x_1, \overset{\text{fuz}}{\cdots}, x_n > P$，$< x_1, \overset{\text{dis}}{\cdots}, x_n > P.$)都是无中介之反对对立面($P,\dashv P$)，即矛盾对立面($P,\neg P$)的实例. 所以中介原则只是认为，并非经典二值逻辑所贯彻之无中介原则那样，认为所有的反对对立面($P,\dashv P$)都没有中介，但中介原则也不承认所有的反对对立面($P,\dashv P$)都有中介，即矛盾对立关系($P,\neg P$)同样客观存在.

3.2.3　第三种无限——基础无限

我们在 3.2.1 与 3.2.2 中均论及 $\neg\text{fin} \wedge \uparrow$(going)是潜无限(poi)与实无限

(aci)的一个共同的基础.其中实无限(aci)是在$\neg \text{fin} \wedge \uparrow$(going)的基础上中介过渡(transition)到肯定完成式(gone),而潜无限(poi)是在$\neg \text{fin} \wedge \uparrow$(going)的基础上强化(strengthen)为永远是进行式(f-going).那么实无限(aci)与潜无限(poi)这个共同的基础$\neg \text{fin} \wedge \uparrow$(going),首先是非有限,同时又已进入通向无限的进行式(giong),因而也是一种无限.但这种无限不同于实无限(aci),因为它还没有过渡(transition)到肯定完成式(gone).同时这种无限也不同于潜无限(poi),因为它还没有被强化(strengthen)为永远是进行式(f-going),所以我们将$\neg \text{fin} \wedge \uparrow$(going)视为实无限(aci)与潜无限(poi)之外的第三种无限.正因为这种无限是实无限(aci)与潜无限(poi)的共同基础,我们就将$\neg \text{fin} \wedge \uparrow$(going)称为基础无限(elementary infinite),简记为 eli,亦即

$$\text{eli} =_{\text{df}} \neg \text{fin} \wedge \uparrow .$$

如此又可将实无限(aci)与潜无限(poi)的描述性定义在 $\text{CL\&ZFC}^-$ 之中介真扩张区域($\text{ML\&MS} \backslash \text{CL\&ZFC}^-$)内完善地表达为

$$\text{aci} =_{\text{df}} \text{eli transition } \top,$$

$$\text{poi} =_{\text{df}} \text{eli strengthen } \overline{\top}.$$

在 3.3.2 节中,我们已将 3.2.1 节中讨论实无限(aci)与潜无限(poi)之区别与联系的“一个出发点”和“两个切入点”,在不同的解读方式下重新表达为:

(1)一个出发点:

$$\text{非有限}\begin{cases}\text{aci}:\top \text{肯定完成式(gone)},\\ \text{poi}:\overline{\top}\text{否定完成式}(\neg \text{gone}),\end{cases}$$

(2)切入点之一:

$$\text{非有限进程}\begin{cases}\text{aci}: x \uparrow b \wedge x \top b(\text{肯定达到 } b, \text{reach}b),\\ \text{poi}: x \uparrow b \wedge x \overline{\top} b(\text{否定达到 } b, \neg \text{reach}b).\end{cases}$$

(3)切入点之二:

$$\text{非有限的枚举手续}\begin{cases}\text{aci}:\text{肯定穷举}(\forall, \text{exh}),\\ \text{poi}:\text{否定穷举}(\neg\forall, \neg \text{exh}).\end{cases}$$

所以在无穷观层面上看,实无限(aci)就是肯定完成式$\top$(gone),而潜无限(poi)就是否定完成式$\overline{\top}$(f-going,即$\neg$gone),从而由基础无限(eli)到肯定完成式($\top$)的过渡(transition),就是由基础无限(eli)到实无限(aci)的过渡(transition).同理由基础无限(eli)到否定完成式($\overline{\top}$)的强化(strengthen),也就是由基础无限(eli)到潜无限(poi)的强化(strengthen).如所知,所谓对立面的过渡(transition),都是指的非此非彼的中介过渡(transition),因此由基础无限(eli)到实无限(aci)的过渡(transition)也不能例外,指的也是非此非彼的中介过渡(transition),这表明由基础无限(eli)与实无限(aci)所构成的对立关系,应是有中介的反对对立关系(P,$\exists P$),亦即

不可能成为矛盾对立关系$(P,\neg P)$，从而抽象地讲，应存在着概念或对象α使有

$$\sim \mathrm{eli}(\alpha) \wedge \sim \mathrm{aci}(\alpha).$$

至于基础无限(eli)与潜无限(poi)，也就是进行式(going)与永远是进行式(f-going)，我们已在 3.2.2 节中明确指出两者(going 与 f-going)均在对立此方的层面上，从而不构成对立关系，当然就谈不上有什么过渡(transition)，也更不会有什么概念或对象β使有$\sim \mathrm{eli}(\beta) \wedge \sim \mathrm{poi}(\beta)$的出现.

下文仍将着眼于建立实无限(aci)与潜无限(poi)的一个出发点和两个切入点，在抽象与实例的层面上，进一步阐明由基础无限(eli)到实无限(aci)的中介过渡(transition)，以及由基础无限(eli)到潜无限(poi)的强化(strengthen)的内涵.

(1)一个出发点(抽象层面)：

一个出发点：

aci：

$\neg \mathrm{fin} \wedge \uparrow$	transition($\wedge$)	$\top$
eli	$\sim$eli&$\sim$aci	aci
going	$\sim$going&$\sim$gone	gone

poi：

$\neg \mathrm{fin} \wedge \uparrow$	strengthen($\wedge$)	$\not\top$
eli	strengthen	poi
going	strengthen	f-going($\neg$gone)

(2)切入点之一(实例层面上的变量x趋向其极限点b)：

非有限过程：

aci：

$x \uparrow b$	transition($\wedge$)	$x \top b$
eli	$\sim$eli&$\sim$aci	aci
going	$\sim$going&$\sim$gone	gone
$x \uparrow b$	$\sim(x \uparrow b)$&$\sim(x \top b)$	$x \top b$

poi：

$x \uparrow b$	strengthen($\wedge$)	$x \not\top b$
eli	strengthen	poi
going	strengthen	f-going($\neg$gone)
$x \uparrow b$	strengthen	$x \not\top b$

(3)切入点之二(实例层面上的枚举与穷举)：

现将自然数集合$N=\{x \mid n(x)\}$中之自然数由小到大地排成λ序列：

$$\lambda:\{1,2,3,\cdots,n,\cdots\}\omega.$$

如所知，只要我们特定限制$N=\{x \mid n(x)\}$中之自然数只有按λ序列这一种排序方式时，则有

$$N=\{x \mid n(x)\} \upharpoonright \lambda:\{1,2,3,\cdots,n,\cdots\} \Rightarrow \overline{\overline{N}}=\overline{N}.$$

并简记为$N \upharpoonright \lambda \Rightarrow \aleph_0=\omega$. 此外，我们以$\mathrm{kc}(n)$表示自然数的个数，即在$\lambda$序列中对

自然数进行点数或统计所获之个数，再以 nv(n) 表示 λ 序列中之自然数的数值，即各个自然数的名称，这样可将大家熟知的两条定理通俗地表述如下：

定理 A 在自然数之 λ 序列中，有 ω 个两两相异的自然数，即 λ 序列中全体自然数的个数 $\mathrm{kc}(n)=\omega$.

定理 B 在自然数之 λ 序列中，所有自然数的数值 nv(n) 都是有限的，即 $\forall n(n\in\lambda\rightarrow \mathrm{nv}(n)<\omega)$.

因此，由定理 A 知必有 $\mathrm{kc}(n)\uparrow\omega \wedge \mathrm{kc}(n)\top\omega$，如下所示：

$$\lambda:\{\underbrace{1,2,3,\cdots,n,\cdots}_{\mathrm{kc}(n)=\omega}\}\omega$$

又由定理 B 知必有 $\mathrm{nv}(n)\uparrow\omega \wedge \mathrm{nv}(n)\not\top\omega$，于是我们有

非有限的枚举进程

aci：

$\mathrm{kc}(n)\uparrow\omega$	Transition($\wedge$)	$\mathrm{kc}(n)\top\omega$
eli	～eli&～aci	aci
going	～going&～gone	gone
$\mathrm{kc}(n)\uparrow\omega$	$\sim(\mathrm{kc}(n)\uparrow\omega)\&\sim(\mathrm{kc}(n)\top\omega)$	$\mathrm{kc}(n)\top\omega$

poi：

$\mathrm{nv}(n)\uparrow\omega$	strengthen($\wedge$)	$\mathrm{nv}(n)\not\top\omega$
eli	strengthen	poi
going	strengthen	f-going($\neg$gone)
$\mathrm{nv}(n)\uparrow\omega$	strengthen	$\mathrm{nv}(n)\not\top\omega$

3.3 数学系统对两种无穷观的兼容性

正如本书第 1 章和第 2 章已论及的那样，任何一门学科体系，都有它的理论基础，就像任何一座大楼，一定有它的墙基一样，数学学科当亦不能例外. 自从十九世纪 Cantor 创建古典集合论以后，人们发现任何一个数学概念，总能由集合论的基本概念出发，将它定义出来，任何一条数学定理，总能从集合论的思想规定(即公理)出发，把它推导出来，总体一句话，有了集合论，就能把整个数学推导出来. 因此，大家公认集合论可以作为数学学科的理论基础. 然而十分不幸的是在古典集合论中发现了不少自相矛盾的东西，即所谓出现不少悖论. 因此，若将整个数学比作一座高楼大厦的话，那么数学大厦的墙基上就有不少裂缝. 这使大家非常不安，为此，数学家们就对古典集合论进行改造，建立了没有悖论的近代公理集合论，近现代数学就奠定在近代公理集合论基础上，这使得数学大厦有了一个相对牢固的墙基. 但是作为近现代数学之理论基础的近代公理集合论有几种版本，现在人们常用的一种版本被简记为 ZFC 系统，它由 Zermelo 首创，并由弗朗克尔(Frankel)改进而建成.

现在仅就数学分析这一学科而言，由于微积分初创时期，使用了含混不清的无

穷小概念，结果 Berkeley 指出了其中的矛盾，这就是著名的 Berkeley 悖论. 为了清除 Berkeley 悖论，数学家们建立了极限论，因此极限论成为微积分的理论基础，而极限论的理论基础又是 ZFC 系统. 因此，若将微积分、极限论和集合论依次简记为 N、C、Z，那么我们就将微积分及其理论基础所构成的数学系统简记为 $N\cup C\cup Z$，现在让我们来阐明 $N\cup C\cup Z$ 就是一个典型的兼容潜无限和实无限的数学系统. 首先人人皆知集合论强调实无限，因为任何一个无穷集合 $A=\{x|P(x)\}$ 是由所有具有性质 P 的对象 x 汇集起来构成的，从而必定是肯定完成式，即使从枚举具有性质 P 的对象 x 来生成这个无穷集合 A，也必须穷举了这种枚举手续之后，才能生成它. 因此无论怎样构成 A 都是肯定完成式，从而它所面对和指称的是实无限. 但在另一方面，极限论为了避免 Berkeley 悖论，而运用 $\varepsilon-\delta$ 与 $\varepsilon-N$ 方法所定义的无穷大序列和无穷小序列，则全面贯彻了无止境地设定限度与超出限度的潜无穷观念，进而避开了实体无穷大和实体无穷小概念的使用. 因而就微积分及其理论基础 $N\cup C\cup Z$ 作为一个数学系统来看，至此就已经兼容了潜无限和实无限. 不仅如此，即使单独立足于近代公理集合论而言，也不可能像 Cantor 和 Zermelo 所认为的那样，在系统内彻底贯彻了实无限而完全不涉及潜无限. 事实上，这是不可能的，首先，从 Cantor 到 Zermelo，处处都使用一一对应原则，正如 3.2.1 节中所论枚举手续之例 4 而言，一一对应原则用在无穷集合上，也是一种枚举手续，而枚举手续在没有穷举该枚举手续之前，只是一种进行式(going)，从而它所面对和指称的要么是基础无限(eli)或被强化(strengthen)为潜无限(f-going). 其次，大家知道恰由全体自然数构成的集合 N 有无穷多个元素，数学中常用符号∞或 ω 来表示无穷多，因此，我们说 N 有 ω 个元素，即指自然数集合 N 有无穷多个元素. 我们把自然数集合 N 中的自然数按其数值由小到大地排列成自然数列 $\lambda:\{1,2,3,\cdots,n,\cdots\}$，再令 k 表示自然数按其数值由小到大并可无止境地增大的变量，因此变量 k 可以无限增大并无限地趋近于 ω. 但由于数学中规定所有自然数的数值都有限，即所有自然数的数值都小于无穷，因此 ω 不是自然数. 所以变量 k 虽然可以无限地增大，并无限地趋近于 ω，但却永远不能达到 ω，所以变量 k 趋向 ω 的进程永远是进行式(f-going)，所以它所面对和指称的必然是潜无限. 如上所论足以表明近代公理集合论系统本身就是一个兼容两种无穷观的系统，绝不是什么完全不涉及潜无限的彻底贯彻实无限的系统. 现在再让我们来看看极限论，虽然极限论运用 $\varepsilon-\delta$ 和 $\varepsilon-N$ 方法定义了无穷大和无穷小，但正如前文所述，在定义过程中，全部采取了设定限度超出限度，然后再设定再超出这种永无止境的进行式(f-going)，因而都直接面对和指称潜无限观念. 特别是在极限论中，任一变量 x 趋向其极限 x_0 时，一概不谈 x 是否最终达到或达不到极限点 x_0 之事，甚或明文写出 $0<|x-x_0|<\varepsilon$，由此变量可以无限接近极限点 x_0，但永远达不到 x_0，从而变量 x 趋向其极限点 x_0 永远是进行式

(f-going)而不是完成式,在此无疑是贯彻了潜无限观念.但在极限论中能做到完全避开实无限而彻底贯彻潜无限吗?事实上根本做不到,因为在极限论中不能不涉及无理数概念,有如 π 和$\sqrt{2}$等等,但是任何一个无理数的解析表达式必须面对和指称实无限,因为小数点后的小数必须是可数无穷多位,而可数无穷的概念无疑是一种典型的实无穷观念.亦即无理数 θ 在小数点后面所有的小数 $p_i(i=1,2,3,\cdots,n,\cdots)$的足码所构成的集合就是实无穷自然数集合,完全不同于直觉主义使用无理数的构造性方法.再说若要在极限论基础上去发展微积分,则就更离不开诸如实数集和有理数集等各种各样的实无限论域.因而极限论本身也必然是一种兼容潜无限和实无限的理论系统.

综上所论,不仅整个近现代数学及其理论基础是一个兼容潜无限和实无限的理论系统,就其涉及无穷观的一些子系统而言,也不能不是一个兼容两种无穷观的系统,否则将不成其为近现代数学系统.

3.2 节主要规范了潜无限与实无限的区别和联系,其核心内容就是明确了两条:其一是实无限必定是进行式(going)中介过渡(transition)为肯定完成式(gone),其二是潜无限必定是由进行式(going)强化(strengthen)为永远是进行式(f-going).然后又从最终达到与永不可达,以及枚举手续与穷举枚举手续这样两个不同的切入点,给出了永远是进行式(f-going)与肯定完成式(gone)的两个具体模型或两个具体实现,由此而为本书讨论近现代数学及其理论基础对两种无穷观的兼容性规范了它的依据.而在本节中,主要阐明了如下两点:

(1)近现代数学及其理论基础在整体上是一个兼容两种无穷观的理论系统;

(2)就其涉及无穷观的一些子系统而言,也都是一种兼容两种无穷观的系统.

归纳起来说,近现代数学及其理论基础中,兼容两种无穷观的思维方式和实际内容比比皆是.从而其中既不存在彻底贯彻实无限的子系统,也不存在任何彻底贯彻潜无限的子系统,所论表明:兼容两种无穷观的思维方式与分析方法是近现代数学及其理论基础自身所固有,从而给出了系统内使用兼容两种无穷观的分析方法的合理性依据.

3.4 近现代数学系统中的一对互相矛盾的隐性思想规定

3.4.1 隐性思想规定之一

如所知,作为整个近现代数学之理论基础的 ZFC 系统的公理分为两部分:其一称为逻辑公理,指的是作为推理工具的逻辑演算系统中的相关公理或推理规则等等,而逻辑演算系统通常又分为命题演算和谓词演算两大块.其二叫做非逻辑公理,指的是 ZFC 系统中那些关于构造集合和集合存在性的那些公理.因此就整个近现代数学及其理论基础的出发点和不加证明的思想规定应包括如下几个方面的内容：

(1)逻辑公理：指的就是命题演算与谓词演算中的那些公理、推理规则和量词的解释约定；

(2)非逻辑公理：指的就是集合论系统中的有关构造集合或集合存在性的那些公理.

(3)演绎推理中通用的一些推理手段和推理方法有如下几种：数学归纳法、超穷归纳法和反证法等.当然，这些推理方法的合理性也是可以从 ZFC 系统中推导出来的.

所说的这些逻辑公理、非逻辑公理和推理方法，在系统内均被明确立出且有其明文的陈述形式.但在这里，我们将立足于兼容两种无穷观的思维方式和分析方法，进一步深入研究所说的这些公理和方法中的若干隐性思想规定，分别讨论如下：

(1)全称量词引入律($\forall_+$)和全称量词$\forall$的解释约定：在 ZFC 的谓词演算系统中，有两个量词，其一叫做全称量词，记为$\forall$，被解释为“所有”或“每一”，并且对我们的研究论域中的每个研究对象 x，约定“每一个 x 如何如何”完全等同于“所有 x 如何如何”，全称量词符号$\forall$是从英文单词 All 的第一个字母演变而来.其二叫做存在量词，记为$\exists$，被解释并读为“存在”或“有”，存在量词的符号$\exists$是英文单词 Exist 的第一个字母的变形.在谓词演算中，有一条推理规则被称为全称量词引入律，并记为($\forall_+$).如果用逻辑演算中的语言来表达，就是($\forall_+$)：$\Gamma \vdash A(a)$，a 不在 Γ 中出现，则 $\Gamma \vdash \forall x\mathrm{A}(x)$.这是什么意思呢？任何一本逻辑演算教材中，总会对($\forall_+$)的涵义作如下的阐述，($\forall_+$)无非是指演绎推理中的如下的推理思想：即若在某学科论域中任选个体 α，总能在某种前提下推出 α 具有性质 A，则就结论在同样的前提条件下，可推出论域中所有个体都具有性质 A.当然要强调在论域中对个体 α 的选取是任意的，不受任何约束，特别不受推出它具有性质 A 的那个前提 Γ 的约束.所以在($\forall_+$)中明确规定“α 不在 Γ 中出现”.例如，在演绎推理中往证“任一线段之中垂线上所有的点均与线段两端等距离”这一命题时，就是在中垂线上任选一点，证其与线段两端等距离，然后就结论中垂线上所有的点均与线段两端等距离，当然，对于该点的选取，除了必须在中垂线上之外，不受任何其他约束.因此，在这种推理思想的支配下，全称量词$\forall$必然地既可解释为“每一”，亦可解释为“所有”，而且，“每一 x 使得什么结论成立”就完全等同于“所有 x 使得什么结论成立”.但在这里应指出：在一个无穷论域中任选一个个体 α，或者说对于论域中的每一个个体，正如我们已在 3.2.1 中所讨论过的那样，仅仅是一种枚举手续.而任何无止境的枚举手续在没有进行完毕之前，要么是进行式(going)，即基础无限(eli)，或者已被强化(strengthen)为永远是进行式(f-going)，即潜无限(poi)，只有在穷举了某种枚举手续之后，才能是肯定完成式(gone). 然而枚举手续一经穷举之后就不再存在什么“每一”或“任选”，此时就只有已经完成了的“所有”或“一切”. 从而上面所论之“每一”或“任选”在没有穷举之前，就只能面对和指称基础无限或潜无限. 但在($\forall_+$)推理和∀解释中的“所有”，当然已是穷举枚举手续之后的完成式，从而它所面对和指称的必定是实无限. 因此($\forall_+$)中之任选一个个体所获得的结果就等于论域中所有个体都有该结果的推理思想，或∀解释中的“每一”等于“所有”，就必然隐性地贯彻了一条思想规定：这就是要么进行式(going)等于完成式(gone)，即基础无限(eli)等于实无限(aci)，要么贯彻永远是进行式(f-going)等于肯定完成式(gone)，即潜无限(poi)等于实无限(aci).

(2)Cantor-Zermelo 意义下的无穷集合之势与序数：任给无穷集合 $A=\{x|P(x)\}$，因为是在汇集了所有具有性质 P 的对象之后才构成的，所以是完成式. 即使采用枚举具有性质 P 的对象 x 的枚举手续中去生成 A，也必须在穷举了该枚举手续后才能生成集合 A，所以 A 所面对和指称的必然是实无穷，所以人人皆知集合论中任何无穷集合的势都是实无穷势. 所谓集合的势，就是指该集合中所包含的元素的个数有多少而已. 既然如此，恰由全体自然数所构成的集合 $N=\{x|n(x)\}$(其中 $n(x)$ 是“x 为一自然数”的简记)当亦不能例外，即 N 是一个实无穷集合，它所面对和指称的是实无限. 集合 $N=\{x|n(x)\}$ 有无穷多个元素，数学中常用符号∞或 ω 来表示无穷多，因此，我们说 N 有 ω 个元素，即指自然数集合 N 有无穷多个元素. 现在我们将自然数集合 N 中的自然数按其数值由小到大地排列为自然数列 λ：$\{1,2,3,\cdots,n,\cdots\}$，再令 k 表示自然数按其数值由小到大并可无止境地增大的变量，因此变量 k 可以无限增大并无限地趋近于 ω. 但由于数学中规定所有自然数的数值都有限，即任何自然数都小于无穷，因此 ω 不是自然数. 所以变量 k 虽然可以无限地增大，并无限地趋近于 ω，但却永远不能达到 ω，所以变量 k 趋向 ω 的进程永远是进行式(f-going)，因此自然数序列 λ 在这一意义上所面对和指称的必然是潜无限. 因为 λ 不过是将 N 中的自然数进行编序而已，所以 N 和 λ 是同一个集合，但由上文所说，着眼于 N 的势，它指称实无限，着眼于 λ 的序数，它指称潜无限. 从而在此同样隐性地贯彻了潜无限等于实无限的思想规定.

应当指出，我们在此仅用自然数集合 N 这个特例来作论述，这仅仅是为了使我们的讨论尽可能地通俗易懂. 实际上，由于 ZFC 系统接受选择公理，从而良序定理成立，而且任何良序化了的序数集 A 中的所有序数都小于 A 本身的序数. 所以只要具有相关的专业知识，直接就能在普遍意义上将如上所获之结论推广到任何一个实无穷集合 $A=\{x|P(x)\}$. 这就是说，近代公理集合论中有关无穷集合之势和序数的种种思想规定，正在普遍意义上隐性地贯彻着潜无限等于实无限的思想规定.

(3)数学归纳法:数学归纳法中的归纳步骤,指的是判断 A 或性质 P 只要对 n 成立,则就能理论上证明判断 A 或性质 P 对 $n+1$ 也成立. 这一事实表明对于判断 A 或性质 P 成立一事,不论怎样设定限度,总能超越这个限度,而且不论设定的限度 N 有多大,依然总能超越这个限度. 但应指出数学归纳法中之归纳证明能力,仅限于无止境地证一步,再证一步的进程中,从而归纳步骤所面对和指称的必然永远是进行式(f-going)的潜无限. 但数学归纳法由这个归纳步骤就结论判断 A 或性质 P 对所有的 n 都成立,而判断 A 或性质 P 对所有 n 都成立的结论,显然应将由 n 到 $n+1$ 的这种枚举手续穷举之后才能获得. 所以数学归纳法的结论所面对和指称的必须是肯定完成式的实无限. 我们在 3.2.2 节中已论述指出肯定完成式(gone)的实无限(aci)与否定完成式($\neg$gone, f-going)的潜无限(poi)是不可能相等的. 从而我们要问,由基于潜无限的归纳推理证明手段,如何能跨越到基于实无限的归纳结论中去呢? 除非隐性规定潜无限等于实无限,才能完成所说的这种跨越. 亦即,数学归纳法这种推理方法的合法使用和通行,同样是在隐性地贯彻潜无限等于实无限的思想规定.

类似的隐性思想规定可能还会举出一些,但在这里已经没有这个必要了. 一个理论系统,如果真能将上文所论之隐性思想规定贯彻始终,甚或将其明确立为公理而又能自圆其说,这也可谓自成体系或自成一家学说. 然而下文的讨论将显示出在近现代数学及其理论基础中,并没有能将上文所论之潜无限等于实无限的隐性思想规定贯彻到底.

3.4.2　隐性思想规定之二

我们在 3.2.2 中曾论述了潜无限(poi)与实无限(aci)之间的对立关系,究竟是有中介的反对对立关系,还是无中介的反对对立关系,即矛盾对立关系,结论是潜无限(poi)与实无限之间的对立关系是没有中介的矛盾对立关系(p, $\neg p$),事实上潜无限是否定完成式($\neg$gone, f-going),而实无限(aci)却是肯定完成式(gone). 因此,在任何框架下,或在任何系统中总有

$$\vdash \text{aci} \vee \text{poi}.$$

从而潜无限不等于实无限,即 poi$\neq$aci. 然而整个 3.2.2 节的讨论都是在近代公理集合论的框架之外进行的,从而所获结论不能移用到近代公理集合论系统中来,在这里既然是探索近现代数学及其基础理论中的隐性思想规定,则就必须在近代公理集合论中之逻辑与非逻辑公理框架下进行研究,亦即在此框架下去分析研究潜无限(poi)与实无限(aci)究竟是一种什么样的对立关系?

如所知在经典二值逻辑和经典数学中,除了拒不考虑和研究普遍存在且为人们所经常使用的模糊性质或模糊概念外,特别是在论域的适当限制下,完全否认中

介对象的存在，进而便在所给论域中，反对对立(P,$\exists P$)和矛盾对立(P,$\neg P$)被视为同一，以致$\neg P$就是$\exists P$，这就是"非美即丑"、"非善即恶"等等的由来. 所以在二值逻辑思想的长期统治之下，必然出现$\exists P \equiv \neg P$的思维方式. 例如，真命题P和假命题$\exists P$本来是一对反对对立概念(P,$\exists P$)，但在二值逻辑思维方式的命题论域中，就有非真命题即假命题之说. 又如在人这一论域中，就必然有非男即女的论断. 抽象地说，只要在二值逻辑演算的框架内，任何反对对立面(P,$\exists P$)的上位概念一经限定，则在论域中，必有$\neg P$即$\exists P$的思想规定.

近现代数学被奠定在近代公理集合论基础上，而在近代公理集合论中，无论是ZFC系统还是NGB系统，均以二值逻辑演算作为配套的推理工具，因此，经典二值逻辑演算中的所有推理规则和公理，均为近现代数学及其基础理论自身所拥有和接受. 因此，二值逻辑演算中的反证律($\neg$)被确认，用形式语言来表述反证律就是：$\Gamma,\neg A \vdash B,\neg B \Rightarrow \Gamma \vdash A$. 反证律的实际含义就是演绎推理中常用的反证法推理. 在二值逻辑演算系统内，由反证律($\neg$)开始，可以在系统内证明排中律：$\vdash A \vee \neg A$和无矛盾律$\vdash \neg(A \vee \neg A)$. 又由上文可知，在二值逻辑演算框架内，反对对立面(P,$\exists P$)和矛盾对立面(P,$\neg P$)合二为一，从而$\exists P$就是$\neg P$，从而在这里，即使假设潜无限(poi)与实无限(aci)之间的对立关系是一种有中介的反对对立关系(P,$\exists P$)，但一经套进二值逻辑框架，就必然成为无中介的矛盾对立面(P,$\neg P$)，从而潜无限(poi)与实无限(aci)在二值逻辑框架内，必然代表了一个概念或事实的肯定(A)和否定($\neg A$)的两个方面，从而必然满足排中律和无矛盾律，亦即应有 $\vdash \mathrm{poi} \vee \mathrm{aci}$ 并且 $\vdash \neg(\mathrm{poi} \wedge \mathrm{aci})$. 从而可以证明 $\mathrm{poi} \neq \mathrm{aci}$，就像$A$和$\neg A$既要满足排中律$\vdash A \vee \neg A$又要满足无矛盾律$\vdash \neg(A \wedge \neg A)$，就不可能有$A \equiv \neg A$一样. 所论表明：在近现代数学及其基础理论中，由反证律($\neg$)开始，必将导致隐性地贯彻"潜无限不等于实无限"这一思想规定.

3.4.3 两点注记

(1)上文运用兼容两种无穷观的分析方法，对近现代数学及其理论基础中的逻辑公理、非逻辑公理以及通用的推理方法系统地进行了梳理. 梳理结果最终显示，其中有一部分公理或方法隐性地贯彻了"潜无限等于实无限"的思想规定，却又有另一些公理隐性地贯彻了"潜无限不等于实无限"的思想规定. 从而这一分析结果启示我们，应在更深层次上去研究近现代数学及其理论基础的相容性问题，并在逻辑数学技术层面上使这种隐藏较深的问题浮出水面，最终还应出台解决方案. 但应指出，所说的这种深层次的逻辑数学矛盾，不可能出现在经典二值逻辑演算系统中，因为上文所论之隐性矛盾的阐明，无论您从纯逻辑公理出发，还是直接从非逻辑公理出发，实际上都已涉及一系列非纯逻辑概念，诸如潜无限、实无限、进行式、完成式、可达与不可达、枚举与穷举等等，因此，我们应该到极限论与集合论中去探索这种可能存在的深层次矛盾. 上文所论也从本质上指明，逻辑系统往往能有相容、可靠与完备的证明，而非纯逻辑系统至今却难以实现这一点.

(2)在此应该指出，3.3 节告诉我们，兼容潜无限(poi)与实无限(aci)的思维方式和分析方法为近现代数学自身所固有，而 3.4.2 节的讨论又告诉我们，潜无限(poi)不等于实无限(aci)的思想规定亦为近现代数学自身所固有. 反过来说亦就是：兼容 poi 与 aci 的思维与方法，以及 poi≠aci 的思想规定，都不是人们外加到近现代数学及其理论基础中去的. 因此，在我们进一步研究近现代数学系统的合理性与相容性问题的过程中，充分运用 poi≠aci 这一思想规定，以及兼容 poi 与 aci 这一思维方式和分析方法时，在近现代数学系统内是有其合理性根据和无可非议的.

3.5　Cantor-Zermelo 意义下的无穷集合概念的自相矛盾性

3.5.1　简记与注释

一组简记：在 3.2.1 节中，给出了潜无限(poi)和实无限(aci)的描述性定义，并给出了简记符号“↑”、“⊤”、“$\not\top$”的名称和解读方式. 在这里，我们将根据本节的数学背景和具体模型，选取其中相适应的解读方式，并在此基础上再组合成一组简记及其解读方式(参见 3.2.2 节)如下：

$a \uparrow b =_{df}$“变量 a 无限趋近于极限 b”，

$a \top b =_{df}$“变量 a 达到极限 b”，

$a \not\top b =_{df}$“变量 a 永远达不到极限 b”，

$a \uparrow b \wedge a \top b =_{df}$“变量 a 无限趋近于极限 b 并且达到极限 b”，

$a \uparrow b \wedge a \not\top b =_{df}$“变量 a 无限趋近于极限 b 并且永远达不到极限 b”.

此外，我们令 @ 为代表某种数量的符号，既可代表有穷多，亦可代表无穷多. 具体地说，@ 既可代表某个自然数 n，亦可代表 ∞，更可代表种种超限势，有如 $\aleph_0$、$\aleph_1$、…、$\aleph_n$、…等等，甚或连续统势 C. 在此基础上再引入如下简记：

$$S \overline{|k}\ @ =_{df}\text{“理想容器 } S \text{ 中存贮有 @ 个对象”}.$$

注Ⅰ　在下文的讨论中，我们仍然贯彻和使用兼容两种无穷观的分析方法和潜无限不等于实无限(poi≠aci)的思想规定. 这是有其合理性根据的，因为 3.3 节和 3.4.2 节的讨论已充分表明：兼容两种无穷观的分析方法和 poi≠aci 的思想规定均为近现代数学系统及其基础理论自身所固有，而不是人们所外加进去的.

注Ⅱ　在集合论中，势和序型是两个不同的概念，一个有序集合的势是唯一确定的，而其序型不是唯一确定的，例如对于自然数集合 N 可有无穷多种不同的排序方法，举例如下：

(1)$1,2,3,\cdots,n,n+1,\cdots$,

(2)$2,3,4,\cdots,n,n+1,\cdots,1$,

(3)$1,3,5,\cdots,2n+1,\cdots,2,4,6,\cdots,2n,\cdots$,

(4)$\cdots,n+1,\cdots,3,2,1$.

对于 N 的上述(1)、(2)、(3)、(4)种不同的排序方法所产生的序型依次记为 $\omega,\omega+1,\omega+\omega=2\omega,\omega^*$.但是 N 的势 $\overline{N}$ 是唯一确定的,又在集合论中,特称良序集的势为阿列夫势,良序集的序型为序数,于是良序后的自然数集 N 的势 $\overline{\overline{N}}$ 记为 $\aleph_0$(读为阿列夫零),这是唯一确定的,而上述序型(1)、(2)、(3)(即 $\omega,\omega+1,2\omega$)却表示良序后的 N 的不同的序数,所以阿列夫势和序数也是两个不同的概念,但在论域与排序方法的特定限制下,也可视为相同.例如,我们特定限制自然数集合 N 只有按 λ 序列这一种排序方法时,可将 $\overline{\overline{N}}$ 与 $\overline{N}$ 视为相同,通常用符号"$\upharpoonright$"表示限制,即 $\upharpoonright=_{\mathrm{df}}$"限制",因此我们有

$$N=\{x\mid n(x)\}\upharpoonright\lambda(1,2,3,\cdots,n,\cdots)\Rightarrow\overline{N}=\overline{\overline{N}},$$

亦可简记为 $N\upharpoonright\lambda\Rightarrow\aleph_0=\omega$.

特别是作为自然数系统建设方案之一的 Von Neumann 方案,其指导原则在于从 $\varnothing$ 出发,使得每个自然数都是较小自然数的集合,从而每个自然数既是其较小自然数的集合的势,也是其较小自然数集的序数,两者没有区别,这当然是有穷序数的现象,到了无穷就未必保持,但是我们可以给出某种特定的限制,例如 $N\upharpoonright\lambda\Rightarrow\aleph_0=\omega$.这也就是人们通常都采纳自然数集共有 ω 个元素的陈述方式,而往往舍弃 N 有 $\aleph_0$ 个元这种更贴切之说的原因.

注Ⅲ 今设 S 为一理想容器,并列出如下 5 个判断:

(α)S 中存贮的 D-原子有 @ 个,

(β)S 中存贮的 D-原子没有 @ 个,

(γ)S 中存贮的 D-原子的个数或数量已达到 @ 个,

(ξ)S 中存贮的 D-原子的个数或数量没有达到 @ 个,

(η)S 中存贮的 D-原子的个数或数量永远达不到 @ 个.

在上述 5 个判断之间,我们能直接确认的关系和结论有如下 5 条:

(Ⅰ)(α)与(β)不能同时成立,即 $\neg[(\alpha)\wedge(\beta)]$,

(Ⅱ)(γ)与(ξ)不能同时成立,即 $\neg[(\gamma)\wedge(\xi)]$,

(Ⅲ)(α)与(γ)是等价的,亦即(α)iff(γ),

(Ⅳ)(β)与(ξ)是等价的,亦即(β)iff(ξ),

(Ⅴ)由(η)可导出(ξ),亦即(η)$\vdash$(ξ).

今以 k 表示 D-原子的个数无限制地增多并无限趋近于 @ 的变量,则由上述简记可将结论(Ⅲ)表示为如下符号表达式:

$$S\overline{|k} @ \text{ iff } k \uparrow @ \text{ and } k \top @ .$$

现在我们用集合论语言并针对自然数集合 N 来翻译如上的讨论，亦即理想容器 S 对应于自然数集合 N，D-原子对应于 N 的元素(即自然数)，@对应于自然数集合的势 $\aleph_0$，如果限定 N 只有由小到大这一种排列方式，则由上述注释(Ⅱ)所述 $N\upharpoonright\lambda\Rightarrow\aleph_0=\omega$ 而知可用 ω 取代 $\aleph_0$. 如此，我们亦有如下5个相应的判断：

(α') N 包含的自然数有 ω 个，

(β') N 包含的自然数没有 ω 个，

(γ') N 包含的自然数的个数已经达到 ω 个，

(ξ') N 包含的自然数的个数没有达到 ω 个，

(η') N 包含的自然数的个数永远达不到 ω 个.

根据以上5个判断的内涵，可有如下结论：

(Ⅰ′)(α')与(β')不能同时成立，即 $\neg[(\alpha')\wedge(\beta')]$，

(Ⅱ′)(γ')与(ξ')不能同时成立，即 $\neg[(\gamma')\wedge(\xi')]$，

(Ⅲ′)(α')与(γ')是等价的，亦即(α')iff(γ')，

(Ⅳ′)(β')与(ξ')是等价的，亦即(β')iff(ξ')，

(Ⅴ′)由(η')可推出(ξ')，亦即(η')$\vdash$(ξ').

今以 k' 表示自然数的个数无限制地增多并无限趋近 ω 的变量，并且引入简记：

$$\lambda\overline{|k'}\,\omega =_{\text{df}} \text{“自然数集合 } N \text{ 包含有 } \omega \text{ 个两两相异的自然数”}.$$

则由简记和上述结论(Ⅲ′)可有如下重要结论：

$$\lambda\overline{|k'}\,\omega \text{ iff } \quad k' \uparrow \omega \wedge k' \top \omega . \qquad (**)$$

3.5.2　可数无穷集合的不相容性

现在我们来证明下述定理.

定理Ⅰ　任何一个可数无穷集合都是自相矛盾的非集.

证明　第一步：我们先证明恰由全体自然数构成的集合：$N=\{x\mid n(x)\}$(其中 $n(x)=_{\text{df}}$“x 为自然数”)是一个自相矛盾的非集. 现在先将 $N=\{x\mid n(x)\}$ 中的元素按其大小顺序排成如下的自然数序列：

$$\lambda: \{1,2,3,\cdots,n,\cdots\}\mid\omega .$$

对于 λ 序列，我们有如下两条熟知的定理：

定理A　全体自然数都是有限序数，即设 $N=\{x\mid n(x)\}$，则 $\forall n(n\in N\rightarrow n<\omega)$.

定理B　全体自然数的个数为可数无穷多，即 $N=\{x\mid n(x)\}$ 中共有 ω 个(参见3.5.1中之注Ⅱ)互不相同的元素.

今由定理 A,我们特将 λ 序列表示为如下的由 ω 个两两相异的不等式的可数无穷序列：

$$N^{<}=\{1<\omega,2<\omega,3<\omega,\cdots,n<\omega,\cdots\}.$$

现给出如下的简记：

$\mathrm{Ine}=_{\mathrm{df}}$“不等式”(inequality),

$n(\mathrm{In})\mathrm{Ine}=_{\mathrm{df}}$“$n$ 是 $N^{<}$ 中某个不等式中所含有的唯一确定的自然数”,

$\mathrm{Ine}k=_{\mathrm{df}}$“$N^{<}$ 中第 k 个 Ine”,

$n(\mathrm{In})\mathrm{Ine}k=_{\mathrm{df}}$“$n$ 是 $N^{<}$ 中第 k 个不等式所含有的唯一确定的自然数”.

现令 $\forall=_{\mathrm{df}}$“所有”, $\mathrm{E}=_{\mathrm{df}}$“每一”.根据经典二值逻辑演算对全称量词的解释约定应有 $\forall=\mathrm{E}$,从而由等值置换公理应有如下结论：

$$\text{在任何场合 E 与 }\forall\text{ 可以相互替换.}\qquad(\nabla_1)$$

在 $N^{<}$ 中应有：

$$\mathrm{E}\,n\,\mathrm{E}\,k(n(\mathrm{In})\mathrm{Ine}k\rightarrow n=k).\qquad(*)$$

例如 $N^{<}$ 中第 9(k)个不等式中所含有的唯一确定的自然数的数值必定是 9(n).不仅如此,还可用数学归纳法证明下述结果：

$$\forall n(n(\mathrm{In})\mathrm{Ine}n).\qquad(1)$$

亦即对 $N^{<}$ 中的每一个不等式总保持着 $n=k$.现由上文重要结论(∇_1),用 $\forall$ 取代上述($*$)中 E 的出现,就得到：

$$\forall n\forall k(n(\mathrm{In})\mathrm{Ine}k\rightarrow n=k),$$

同样由等值置换公理知有如下重要结论：

$$\forall n\forall k(n(\mathrm{In})\mathrm{Ine}k\rightarrow n\text{ 与 }k\text{ 的出现可以互相替换}).\qquad(\nabla_2)$$

今以 k' 表示自然数的个数无限增长并无限趋近 ω 的变量,并使用简记符号：

$$\lambda\overline{|k}\,\omega=_{\mathrm{df}}\text{“自然数集合 }N\text{ 包含有 }\omega\text{ 个两两相异的自然数”.}$$

则由 3.5.1 之注Ⅲ之重要结论($**$)而知

$$\lambda\overline{|k'}\,\omega\ \mathrm{iff}\ k'\uparrow\omega\wedge k'\top\omega$$

成立.又由上述定理 B 可知 $\lambda\overline{|k'}\,\omega$ 成立,从而下述命题为真：

$$(k'\uparrow\omega)\wedge(k'\top\omega)\qquad(***)$$

现在同样因为 $N^{<}$ 中计有 ω 个两两相异的不等式,所以当我们用 k 来表示 $N^{<}$ 中不等式的个数不断地增多这一变量时,则变量 k 同样不仅可以无限地趋向 ω ,而且必须多达 ω 个,从而类同于上文对 λ 序列的讨论,当我们计算 $N^{<}$ 中不等式的个数时,我们亦应有真命题：$(k\uparrow\omega)\wedge(k\top\omega)$.

既然 $(k\uparrow\omega)\wedge(k\top\omega)$ 为真,则由蕴涵式真值表可有

$$\forall n\forall k(n(\mathrm{In})\mathrm{Ine}k\rightarrow(k\uparrow\omega)\wedge(k\top\omega)).$$

又由前文重要结论(∇_2)可用 n 取代上式中 k 的出现而有

$$\forall n \forall n(n(\mathrm{In})\mathrm{Ine}n \to (n \uparrow \omega) \wedge (n \top \omega)),$$

此式也就是

$$\forall n(n(\mathrm{In})\mathrm{Ine}n \to (n \uparrow \omega) \wedge (n \top \omega)),$$

由此可得

$$\forall n(n(\mathrm{In})\mathrm{Ine}n) \to \forall n((n \uparrow \omega) \wedge (n \top \omega)). \tag{2}$$

但在另一方面,对于 $N^<$ 中之各个不等式中所含有的各个自然数的数值而言,虽然 n 亦可无限地趋近于 ω,但决不允许达到 ω,否则必将矛盾于上述定理 A,即矛盾于 $\forall n(n \in N \to n < \omega)$ 这一公认的结论.因此,当我们立足于 $N^<$ 中之所有不等式中所含有的自然数的数值时,我们就只能有 $(n \uparrow \omega) \wedge (n \not\top \omega)$ 为真.为之我们又有

$$\forall n(n(\mathrm{In})\mathrm{Ine}n \to (n \uparrow \omega) \wedge (n \not\top \omega)),$$

由此可得

$$\forall n(n(\mathrm{In})\mathrm{Ine}n) \to \forall n((n \uparrow \omega) \wedge (n \not\top \omega)). \tag{3}$$

由 (1) 和 (2) 使用分离规则就有

$$\forall n((n \uparrow \omega) \wedge (n \top \omega)), \tag{4}$$

同理由 (1) 和 (3) 可得

$$\forall n((n \uparrow \omega) \wedge (n \not\top \omega). \tag{5}$$

必须承认上述 (4) 和 (5) 是互相矛盾的.这表明 $N^<$ 不相容,也就是 λ 序列和 $N=\{x \mid n(x)\}$ 是一个自相矛盾的非集.

第二步,今设 G 为 ZFC 框架下的任何一个可数无穷集合,则 G 中一切元可用自然数去编号,从而由已证 $N=\{x \mid n(x)\}$ 为非集而直接推知 G 为自相矛盾的非集.

3.5.3　ZFC 框架中的不可数无穷集合的不相容性

现在我们将在 3.5.2 所证之定理的基础上,证明下述定理.

定理Ⅱ　在确认近代公理集合论 ZFC 中之 $N=\{x \mid n(x)\}$ 为非集的前提下,近代公理集合论 ZFC 系统中的原来意义下的各种各样的所谓不可数集合要么不存在,要么也都是自相矛盾的非集.

证明　大家知道康托(Cantor)古典集合论的造集原则是概括原则,并且无条件地使用概括原则,最后导致悖论的出现,在各种各样的悖论中,最为基本或核心的一个悖论就是下述著名的罗素(Russell)悖论:即设 Σ 为恰由全体非本身分子集构成的集合,但是若设 Σ 为非本身分子集,则可推出 Σ 为本身分子集.又若设 Σ 为本身分子集,则又能推出 Σ 为非本身分子集,哪种说法都说不通,故矛盾.

近代公理集合论系统立足于修改概括原则而给出避免悖论的方案,大家知道,

在 ZFC 的非逻辑公理中，其核心的造集原则有：①空集公理；②无穷公理；③幂集公理. 其中①和②用以构造可数无穷集合，并且是无条件地直接规定某集合的存在，又在①和②的基础上再配以替换公理等其他公理给出自然数集合 $N = \{x \mid n(x)\}$ ，然后又在①和②的基础上通过幂集公理而造出不可数集合，再配以其他公理给出 $R = \{x \mid r(x)\}$ ，此处 $r(x) =_{\mathrm{df}}$ "x 为一实数"，并由此而为微积分奠基[109][112].

在 ZFC 中可以证明上文所说的 Σ 为非集，或说 Σ 不是 ZFC 的集合，既然如此，那就不能再问 Σ 是本身分子集还是非本身分子集，从而避免了罗素悖论的出现，同样可以认为，在确认 Σ 为非集的前提下，我们也就不能再在 ZFC 的框架下去问什么集是 Σ 的子集，或者再问什么集是 Σ 的幂集等等. 据图 3.1 可知，ZFC 中不存在本元，并有如下重要结论：

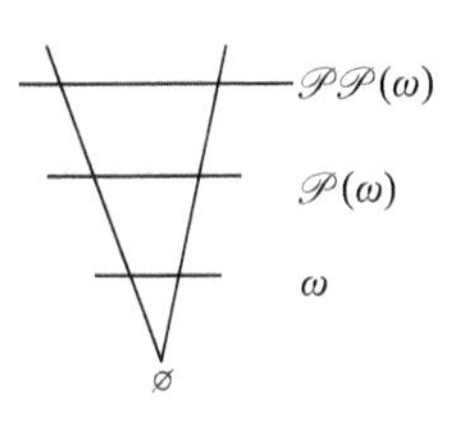

图 3.1

(＊)ZFC 的任何非空集合 $A \neq \varnothing$ 的任何元素都必须是 ZFC 的集，并且 ZFC 的任何非空集合 $A \neq \varnothing$ 的任何子集或幂集都必需是 ZFC 的集合，并且只有在 A 是 ZFC 的集合的前提下，才能用幂集公理去构造 A 的幂集 $\mathscr{P}(\mathrm{A})$.

现在分两种情况来继续我们的论述：

①如果我们在建造 *ZFC* 框架的起始阶段就发现了 $N = \{x \mid n(x)\}$ 为一非集，并由 3.5.2 中之定理知任何可数集合皆为非集，那么也就不可能再用幂集公理去构造什么可数集合的幂集了，因为由上述重要结论(＊)知道，只有在确认某集是 *ZFC* 的集合的前提下，才能用 *ZFC* 的幂集公理去构造该集的幂集，因此在已知 $N = \{x \mid n(x)\}$ 为非集的前提下，再去构造什么 $\mathscr{P}(N)$就没有任何意义了，就像已知 Σ 为非集，则就再没有什么 $\mathscr{P}(\Sigma)$可言一样，因而在此情况下，可谓 ZFC 框架下的不可数集合根本不存在.

②然而真实的历史进程并非如此，我们是在 ZFC 被久远使用之后才发现 $N = \{x \mid n(x)\}$ 和任何可数集合均为非集的，从而在此真实的历史进程中又要分两种情况讨论：

(A)首先对于 ZFC 的任何一个不可数集合 A 而言，我们可在 ZFC 意义下，用狭义选择公理在 A 中选出一个可数子集 A_C ，当然 $A_C \subset A$ ，现知 A_C 为非集，然而由上述重要结论(＊)知，ZFC 的任何非空集合的任何子集都必需是 ZFC 的集合，而今不可数集合 A 却拥有了一个自相矛盾的非集 A_C 为其子集，这是 ZFC 所不允许的，从而 A 就不可能再是 ZFC 的集，或者说不可数集合 A 在 ZFC 框架下是一个非集.

(B)今再设 $\mathscr{P}(B)$ 在尚未发现可数集合为非集的情况下由 ZFC 的可数集合 B 通过幂集公理构造出来的，那么在 ZFC 框架下，必有 $B \in \mathscr{P}(B)$，而后来我们又证明了可数集合 B 为非集，但由上述重要结论(＊)可知，ZFC 的任何集合的任何元素必为 ZFC 的集，而在此处既已证 B 为非集，则在原来意义下所构造的幂集 $\mathscr{P}(B)$ 却由此而拥有了一个非集 B 为其元素，从而矛盾于重要结论（*），从而此时该幂集 $\mathscr{P}(B)$ 也只能是一个自相矛盾的非集了.

总之，在确认 ZFC 中之 $N=\{x \mid n(x)\}$ 为非集的前提下，ZFC 中的原来意义下的各种各样的所谓不可数集合要么不存在，要么也都是自相矛盾的非集.

由于 ZFC 框架下的任何实无穷集合要么是可数集合，要么是不可数集合，综合 3.5.2 节中的定理和本定理可有如下结论：

ZFC 框架下的任何无穷集合都是自相矛盾的非集.　　　（* * *）

3.5.4　若干相关的历史性直觉判断

3.5.2 节与 3.5.3 节中所证之定理也是历史的必然，并早已为先师们所觉察，我们在此所做的，不过是用数学手段证明了先师们相关直觉判断的正确性.

例如，Leibniz 指出过："所有整数的个数这一提法自相矛盾，应该抛弃."[145,p396]

又例如，自从古典集合论出现悖论以后，Hausdorff 就曾不胜感慨和直接地提醒大家说："这一悖理的使人不安，倒不在于产生了矛盾，而是我们没有预料到会有矛盾：一切基数所组成的集，显得是如此先验地无可置疑，正如一切自然数所组成的集一样地自然可信，由此就产生了如下的不确定性，即会不会连别的无限集，亦即一切无限集，都是这种带有矛盾的似是而非的非集."[146][147,p27]

然而最为引人注目和惊奇的莫过于 Robinson 在 1964 年所发表的见解："关于数学基础，我的立场（见解）是基于如下的两个主要原则（或观点）：

(1)无穷集合按任何词义来说都不存在（不论在实际上或理论上都不存在），更精确地说，关于无穷集合的任何陈述或大意陈述都在字面上简直是无意义的.

(2)但是我们还是应该如通常那样去从事数学活动，就是说当我们做起来的时候，还是应该把无穷集合当做似乎是真实存在的那样."[148]

在这里，我们坚信上述 Robinson 的(1)是一种非常深刻的直觉判断，决不是什么不负责任的胡言乱语，至于 Robinson 的上述(2)，可能是出于当时的某种无奈.

在这里，我们相信 3.5.2 节和 3.5.3 节中的研究结果，应该与 Robinson 的直言和大师们的直觉是一致的.

人们不禁要问，如果由于 ZFC 框架下的实无穷集 $A=\{x \mid p(x)\}$ 这个概念存在严重问题而必需放弃的话，则众多奠基于 $\{x \mid p(x)\}$ 意义下的集合论之上的数学分支（即整个近现代数学）岂不要统统被抛弃？回答是否定的. 事实上，整个近现代数学完全可以奠定在一种潜无限数学系统的基础上而被完整地保留下来. 原因在于 Cantor-Zermelo 尽管在 $\{x \mid p(x)\}$ 意义下构造了各种各样的实无限集合，但当他们回过头来分析处理各种实无限集合的诸元素的性质、元素与元素之间的关系和结构，以及基于其上的种种函数关系时，在本质上全部采纳了潜无限思维，也就是贯穿了以潜无限分析式取代实无限生成式的思想原则. 为此，只要所说的这种潜无限数学系统仍然采用经典二值逻辑演算为推理工具，并将其中的全称量词 $\forall$ 作适当的改造，我们就能在内涵上完整地将整个近现代数学推导出来. 反之，人们还可能会质疑，这种潜无限数学系统会不会是直觉主义构造性数学的翻版，回答也是否定的. 其根本区别在于：①直觉主义构造性数学的配套的逻辑工具是直觉主义逻辑，而所说的这种潜无限数学系统却仍以经典二值逻辑演算为配套的逻辑工具；②直觉主义构造性数学的出发点不是任何意义下集合论，而是 Brouwer 对象对偶直觉意义下的自然数论[109][112]；③直觉主义构造性分析学奠基于 Brouwer 的展形连续统，而这种潜无限数学系统下的分析学将会奠基于一种弹性自然数系统的弹性幂集基础上. 总之，两者各有各的出发点，各有各的建造数学大厦的方法，两者的内涵丰富程度也会大不相同.

3.6 再论古典集合论与近代公理集合论中之无穷集合概念的矛盾性

3.6.1 弹性集合与 Cauchy 剧场

对于谓词 P ："自然数"，首先大家公认这是无穷背景世界中的谓词，完全不同于"现在在这个教室里的学生"等一类有穷背景世界中的谓词，然而无穷背景世界又要分实无穷和潜无穷两类，其中 Cantor 就认为谓词 P ："自然数"属于实无穷背景世界，因而可以构造实无穷集合 $N=\{x|n(x)\}$，然而直觉主义者 Brouwer 却从根本上否认实无穷，所以自然数只能永远处在一个一个地被构造的进程（f-going）中，虽然可以超越任何一个给定的界限，但却永远停留于生成的状态（f-going）中，因此决不能形成一个完成了（gone）的封闭领域. 如所知，Cauchy-Weierstrass 在极限论中，为了避免 Berkeley 悖论而运用 $\varepsilon-N$ 与 $\varepsilon-\delta$ 方法所定义的无穷大序列和无穷小序列，也完全采纳了上述 Brouwer 永无止境地构造自然数的潜无限思维方式，这就是设定一个限度，超出这个限度，再设定一个限度，再超出这个限度，而且不论你所设定的限度 N 有多大或者限度 ε 有多小，我们总能超出这个限度，亦即全面贯彻了永无止境地设定限度再超出限度的潜无穷观念，进而避开了实体无穷大和实体无穷小概念的使用. 现在我们用 $N=\{x|n(x))$ 这样的方式来表示这种自然数永无止境地构造下去的进程，亦即用最后那个圆括号")"来表示自然数永无止境地被构造的永远是进行式（f-going），而相对地把 Cantor 意义下的最后那个花括号"}"来表示自然数已经形成了一个封闭领域的完成式（gone），在这里我们特称实无穷集合 $N=\{x|n(x)\}$ 为刚性集合，而称那个潜无穷意义下的潜无穷集 $N=$

$\{x|n(x)\}$ 为弹性集合，该弹性集合的一个完全等价的陈述形式就是下述 Cauchy 剧场，今设

$$\lambda_n:\{1,2,3,\cdots,n\}$$

为以 1 为首元，然后依次相接，且由小到大地排列而成的一个由 n 个自然数构成的集合，其中末元 n 是某个固定的自然数. 现令 λ_n 中的末元 n 变动起来，即令末元 n 不再固定而可以无限制地增大，却又永远持有 $n<\omega$，这就构成了一个末元 n 无限地增大却又永远有限的潜无限进程，我们把这一进程(f-going)表示为：

$$C\text{-}\mathcal{N}:\{1,2,3,\cdots,\vec{n}\},$$

并称之为 Cauchy 剧场，我们也把 $C\text{-}\mathcal{N}$ 中的各个自然数看成是 Cauchy 剧场中诸座位的编号，从而 Cauchy 剧场是一个自然数永无止境地不断增长的潜无穷进程(f-going)，亦就是上文所描述的 Cauchy-Weierstrass 基于无止境地设定限度再超出限度的潜无穷观念去不断地构造自然数的永远是进行式(f-going)的弹性集合 $\mathcal{N}=\{x|n(x)\}$.

上述所谓弹性集合与刚性集合，仅仅是对自然数的永无止境地构造进程和全体自然数汇成整体的一种特殊情形的描述. 其实我们可以将相关概念抽象到一般情形. 3.2.1 节之末曾指出，为了给出潜无限(poi)和实无限(aci)的描述性定义，曾引入简记符号 $\uparrow$ (开放进行词)、$\overline{\top}$(反完成词)、$\top$(正完成词)以及它们的各种解读方式，今选取其中相适应的解读方式，进一步组合一些简记及其解读方式如下：

$x(\mathrm{In})A=_{\mathrm{df}}$“对象 x 被包容到集合 A 中”，

$x(\neg\mathrm{In})A=_{\mathrm{df}}$“对象 x 不能被包容到集合 A 中”，

$\mathrm{E}\,xP(x)\uparrow x(\mathrm{In})A=_{\mathrm{df}}$“任何满足谓词 P 的对象 x 总能无止境的被包容到集合 A 中”，

$\forall xP(x)\top x(\mathrm{In})A=_{\mathrm{df}}$“肯定所有满足谓词 P 的对象 x 都被包容到集合 A 中”，

$\forall xP(x)\overline{\top}x(\mathrm{In})A=_{\mathrm{df}}$“否定所有满足谓词 P 的对象 x 能被全部包容到集合 A 中”，

$\mathrm{E}\,x\neg P(x)\top x(\neg\mathrm{In})A=_{\mathrm{df}}$“肯定任何或每一个不满足谓词 P 的对象 x 总不能被包容到集合 A 中”.

在此应注意，在 3.5.2 节之定理的证明过程中，我们引进了枚举量词 E，解释并读为“任一”或“每一”，不得解释为“所有”. 而全称量词 $\forall$ 解释并读为“所有”，不得解释并读为“每一”.

现任给无穷背景世界中的谓词 P 和一个集合 A，如果满足条件：

$(\mathrm{E}\,xP(x)\uparrow x(\mathrm{In})A)\wedge(\forall xP(x)\overline{\top}x(\mathrm{In})A)\wedge(\mathrm{E}\,x\neg P(x)\top x(\neg\mathrm{In})A)$，

则称集合 A 为谓词 P 的弹性集合，记为 $A=\{x\mid P(x)\}$.

又对于任何无穷背景世界中的谓词 P 和集合 A，如果满足条件：

$(\exists xP(x)\uparrow x(\mathrm{In})A)\wedge(\forall xP(x)\top x(\mathrm{In})A)\wedge(\exists x\neg P(x)\top x(\neg\mathrm{In})A)$，

则称集合 A 为谓词 P 的刚性集合，记为 $A=\{x\mid P(x)\}$.

特殊地，给定谓词 n：自然数和集合 N，如果满足条件：

$(\exists xn(x)\uparrow x(\mathrm{In})N)\wedge(\forall xn(x)\top x(\mathrm{In})N)\wedge(\exists x\neg n(x)\top x(\neg\mathrm{In})N)$，

则称集合 N 为刚性自然数集合，记为 $N=\{x\mid n(x)\}$.

又对谓词 n：自然数和集合 N，如果满足条件：

$(\exists xn(x)\uparrow x(\mathrm{In})N)\wedge(\forall xn(x)\not\top x(\mathrm{In})N)\wedge(\exists x\neg n(x)\top x(\neg\mathrm{In})N)$，

则称集合 N 为弹性自然数集合，记为 $\mathcal{N}=\{x\mid n(x))$，亦即上文所述之 Cauchy 剧场

$$C\text{-}\mathcal{N}:\{1,2,3,\cdots,\vec{n})，$$

实际上，上述 Cauchy 剧场 $C\text{-}\mathcal{N}$ 或弹性集合 N 的两条基本性质是：

(1) n 可以无限制地增大或构造下去，从而明确反映出 $C\text{-}\mathcal{N}$ 或 N 的"非有限"的性质.

(2) 在 n 无限增大的进程中又强调恒保持 $n<\omega$，从而明确否定 n 达到 ω，这就被强化为永远是进行式(f-going)，充分反映出 $C\text{-}\mathcal{N}$ 或 $\mathcal{N}$ 的"潜无限"特点.

如此，该 Cauchy 剧场中的座位数一方面是可以无限制地增加的，另一方面却又有如下重要结论：

$$\text{Cauchy 剧场永远不可能拥有 } \omega \text{(即实无限)个座位.} \qquad (*)$$

亦即座位个数的增长永远停留在增长的进程(f-going)中而永远不会增长完毕. 这标志着当我们从生成的角度去看这个 $C\text{-}\mathcal{N}$ 剧场时，它永远是一种进行式(f-going)，又当我们从存在的角度去看这个 $C\text{-}\mathcal{N}$ 剧场时，它无疑是一个动态的、潜在的和不确定的.

顺便指出，这里所说的剧场之所以命名为 Cauchy 剧场，并简记为 $C\text{-}\mathcal{N}$ 剧场，而没有用 Brouwer 的名字去命名，原因在于借此明确指出，现有的研究与讨论完全属于非构造性的近现代数学系统，在此既没有涉及任何直觉主义逻辑，也与直觉主义构造性数学无任何关系. 相反地，如果 Brouwer 的名字在文中出现过多，则就有可能引发认为我们的讨论已进入直觉主义构造性思维范畴的误解.

3.6.2 古典集合论与近代公理集合论中的狭义 Cauchy 剧场现象

现在先让我们来观察在某个普通剧场中所举行的一次特殊的电影招待会的入场过程，如图 3.2 所示：这是某市的一个 500 座位的剧场，某日要在该剧场举行一

次专门招待该市少尉以上军官的电影招待会.入场前持有招待券的观众先要在剧场休息厅集中等候.剧场有两个入口处,分别由甲、乙两位工作人员看守,其中甲负责验证观众身份,乙负责检查入场人数是否少于或等于 500,因为不允许有观众站着看电影,因此在入场前甲先向检查人员发问,休息厅中持券等待入场的观众身份如何?回答说都为本市少尉以上军官,因此甲认可观众入场.然而乙又要求检查一下人数,回答说人手 1 券等待入场者正好 500 位,从而全体入场,招待会顺利结束.

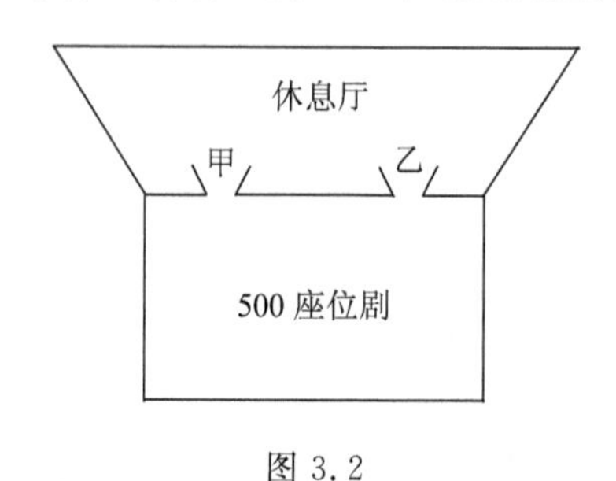

图 3.2

下文我们将在上述 Cauchy 剧场中举行一次专门招待全体自然数的电影招待会.但在此前先让我们温习一下如下两条熟知的定理.

定理 1　全体自然数的个数为可数无穷多,亦即自然数集合 N 中共有 ω 个自然数.

定理 2　全体自然数都是有限序数,即设 n 为自然数,则必有 $n<\omega$.

其实如上两条熟知的定理可归结为如下一个结论:

“存在有 ω 个两两相异的数值有限的自然数.”

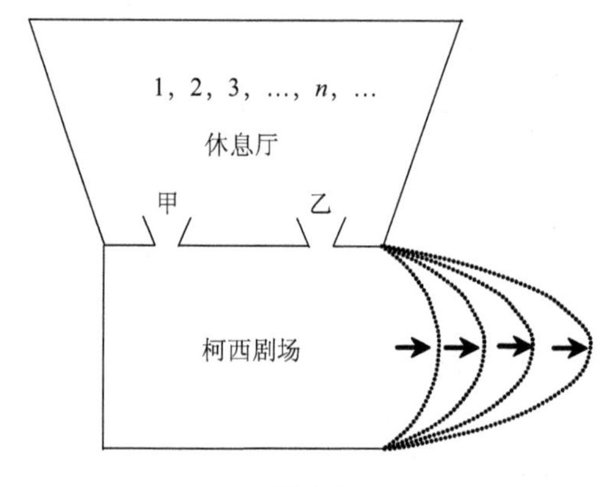

图 3.3

现在如图 3.3 所示:我们将在 Cauchy 剧场中举行电影招待会,从静态框架看,Cauchy 剧场与前述普通剧场无异,也有一个休息厅和两个入口处,并分别有甲、乙两人看守,分工是甲负责验证观众身份,乙负责检查入场观众是否超员,同样不准有观众站着看电影. 从动态框架看,Cauchy 剧场的座位数可以无限制地增多,却又永远是有限多个座位,休息厅也是理想和开放的,以示它能同时容纳无穷多位观众. 现在全体自然数均已人手一券在休息厅中等待入场,因此甲首先问等待入场的观众是何身份? 回答说全是自然数,从而全是有限序数,甲可毫不犹豫地认可放行,因为身份全部符合. 然后,乙又问休息厅中等待入场的观众有多少? 回答说共计 ω 个. 此时乙立即声称 Cauchy 剧场提供不了这么多座位,因此不能入场,否则全部冲进来的话,$C\text{-}\mathcal{N}$剧场的结构就要被破坏了. 因为乙深知 3.6.1 节中所讨论并获得的重要结论(*),那就是 Cauchy 剧场永远不可能拥有 ω(即实无限)个座位,因为 Cauchy 剧场是一个潜无限的进程,亦即其座位的个数的增长永远停留在增长的进程(f-going)中,而并没增长完毕. 所以乙心中第一个重要判断是:

(Ⅰ)"ω 个两两相异的数值有限的自然数"是决不可能同时进入 Cauchy 剧场看电影的.

但在另一方面,当乙首先在心中作出上述判断(Ⅰ)并拒绝休息厅中观众(全体自然数)同时入场之后,心中却又在纳闷不已. 因为他这时又想到了上述定理 2,并作了如下一番推理:首先,任取一自然数 m,因由定理 2 而知必有 $m<\omega$,而 $C\text{-}\mathcal{N}$剧场至少可有 $m+1$ 个座位,所以 m 有座位,因此举不出任何一个无座位的观众来,既然无一反例可言,当然全都会有座位.

何况还可用数学归纳法或反证法证明全体观众都有座位,例如用反证法证明如下:

证明 先将作为观众的全体自然数由小到大排成自然数序列:

$$\lambda:\{1,2,3,\cdots,n,\cdots\},$$

从而 λ 为一良序集. 再反设 λ 中存有在 Cauchy 剧场中没有属于自己的座位的自然数,现令 S 表示 λ 中所有在 Cauchy 剧场中无座位的自然数所构成的集合,则 S 为 λ 的子集,由熟知定理知 S 有一最小元,记为 m,因 $m\in S$,故 m 在 Cauchy 剧场中没有属于自己的座位. 另一方面,由 Cauchy 剧场的结构可知 Cauchy 剧场至少能拥有 $m+1$ 个座位,因此 m 必有座位. 矛盾. 从而反设不成立. 从而全体自然数在 Cauchy 剧场中都有一个属于自己的座位.

既然 ω 个两两相异的自然数(即全体自然数)在 Cauchy 剧场中都各有一个属于自己的座位,当然可以各就各位地同时入场看电影了. 为之,乙又在心中作出如下第二个重要判断:

(Ⅱ)"ω 个两两相异的数值有限的自然数"完全可以同时进入 Cauchy 剧场看电影.

由于上述两个判断(Ⅰ)和(Ⅱ)是自相矛盾的,这不仅使得这次要在 Cauchy 剧场中举办的电影招待会取消而不了了之. 而且更令人不安的是:人们在集合论中所公认的"存在有 ω 个两两相异的数值有限的自然数"这一结论根本不能成立. 或者说,在古典集合论和近代公理集合论中所确认的那个恰由全体自然数所构成的实无限刚性集合 $N = \{x \mid n(x)\}$ 是一个自相矛盾的、似是而非的非集.

今设 G 为近代公理集合论 ZFC 框架下的任何一个可数无穷集合,则 G 中一切元可用自然数去编号,从而在已证 $N = \{x \mid n(x)\}$ 为非集的结论下,可以直接推知 G 为自相矛盾的非集. 综上所论,我们已经利用上述 Cauchy 剧场现象证明了下述定理.

定理Ⅲ　古典集合论和近代公理集合论中任何一个可数集合都是似是而非的非集.

3.6.3　超穷弹性集合与超穷 Cauchy 剧场

如所知,在近代数学中,人们曾把基于自然数系统的数学归纳法推广到基于超穷序数的超穷归纳法,并在数学推理中广为应用,现在我们也把上面陈述的 Cauchy 剧场概念加以推广,建立一个超穷 Cauchy 剧场,记为 $C\text{-}\mathcal{N}\text{-}J$,现设 $A[\overline{wos}]$ 为一不可数的由超穷序数编成的良序集,并且 $\overline{A[\overline{wos}]} = \Omega$,亦就是将不可数序数集 $A[\overline{wos}]$ 的序数记为 Ω,另一方面,在素朴集合论和近代公理集合论中有如下两条熟知的定理:

定理 3　任何一个良序集 A 不能与 A 的任何一个截段 A_α 相似,并且 $\overline{A_\alpha} < \overline{A}$.

定理 4　一切小于序数 α 的序数所组成的良序集 w_α 的序数 $\overline{w_\alpha}$ 就是序数 α,即 $\overline{w_\alpha} = \alpha$.

从而我们就依如上所论之 $\overline{A[\overline{wos}]} = \Omega$ 为背景,建立或定义超穷 Cauchy 剧场的概念如下:

现设 Ω 为一不可数的序数,则一切小于序数 Ω 的序数可以组成一个良序集,记为 $A[\overline{wos}]$,由定理 5 知 $\overline{A[\overline{wos}]} = \Omega$,又由定理 4 知,对 A 中任一序数 η,总有 $\eta < \Omega$,现令 $\vec{\eta}$ 表示 $A[\overline{wos}]$ 中的可以任意增大但又永远小于 Ω 的序数变量,于是我们就按如下的记法

$$C\text{-}\mathcal{N}\text{-}J\ :\{1,2,\cdots,n,\cdots,\omega,\omega+1,\cdots,\cdots,\omega\cdot 2,\cdots,\cdots,\omega^2\cdots\vec{\eta})$$

来表示我们所要建立的超穷 Cauchy 剧场,该 $C\text{-}\mathcal{N}\text{-}J$ 的两条基本性质是:

(1)其中 η 是一序数,η 可以无限制地增大,并且不论 η 是一个有前邻元和后继元的非极限序数,还是一个没有前邻元的极限序数,有如 ω、$\omega\cdot n$、ω^2、ω^n、$\omega^{\omega^{\cdot^{\cdot^{\cdot}}}}$ 等,我们总可用 $\eta+1$ 的方式将序数 η 增大,若将 $C\text{-}\mathcal{N}\text{-}J$ 中的序数视为 $C\text{-}\mathcal{N}\text{-}J$ 中诸座位的编号的话,则对任何一个编号为 η 的座位而言,我们总可用 $\eta+1$ 的方式去扩充 $C\text{-}\mathcal{N}\text{-}J$ 的座位数,并且永无止境.

(2)序数 η 虽然可以无限制地增大,但却永远小于 Ω,亦即恒持有 $\eta < \Omega$,这样

的规定是合理的，因由上述定理4和5知有

$$\forall\eta(\eta\in A[\overline{wos}]\rightarrow\eta<\Omega).$$

通常我们也称前述基于自然数系统的Cauchy剧场$C\text{-}\mathcal{N}$为狭义Cauchy剧场，而称上述超穷Cauchy剧场$C\text{-}\mathcal{N}\text{-}J$为广义Cauchy剧场，若用弹性集合来表示，则$C\text{-}\mathcal{N}$就是$\mathcal{N}=\{x|n(x))$，而今设

$$O(x)=_{\mathrm{df}}\text{“}x\text{为一序数”},$$

则上述$C\text{-}\mathcal{N}\text{-}J$亦可表示为超穷弹性集合：

$$O_n=\{x|O(x)\wedge x<\Omega).$$

狭义的$C\text{-}\mathcal{N}$和广义的$C\text{-}\mathcal{N}\text{-}J$的根本区别在于$C\text{-}\mathcal{N}$中不存在无前邻元的极限序数，而广义的$C\text{-}\mathcal{N}\text{-}J$中却存在着没有前邻元的极限序数，因而其中包含着各种不同层次的潜无限的进行式(f-going)和实无限的完成式(gone).

3.6.4　ZFC框架下的超穷Cauchy剧场现象

现在让我们首先证明下述定理：

定理Ⅳ　ZFC框架下的任何一个不可数的实无穷集合都是自相矛盾的非集.

证明　设$A=\{x|p(x)\}$为ZFC框架中的一个不可数的集合，由于ZFC接受选择公理，从而良序定理成立，亦即任何非空集合都可排成良序集，所说的不可数集合$A=\{x|p(x)\}$也不能例外. 为之，我们先将A编成良序集$A[wos]$，因为$A[wos]$为良序集，故有一相应的序数α，即$\overline{A[wos]}=\alpha$，今设$\gamma\in A[wos]$，则由3.6.3中所引之定理4知，由γ所产生的截段$A_\gamma[wos]$不能与$A[wos]$相似，并且$A_\gamma[wos]$有一序数γ，即$\overline{A_\gamma[wos]}=\gamma$，而且$\gamma<\alpha$(仍由3.6.1中所引之定理1)，现将所有由$A[wos]$的元素所产生之截段的序数分别去取代$A[wos]$中的各个元素，从而得到一个由$A[wos]$所产生的序数集$A[\overline{wos}]$，当然$A[wos]$与$A[\overline{wos}]$相似，从而我们可有$\overline{A[wos]}=\overline{A[\overline{wos}]}=\alpha$，并有如下结论：

$$\forall\eta(\eta\in A[\overline{wos}]\rightarrow\eta<\alpha).\qquad(**)$$

由于$A[\overline{wos}]$不可数，且为所有小于序数α的序数构成的良序集，由3.6.3中所引之定理5知$\overline{A[\overline{wos}]}=\alpha$，根据3.6.3中所建立的广义Cauchy剧场概念，我们首先建立一个相应于本定理的下述超穷Cauchy剧场：

$$C\text{-}\mathcal{N}\text{-}J:\{1,2,\cdots,n,\cdots,\omega,\omega+1,\cdots\omega+n,\cdots,\omega\cdot2,\cdots,\omega\cdot n,\cdots,\omega^\omega,\cdots\vec{\eta}),$$

其中η为一序数，η可以无限增大，但却永远小于$\overline{A[\overline{wos}]}=\alpha$，亦即恒有$\eta<\alpha$. 我们把$C\text{-}\mathcal{N}\text{-}J$中的序数视为$C\text{-}\mathcal{N}\text{-}J$中的座位的编号，从而一方面由于$\eta$可以无限制地增大，而且不论$\eta$是一个有前邻元的非极限序数，还是一个无前邻元的极限序数，我们总可用$\eta+1$的方式去扩大$C\text{-}\mathcal{N}\text{-}J$的座位数. 另一方面又由于$\forall\eta(\eta\in$

$A[\overline{wos}] \to \eta < \alpha$）而明确否定 η 能增大达到 α，亦即这是否定完成式（¬gone）. 从而知有如下结论：

$$C\text{-}\mathcal{N}\text{-}J \text{ 永远不能拥有 } \alpha \text{ 个座位.} \quad (\nabla)$$

现在我们就在 $C\text{-}\mathcal{N}\text{-}J$ 中举办一次招待 $A[\overline{wos}]$ 中全体序数的电影招待会，于是我们首先有如下结论：

不可能让 $A[\overline{wos}]$ 的所有序数各有一个属于自己的座位地同时入场 $C\text{-}\mathcal{N}\text{-}J$ 看电影（因由（∇）知 $C\text{-}\mathcal{N}\text{-}J$ 提供不了 α 个座位），或设 $P(\eta) =_{\text{df}}$ "η 在 $C\text{-}\mathcal{N}\text{-}J$ 中拥有一个属于自己的唯一确定的座位"因此，本结论（Ⅰ）可表示为

$$\neg \forall \eta(\eta \in A[\overline{wos}] \to p(\eta)). \quad (\text{Ⅰ})$$

否则，若设有 $\forall \eta(\eta \in A[\overline{wos}] \to p(\eta))$，则因 $A[\overline{wos}]$ 有 α 个成员，从而 $C\text{-}\mathcal{N}\text{-}J$ 必需拥有 α 个座位，从而矛盾于上文结论（∇）.

但在另一方面，对于每一个 $\xi \in A[\overline{wos}]$，由于 $\xi < \alpha$，从而在 $C\text{-}\mathcal{N}\text{-}J$ 中之 η 无限增大的情况下，总可使得 $C\text{-}\mathcal{N}\text{-}J$ 拥有 $\xi+1$ 个座位，不论 ξ 是极限序数还是非极限序数，$C\text{-}\mathcal{N}\text{-}J$ 拥有 $\xi+1$ 个座位一事总能办到，从而 ξ 在 $C\text{-}\mathcal{N}\text{-}J$ 中拥有一个属于自己的唯一确定的座位，亦即我们有

$$\mathsf{E}\,\eta(\eta \in A[\overline{wos}] \to p(\eta)).$$

由于在经典二值逻辑演算中规定 $\mathsf{E} = \forall$，因此 E 与 $\forall$ 可以互相取代，从而上式就是

$$\forall \eta(\eta \in A[\overline{wos}] \to p(\eta)). \quad (\text{Ⅱ})$$

实际上，（Ⅱ）即表示对于 $A[\overline{wos}]$ 中的所有序数都有一个属于自己的唯一确定的座位，从而可以同时进入 $C\text{-}\mathcal{N}\text{-}J$ 看电影，上述（Ⅰ）和（Ⅱ）是互相矛盾的. 从而 $A[\overline{wos}]$ 是一个自相矛盾的非集.

另一方面，如前文所述，良序集 $A[wos]$ 与 $A[\overline{wos}]$ 具有相似对应关系，并有 $\overline{\overline{A[wos]}} = \overline{\overline{A[\overline{wos}]}} = \alpha$，因之，我们可按 $A[wos]$ 与 $A[\overline{wos}]$ 之间的相似对应规则 f 以及在规则 f 下的相互对应关系，将 $A[\overline{wos}]$ 中所有序数给良序集 $A[wos]$ 中所有的元素相互对应地进行编号，从而由 $A[\overline{wos}]$ 为一自相矛盾的非集推知良序集 $A[wos]$ 也是一个自相矛盾的非集. 又由于 $A[wos]$ 不过是将 $A = \{x \mid P(x)\}$ 中所有元素重新编序而获得，故从集合的角度看，两者是同一个集合，从而不可数集合 $A = \{x \mid P(x)\}$ 为一自相矛盾的非集.

3.7　Cantor-Hilbert 对角线方法与不可数无穷集合的存在性

3.7.1　简要回顾

在 1.1 节中，曾对运用对角线方法证明实数集合为不可数集合一事作过一些议论，但在传统观念框架下，也只能议论议论而已. 但在 3.2～3.6 节的思维框架

下,就能用严格的推理方式来论述这件事了.

如所知,在经典集合论中,运用对角线方法去证明实数集合 R 的势为不可数的过程如下:所用方法是反证法,亦即反设(0,1)区间中的所有实数构成的集 R 具有可数势 ω(见 3.5.1 节注Ⅱ),从而可用自然数给 R 的元素编号,或者说 R 与自然数集合 $N=\{x|x$ 为自然数$\}$之间可建立一一对应关系,如下所示:

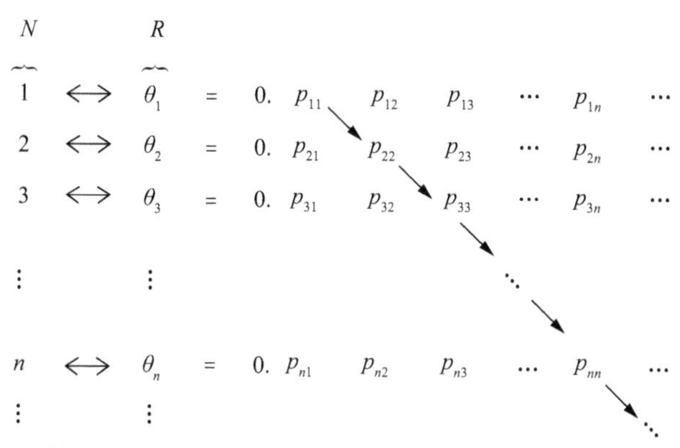

现构造一个实数

$$\theta = 0.\ p_1 p_2 p_3 \cdots p_n \cdots,$$

其中 $p_i = p_{ii} + 1$,当 $p_{ii} = 9$ 时,取 $p_i = 0$,在这里,$\theta \in (0,1)$,即 θ 为一实数是显然的,另一方面,θ 却与 R 中任一元 θm 相异,因为 θ 与 θm 有一个有穷差位 m,即 $p_m \neq p_{mm}$.既然 $\text{E}\,\theta_m(\theta_m \in R \rightarrow \theta \neq \theta_m)$,从而在经典集合论中就等同于有 $\forall\,\theta_m(\theta_m \in R \rightarrow \theta \neq \theta_m)$.因为若令 $\text{E} =_{\text{df}}$“每一”,$\forall =_{\text{df}}$“所有”,则根据全称量词 $\forall$ 的解读约定,在任何场合 E 与 $\forall$ 可以互相替换.因此,$\theta \notin R$.可见 R 并没有包括(0,1)中的全体实数,矛盾.这说明反设(0,1)中全体实数所构成的集 R 具有可数势一事不成立,从而该实数集合 $R=\{x|x\in(0,1) \wedge x$ 为一实数$\}$具有不可数势 C.

3.7.2 对角线方法与相异实数有穷差位判别原则

我们将在下文中指出,当我们引入弹性集合 $\mathcal{N}=\{x|n(x)\}$ 或 Cauchy 剧场 C-$\mathcal{N}$以后,就会看出上文所论 R 具有不可数势 C 的证明过程是靠不住的.因为在经典集合论中有所谓“相异实数有穷差位判别原则”,即设有二实数:

$$\theta = 0.\ p_1 p_2 p_3 \cdots p_n \cdots,$$

$$\theta' = 0.\ p_1' p_2' p_3' \cdots p_n' \cdots,$$

如果 $\theta \neq \theta'$,则必须 $\exists m(m < \omega \wedge p_m \neq p_m')$,反之亦然.亦即应有

$$\theta \neq \theta' \text{ iff } \exists m(m < \omega \wedge p_m \neq p_m'),$$

在这里,

$$\text{iff} =_{\text{df}} \text{“当且仅当”}.$$

试看上述运用对角线方法往证(0,1)中全体实数所构成的集 R 具有不可数势的过程，我们判定那个构造出来的实数

$$\theta = 0.p_1p_2p_3\cdots p_n\cdots$$

与刚性集合

$$R=\{\theta_1,\theta_2,\theta_3,\cdots,\theta_n,\cdots\}$$

中任一实数

$$\theta_i = 0.p_{i1}p_{i2}p_{i3}\cdots p_{in}\cdots$$

为相异实数时，所用的有穷差位正好是第 i 位，即 $p_i \neq p_{ii}$，也可用数学归纳法证明：

$$\theta \neq \theta_i \text{ iff } \exists i(i < \omega \wedge p_i \neq p_{ii}),$$

现任选 R 中两个实数 θ_i 与 θ_j，只要 $i \neq j$，那么“判定 θ 与 θ_i 相异时所用的差位位数 i”就不等于“判定 θ 与 θ_j 相异时所用的差位位数 j”. 从而我们有如下结论：

用以判定实数 θ 与 R 中的实数相异时所用的各个有穷差位是两两相异的. (*)

亦即

$$\theta_i \neq \theta_j \text{ iff 差位 } i(\theta \neq \theta_i;\ p_i \neq p_{ii}) \neq \text{差位 } j(\theta \neq \theta_j;\ p_j \neq p_{jj}).$$

由于实数集合

$$R = \{\theta_1,\ \theta_2,\ \theta_3,\ \cdots,\ \theta_n,\ \cdots\}$$

中有 ω 个实数，从而所谓判定实数

$$\theta = 0.p_1p_2p_3\cdots p_n\cdots$$

与 R 中所有实数相异，就是要判定 θ 与 R 中之 ω 个实数全都相异. 那么根据上述结论(*)可知，必需要有 ω 个两两相异的有穷差位才能判定 θ 与 R 中之 ω 个实数全都相异. 实际上，在有穷差位判别原则前提下，运用上述对角线方法往证(0,1)中全体实数所构成之集 R 具有不可数势的过程中，应有如下结论：

“判定实数 θ 与 R 中所设之 ω 个实数全都相异”iff“存在有 ω 个两两相异的有穷差位”. (* *)

现在我们只要在 Cauchy 剧场中举办一次专门接待上述“ω 个两两相异的有穷差位”的电影招待会，就会知道“存在有 ω 个两两相异的有穷差位”这一结论是不能成立的，如同我们在 3.6.2 节中讨论 Cauchy 剧场现象时一样，亦就是甲、乙两位守门人所获致的共识：“存在有 ω 个两两相异的有穷序数”这一结论不能成立. 从而由上述结论(* *)可知，在有穷差位判别原则前提下，运用对角线方法往证实数 θ 与实数集 R 中之 ω 个实数全都相异的证明过程不能成立.

3.7.3　对角线方法中的“每一”与“所有”

在这里应注意，既然“存在有 ω 个两两相异的有穷差位”这一结论不能成立，那么由上述结论(* *)即知“判定实数 θ 与 R 中所设之 ω 个实数都相异”的结论也不

成立.从而“实数集合 R 中所有的实数都与 θ 有一个有穷差位”这一断言也不能成立.然而反过来,对于实数集合 R 中的每一或任一实数而言,却与 θ 必定有一个有穷差位,这就是说,我们虽然有

$$\mathrm{E}\ \theta_i(\theta_i \in R \rightarrow \exists i(i < \omega \land p_i \neq p_{ii})),$$

但却不会有

$$\forall \theta_i(\theta_i \in R \rightarrow \exists i(i < \omega \land p_i \neq p_{ii})).$$

亦即若令谓词 P 表示:“R 中某个实数 θ_i 与实数 θ 有一个有穷差位 $i(p_{ii} \neq p_i)$”,则由上面的讨论可知下述

$$\mathrm{E}\ \theta_i(\theta_i \in R \rightarrow P(x)) \Rightarrow \forall \theta_i(\theta_i \in R \rightarrow P(x))$$

并不成立.然而下述

$$\forall \theta_i(\theta_i \in R \rightarrow P(x)) \Rightarrow \mathrm{E}\ \theta_i(\theta_i \in R \rightarrow P(x))$$

在任何场合总是成立的.

这就是说,虽然由所有 x 如何如何总能推出每一 x 如何如何,但是反过来,由每一 x 如何如何就未必总能推出所有 x 如何如何.这个事实说明,经典二值逻辑中认定“每一”等于“所有”(即 $\mathrm{E} = \forall$)的思想规定,在兼容两种无穷观的分析方法中存在严重的局限性.

3.7.4 一点注记

在 3.5.2 节、3.6.2 节和下文之 3.9.2 节中,分别用三种不同的方法往证恰由全体自然数构成的集合 $N=\{x|n(x)\}$ 和自然数 λ 序列 $\{1,2,3,\cdots,n,\cdots\}$ 的不相容性.实际上,其不相容性之更深层次和更本质的核心推理是十分简单明了的.这就是着眼于 λ 序列的势,因为有 ω 个两两相异的自然数,则如下所示:

$$\lambda:\underbrace{\{1,2,3,\cdots,n,\cdots\}}_{\omega\text{个}}$$

这是肯定完成式(gone)的实无限(aci).但若着眼于 λ 序列中之自然数的数值,因为所有的自然数都是有穷序数,即 $\forall_n(n \in N \rightarrow N < \omega)$,从而这又是否定完成式($\neg$gone, f-going)的潜无限(poi).这表明自然数序列 λ 这个同一个研究对象,它既是肯定完成式(gone),又是否定完成式($\neg$gone),也就是 gone $\land$ $\neg$gone,从而违背无矛盾律 $\neg(A \land \neg A)$.由此突显“存有 ω 个两两相异的有限序数”这一结论根本不成立.

现在我们来看本节所论对角线方法中所构造出来的那个实数

$$\theta = 0.p_1 p_2 p_3 \cdots p_n \cdots$$

及其实数可数序列:

$$R = \{\theta_1, \theta_2, \theta_3 \cdots, \theta_n, \cdots\}.$$

着眼于判定 θ 与 R 中 ω 个实数全部相异所需之差位的个数，因为由本节所论而知，必须有 ω 个两两相异的差位，从而如下所示：

$$\underbrace{\{\theta\neq\theta_1,\theta\neq\theta_2,\theta\neq\theta_3,\cdots,\theta\neq\theta_n,\cdots\}}_{\omega\text{个两两相异的差位}}$$

这是肯定完成式(gone)的实无限(aci). 再着眼于判定 θ 与 R 中之 $\theta_i\{i=1,2,3,\cdots,n,\cdots\}$ 相异之差位位数，基于有穷差位判别原则之要求而有 $\forall_i(i$ 为差位位数$\rightarrow i<\omega)$. 这却是否定完成式(¬gone)的潜无限(poi). 这表明同一个推理判断过程既是肯定完成式(gone)，又是否定完成式(¬gone)，亦即 gone∧¬gone，这与无矛盾律¬$(A\wedge\neg A)$背反. 从而同样显示了"存有 ω 个两两相异的有穷差位"这一结论根本不成立.

因此，只要基于 poi≠aci 与 ⊢poi∨aci 这个出发点思考问题，对角线方法与有穷差位判别原则只能判定 θ 与 R 中每一个实数相异，因为每指定一个实数 θ_i，总有 $i<\omega$，从而有一个有穷差位. 但是从有穷差位判别原则出发，对角线方法不能判定 θ 与 R 中所有实数全部相异.

另一方面，如果基于 Cantor 的古典集合论和 Zermelo 之近代公理集合论这个出发点，由于二值逻辑演算中规定全称量词∀，既可解读为"所有"，又可解读为"每一"，从而认为对角线方法无懈可击. 可惜"每一"等于"所有"的思想规定已经在逻辑推理层面上隐性地埋下了混淆实无限(aci)和潜无限(poi)的祸根，也就是隐性地混淆了肯定完成式(gone)与否定完成式(¬gone)的永远是进行式(f-going)，所以基于历史发展的角度思考问题，所谓 Cantor-Hilbert 对角线方法无懈可击之说终究是不足取的. 对此读者只要阅读本书下文 4.2.2 节中关于如何修正二值逻辑演算的相关内容就会明白道理所在.

3.8　分析基础中的无穷观问题

在 1.3 节中，曾论及由 Berkeley 悖论所引发的数学第二次危机，以及由极限论的建立而使危机解除等内容，但在本节中将在兼容两种无穷观和 poi≠aci 的分析方法下，重新讨论数学第二次危机的问题. 又为便于读者一气呵成地阅读本节内容，我们不惜略有内容复述之嫌，在此仍将从 Berkeley 悖论讲起.

3.8.1　微积分与极限论的简要历史回顾

17 世纪和整个 18 世纪，由于微积分理论的诞生及其在各个领域里的广泛应用，微积分理论得到了飞速的发展，然而当时的微积分理论却建立在含混不清的无穷小概念上，由于没有一个牢固的理论基础而遭到了各方面的非难. 其中最为核心的非难可归结为著名的 Berkeley 悖论：今以求取自由落体 t_0 时刻的瞬时速度为例说明如下：大家都熟悉自由落体的距离公式 $S=\frac{1}{2}gt^2$，当 $t=t_0$ 时，下降距离为 $S_0=\frac{1}{2}gt_0^2$，当 $t=t_0+h$ 时，下降距离为 $S_0+L=\frac{1}{2}g(t_0+h)^2$，这表明落体在 h 秒内所下降的距离为(图 3.4)：

$$L=\frac{1}{2}g(t_0+h)^2-S_0$$
$$=\frac{1}{2}g(t_0+h)^2-\frac{1}{2}gt_0^2$$
$$=\frac{1}{2}g(2t_0+h)h.$$

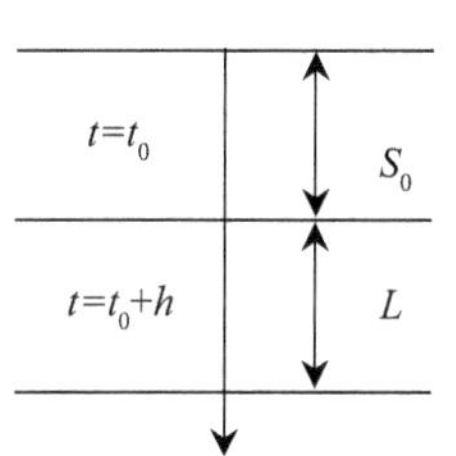

图 3.4

从而落体在 h 秒内下落的平均速度为

$$V=\frac{L}{h}=\frac{\frac{1}{2}g(2t_0+h)h}{h}=gt_0+\frac{1}{2}gh.$$

显然，当时间的间隙 h 越小时，平均速度就与 $t=t_0$ 时的点速度越接近，但不论 h 多么小，只要 $h\neq 0$，则平均速度就不等于 $t=t_0$ 时的点速度，但当 $h=0$ 时，就已没有距离的改变，从而 $V=\frac{L}{h}=gt_0+\frac{1}{2}gh$ 就变成了无意义的 $\frac{0}{0}$，也就无法求得 $t=t_0$ 时的点速度.

Newton 和 Leibniz 也曾为要摆脱此困境而分别提出种种解释：

(1)说 h 是无穷小，故 $h\neq 0$，从而 $\frac{L}{h}=\frac{\frac{1}{2}g(2t_0+h)h}{h}$ 有意义，并可化为 $\frac{L}{h}=gt_0+\frac{1}{2}gh$，但无穷小量 h 与大于 0 的有限量相比可以忽略不计，于是可将 $\frac{1}{2}gh$ 丢掉，使得 $gt_0+\frac{1}{2}gh$ 变为 gt_0，这就是落体在 $t=t_0$ 时的点速度，亦即 $V|_{t=t_0}=gt_0$.

(2)又说 $\frac{L}{h}=\frac{\frac{1}{2}g(2t_0+h)h}{h}=gt_0+\frac{1}{2}gh$ 的最后比是 gt_0，这就是 $t=t_0$ 时的点速度.

(3)说 $\frac{L}{h}=gt_0+\frac{1}{2}gh$ 的极限是 gt_0.

(4)牛顿和 Leibniz 又解释说：当 $h\to 0$ 时，既不在 h 变为 0 之前，也不在 h 变为 0 之后，正好在 h 变为 0 时，$\frac{L}{h}=gt_0+\frac{1}{2}gh$ 的值是 gt_0.

以上种种说法，都不能使人们满意地认为已经解决了如下的矛盾：

$$\begin{cases}(\text{A})\text{为要使}\dfrac{L}{h}\text{有意义，必须 } h\neq 0\text{；}\\ (\text{B})\text{为要求得落体在 } t=t_0 \text{ 时的点速度是 } gt_0\text{，又必须 } h=0.\end{cases}$$

在同一个问题的求解过程中的同一个量 h，何以能既不等于 0，同时又等于 0 呢？这就是数学史上所说的 Berkeley 悖论.

Kline 在《古今数学思想》第一卷中指出：导数被当做 y 与 x 消失了的增量之比，即 $\mathrm{d}y$ 与 $\mathrm{d}x$ 之比，Berkeley 说它们既不是有限量，也不是无穷小量，但也不是无，这些变化率只不过是消失了的量的鬼魂[156].

数学史上把 18 世纪微积分诞生以来在数学界出现的混乱局面称为数学的第二次危机.

基于如上的局面，就不能不迫使数学家们认真对待这个 Berkeley 悖论，借以解除数学的第二次危机，这就直接导致了微积分的 Cauchy-Weierstrass 时代，Cauchy 详细而系统地发展了极限论，戴德金(Dedekind)在实数论的基础上证明了极限论的基本定理，Cantor 与 Weierstrass 都投入了为微积分奠定理论基础的工作，发展了 $\varepsilon-N$ 和 $\varepsilon-\delta$ 方法，避开了实体无限小和实体无限大的概念的设想和使用，这就是今天的数学分析.

3.8.2 简记与注释

一组简记：在 3.2.1 节中，在引进简记符号之后给出了潜无限(poi)和实无限(aci)的描述性定义，并给出了简记符号“$\uparrow$”、“$\top$”、“$\not\top$”的名称和解读方式. 在这里，我们将根据本节的数学背景和具体模型，选取其中相适应的解读方式，并在此基础上再组合成一组简记及其解读方式(参阅 3.5.1 节中相关内容)如下：

$a\uparrow b =_{\mathrm{df}}$ “变量 a 无限趋近于极限 b”，

$a\top b =_{\mathrm{df}}$ “变量 a 达到极限 b”，

$a\not\top b =_{\mathrm{df}}$ “变量 a 永远达不到极限 b”，

$a\uparrow b \wedge a\top b =_{\mathrm{df}}$ “变量 a 无限趋近于极限 b 并且达到极限 b”，

$a\uparrow b \wedge a\not\top b =_{\mathrm{df}}$ “变量 a 无限趋近于极限 b 并且永远达不到极限 b”.

定义 1 如果我们有 $a\uparrow b \wedge a\top b$，则称变量 a 以实无限方式趋向极限 b (gone)；

定义 2 如果我们有 $a\uparrow b \wedge a\not\top b$，则称变量 a 以潜无限方式趋向极限 b($\neg$gone，f-going).

对任意的变量 a，要么以实无限方式趋向它的极限 b，要么以潜无限方式趋向它的极限 b(参见本节末之注).

此外，极限表达式通常是指带有极限符号 Lim 的等式，有如：$\operatorname*{Lim}_{x\to x_0} f(x) =$

$A(0,\omega)$，$\mathop{\mathrm{Lim}}\limits_{x\to 0}f(x)=A(0,\omega)$，$\mathop{\mathrm{Lim}}\limits_{x\to\infty}f(x)=A(0,\omega)$ 等等，极限表达式中的两组变量是：$x\to x_0$ 和 $f(x)\to A$，特称位于极限符号下方的那组自变量 $x\to x_0$ 为第一变量，而称另一组应变量 $f(x)\to A$ 为第二变量.

注 在这里应注意，无论是 $a\uparrow b\wedge a\top b$ 还是 $a\uparrow b\wedge a\not\top b$，两者的共同之处在于都有 $a\uparrow b$. 两者的不相容之处在于肯定完成式 $a\top b$ (gone)和否定完成式 $a\not\top b$ ($\neg$gone，f-going). 但在极限论中基于 $\varepsilon-\delta$ 和 $\varepsilon-N$ 方法的相关极限的定义并不涉及和区分 $a\top b$ 和 $a\not\top b$ 一类概念，或者说统一立足于 $a\uparrow b$，亦即只考虑变量无限趋近于它的极限就可以了，至于 $a\top b$ 或 $a\not\top b$ 则不予过问，事实上，两种趋近于极限的方式都有一个共同点，即 $a\uparrow b$. 这对 $\varepsilon-\delta$ 和 $\varepsilon-N$ 方法下的极限定义已经够了. 但现在我们却要在极限论中引入变量以实无限方式趋近于它的极限这一类观念，并明确区分变量趋向它的极限的实无限方式和潜无限方式. 须知在极限论中探索和研究问题时，运用这种兼容潜无限和实无限的思维方式和分析方法，以及确认潜无限不等于实无限(poi≠aci)的思想规定，都是有其合理性根据的. 因为我们已在 3.3 节中得到结论：兼容两种无穷观的思维方式和分析方法为近现代数学及其理论基础本身所固有，特别是为极限论自身所固有. 其次又在 3.4.2 节中获有结论：潜无限不等于实无限(poi≠aci)的思想规定也是近现代数学及其理论基础自身所固有. 因此，在极限论中引入变量以实无限方式趋近于它的极限这一类概念，并明确区分变量趋向它的极限的实无限方式和潜无限方式等等，都不是人们外加到极限论中，而是其自身所固有的思维方式和分析方法.

3.8.3 关于极限表达式的可定义与可实现概念

通常对于极限表达式 $\mathop{\mathrm{Lim}}\limits_{x\to x_0}f(x)=A$ 中的第一变量 $x\to x_0$ 而言，如果变量 x 以实无限方式趋向它的极限 x_0 将导致矛盾(亦即 $x\uparrow x_0\wedge x\top x_0\vdash B,\neg B$)的话，则变量 x 就必需以潜无限方式趋向于它的极限 x_0(亦即必需是 $x\uparrow x_0\wedge x\not\top x_0$).

例 1 对于极限表达式 $\mathop{\mathrm{Lim}}\limits_{x\to 0}\dfrac{1}{x}=\omega$ 而言，如果 $x\uparrow 0\wedge x\top 0$，则必将导致矛盾，因为 $x\top 0$ 表明将会出现 $x=0$，但数学上规定 0 不能做为分母，所以 $x\top 0$ 表明函数 $\dfrac{1}{x}$ 将在最后走向无意义而不是 ω，事实上函数 $\dfrac{1}{x}$ 在 $x=0$ 处无定义，总之极限表达式 $\mathop{\mathrm{Lim}}\limits_{x\to 0}\dfrac{1}{x}=\omega$ 中的第一变量 $x\to 0$，其中变量 x 只能以潜无限方式趋向它的极限 0，亦即只有 $x\uparrow 0\wedge x\not\top 0$ 而不允许有 $x\uparrow 0\wedge x\top 0$.

例 2 对于极限表达式 $\mathop{\mathrm{Lim}}\limits_{n\to\omega}\dfrac{1}{n}=0$ 中的第一变量 $n\to\omega$ 而言，如果出现 $n\uparrow\omega$

$\wedge\ n \top \omega$,则表明将有 $n=\omega$ 的出现,但数学上规定所有的自然数都是有限序数,亦即 $\forall x(x \in N \to x < \omega)$,所以根本不允许有 $n=\omega$ 的出现. 为之极限表达式中的第一变量 $n \to \omega$,其中变量 n 必须以潜无限方式趋向它的极限 ω ,亦即只有 $n \uparrow \omega \wedge n \,\overline{\top}\, \omega$,不允许出现 $n \uparrow \omega \wedge n \top \omega$.

定义 3　设有极限表达式 $\operatorname{Lim}_{x \to x_0} f(x) = A$, $f(x)$ 在 x_0 处有定义,且满足如下条件:

(1) $x \uparrow x_0 \wedge x \top x_0$, $f(x) \uparrow A \wedge f(x) \top A$,即 x 和 $f(x)$ 均以实无限方式趋近于它的极限;

(2) $f(x) = A$ iff $x = x_0$,

则称该极限表达式是"既可定义且可实现的",简称为可实现的,否则(例如: $x \uparrow x_0 \wedge x \top x_0 \vdash B , \neg B$ 等等)就称该极限表达式是"只可定义但不可实现的",简称为不可实现的.

[△]重要结论:任何一个可定义的极限表达式要么是可实现的,要么是不可实现的(参见 3.8.5 节之注记).

关于可定义且可实现的极限表达式的例子有如:

例 3　Лобачевский 函数是[0,+∞]上的一个连续函数,如图 3.5 所示.

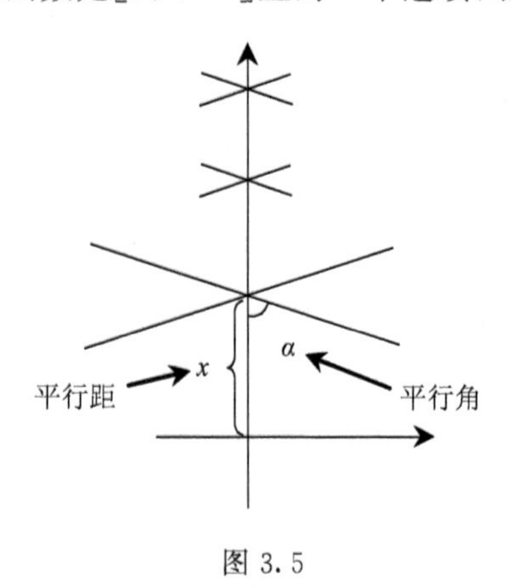

图 3.5

其中 x 的长度叫做平行距, $\angle\alpha$ 叫做平行角,其中平行角 α 随着 x 的变大而变小,随着 x 的变小而变大,因此平行角 $\alpha = \pi(x)$ 是平行距 x 的函数,且有如下极限表达式:

$$\operatorname{Lim}_{x \to 0} \pi(x) = \frac{\pi}{2} , \operatorname{Lim}_{x \to \infty} \pi(x) = 0.$$

在上述极限表达式中, $\pi(x)$ 在 $x=0$ 处有定义,且满足条件:

(1) $x \uparrow 0 \wedge x \top 0, \pi(x) \uparrow \frac{\pi}{2} \wedge \pi(x) \top \frac{\pi}{2}$,

(2) $\pi(x) = \dfrac{\pi}{2}$ iff $x = 0$.

由定义知极限表达式 $\operatorname*{Lim}\limits_{x\to 0}\pi(x) = \dfrac{\pi}{2}$ 是可实现的.

例 4 设有极限表达式 $\operatorname*{Lim}\limits_{x\to 0}ax = a\operatorname*{Lim}\limits_{x\to 0}x = a\cdot 0 = 0$,其中函数 $f(x) = x$ 在 $x = 0$ 处有定义,且满足条件:

(1) $x\uparrow 0 \wedge x \top 0$, $f(x)\uparrow 0 \wedge f(x)\top 0$,

(2) $x = f(x) = 0$ iff $x = 0$,

所以该极限表达式是可实现的.

关于只可定义而不可实现的极限表达式的例子有如:

例 5 对于极限表达式 $\operatorname*{Lim}\limits_{n\to\omega} n = \omega$ 而言,由于数学中明文规定 $\forall n(n \in N \to n < \omega)$,所以若设有 $n\uparrow\omega \wedge n\top\omega$,则必将出现 $n = \omega$ 而矛盾于$n < \omega$ 的规定,所以只有 $n\uparrow\omega \wedge n\not\top\omega$,所以该极限表达式是不可实现的.

例 6 对于极限表达式 $\operatorname*{Lim}\limits_{\substack{\Delta x\to 0\\ \Delta y\to 0}}\dfrac{\Delta y}{\Delta x} = \dfrac{\mathrm{d}y}{\mathrm{d}x} = A$ 而言,由于数学上规定 $\dfrac{0}{0}$ 没有意义,所以若设 $\Delta x\uparrow 0 \wedge \Delta x\top 0$ 和 $\Delta y\uparrow 0 \wedge \Delta y\top 0$,则将使 $\operatorname*{Lim}\limits_{\substack{\Delta x\to 0\\ \Delta y\to 0}}\dfrac{\Delta y}{\Delta x}$ 走向无意义,所以该极限表达式也是不可实现的.

此外,前文所述例 1 和例 2 中的极限表达式 $\operatorname*{Lim}\limits_{x\to 0}\dfrac{1}{x} = \omega$ 和 $\operatorname*{Lim}\limits_{n\to\omega}\dfrac{1}{n} = 0$ 也都是不可实现的.

3.8.4 分析基础中的新 Berkeley 悖论

现在我们要重新审视一下当今极限论中如何求取自由落体在 $t = t_0$ 时的点速度的过程,如所知,这一过程最终由下述极限表达式解决问题:

$$
\begin{aligned}
V\big|_{t=t_0} &= \operatorname*{Lim}_{\Delta t\to 0}\frac{\Delta S}{\Delta t} = \operatorname*{Lim}_{\Delta t\to 0}\left(gt_0 + \frac{1}{2}g\Delta t\right)\\
&= gt_0 + \frac{1}{2}g\operatorname*{Lim}_{\Delta t\to 0}\Delta t\\
&= gt_0 + \frac{1}{2}g\cdot 0\\
&= gt_0 + 0\\
&= gt_0. \qquad\qquad (*)
\end{aligned}
$$

应该说,在现有极限论所固有的思维方式下,亦即对于变量 a 和它的极限 b 之间的关系,有且仅有 $a\uparrow b$ 这层关系,特别是拒绝涉及和考虑 $a\top b$ 还是 $a\not\top b$ 一类观念的情况下，上述求取 $t=t_0$ 时的点速度的极限表达式（＊）也可认为无可厚非，特别是在古典分析当时的思维方式下，极限论也可以算是自圆其说的(参见 3.8.5 节之注记). 然而当我们在现有极限论中引入变量趋向它的极限的实无限方式和潜无限方式（$a \uparrow b \wedge a \top b$ 和 $a \uparrow b \wedge a \overline{\top} b$）之后，将会出现新的异常情况，现讨论如下：

上述极限表达式（＊）是由下述两个核心的极限表达式合成的：

$$\operatorname*{Lim}_{\Delta t \to 0} \frac{\Delta S}{\Delta t} = gt_0, \tag{1}$$

$$\operatorname*{Lim}_{\Delta t \to 0} \Delta t = 0. \tag{2}$$

而且极限表达式(1)和(2)中的第一变量 $\Delta t \to 0$ 是完全相同的，但由前文例 6 可知极限表达式(1)是不可实现的，因此必有 $\Delta t \uparrow 0 \wedge \Delta t \overline{\top} 0$，亦即变量 Δt 必按潜无限方式趋向它的极限 0，又由前文例 4 可知上述极限表达式(2)是可实现的，因此必有 $\Delta t \uparrow 0 \wedge \Delta t \top 0$，亦即变量 Δt 必按实无限方式趋向它的极限 0，因此我们不禁要问：对于同一个问题的同一个求解过程中的同一个变量 $\Delta t \to 0$，为什么允许 $\Delta t \top 0$ 和 $\Delta t \overline{\top} 0$ 同时出现？这岂不是为使 $\operatorname*{Lim}_{\Delta t \to 0} \frac{\Delta S}{\Delta t} = gt_0$ 有意义，我们就说 $\Delta t \uparrow 0 \wedge \Delta t \overline{\top} 0$，即让 Δt 按潜无限方式趋向它的极限 0；反之，为了使得 $\frac{1}{2} g \operatorname*{Lim}_{\Delta t \to 0} \Delta t = \frac{1}{2} g \cdot 0$ 我们又说 $\Delta t \uparrow 0 \wedge \Delta t \top 0$，即让 Δt 按实无限方式趋向它的极限 0，此等说理难以令人满意. 那么试问能否统一规定 Δt 以实无限方式趋向它的极限 0？这是不可能的，因为这样一来必有 $\Delta t \top 0$，从而 $\operatorname*{Lim}_{\Delta t \to 0} \frac{\Delta S}{\Delta t} = gt_0$ 将导致无意义的 $\frac{0}{0}$，那么能否统一规定 Δt 以潜无限方式趋向它的极限 0，这也是不可能的，因为在 $\Delta t \uparrow 0 \wedge \Delta t \overline{\top} 0$ 的情况下，必然导致极限表达式 $\operatorname*{Lim}_{\Delta t \to 0} \Delta t = 0$ 是不可实现的. 然而我们在前文例 4 中已知极限表达式 $\operatorname*{Lim}_{\Delta t \to 0} \Delta t = 0$ 是可以实现的，又由前文重要结论[△]所示，任何一个极限表达式要么是可实现的，要么是不可实现的，亦即没有这样的极限表达式，它既是可实现的又是不可实现的. 极限表达式 $\operatorname*{Lim}_{\Delta t \to 0} \Delta t = 0$ 当然也不得例外(参见 3.8.5 节之注记). 总之，在极限论中明确引入变量趋向其极限的实无限方式和潜无限方式后，在上述求取自由落体在 $t=t_0$ 时的点速度的过程中，对于变量 Δt 趋向它的极限 0 的上述种种说法，都是说不通的.

以上的讨论表明，只要在极限论中明确引入和区分变量趋向它的极限的实无限方式和潜无限方式，那么 Berkeley 悖论的阴影并没有在极限论中真正消失.

3.3 节中已经明确指出，微积分与极限论本身就已采纳了兼容两种无穷观的思维方式. 又 3.4.2 节中明确指出：潜无限不等于实无限(poi≠aci)的思想规定也是近现代数学及其理论基础自身所固有.因之,我们在上文中采纳兼容两种无穷观的思维方式去分析讨论极限论中的问题,应该说是顺理成章之事.相反地,在某个理论系统中,一方面为了自身的存在和发展而采纳兼容两种无穷观的思维方式,另一方面,却为了掩盖矛盾又拒绝采纳兼容两种无穷观的思维方式去分析问题,则可谓太无道理.

3.8.5 注记之(一)

3.2.2 节是在近现代数学系统或框架外论述并有结论:潜无限(poi)与实无限(aci)是无中介的矛盾对立关系(P,$\neg P$),从而有 $\vdash$poi $\vee$ aci. 3.4.2 节是在近现代数学系统或框架内论述并有结论:poi≠aci 和 $\vdash$poi $\vee$ aci. 所以如上结论为近现代数学系统自身所固有,并非外加进去的思想规定.

正因为实无限(aci)是肯定完成式(gone),而潜无限(poi)是否定完成式($\neg$gone, f-going),所以在一个系统内兼容潜无限(poi)与实无限(aci)并不引起矛盾,但在系统内决不允许有什么事物、概念甚或研究对象既是潜无限(poi)又是实无限(aci),否则必将导致 gone $\wedge$ $\neg$gone,进而违背无矛盾律 $\vdash\neg(A \wedge \neg A)$. 同样在极限论中,兼容变量趋向其极限的潜无限(poi)方式和实无限(aci)方式是不致引起矛盾的,但在极限论中不能允许某个变量 x 趋向其极限 x_0,既以肯定完成式(gone)的实无限方式 ($x \uparrow x_0 \wedge x \top x_0$,即 $|x-x_0|=0$),同时又以否定完成式($\neg$gone)的潜无限方式 ($x \uparrow x_0 \wedge x \overline{\top} x_0$,即 $|x-x_0|>0$)之类的情况出现,否则同样引起达到($\top$)与永不可达($\overline{\top}$)并存($\top \wedge \overline{\top}$),也就是 gone $\wedge$ $\neg$gone 而违背无矛盾律 $\vdash\neg(A \wedge \neg A)$.

对于 3.8.3 节中之例 1、例 2、例 5 和例 6 中所涉及的变量趋向其极限的方式,都采用了否定完成式($\neg$gone)的潜无限方式 ($x \uparrow x_0 \wedge x \overline{\top} x_0$,即 $|x-x_0|>0$). 在这里,通常不会去设想它们同时也可采用肯定完成式(gone)的实无限方式 ($x \uparrow x_0 \wedge x \top x_0$,即 $|x-x_0|=0$),因为这将明显导致系统的不相容性. 但对 3.8.3 节中之例 3 和例 4 而言,由于所涉及之变量趋向其极限的方式,均已满足了定义 3 的相关条件,从而采用了肯定完成式(gone)的实无限方式 ($x \uparrow x_0 \wedge x \top x_0$,即 $|x-x_0|=0$). 但在这里却容易误认为它们也可采用否定完成式($\neg$gone)的潜无限方式 ($x \uparrow x_0 \wedge x \overline{\top} x_0$,即 $|x-x_0|>0$). 因为不论采用潜无限方式或实无限方式 (即 $|x-x_0|>0$,或 $|x-x_0|=0$),反正整个极限表达式的极限值不发生变化,应当指出,这里有两种不同的思想规定或两种不同的出发点:

(一)基于古典分析的出发点;

(二)基于贯彻 aci≠poi 与 $\vdash$aci $\vee$ poi 的出发点.

如果基于上述古典分析之出发点(一),那么对于一个变量 x 趋向其极限点 x_0

而言，既可采用实无限方式（$x \uparrow x_0 \wedge x \top x_0$，即 $|x - x_0| = 0$），同时也可采用潜无限方式（$x \uparrow x_0 \wedge x \not\top x_0$，即 $|x - x_0| > 0$），因为在那里 x 与其极限的关系只有 $x \uparrow x_0$ 这一层关系，并不考虑 $x \top x_0$ 和 $x \not\top x_0$ 一类观念，所以 3.8.4 节中曾亦指出，在此古典分析的思想规定下，"上述求取 $t = t_0$ 时的点速度的极限表达（*）也可认为无可厚非，特别是在古典分析当时的思维方式下，极限论也可以算是自圆其说的."然而当我们基于上述贯彻 aci≠poi 和 ⊢aci∨poi 的出发点（二）时，对于一个变量 x 趋向其极限点 x_0 而言，就决不允许既采用实无限方式（$x \uparrow x_0 \wedge x \top x_0$，即 $|x - x_0| = 0$），同时又采用潜无限方式（$x \uparrow x_0 \wedge x \not\top x_0$，即 $|x - x_0| > 0$）. 否则必将导致 gone∧¬gone 而违背无矛盾律 ⊢¬(gone∧¬gone) 的后果. 因为上述出发点（二）告诉我们，在以二值逻辑演算为推理工具的 ZFC 框架内 poi(¬gone) 与 aci(gone) 是无中介的矛盾对立关系.

如所知，我们曾在 3.2.2 节中讨论过，在闭区间 $[a, b]$ 内，变量 x 以实无限方式趋向它的极限点 b，即 $x \uparrow b \wedge x \top b$. 但在开区间 $a(,)b$ 内，变量 x 以潜无限方式趋向它的极限点 b，即 $x \uparrow b \wedge x \not\top b$. 我们既不允许在闭区间 $[a, b]$ 内同时又有变量 x 以潜无限方式趋向其极限点 b，这不仅是 $x \top b$ 和 $x \not\top b$（即 gone 与 ¬gone）不能同时成立的问题，而且事实上，我们不能想象变量 x 在闭区间 $[a, b]$ 内，永远达不到（f-going，¬gone）极限点 b，也不能想象变量 x 在开区间 $a(,)b$ 内能达到（gone）极限点 b. 除非存在着这样的区间，它既是闭区间同时又是开区间，但这是不可能的.

现任给一个极限表达式 $\operatorname*{Lim}_{x \to x_0} f(x) = A$，若 $f(x)$ 在 x_0 点有定义，则第一变量 x 将以实无限方式趋向其极限点 x_0，即 $x \uparrow x_0 \wedge x \top x_0$，此时我们就不能同时再设变量 x 以潜无限方式趋向其极限点 x_0，否则将导致一个极限表达式中之第一变量 x 趋向其极限点 x_0 的实无限方式与潜无限方式并存，亦即将出现 gone∧¬gone 与 $x \top x_0 \wedge x \not\top x_0$ 的矛盾式. 事实上在 $f(x)$ 在 x_0 点有定义的前提下，也想象不出来变量 x 永不可达 x_0 的情况. 3.8.3 节中之例 4，即极限表达式 $\operatorname*{Lim}_{x \to 0} ax = 0$ 就是这种情形. 现再设极限表达式 $\operatorname*{Lim}_{x \to x_0} f(x) = A$ 中之函数 $f(x)$ 在 x_0 处没有定义，则变量 x 将以潜无限方式趋向其极限点 x_0，即 $x \uparrow x_0 \wedge x \not\top x_0$. 在此也不允许同时再设变量 x 以实无限方式趋向其极限点 x_0，即 $x \uparrow x_0 \wedge x \top x_0$ 因为这也将导致 gone∧¬gone 与 $x \top x_0 \wedge x \not\top x_0$ 的矛盾式. 事实上此时亦无法去想象变量 x 能达到 x_0 的情形. 例如 3.8.3 节中例 1 的极限表达式 $\operatorname*{Lim}_{x \to 0} \frac{1}{x} = \omega$ 就是这种情形. 任一极限表达式 $\operatorname*{Lim}_{x \to x_0} f(x) = A$ 中之函数 $f(x)$ 在 x_0 点要么是有定义的，要么是没有定义的. 不存在这样的极限表达式 $\operatorname*{Lim}_{x \to x_0} f(x) = A$，其中的函数 $f(x)$ 在 x_0 点既是有定义的，同时又是没有定义的，所以一个区间内的变量 x 趋向其极限点 b 的方式是唯一确定的，同样一个极限表达式中的第一变量 x 趋向某极限点 x_0 的方式也是唯一确定的. 所谓唯一确定，就是指要么以实无限方式(gone)，要么以潜无限方式(f-going, ¬gone). 否则必将导致 gone∧¬gone 的矛盾式.

那么就具体地针对 3.8.3 节中之例 4 而言，既已知道极限表达式 $\mathrm{Lim}_{x\to 0}ax$ 满足可实现定义 3，从而已知变量 x 趋向其极限点 0 采用了实无限方式 ($x\uparrow x_0 \wedge x\top x_0$，即 $|x-x_0|=0$)，这就不允许再去设想也可采用潜无限方式 ($x\uparrow x_0 \wedge x$ 下 x_0，即 $|x-x_0|>0$). 如果在此再去设想同时采用变量 x 趋向极限 0 的潜无限方式 ($x\uparrow x_0 \wedge x$ 下 x_0，即 $|x-x_0|>0$)，则就不是基于贯彻 aci≠poi 和 ⊢aci∨poi 的出发点(二)，而是重新返回到基于古典分析出发点(一)中去了.

应该指出，在一种思想规定的系统中，指责另一种思想规定之系统中的结果有误，这是毫无意义的. 例如在欧氏几何系统中指责罗氏几何中的结论"三角形内角和小于 180°"有误，或者在罗氏几何系统中去指责欧氏几何中的结论"三角形内角和等于 180°"有误，都是没有意义且没有根据的.

最后还应指出，我们不仅在 3.2.2 中确定了肯定完成式(gone)的实无限(aci)与否定完成式(¬gone)的潜无限(poi)是无中介的矛盾对立关系，又在 3.2.3 节中严格区分了进行式(going)的基础无限(eli)与永远是进行式(f-going)的潜无限. 但在古典分析的思维方式下，对于三种无限的区别和联系是很模糊的，甚至是完全不清楚的. 为之似乎由于贯彻了 $\varepsilon-\delta$ 与 $\varepsilon-N$ 的潜无限而解决了矛盾，实际上只是暂时掩盖了矛盾. 因为古典分析与极限论最终还要奠定在近代公理集合论基础上，而 3.4.2 节已经指出，在近代公理集合论框架内就有 poi≠aci 和 ⊢poi∨aci 的隐性思想规定，所以在近现代数学系统内的所谓基于古典分析出发点(一)也不过是说说而已，其间存在的矛盾还是掩盖不了的. 其实上文所提及的所谓"自圆其说"，也不过是在两种无穷观之对应关系很模糊，甚至对进行式(going)与永远是进行式(f-going)都不能区分的情况下，对变量 x 趋向其极限点 x_0，连 x 尚未达到 x_0 和 x 永远达不到 x_0 都不能区分的背景下，才称其为所谓的"自圆其说"而已. 亦即在仅有 $x\uparrow x_0$ 而不问 $x\top x_0$ 和 x 下 x_0 的背景下，通常就会含糊地不去深究了.

3.8.6 注记之(二)

本节上文(3.8.1～3.8.5 节)内容的陈述与讨论，颇为冗长而繁琐，这是为了顺应当时的历史背景，以及极限论如何解决 Berkeley 悖论的思路. 其实在确认 ⊢poi∨aci 和变量无限趋近其极限的 poi 方式 ($x\uparrow x_0 \wedge x$ 下 x_0) 和 aci 方式 ($x\uparrow x_0 \wedge x\top x_0$) 前提下，我们可以针对 3.8.4 节之极限过程(*)直接质疑如下：

如 3.8.1 节之图所示，当 $\Delta S>0 \wedge \Delta t>0$ 时，则为自由落体在 $t\neq t_0$ 时的平均速度，可记为：$V|_{t\neq t_0}=V|_{|t-t_0|>0}=V|_{\Delta t>0}$. 我们可将自由落体在 t_0 时刻之点

速度记为：$V|_{t=t_0}=V|_{|t-t_0|=0}=V|_{\Delta t=0}$．又由上文 3.8.4 极限过程（$*$）知道自由落体在 t_0 时刻之点速度是 $V|_{t=t_0}=\underset{\Delta t\to 0}{\mathrm{Lim}}\dfrac{\Delta S}{\Delta t}=gt_0$，亦即 gt_0 是 ΔS 与 Δt 之比在 ΔS 与 Δt 无限趋近于 0 时的极限，让我们将该极限表达式简记为 $\dfrac{\mathrm{d}S}{\mathrm{d}t}$，亦即

$$\frac{\mathrm{d}S}{\mathrm{d}t}=_{\mathrm{df}}V|_{t=t_0}=\underset{\substack{\Delta S\to 0\\ \Delta t\to 0}}{\mathrm{Lim}}\frac{\Delta S}{\Delta t}=\underset{\Delta t\to 0}{\mathrm{Lim}}\frac{\Delta S}{\Delta t} \tag{∇}$$

那么我们要问，在（∇）中，ΔS 与 Δt 究竟是按否定完成式（$\neg$gone）的 poi 方式（$\Delta S\uparrow 0\wedge\Delta S\not\top 0$，$\Delta t\uparrow 0\wedge\Delta t\not\top 0$），还是按肯定完成式（gone）的实无限方式（$\Delta S\uparrow 0\wedge\Delta S\top 0$，$\Delta t\uparrow 0\wedge\Delta t\top 0$）趋向其极限 0 的？

如果是按 $\Delta S\uparrow 0\wedge\Delta S\not\top 0$ 和 $\Delta t\uparrow 0\wedge\Delta t\not\top 0$ 这种 poi 方式无限趋向其极限点 0 的，那么 ΔS 与 Δt 将永远达不到 0，从而我们有

$$\frac{\mathrm{d}S}{\mathrm{d}t}\text{ 永远是 }\frac{\Delta S(>0)}{\Delta t(>0)}. \tag{1}$$

如果是按 $\Delta S\uparrow 0\wedge\Delta S\top 0$ 和 $\Delta t\uparrow 0\wedge\Delta t\top 0$ 这种 aci 方式无限趋向其极限点 0 的，那么 ΔS 与 Δt 都必须达到 0，从而我们又有

$$\frac{\mathrm{d}S}{\mathrm{d}t}\text{ 将走向无意义的 }\frac{0}{0}. \tag{2}$$

由（1）知，$\dfrac{\mathrm{d}S}{\mathrm{d}t}$ 永远是平均速度，亦即

$$\frac{\mathrm{d}S}{\mathrm{d}t}=V|_{t\neq t_0}=V|_{|t-t_0|>0}=V|_{\Delta t>0},$$

因为平均速度不等于 t_0 时刻之点速度，故 $\dfrac{\mathrm{d}S}{\mathrm{d}t}\neq gt_0$，亦即

$$\frac{\mathrm{d}S}{\mathrm{d}t}=V|_{\Delta t>0}=V|_{|t-t_0|>0}=V|_{t\neq t_0}\neq V|_{t=t_0}=V|_{|t-t_0|=0}=V|_{\Delta t=0}=gt_0.$$

由（2）知 $\dfrac{\mathrm{d}S}{\mathrm{d}t}$ 走向无意义的 $\dfrac{0}{0}$，同样 $\dfrac{\mathrm{d}S}{\mathrm{d}t}\neq gt_0$，这表明无论用 poi 方式，还是用 aci 方式都无法求得 3.8.4 之极限过程（$*$）的下述结论：

$$V|_{t=t_0}=\underset{\substack{\Delta S\to 0\\ \Delta t\to 0}}{\mathrm{Lim}}\frac{\Delta S}{\Delta t}=\underset{\Delta t\to 0}{\mathrm{Lim}}\frac{\Delta S}{\Delta t}=gt_0,$$

亦即无论用 poi 方式还是用 aci 方式都说不通.

如所知，在 ZFC 框架下的二值逻辑演算是可靠相容的系统，从而无法接受 $\mathrm{d}S>0\wedge\mathrm{d}S=0$ 与 $\mathrm{d}t>0\wedge\mathrm{d}t=0$，同时在系统内也无法解读.

有一种观点认为：当代极限论没有给 Berkeley 悖论留下任何有关 $\dfrac{0}{0}$ 一类悖论生成的余地或缝隙，我们认为这是毫无根据的. 事实上，本小节 3.8.6 节所论，可以

认为当代极限论所留给 Berkeley 有关 $\frac{0}{0}$ 一类悖论的,远不止一个缝隙,而是一个大窟窿,而且这个大窟窿在二值逻辑框架下至今无法填补,但在中介逻辑系统中,可以给出 Berkeley 悖论的解决方案,可参照本书下文 6.4~6.6 节关于 Leibniz 割线切线问题的逻辑数学解释方法,给出解决方案而解决之.

3.9 非直接使用 poi 与 aci 观念下的自然数系统的不相容性

在 3.5 节与 3.6 节中所论之无穷集合矛盾性的证明过程中,都要直接涉及潜无限与实无限观念的使用.在本节中,将在不直接使用潜无限与实无限观念的情况下,给出自然数系统不相容性的证明,然而读者在看完相关证明之后,务必进一步阅读其后的"续论与说明",以究其深层次的原因所在.

3.9.1 注释与简记

在这里,我们将对"自然数的个数"与"自然数的数值"这两个概念作些说明.由于对任何一个概念下定义,必需借助于一些比被定义概念更为广泛或基本的概念,如此倒推下去,总有一些概念,再也找不到比它更为基本或广泛的概念来定义它,从而只能自相地通过举例、说明或者譬如而描述之.对于"自然数的数值"这个概念,可以这样去理解,任何一个自然数总有一个名称,例如对于"3"这个自然数,中文称之曰"三",英文则叫做"Three",如此等等.那么我们就把任何一个自然数的名称叫做这个"自然数的数值".至于"自然数的个数"这个概念,只能这样去理解:面对一类对象或事物,我们总能对这类对象或事物进行点数或统计,并用某种数量来表示对它们进行点数或统计的结果.有如告诉人们说,这里有 3 个桃子、8 个西瓜和 1500 个氢原子,如此等等.只是我们所面对的这类事物或对象不是别的,而是自然数集合 $N=\{x \mid n(x)\}$ 内部的各个自然数,同样会有对它们进行各种各样点数或统计的结果,从而出现有"100 个自然数"、"1000 个自然数"、"无穷多个自然数"等等.

在本文中,我们将用 kc(n) (Count)表示对自然数序列 λ 中的自然数进行点数到 n 之后统计出来的"自然数的个数",并用 nv(n) (Numerical Value)来表示序列 λ 中第 n 个"自然数的数值",并用符号 [inf] 来表示"无穷多个"等等,亦即我们规定:

kc(n) $=_{\mathrm{df}}$ 对自然数序列 λ 中的自然数进行点数到 n 之后统计出来的"自然数的个数",

nv(n) $=_{\mathrm{df}}$ 自然数序列 λ 中第 n 个"自然数的数值",

[fin] $=_{\mathrm{df}}$ "有限",

[inf] $=_{\mathrm{df}}$ “无穷多”,

[¬fin] $=_{\mathrm{df}}$ “非有限”.

其实这里的 kc(n) 有点像集合论中的有穷或无穷集合的势或基数,而 nv(n) 有点像集合论中的有穷或无穷集合的序数. 但在这里却不使用基数或序数这类概念. 因为基数或序数概念的定义都是置身于集合之外加以定义的,例如,自然数集合 N 之势被表示为 $\overline{N}=\aleph_0$,又自然数序列 λ 之序数被表示为 $\overline{N}=\omega$ 等等,由于我们在这里十分强调置身于自然数集合 N 或自然数序列 λ 这个封闭世界内部做作业,因而作业者置身于这个封闭世界内部,所面对的除了一个一个的自然数之外什么也没有,根本感知不到 N 或 λ 作为全体自然数的整体的存在,所以我们只能另立 kc(n) 和 nv(n) 这样的表示方法,这就是本节中弃用 $\aleph_0$ 与 ω 一类符号的表示方法的原因.

3.9.2　恰由全体自然数构成之集合的不相容性证明

现在让我们来证明如下定理:

定理Ⅳ　恰由全体自然数构成的集合 $N=\{x\mid n(x)\}$ ($n(x)=_{\mathrm{df}}$ “ x 为一自然数”)是一个自相矛盾的非集.

证明:现将自然数集合 $N=\{x\mid n(x)\}$ 的一切元由小到大地排列为如下的自然数序列:

$$\lambda:\{1,2,3,\cdots,n,\cdots\}$$

现在我们在自然数序列 λ 的内部做如下作业,其作业规则是:

“由 1 开始,并且一个紧接着下一个地去数自然数的个数”.　　(※)

我们很快发现在此作业规则下,所数出来的自然数“个数”(即 kc(n)),总与那个被数及的自然数的“数值”(即 nv(n))相同. 例如,数了 5 个自然数时,该自然数的数值恰好是 5,数了 1000 个自然数时,该自然数的数值正好是 1000,如果不怕麻烦,还可用数学归纳法来证明,在上述作业规则(※)之下,“个数”等于“数值”一事对所有数出来的自然数的“数值”总成立. 这就是说,由 3.9.1 中之注释与简记中所引进的符号 kc(n) 和 nv(n) 来表述,则我们可用数学归纳法证明: $\forall\,\mathrm{nv}(n)(\mathrm{nv}(n)=\mathrm{kc}(n))$. 现证明如下:

奠基:当 $\mathrm{nv}(n)=1$ 时,必有 $\mathrm{kc}(n)=1$.

归纳:若设数值 $\mathrm{nv}(n)=m$ 时,有个数 $\mathrm{kc}(n)=m$,则当数值 $\mathrm{nv}(n)=m+1$ 时,因为数值为 $\mathrm{nv}(n)=m+1$ 的那个自然数正好是紧邻在数值 $\mathrm{nv}(n)=m$ 之后的那个自然数,所以由自然数 1 数到数值为 $\mathrm{nv}(n)=m+1$ 的那个自然数时,正好是在 $\mathrm{kc}(n)=m$ 的基础上再加上 1 个自然数,亦即此时必有 $\mathrm{kc}(n)=m+1$.

故由数学归纳法知有如下结论:即对所有的自然数数值 nv(n) 而言, $\mathrm{kc}(n)=$

$\mathrm{nv}(n)$ 总成立. 亦即我们有如下重要结论:

$$\forall \mathrm{nv}(n)(\mathrm{nv}(n)=\mathrm{kc}(n)). \tag{$\triangledown$}$$

但是我们有如下熟知定理:

定理 A 所有的自然数都是有限数,亦即所有的自然数的数值都是有限的,亦即我们有

$$\forall n(n \in N \rightarrow \mathrm{nv}(n)[\mathrm{fin}]).$$

因此,由上述定理 A 可知有

$$\forall \mathrm{nv}(n)(\mathrm{nv}(n)[\mathrm{fin}]),$$

于是由等值置换公理和上文重要结论($\triangledown$)可有

$$\forall \mathrm{kc}(n)(\mathrm{kc}(n)[\mathrm{fin}]).$$

首先,由于我们是在非构造性数学框架内进行推理,我们能对自然数集合 N 或自然数序列 λ 内部的自然数全部点数完毕,或者说全部数一遍. 那么上述熟知定理 $\forall n(n \in N \rightarrow \mathrm{nv}(n)[\mathrm{fin}])$ 就在告诉我们,即使你将自然数集合 N 或自然数序列 λ 内部的自然数一个不漏地全部数完,也不可能出现 $\mathrm{nv}(n)[\neg\mathrm{fin}]$ 或 $\mathrm{nv}(n)[\mathrm{inf}]$ 的情况. 这表明如上之结论 $\forall \mathrm{nv}(n)(\mathrm{nv}(n)[\mathrm{fin}])$ 在非构造性数学框架内的正确性与科学性是必然的.

其次,上文重要结论($\triangledown$)是用数学归纳法证得的,数学归纳法能且只能用在数值有限的自然数上,从而此处将经由数学归纳法所证之上文重要结论($\triangledown$)用到 $\mathrm{nv}(n)[\mathrm{fin}]$ 上也是有效的. 如此,由等值置换公理和重要结论($\triangledown$)必有结论: $\forall \mathrm{kc}(n)(\mathrm{kc}(n)[\mathrm{fin}])$ 为真. 从而就有

$$\neg\exists \mathrm{kc}(n)(\mathrm{kc}(n)[\mathrm{inf}]) \text{ 或 } \neg\exists \mathrm{kc}(n)(\mathrm{kc}(n)[\neg\mathrm{fin}]). \tag{1}$$

但在另一方面我们却又有如下熟知定理:

定理 B 自然数集合 $N=\{x \mid n(x)\}$ 或自然数序列 λ 内部有无穷多个(即 $[\mathrm{inf}]$ 或 $[\neg\mathrm{fin}]$)自然数.

定理 C 自然数集合 $N=\{x \mid n(x)\}$ 或自然数序列 λ 内部有无穷多个(即 $[\mathrm{inf}]$ 或 $[\neg\mathrm{fin}]$)偶数.

定理 D 自然数集合 $N=\{x \mid n(x)\}$ 或自然数序列 λ 内部有无穷多个(即 $[\mathrm{inf}]$ 或 $[\neg\mathrm{fin}]$)奇数.

定理 E 自然数集合 $N=\{x \mid n(x)\}$ 或自然数序列 λ 内部有无穷多个(即 $[\mathrm{inf}]$ 或 $[\neg\mathrm{fin}]$)质数.

故由上述定理 B、C、D、E 可有结论: $\exists \mathrm{kc}(n)(\mathrm{kc}(n)[\mathrm{inf}])$. 否则若反设 $\neg\exists \mathrm{kc}(n)(\mathrm{kc}(n)[\mathrm{inf}])$, 则必有 $\forall \mathrm{kc}(n)(\mathrm{kc}(n)[\mathrm{fin}])$, 从而与上述定理 B、C、D、E 中的任何一个都矛盾,故反设 $\neg\exists \mathrm{kc}(n)(\mathrm{kc}(n)[\mathrm{inf}])$ 不成立. 从而我们有

$$\exists \mathrm{kc}(n)(\mathrm{kc}(n)[\mathrm{inf}]) \text{ 或 } \exists \mathrm{kc}(n)(\mathrm{kc}(n)[\neg\mathrm{fin}]). \tag{2}$$

如上之(1)和(2)相互矛盾. 因此恰由全体自然数构成的集合 $N=\{x \mid n(x)\}$ 是一个自相矛盾的非集,或者说自然数集合 $N=\{x \mid n(x)\}$ 这个概念是一个自相矛盾的错误概念. 正如 Leibniz 所指出的:"所有整数的个数,这一提法自相矛盾,应该抛弃."[145]

3.9.3　续论与说明

一点说明:3.9.2 中所论及之 nv(n) 和 kc(n) 都是变量,作为变量本身,两者都是 [¬fin],因为 nv(n) 可以无止境增大,kc(n) 可以无止境地增多. 因此,3.9.2 节中所涉及的某些公式中的 nv(n) 或 kc(n) 就不是变量本身,而是变量所涉及之论域中的个体. 例如就公式 $\neg\exists$nv(n)(nv(n)[¬fin]) 中的 nv(n) 而言,指的是在熟知定理 $\forall n(n\in N\rightarrow$ nv(n)[fin]) 的结论之下,即使你对 N 或 λ 内部的自然数一个不漏地全部搜索一遍,亦不可能搜索到一个 nv(n)[¬fin] 的个体. 又如公式 $\exists$kc(n)(kc(n) = 1000) 或 $\exists$kc(n)(kc(n)[¬fin]) 中的 kc(n) 而言,指的是存在着这样一个 kc(n) 等于 1000,或者存在着这样一个 kc(n) 等于 [inf]. 例如,我们在 N 或 λ 内部先把偶数点数完毕就不再数下去,则根据熟知定理:"N 或 λ 内部有 [inf] 个偶数"的结论,就知道存在着这样的一个 kc(n) 等于 [inf],至少存在着某个 [¬fin] 的 kc(n).

一点续论:3.6.1 节和 3.6.2 节中关于自然数系统的不相容性证明过程,从表面上看没有直接使用潜无限和实无限观念,但就证明过程的内涵深处而言,仍然是一个潜无限与实无限不可混淆的问题. 试看自然数序列 λ、自然数数值序列 λnv(n) 和自然数个数序列 λkc(n),在非构造性数学框架内,这三个序列不仅相互一一对应,而且都是完成了的实无限可数序列,如下所示:

$$\begin{array}{llll}\lambda: & \{\ 1, & 2,\ \cdots, & n,\ \cdots\} \\ & \ \ \updownarrow & \updownarrow & \updownarrow \\ \lambda\mathrm{kc}(n): & \{\mathrm{kc}(n)=1, & \mathrm{kc}(n)=2,\ \cdots, & \mathrm{kc}(n)=n,\ \cdots\} \\ & \ \ \updownarrow & \updownarrow & \updownarrow \\ \lambda\mathrm{nv}(n): & \{\mathrm{nv}(n)=1, & \mathrm{nv}(n)=2,\ \cdots, & \mathrm{nv}(n)=n,\ \cdots\}\end{array}$$

首先分析一下 λnv(n),由于 nv(n) 可以无限增大,从而已经有了通向 [inf] 的可能性,但在熟知定理 $\forall n(n\in N\rightarrow$ nv(n)[fin]) 的结论下,使得在 nv(n) 无止境地增大的进程中,严格要求永远保持 nv(n)[fin],根据 3.4.2 节中的相关讨论可知,λnv(n) 根本不可能是什么完成了的实无限序列,而是一个标准的潜无限弹性序列:

$$\lambda\mathrm{nv}(n):\{\mathrm{nv}(n)=1,\ \mathrm{nv}(n)=2,\ \cdots,\ \overrightarrow{\mathrm{nv}(n)=n}),$$

其次再分析一下 λkc(n),由于 λkc(n) 可以无止境地增多,同样有了通向 [inf]

的可能性，又由于熟知定理："N 或 λ 内部有 [inf] 个自然数"的结论而知，在 kc(n) 无止境地增多的过程中，一定要多达 [inf]. 从而这是一个标准的 Cantor-Zermelo 意义下的实无限序列：

$$\lambda\mathrm{kc}(n):\{\mathrm{kc}(n)=1,\ \mathrm{kc}(n)=2,\ \cdots,\ \mathrm{kc}(n)=n,\ \cdots\}.$$

因此，同样一个自然数系统，从 nv(n) 角度看，它是一个潜无限弹性集合 $\mathcal{N}=\{x \mid n(x)\rangle=\{1,2,\cdots,\vec{n}\rangle$，又从 kc($n$) 角度看，它又是一个 Cantor-Zermelo 意义下的实无限刚性集合 $N=\{x \mid n(x)\}=\{1,2,\cdots,n,\cdots\}$. 根据 3.4.2 节的相关讨论，可知在近现代数学及其理论基础中，不仅潜无限不等于实无限(poi≠aci)，而且满足排中律 $\vdash A \vee \neg A$，从而自然数系统的不相容性是无可置疑的. 在 3.9.2 节对自然数系统不相容性证明的过程中，只是将 λnv(n) 的潜无限性用 $\forall$nv(n)(nv(n)[fin]) 或 $\neg\exists$nv(n)(nv(n)[$\neg$fin]) 的形式表达出来，又将 λkc(n) 的实无限性用 $\neg\forall$kc(n)(kc(n)[fin]) 或 $\exists$kc(n)(kc(n)[inf]) 的形式体现出来. 再由 $\forall$nv(n)(nv(n) $=$ kc(n)) 和等值置换公理而将其转换为直接的矛盾形式，并由此而揭示自然数系统的不相容性.

解决矛盾的方法可有如下两种方案：

其一是否定熟知定理："N 或 λ 内部有 [inf] 个自然数"的结论，使得 kc(n) 在无止境地增多的同时也永远保持 kc(n)[fin]，从而 λkc(n) 也成为潜无限弹性序列：

$$\lambda\mathrm{kc}(n):\{\mathrm{kc}(n)=1,\ \mathrm{kc}(n)=2,\ \cdots,\ \overrightarrow{\mathrm{kc}(n)=n}\rangle,$$

这样一来再没有 Cantor-Zermelo 意义下的实无限自然数集合 $N=\{x \mid n(x)\}=\{1,2,\cdots,n,\cdots\}$，而只有潜无限弹性自然数集合 $\mathcal{N}=\{x \mid n(x)\rangle=\{1,2,\cdots,\vec{n}\rangle$.

其二是否定熟知定理 $\forall n(n\in N\rightarrow \mathrm{nv}(n)[\mathrm{fin}])$ 的结论，承认 λnv(n) 中也有 nv(n)[inf] 的自然数，而使得 λnv(n) 变为完成了的实无限序列：

$$\lambda\mathrm{nv}(n):\{\mathrm{nv}(n)=1,\ \mathrm{nv}(n)=2,\ \cdots,\ \mathrm{nv}(n)=n,\ \cdots,\ \mathrm{nv}(n)[\mathrm{inf}]\},$$

但这又与近现代数学及其基础理论中的自然数序列：

$$\lambda:\{1,\ 2,\ \cdots,\ n,\ \cdots\}\omega$$

的记法相悖. 总之，两种解决矛盾的方案都要涉及对近现代公理集合论的适当修正.

顺便指出，如果我们承认在 N 或 λ 内部 $\exists$nv(n)(nv(n)[inf])，则势必有悖于近现代数学系统所认定的自然数集合 $N=\{x \mid n(x)\}$ 或自然数序列：

$$\lambda:\{1,\ 2,\ \cdots,\ n,\ \cdots\}\omega$$

的记法、内涵和结构. 并出现有如

$$\lambda\mathrm{nv}(n):\{\mathrm{nv}(n)=1,\ \mathrm{nv}(n)=2,\ \cdots,\ \mathrm{nv}(n)=n,\ \cdots,\ \mathrm{nv}(n)[\mathrm{inf}]\}$$

一类不为近现代数学系统所承认的事物. 因之在近现代数学框架内决不允许出现

$\exists$ nv(n)(nv(n)[inf]) 一类公式. 但在另一方面, 我们确认 N 或 λ 内部 $\exists$ kc(n)(kc(n)[inf]) 一事,则与近现代数学框架完全吻合,没有对自然数系统的内涵、结构或记法造成任何缺损,如下所示:

$$\lambda_1:\{\underbrace{1,\ 2,\ \cdots,\ n,\ \cdots}_{\exists\,\mathrm{kc}(n)(\mathrm{kc}(n)[\mathrm{inf}])}\}$$

$$\lambda_2:\{\underbrace{2,\ 4,\ \cdots,\ 2n,\ \cdots}_{\exists\,\mathrm{kc}(n)(\mathrm{kc}(n)[\mathrm{inf}])},\ \underbrace{1,\ 3,\ \cdots,\ 2n+1,\ \cdots}_{\exists\,\mathrm{kc}(n)(\mathrm{kc}(n)[\mathrm{inf}])}\}$$

如此等等,从形象到内涵结构,丝毫没有涉及自然数系统的修正或更动,从而在近现代数学框架内出现有如 $\exists$ kc(n)(kc(n)[inf]) 一类公式是顺理成章的事.

第4章　潜无限数学系统

下文 4.1～4.4 节将给出潜无穷数学系统的逻辑基础与集合论基础.

本书第 3 章的内容,归纳起来,主要论述了如下几个问题:

(1)近现代数学及其理论基础对两种无穷的兼容性,不仅在整体上兼容了潜无限和实无限,而且其中涉及无穷观的那些子系统也都是兼容两种无穷的.

(2)讨论了近现代数学系统中之互相矛盾的一些隐性思想规定,具体地说,近现代数学及其理论基础中的某些逻辑或非逻辑公理隐性地贯彻了潜无限等于实无限的思想规定,而另一些逻辑或非逻辑公理则隐性地贯彻了潜无限不等于实无限的思想规定.

由上述(1)和(2)可知,兼容两种无穷的分析方法和潜无限不等于实无限的思想规定为近现代数学系统自身所固有,不仅不是人们外加到系统中去的,而且也为我们提供了在近现代数学框架下运用这样的分析方法与思想规定去分析问题的可行性依据.

(3)证明了近现代数学中任何无穷集合 $A=\{x|P(x)\}$ 概念都是自相矛盾的错误概念.

(4)证明了 Berkeley 悖论的阴影并没有在极限论中真正消失.

(5)运用对角线方法往证实数集合为不可数集合的证明过程是无效的.

从而我们将直接面对并亟待解决两个问题:其一是如何为近现代数学和计算机科学理论重新选择一个合适的理论基础;其二是在什么解读方式下,能以全面保存近现代数学与计算机科学理论的所有研究成果.本章所构建的潜无限数学系统,就是针对以上所说的两个必须面对的问题所做的努力.当然,在 4.1 节中,将明确指出,这里所说的潜无限数学系统完全不同于直觉主义的构造性数学系统.

4.1　潜无限数学系统(Ⅰ)——预备知识

4.1.1　预备知识之一——背景世界的划分原则

现让我们引进如下一组记号,用以表示有穷与无穷的背景世界:

(1) $\Omega_F(R;\ x)$ 表示有穷背景世界,

(2) $\Omega_P(R;\ x)$ 表示潜无穷背景世界,

(3) $\Omega_A(R;\ x)$ 表示实无穷背景世界.

其中 F 表示有穷(finite)，P 表示潜无穷(potential infinite)，A 表示实无穷(actual infinite). 而后面括号中的 R 和 x 表示各自背景世界中所拥有的谓词和研究对象.

从历史的角度看，由于实无限论者与潜无限论者一直是在互相否定的模式中争论不休，从而都认为两种无穷是不可兼容的. 因此，他们都坚持背景世界二分法原则，亦即实无限论者认为，背景世界要么有限，要么实无限，而潜无限论者则认为背景世界要么有限，要么潜无限，若用符号表达式，则可表示为

背景世界的实无限二分法原则：$\vdash \Omega_F \vee \Omega_A$，

背景世界的潜无限二分法原则：$\vdash \Omega_F \vee \Omega_P$.

在本书中，我们把背景世界的实无限二分法原则简称为二分法原则(Ⅰ)，而将背景世界的潜无限二分法原则简称为二分法原则(Ⅱ)，亦即我们有

二分法原则(Ⅰ)：$\vdash \Omega_F \vee \Omega_A$，

二分法原则(Ⅱ)：$\vdash \Omega_F \vee \Omega_P$.

但从认识论的角度看，由于认识论中有一条世所公认的普遍原则，这就是：任何事物或观念的存在，都必定有它的背景世界. 反之，没有背景世界的事物或观念必定是无根基的，而无根基的事物或观念是不会长久存在和发展的. 那么，既然两种无穷观的萌芽、确立和争执的由来已是如此之久，所涉及的研究领域又是如此之广，我们就有理由相信，两种无穷观都有它自身的强有力的背景世界. 无论这种背景世界是客观实际的反映，还是人类智慧的合理外推，或者是现实事物的某种装配，还是哲理性的探索，都将是合情合理和毋庸置疑的. 另一方面，世界上凡是合理的东西都会长久存在且有它的背景世界，反之，凡有背景世界又能长久存在和发展的事物或观念，就肯定会有它的合理性. 那么潜无限与实无限这两种无穷观虽然互不相同，但都已千古存在又发展至今，因而都会有它自身的合理性. 在这里，人人都会认同的一点是：凡是合理的东西都应给它以存在和发展的空间，切不可全盘否定. 不仅如此，大凡世界上合理的东西都是可以互相宽容的，从而它们是可以在同一空间中并存且共同发展的. 因此，两种无穷观就既不要在全盘否定另一种无穷观的方式下去寻求自身的存在和发展，也不要在排斥或吞并另一种无穷观的背景世界的前提下去刻划自身的存在和发展. 为之，我们主张承认两种无穷的兼容性，亦即主张确立一种有穷与无穷的背景世界三分法原则，这就是无条件承认背景世界要么有穷，要么潜无穷，要么实无穷，该原则也可用如下的符号表达式表示出来：

$$\vdash \Omega_F \vee \Omega_P \vee \Omega_A .$$

在本书中也将上述有穷与无穷的背景世界三分法原则简称为三分法原则，亦即我们有

三分法原则：$\vdash \Omega_F \vee \Omega_P \vee \Omega_A$.

4.1.2 预备知识之二——关于构建潜无穷数学系统的几点说明

在4.1.1节中,我们讨论了有穷与无穷背景世界的二分法原则和三分法原则.按照这些原则的本质内涵,如果一个理论系统是以贯彻三分法原则的精神建立起来的,则在该系统内必然兼容潜无限与实无限.又若是以贯彻二分法原则(Ⅰ)或(Ⅱ)的精神建立起来的,则在该系统内必不能兼容两种无穷.如果着眼于数学历史发展的角度,直觉主义学派的构造性数学系统,应该是在贯彻二分法原则(Ⅱ)的精神之下建立起来的,因为在构造性数学系统内,可谓真正做到了完全排斥实无穷观念.只是在“存在必须(有穷步骤内)可构造”的严格要求下,限制过大,损失的合理内容太多,以致不为大多数数学家所欢迎,其自身的发展也很有限.此外,从Cantor的古典集合论到Zermelo的近代公理集合论,都十分强调实无限,从表面上看,似乎是以贯彻二分法原则(Ⅰ)的精神构建起来的.然而事实上并没有能在系统内完全排斥潜无限,相关内容的详细讨论见3.3节.又由3.4～3.9节知,近现代数学的逻辑基础与集合论基础中尚有一些深层次的矛盾.因此,如何为近现代数学与计算机科学选择一个合适的理论基础?又在什么解读方式下能全面保存近现代数学与计算机科学的研究成果?这是我们必须面对并且亟待解决的根本问题.在下文中,我们即将构建的潜无穷数学系统,就是针对如上必需面对的问题所作的努力.现将所说的潜无穷数学系统简记为PIMS.在PIMS中,我们仍将采用经典二值逻辑演算作为推理工具,但也必须作出适当的修正.而且PIMS中的那些构造集合与集合存在性的非逻辑公理,也将在近代公理集合论中的非逻辑公理基础上,逐一进行修正和重新解释.在某种意义上说,PIMS也可谓被修正了的近代公理集合论系统.毫无疑问,PIMS是以贯彻二分法原则(Ⅱ)的精神构建的,从而在PIMS中,将完全彻底地贯彻潜无限而不兼容实无限观念.为此,人们不禁会问,如此这般地构建出来的PIMS,会不会是直觉主义构造性数学的翻版?我们的回答是否定的(请参阅本书3.4.4节中相关内容).两者的根本区别在于:①直觉主义构造性数学的配套逻辑工具是直觉主义逻辑,而PIMS的推理工具却是修正了的经典二值逻辑演算;②直觉主义构造性数学的出发点不是任何意义下的集合论,而是Brouwer对象对偶直觉意义下的自然数论;③直觉主义构造性分析学奠基于Brouwer展形连续统,而PIMS的分析学将在弹性自然数系统的弹性幂集基础上展开.总之,两者各有各的出发点,各有各的建设方案,两者的内涵丰富程度也会大不相同.

最后还应指出,在数学的历史发展中,尚未见有明确以贯彻三分法原则精神构建并能自圆其说的数学系统.其实构建这种兼容两种无穷观的数学系统,将是一项较为艰巨的工程,但却是我们应予努力追求和实现的一个目标.

4.2　潜无限数学系统(Ⅱ)——逻辑基础之形式系统

我们在 4.1 节中曾规定潜无限数学系统简记为 PIMS,并明确指出:PIMS 的逻辑推理工具仍将采用经典二值逻辑演算,但要作适当的修正.因为大家都比较熟悉经典二值逻辑演算系统的框架,故在给出 PIMS 的逻辑演算(即修正了的二值逻辑演算)系统时,除了修正之处作适当阐明之外,其余相关内容,仅对自然推理系统的形式语言符号库和合式公式形成规则,以及推理规则加以罗列,不再作任何相关的文字说明.其实,所谓对经典二值逻辑演算系统作适当修正,不过是在谓词逻辑中去消全称量词引入律($\forall_+$)和增加一个名称为枚举量词及其解释约定而已.

4.2.1　PIMS 命题逻辑的自然推理系统 P^{PIN}

(一)形式语言 L_{pia} 的基本符号

(1) 命题联结词:$\neg$、$\rightarrow$、$\wedge$、$\vee$、$\leftrightarrow$,

(2) 命题词:p_1、q_1、r_1、…、p_i、q_i、r_i,此处 $i=1,2,\cdots,\vec{n}$,

(3) 技术符号:(、).

我们常用 p、q、r 来表示任一命题词,用大写字母 A、B、C 来表示任一合式公式.

在这里应注意,$\{1,2,\cdots,\vec{n}\}$ 即表示 3.4.1 和 3.4.2 中之潜无限弹性集合 $\mathscr{N}=\{x \mid n(x)\}$.在 PIMS 系统中,凡此类似情况以及有如用 $\{1,2,\cdots,\vec{n}\}$ 作为下标集 $\{a_1,a_2,\cdots,a_{\vec{n}}\}$ 或者序列 $a_1,a_2,\cdots,a_{\vec{n}}$ 均作此理解.亦即均为潜无限弹性集合或潜无限弹性序列,简称潜序列.

(二)L_{pia} 中的合式公式(Wff)的形成规则

(1) 单独一个命题词是 L_{pia} 的 Wff,

(2) A 是 L_{pia} 的 Wff $\Rightarrow(\neg A)$ 是 L_{pia} Wff,

(3) A、B 都是 L_{pia} Wff $\Rightarrow(A\rightarrow B)$、$(A\wedge B)$、$(A\vee B)$、$(A\leftrightarrow B)$ 都是 L_{pia} Wff,

(4) 归纳定义:L_{pia} 的一个公式 A 是 L_{pia} Wff iff A 由 L_{pia} 的 Wff 的形成规则生成.

我们将用符号 Σ、Γ、Δ 等表示任意的公式集,即 P^{PIN} 系统公式集的元变项.

(三) P^{PIN} 中配套于 L_{pia} 的推理规则

(Ref) $A\vdash A$,

$(\tau)\Gamma\vdash\Delta,\Delta\vdash A\Rightarrow\Gamma\vdash A$,

$(\neg)\Gamma,\neg A\vdash B,\neg B\Rightarrow\Gamma\vdash A$,

$(\rightarrow_-) A \rightarrow B, A \vdash B$,

$(\rightarrow_+) \Gamma, A \vdash B \Rightarrow \Gamma \vdash A \rightarrow B$,

$(\wedge_-) A \wedge B \vdash A, B$,

$(\wedge_+) A, B \vdash A \wedge B$,

$(\vee_-) A \vdash C, B \vdash C \Rightarrow A \vee B \vdash C$,

$(\vee_+) A \vdash A \vee B, B \vee A$,

$(\leftrightarrow_-)$ $A \leftrightarrow B, A \vdash B$,

$A \leftrightarrow B, B \vdash A$,

$(\leftrightarrow_+) \Gamma, A \vdash B, \Gamma, B \vdash A \Rightarrow \Gamma \vdash A \leftrightarrow B$.

为了方便,我们将公式集 $\Sigma = \{A_0, A_1, \cdots, A_{n-1}, A_{\vec{n}}\}$ 直接写成公式序列的形式: $A_0, A_1, \cdots, A_{n-1}, A_{\vec{n}}$. 当然,因为 Σ 是集,所以序列中的公式的次序是没有关系的. 这样, $\{A_0, A_1, \cdots, A_{n-1}, A_{\vec{n}}\} \vdash B$ 、$\Sigma \cup \{A\} \vdash B$ 、$\Sigma \cup \Sigma' \vdash B$ 可以分别表示为: $A_0, A_1, \cdots, A_{n-1}, A_{\vec{n}} \vdash B$ 、$\Sigma, A \vdash B$ 、$\Sigma, \Sigma' \vdash B$.

将 $\Sigma \vdash A_1, \cdots, \Sigma \vdash A_n$ 简记为 $\Sigma \vdash A_1, \cdots, A_n$.

定义 1 公式 A 在命题逻辑 P^{PIN} 中由公式集 Σ 形式可推演(符号记为 $\Sigma \vdash A$),当且仅当 $\Sigma \vdash A$ 能由有限次使用推理规则而生成.

如果 $\Sigma \vdash A$,则称公式 A 是 Σ 的语法后承.

注意:符号 $\vdash$ 表示的是可推演关系,它不是形式语言中的符号, $\Sigma \vdash A$ 不是形式语言中的公式,它是表示公式集 Σ 和公式 A 之间关系的一个元语言符号.

定义 2 如果公式 A 由 $\varnothing$ 形式可推演,则称公式 A 是可证明的. 由 $\varnothing$ 到 A 形式可推演的一个公式序列称为公式 A 的一个证明. 如果公式 A 是可证明的,则称公式 A 为 P^{PIN} 系统的定理,符号记为 $\vdash A$.

定理 1 如果 $\Sigma \vdash A$,则存在有限集 Σ^* , $\Sigma^* \subseteq \Sigma$ ($\Sigma^* \vec{\subseteq} \Sigma$)[①],使得 $\Sigma^* \vdash A$.

(四) P^{PIN} 语义

定义 3 一个真值赋值 v 是以包含每一公式的集为定义域、以 $\{0, 1\}$ 为值域的一个函数,并满足下列条件:

(1) $v(\neg A) = 1$, 当且仅当 $v(A) = 0$;

(2) $v(A \rightarrow B) = 1$, 当且仅当 $v(A) = 0$ 或者 $v(B) = 1$;

(3) $v(A \vee B) = 1$, 当且仅当 $v(A) = 1$ 或者 $v(B) = 1$;

(4) $v(A \wedge B) = 1$, 当且仅当 $v(A) = 1$ 并且 $v(B) = 1$;

---

①在此,我们引入表示集合 Σ 与其子集 Σ^* 之间关系的符号. 当 Σ 是一个有穷集合时,集合 Σ 与其子集 Σ^* 之间的关系符号表示为 $\Sigma^* \subseteq \Sigma$;当 Σ 是一个潜无限弹性集合时,集合 Σ 与其子集 Σ^* 之间的关系符号表示为 $\Sigma^* \vec{\subseteq} \Sigma$. 详细论述请见 4.4 节. 下同.

(5) $v(A\leftrightarrow B)=1$，当且仅当“如果 $v(A)=1$，则 $v(B)=1$”并且“如果 $v(B)=1$，则 $v(A)=1$”.

定义4　设 Σ 是公式集，A 是公式. 如果存在赋值 v，使得 $v(A)=1$，则称公式 A 是可满足的；$v(\Sigma)=1$ 当且仅当对于任何公式 C，如果 $C\in\Sigma$，则 $v(C)=1$；如果存在赋值 v，使得 $v(\Sigma)=1$，则称公式集 Σ 是可满足的；赋值 v 满足公式 A 或公式集 Σ，也称 v 是公式 A 或公式集 Σ 的 P^{PIN} 模型.

定义5　设 Σ 是公式集，A 是公式. A 是 Σ 的语义后承，记作 $\Sigma\vDash A$ 当且仅当对于任何赋值 v，如果 $v(\Sigma)=1$，则 $v(A)=1$.

定义6　一个命题逻辑公式 A 称之为有效式当且仅当对于任何赋值 v，都有 $v(A)=1$；一个命题逻辑公式 A 称之为矛盾式当且仅当对于任何赋值 v，都有 $v(A)=0$.

命题逻辑有效式有时也被称为重言式. 简记为：$\vDash A$.

在 P^{PIN} 中可以证明：

定理2(可靠性定理)

(1) 如果 $\Sigma\vdash A$，那么 $\Sigma\vDash A$；

(2) 如果 $\vdash A$，那么 $\vDash A$.

定理3(完全性定理)

(1) 如果 $\Sigma\vDash A$，那么 $\Sigma\vdash A$；

(2) 如果 $\vDash A$，那么 $\vdash A$.

即 P^{PIN} 推理系统具有可靠性和完全性.

4.2.2　PIMS 谓词逻辑的自然推理系统 F^{PIN}

(一)形式语言 L_{pie} 的基本符号

在 L_{pie} 的符号库中，首先要保留 L_{pia} 中的基本符号，即5个命题联结词 $\neg$、$\rightarrow$、$\wedge$、$\vee$、$\leftrightarrow$ 和命题词 p_1、q_1、r_1、…、p_i、q_i、r_i（此处 $i=1,2,\cdots,\vec{n}$），还有技术符号（、）等，其次还要添加下述几类基本符号：

(1) 量词 $\forall$、$\exists$、E，

(2) 个体词：a_1、a_2、…、$a_{\vec{n}}$，

(3) 谓词：F_1、G_1、H_1、…、$F_{\vec{n}}$、$G_{\vec{n}}$、$H_{\vec{n}}$，

(4) 约束变元：x_1、y_1、z_1、…、$x_{\vec{n}}$、$y_{\vec{n}}$、$z_{\vec{n}}$，

(5) 技术符号：,、(、).

显然 L_{pie} 的符号库是 L_{pia} 的符号库的真扩张.

我们常用 a、b、c 来表示任一个体词，常用大写字母 F、G、H 来表示任一谓词，常用 x、y、z 来表示任一约束变元.

量词 ∀ 的名称是全称量词,解释并读为"所有"或"一切",形式符号 ∀ 该由英文单字 All 演变而来.

量词 E 的名称是枚举量词,解释并读为"每一"或"任一",形式符号 E 该由英文单字 every 演变而来.

在 PIMS 的逻辑演算中,全称量词 ∀ 不得解释和读为"每一",而枚举量词 E 不可解释并读为"所有".两者被严格区分,这是对经典二值逻辑演算中关于量词解释约定的一种修正.

在 3.2.1 节中,曾明确定义了"枚举手续"这一概念,对任一非有限的枚举手续而言,如果该无止境的枚举手续没有进行完毕,即尚未穷举该枚举手续之前,则它所面对和指称的为进行式(going)的基础无限,但若已将该枚举手续进行完毕,即已穷举了该枚举手续,则它所面对和指称的为肯定完成式(gone)的实无限,所以由枚举到穷举的转换,就是进行式(going)到完成式(gone)的转换,也是由基础无限到实无限的转换.

在 3.2.1 节中关于枚举手续之例 2 的讨论,以及 PIMS 的逻辑演算中关于量词解释的约定可知,全称量词 ∀ 解释约定中的"所有"或"一切"所面对和指称的是肯定完成式(gone),而枚举量词 E 解释约定中的"每一"或"任一"所面对和指称的是进行式(going)或永远是进行式(f-going).

另一方面,由于 PIMS 以贯彻二分法原则(Ⅱ)的精神构建的,故在 PIMS 中,要么有限,要么潜无限,决不兼容实无限观念,而潜无限必为永远是进行式(f-going),而有限则必能在有穷步骤内穷举或进行完毕,故在有穷背景世界中,肯定完成式(gone)是最根本的.故由上文所论,既然全称量词 ∀ 之解释约定中的"所有"或"一切"所面对和指称的是肯定完成式(gone),所以全称量词 ∀ 在 PIMS 中应属于有穷背景世界 Ω_F ,而不属于潜无限背景世界 Ω_P ,反之,枚举量词 E 之解释约定中的"每一"或"任一"所面对的既然是进行式(going)或永远是进行式(f-going),所以枚举量词 E 在 PIMS 中必定属于潜无限背景世界 Ω_P ,而不属于有穷背景世界 Ω_F .如上所论,也可采用如下的简记表述如下:

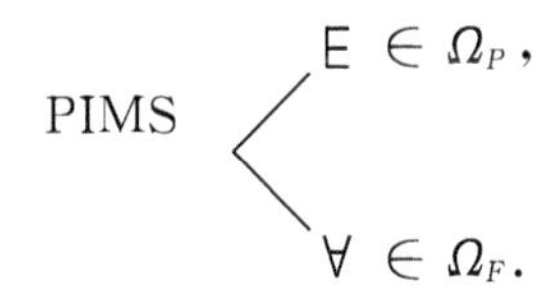

量词 ∃ 的名称是存在量词,解释并读为"存在"或"有",形式符号 ∃ 该是英文单字 Exist 演变而来.

(二)形式语言 L_{pie} 中之合式公式(Wff)的形成规则

(1) 单独一个命题词是 L_{pie} Wff,

(2) 若 F_n 是一 n 元谓词，a_1 、…、a_n 是任意 n 个个体词，则 $F_n(a_1, \cdots, a_n)$ 是 L_{pie} Wff，

(3) A 是 L_{pia} 的 Wff $\Rightarrow(\neg A)$ 是 L_{pia} Wff，

(4) A 、B 都是 L_{pia} Wff $\Rightarrow(A\rightarrow B)$ 、$(A\wedge B)$ 、$(A\vee B)$ 、$(A\leftrightarrow B)$ 都是 L_{pia} Wff，

(5) $G(a)$ 是 L_{pie} Wff，a 在其中出现，x 不在其中出现 $\Rightarrow \forall x G(x)$ 、$Ǝ x G(x)$ 、$\exists x G(x)$ 都是 L_{pie} Wff.

(6) 归纳定义：L_{pie} 的一个公式 A 是 L_{pie} Wff iff A 由 L_{pie} 的 Wff 的形成规则生成.

我们将用符号 Σ 、Γ 、Δ 等表示任意的公式集，即 P^{PIN} 系统公式集的元变项.

(三) F^{PIN} 中配套于 L_{pie} 的推理规则

在 F^{PIN} 配套于 L_{pie} 的推理规则中，首先要保留 $\dot{P}^{PIN}$ 中配套于 L_{pia} 的全部推理规则，即有(Ref)、(τ)、$(\neg)$、$(\rightarrow_-)$、$(\rightarrow_+)$、$(\wedge_-)$、$(\wedge_+)$、$(\vee_-)$、$(\vee_+)$、$(\leftrightarrow_-)$、$(\leftrightarrow_+)$. 其次还要添加如下的推理规则：

$(\forall_-)$ $\forall x A(x) \vdash A(a)$ ，

$(Ǝ_-)$ $Ǝ x A(x) \vdash A(a)$ ，

$(Ǝ_+)$ $\Gamma \vdash A(a)$，a 不在 Γ 中出现，

$\Rightarrow \Gamma \vdash Ǝ x A(x)$ ，

$(\exists_-)$ $A(a) \vdash B$，a 不在 B 中出现，

$\Rightarrow \exists x A(x) \vdash B$，

$(\exists_+)$ $A(a) \vdash \exists x A(x)$ ，$A(x)$ 由 $A(a)$ 中 a 的部分出现替换为 x 而得.

推理规则 $(\forall_-)$ 叫做全称量词消去律，在经典二值逻辑演算中，其涵义是指反映了演绎推理中如下的推理思想，若某学科之论域中的所有个体皆有某种性质时，则可结论在该论域中任取一个个体出来，则该个体必具有该性质. 而今在 PIMS 中，因有 $\forall \in \Omega_F$，故在这里 $(\forall_-)$ 所反映的是这样一种推理思想，若某学科之某有穷论域中所有个体都具有某种性质时，则可结论在该有穷论域中任取一个个体，则该个体必具有该性质.

面对某学科的潜无限论域(弹性无穷集合)或实无限论域(刚性无穷集合)中的研究对象 x 而言，由所有 x 具有性质 P 可推出每一 x 具有性质 P ，进而还可以推出在论域中无约束地任选一个对象 a 具有性质 P ，用符号表示即为

$$\forall x P(x) \vdash Ǝ x P(x) \vdash P(a).$$

其中 $Ǝ x P(x)$ 与 $P(a)$ ，不仅同为“枚举手续”，而且要么属于基础无限的进行式(going)，要么属于潜无限的永远是进行式(f-going)，从而可有

$$Ǝ x P(x) \vdash P(a).$$

然而 $\forall x P(x)$ 是实无限的肯定完成式(gone). 面对无穷论域，由基础无限的

进行式(going)或潜无限的永远是进行式(f-going)反推实无限(aci)的肯定完成式(gone)是不合理的,因为肯定完成式(gone)是由进行式(going)中介过渡(transition)而来,因此有如

$$P(a)\vdash \forall xP(x) \text{ 或 } \mathsf{E}\, xP(x)\vdash \forall xP(x)$$

一类思想规定根本不合理,亦即如下的

$$\forall xP(x)\vdash P(a) \text{ 或 } \forall xP(x)\vdash \mathsf{E}\, xP(x)$$

思想规定才是合理的.这就是说,用兼容两种无穷观的分析工具来考察二值逻辑演算中的全称量词引入律

$$\Gamma\vdash A(a),a\text{ 不在 }\Gamma\text{ 中出现},\Rightarrow\Gamma\vdash\forall xA(x) \qquad (\forall_+)$$

时,不难看出其中隐性地贯彻了一种不合理的思想规定(请参阅 3.2.2 节,3.2.3 节与 3.4.1 节).故不仅在 PIMS 中,即使在今后构建新的实无限数学系统时,都应把($\forall_+$)弃之不用.其实逻辑演算中的一些推理规则,也是从演绎推理中抽象出来,并加以形式化的.而在演绎推理时代,对两种无限的区别和联系,尚不完全明确,也没有两种无穷的严格定义,更没有分离出进行式(going)的基础无限(eli).所以在涉及无穷观的推理层面上,尚包含一些不合理的因素是可以理解的.至于对有穷刚性集合而言,($\forall_+$)还是可以使用的,但为避免引起混淆,我们在 PIMS 中的逻辑演算中,还是将($\forall_+$)排斥掉.然而对有穷刚性论域而言,全称量词 $\forall$ 却不可不用,为之,我们还是保留了($\forall_-$)这一推理规则的使用.

推理规则(E_-)叫做枚举量词消去律:因在 PIMS 中有 $\mathsf{E}\in\Omega_P$,故在 PIMS 中,(E_-)所反映的是如下的推理思想,如果某学科之某一潜无限弹性论域中的每一个个体总有某种性质时,则可结论在该潜无限论域中任取一个个体出来,则该个体必具有该性质.

推理规则(E_+)叫做枚举量词引入律:因在 PIMS 中有 $\mathsf{E}\in\Omega_P$,故在 PIMS 中,(E_+)所反映的是如下的推理思想,即在某学科的某一潜无限弹性论域中,如果不受任何约束地任选一个个体 a,总能在某种前提下推出 a 具有性质 A 时,则我们就结论在同样的前提下,可推出该潜无限弹性论域中的每一个个体总具有性质 A.选取个体 a 时不受任何约束很重要,特别是不受推出它有性质 A 的前提的约束.

推理规则($\exists_-$)叫做存在量词消去律,由于 PIMS 是在贯彻二分法原则(Ⅱ)(即 $\vdash\Omega_F\vee\Omega_P$)的精神下构建的,故在 PIMS 中,($\exists_-$)所反映的是这样一种推理思想:如果某学科的某个有穷论域或潜无限弹性论域中任选一个个体 a,只要 a 具有性质 A,就能推出结论 B,那么在肯定该有穷论域或潜无限弹性论域中存在着具有性质 A 的个体情况下,就必能推出结论 B.在此还应指出,对于个体 a 的选取是不受任何约束的,特别是不受那个被推出的结论 B 的约束.

推理规则($\exists_+$)叫做存在量词引入律:在 PIMS 中,如果已知某论域(有穷论域或潜无限弹性论域)中之个体 a 具有性质 A ,则就结论该有穷论域或潜无限弹性论域中确实存在着具有性质 A 的个体.

为了方便,我们将公式集 $\Sigma = \{A_0, A_1, \cdots, A_{n-1}, A_{\vec{n}})$ 直接写成公式序列的形式:$A_0, A_1, \cdots, A_{n-1}, A_{\vec{n}}$. 当然,因为 Σ 是集,所以序列中的公式的次序是没有关系的. 这样,$\{A_0, A_1, \cdots, A_{n-1}, A_{\vec{n}}) \vdash B$ 、$\Sigma \cup \{A\} \vdash B$ 、$\Sigma \cup \Sigma' \vdash B$ 可以分别表示为 $A_0, A_1, \cdots, A_{n-1}, A_{\vec{n}} \vdash B$ 、$\Sigma, A \vdash B$ 、$\Sigma, \Sigma' \vdash B$.

将 $\Sigma \vdash A_1, \cdots, \Sigma \vdash A_n$ 简记为 $\Sigma \vdash A_1, \cdots, A_n$.

定义 7 公式 A 在谓词逻辑 F^{PIN} 中由公式集 Σ 形式可推演(符号记为 $\Sigma \vdash A$),当且仅当 $\Sigma \vdash A$ 能由有限次使用推理规则而生成.

如果 $\Sigma \vdash A$,则称公式 A 是 Σ 的语法后承.

定义 8 如果公式 A 由 $\varnothing$ 形式可推演,则称公式 A 是可证明的. 由 $\varnothing$ 到 A 形式可推演的一个公式序列称为公式 A 的一个证明. 如果公式 A 是可证明的,则称公式 A 为 F^{PIN} 系统的定理,符号记为 $\vdash A$.

定理 4 如果 $\Sigma \vdash A$,则存在有限集 Σ^* ,$\Sigma^* \subseteq \Sigma$($\Sigma^* \vec{\subseteq} \Sigma$),使得 $\Sigma^* \vdash A$.

(四)F^{PIN} 的语义

定义 9(模型) 一阶语言 PIMS 的一个模型 是一个三元序组

$$< M, \{R_i\}_{i \in I}, \{a_k\}_{k \in K} >.$$

它由三部分构成:

(1) 一个非空的有穷集合或者潜无限弹性集合 M ,称为模型的 的论域;

(2) $(R_i) \subseteq M^n$ ($(R_i) \vec{\subseteq} M^n$),对于 PIMS 中的每一个 n 元关系符号 R_i ;

(3) $(a_k) \in M$ ($(a_k) \vec{\in} M$),对于 PIMS 中的每一个常元符号①.

定义 10 设 是一个模型,模型 (a_i/m_j) 指的是:

$$(a_i/m_j)(w) = \begin{cases} (w), \text{如果 } w \neq a_i; \\ m_j, \text{如果 } w = a_i. \end{cases}$$

定义 11(公式的基本语义定义) 设 是一个模型,A 是一个公式,满足下列条件的 称为 F^{PIN} 模型:

(1) $(p_i) \in \{0, 1\}$;

(2) $(F_i^n(a_1, \cdots, a_n)) = 1$,当且仅当 $<$ $(a_1), \cdots,$ $(a_n) > \in$

---

①在此,我们引入表示集合 Σ 与其元素 x 之间关系的符号. 当 Σ 是一个有穷集合时,集合 Σ 与其元素 x 之间的关系符号表示为 $x \in \Sigma$;当 Σ 是一个潜无限集合时,集合 Σ 与其元素 x 之间的关系符号表示为 $x \vec{\in} \Sigma$. 详细论述请见本书后续:潜无限数学系统(Ⅳ)——集合论基础. 下同.

$(F_i^n)(< \quad (a_1), \cdots, \quad (a_n) > \vec{\in} \quad (F_i^n))$;

(3) $(\neg A) = 1$，当且仅当 $(A) = 0$；

(4) $(A \rightarrow B) = 1$，当且仅当 $(A) = 0$ 或者 $(B) = 1$；

(5) $(A \vee B) = 1$，当且仅当 $(A) = 1$ 或者 $(B) = 1$；

(6) $(A \wedge B) = 1$，当且仅当 $(A) = 1$ 并且 $(B) = 1$；

(7) $(A \leftrightarrow B) = 1$，当且仅当“$(A) = 1$ 并且 $(B) = 1$”或者“$(A) = 0$ 并且 $(B) = 0$”；

(8) 如果 $(\forall x A(x)) = 1$，那么对于每一 $m \in M$ ($m \vec{\in} M$)，都有 $(a_i/m)(A(a_i)) = 1$；

(9) $(\exists x A(x)) = 1$，当且仅当存在 $m \in M$ ($m \vec{\in} M$)，使得 $(a_i/m)(A(a_i)) = 1$；

(10) $(\text{Ε} x A(x)) = 1$，当且仅当对于每一 $m \in M$ ($m \vec{\in} M$)，都有 $(a_i/m)(A(a_i)) = 1$.

定理 5 设　是一个 F^{PIN} 模型，A 是任一公式，则

$$(A) \in \{1, 0\}.$$

定义 12(可满足性) 设 A 是公式，Σ 是公式集. 称 A 是可满足的，当且仅当存在一个 F^{PIN} 模型　，使得 $(A) = 1$；称 Σ 是可满足的，当且仅当存在一个 F^{PIN} 模型　，使得对于任何 B，如果 $B \in \Sigma$ ($B \vec{\in} \Sigma$)，则 $(B) = 1$，简记为 $(\Sigma) = 1$.

定义 13(有效性) 设 A 是公式. 称 A 是有效的，当且仅当对于任一 F^{PIN} 模型　，都有 $(A) = 1$.

定义 14 设 A 是公式，Σ 是公式集. A 是 Σ 的语义后承，记作

$$\Sigma \models A,$$

当且仅当对于任何 F^{PIN} 模型　，$(\Sigma) = 1$ 蕴涵 $(A) = 1$.

显然，如果 $\varnothing \models A$，当且仅当 A 是有效式.

定理 6

(Ref) $A \models A$,

(τ) $\Gamma \models \Delta, \Delta \models A \Rightarrow \Gamma \models A$,

($\neg$) $\Gamma, \neg A \models B, \neg B \Rightarrow \Gamma \models A$,

($\rightarrow_-$) $A \rightarrow B, A \models B$,

($\rightarrow_+$) $\Gamma, A \models B \Rightarrow \Gamma \models A \rightarrow B$,

($\wedge_-$) $A \wedge B \models A, B$,

($\wedge_+$) $A, B \models A \wedge B$,

($\vee_-$) $A \models C, B \models C \Rightarrow A \vee B \models C$,

$(\vee_{+})A \models A \vee B, B \vee A$，

$(\leftrightarrow_{-})\ A \leftrightarrow B, A \models B$，

$A \leftrightarrow B, B \models A$，

$(\leftrightarrow_{+})\Gamma, A \models B, \Gamma, B \models A \Rightarrow \Gamma \models A \leftrightarrow B$，

$(\forall_{-})\ \forall x A(x) \models A(a)$，

$(\mathrm{E}_{-})\ \mathrm{E}\, x A(x) \models A(a)$，

$(\mathrm{E}_{+})\ \Gamma \models A(a)$，$a$ 不在 Γ 中出现，

$\Rightarrow \Gamma \models \mathrm{E}\, x A(x)$，

$(\exists_{-})\ A(a) \models B$，$a$ 不在 B 中出现，

$\Rightarrow \exists x A(x) \models B$，

$(\exists_{+})A(a) \models \exists x A(x)$，$A(x)$ 由 $A(a)$ 中 a 的部分出现替换为 x 而得.

证明　我们只其中涉及量词的部分.

(1) $\forall x A(x) \models A(a)$.

假设 $\forall x A(x) \models A(a)$ 不成立，则存在 F[PIN]模型　，使得

$$(\forall x A(x)) = 1, \qquad ①$$

但是

$$(A(a)) = 0, \qquad ②$$

而由①可得

$$\text{对于任意 } m \in M\ (m \vec{\in} M)\text{，都有}\quad (a_i/m)(A(a_i)) = 1, \qquad ③$$

因此，对于　$(a) \in M$（　$(a) \vec{\in} M$），有　$(a_i/\quad(a))(A(a_i)) = 1$，即有

$$(a_i/\quad(a))(a_i) \in \quad (a_i/\quad(a))(A), \qquad ④$$

$$(\quad(a_i/\quad(a))(a_i) \vec{\in} \quad (a_i/\quad(a))(A)),$$

而　$(a_i/\quad(a))(a_i) = \quad(a)$，　$(a_i/\quad(a))(A) = \quad(A)$，

所以有

$$(a) \in \quad (A)\ (\quad(a) \vec{\in} \quad (A)), \qquad ⑤$$

因此

$$(A(a)) = 1. \qquad ⑥$$

②和⑥矛盾. 假设不成立.

所以，$\forall x A(x) \models A(a)$.

(2) $\mathrm{E}\, x A(x) \models A(a)$.

证明与(1)类似. 略.

(3) $\Sigma \models A(a)$，a 不在 Σ 中出现 $\Rightarrow \Sigma \models \mathrm{E}\, x A(x)$.

假设 $\Sigma \models A(a)$ (a 不在 Σ 中出现)成立,而 $\Sigma \models \exists xA(x)$ 不成立. 则存在 F^{PIN} 模型 ，使得

$$(\Sigma) = 1, \quad ①$$

但是

$$(\exists xA(x)) = 0, \quad ②$$

由②可得:

$$存在\ m \in M\ (m \vec{\in} M),使得\ (a/m)(A(a)) = 0, \quad ③$$

因为 a 不在 Σ 中出现,所以由①和③可得

$$(a/m)(\Sigma) = 1, \quad ④$$

因为 $\Sigma \models A(a)$ (a 不在 Σ 中出现),所以有

$$(a/m)(A(a)) = 1. \quad ⑤$$

③和⑤矛盾. 假设不成立.

所以, $\Sigma \models A(a)$, a 不在 Σ 中出现 $\Rightarrow \Sigma \models \exists xA(x)$.

关于存在量词推理规则的有效性证明与经典逻辑相同,略.

定理 7 在 F^{PIN} 中,

(1) $\models \forall xP(x) \rightarrow P(a)$;

(2) $\models \forall xP(x) \rightarrow \exists xP(x)$;

(3) $\not\models \exists xP(x) \rightarrow \forall xP(x)$.

4.3 潜无限数学系统(Ⅲ)——逻辑基础之元理论

在本节中,我们将在 4.2 节的基础上,证明潜无限数学系统的逻辑形式系统的可靠性和完全性.

定理 8 (F^{PIN} 可靠性定理)

(1)如果 $\Sigma \vdash A$,那么 $\Sigma \models A$;

(2)如果 $\vdash A$,那么 $\models A$.

证明

(1)施归纳于 $\Sigma \vdash A$ 推演的长度 $\mathcal{N}$ (计算推演程度时 Σ 除外).

基始:当 $\mathcal{N}=1$,此时推演可分别由规则 (Ref) 、($\rightarrow_-$) 、($\wedge_-$) 、($\wedge_+$) 、($\vee_+$) 、($\leftrightarrow_-$) 、($\forall_-$) 、($\exists_-$) 、($\exists_+$) 直接得到. 根据定理 6,显然有 $\Sigma \models A$.

归纳步骤:假设当 $\mathcal{N}=k$ 时,定理成立. 那么当 $\mathcal{N}=k+1$ 时. 此时推演可由规则 (Ref) 、($\rightarrow_-$) 、($\wedge_-$) 、($\wedge_+$) 、($\vee_+$) 、($\leftrightarrow_-$) 、($\forall_-$) 、($\exists_-$) 、($\exists_+$) 直接得到. 根据定理 6,显然有 $\Sigma \models A$.

推演也可能从其他规则得到,那么根据归纳假设和定理 4,同样有 $\Sigma \models A$.

(2)是(1)的特殊情形.

定义 15(协调性)　公式集 Σ 是协调的，当且仅当不存在公式 A，使得 $\Sigma \vdash A$ 并且 $\Sigma \vdash \neg A$.

显然，协调性是一个纯语法的概念.

定义 16　公式集 Σ 是潜在性极大协调的，当且仅当 Σ 满足：

(1) Σ 是协调的；

(2) 对于任何 $A \notin \Sigma$ ($A \vec{\notin} \Sigma$)，$\Sigma \cup \{A\}$ 是不协调的.

定理 9　设 Σ 是潜在性极大协调集. 对于任何公式 A，$\Sigma \vdash A$ 当且仅当 $A \in \Sigma$ ($A \vec{\in} \Sigma$).

证明：假设 $A \in \Sigma$ ($A \vec{\in} \Sigma$)，则显然有 $\Sigma \vdash A$.

假设 $\Sigma \vdash A$. 如果 $A \notin \Sigma$ ($A \vec{\notin} \Sigma$)，那么因为 Σ 是潜在性极大协调的，于是有 $\Sigma \cup \{A\}$ 是不协调的，因此存在公式 B，$\Sigma \cup \{A\} \vdash B$ 并且 $\Sigma \cup \{A\} \vdash \neg B$，因此有 $\Sigma \vdash \neg A$. 这与 Σ 是协调的相矛盾. 因此 $A \in \Sigma$ ($A \vec{\in} \Sigma$).

定理 10　设 Σ 是潜在性极大协调集. 对于任何公式 A，$\Sigma \vdash \neg A$ 当且仅当 $\Sigma \nvdash A$.

定理 11　任何协调的公式集都能够扩充为潜在性极大协调集.

证明　设 Σ 是任一协调的公式集. 令

$$[※]: A_1, A_2, \cdots, A_{\vec{n}},$$

是 PIMS 中任意一个公式都能被包容进去的潜无限弹性序列. 我们定义一个公式集的潜无限弹性序列 $\Sigma_0, \Sigma_1, \Sigma_2, \cdots, \Sigma_{\vec{n}}$，如下：

(1) $\Sigma_0 = \Sigma$，

(2) $\Sigma_{n+1} = \begin{cases} \Sigma_n \cup \{A_{n+1}\}, & \text{如果 } \Sigma_n \cup \{A_{n+1}\} \text{ 是协调的}, \\ \Sigma_n, & \text{否则}. \end{cases}$

于是有

(3) $\Sigma_n \subseteq \Sigma_{n+1}$ ($\Sigma_n \vec{\subseteq} \Sigma_{n+1}$)，

(4) 对于任一 n($\vec{\in} \omega$)，Σ_n 是协调的.

令 $\Sigma^* = \bigcup_{n \vec{\in} \vec{n}} \Sigma_n$. 那么有

(5) $\Sigma \subseteq \Sigma^*$ ($\Sigma \vec{\subseteq} \Sigma^*$)，

(6) Σ^* 是潜在性极大协调的.

下面证明(6).

先证 Σ^* 是协调的. 假设 Σ^* 不是协调的. 那么存在公式 B，使得 $\Sigma^* \vdash B$，并且 $\Sigma^* \vdash \neg B$. 根据定理 4 可知，存在 Σ^* 中的有限个公式 $B_1, \cdots, B_k, B_{k+1}, \cdots, B_{k+l}$，使得

(7) $B_1, \cdots, B_k \vdash B$,

(8) $B_{k+1}, \cdots, B_{k+l} \vdash \neg B$.

所以,$\{B_1, \cdots, B_k, \cdots, B_{k+l}\}$ 是不协调的.设 $B_i \in \Sigma_{m_i}$ ($B_i \vec{\in} \Sigma_{m_i}$)($1 \leqslant i \leqslant k+l$, $m_i \vec{\in} \omega$),令 $m = \max(m_1, \cdots, m_k, \cdots, m_{k+l})$.由(3)可得,$\{B_1, \cdots, B_k, \cdots, B_{k+l}\} \subseteq \Sigma_m$ ($\{B_1, \cdots, B_k, \cdots, B_{k+l}\} \vec{\subseteq} \Sigma_m$),因此 Σ_m 是不协调的.这与(4)矛盾.所以,Σ^* 是协调的.

再证 Σ^* 是潜在性极大协调的.假设公式 $C \notin \Sigma^*$ ($C \vec{\notin} \Sigma^*$),那么根据 Σ^* 的定义可知对于任一 $n(\vec{\in} \omega)$,$C \notin \Sigma_n$ ($C \vec{\notin} \Sigma_n$).假设在序列[※]中,$C = A_{j+1}$.根据 Σ_{j+1} 的构造可知,$\Sigma_j \cup \{C\}$ 是不协调的.因为如果协调 $\Sigma_j \cup \{C\}$,则 $\Sigma_{j+1} = \Sigma_j \cup \{C\}$,因此 $C \in \Sigma_{j+1}$ ($C \vec{\in} \Sigma_{j+1}$),这与对于任一 $n(\vec{\in} \omega)$,$C \notin \Sigma_n$ ($C \vec{\notin} \Sigma_n$)矛盾.这样,因为 $\Sigma_j \subseteq \Sigma^*$ ($\Sigma_j \vec{\subseteq} \Sigma^*$),所以 $\Sigma^* \cup \{C\}$ 是不协调的.

因此,Σ^* 是潜在性极大协调的.

定义 17 一阶语言 PIMS$^+$ 是在一阶语言 PIMS 中增加一列新的常元符号:

$$u'_1、u'_2、\cdots,u'_{\vec{n}}$$

而构成.

我们用 u'、v'、w' 表示任意的新常元符号.

定义 18 设 Σ 是 PIMS 中的公式集.称 Σ 有存在性质,当且仅当对于任何存在公式 $\exists x A(x)$,如果 $\exists x A(x) \in \Sigma$ ($\exists x A(x) \vec{\in} \Sigma$),则存在 u' 使得 $A(u') \in \Sigma$($A(u') \vec{\in} \Sigma$).

定理 12 设 Σ 是 PIMS 中的公式集,且 Σ 是协调集,则 Σ 能扩充为 PIMS$^+$ 中潜在性极大协调集 Σ^*,并且 Σ^* 有存在性质.

证明 因为 PIMS$^+$ 中公式集是潜无限弹性集合或潜序列,所以由任意存在公式构成的它的无穷子集也是潜无限弹性集合或潜序列.令

(1) $\exists x A_1(x)$、$\exists x A_2(x)$、$\exists x A_3(x)$、$\cdots$、$\exists x A_{\vec{n}}(x)$

是这个子集中每一元素的任一排列.

定义 PIMS$^+$ 中公式集 Σ_n 的潜无限序列如下:

$$\Sigma_0、\Sigma_1、\Sigma_2、\Sigma_3、\cdots、\Sigma_{\vec{n}}.$$

令 $\Sigma_0 = \Sigma$.

取(1)中的第一个存在公式 $\exists x A_1(x)$.因为 $\exists x A_1(x)$ 的长度是有限的,因此我们总能找到某个 u',使得 u' 不在 $\exists x A_1(x)$ 中出现.因为 $\Sigma_0 = \Sigma$,所以 u' 也不在 Σ_0 中出现.令

$$\Sigma_1 = \Sigma_0 \cup \{\exists x A_1(x) \rightarrow A_1(u')\}.$$

假设已经定义出 Σ_0，Σ_1，…，Σ_n. 取(1)中的存在公式 $\exists x A_{n+1}(x)$. 因为 $\{u'_1、u'_2、\cdots、u'_{\vec{n}}\}$ 是潜无限集，并且在每个 $\Sigma_i(1\leqslant i\leqslant n)$ 中出现在 $\exists x A_i(x)$ 中的新常元以及在 $A_i(\omega')$ 中用去的新常元都是有限的，所以，我们总能找到某个 v'，使得 v' 不在 $\exists x A_{n+1}(x)$ 中也不在 Σ_n 中出现. 令

$$\Sigma_{n+1}=\Sigma_n\cup\{\exists x A_{n+1}(x)\rightarrow A_{n+1}(v')\}.$$

显然，

(2) 对于任一 $n(n\vec{\in}\omega)$，$\Sigma_n\subseteq\Sigma_{n+1}$；

(3) 对于任一 $n(n\vec{\in}\omega)$，Σ_n 是协调的.

对于(3)可以通过归纳证明.

归纳基始：Σ_0 是协调的.

归纳步骤：假设 Σ_n 是协调的. 如果 Σ_{n+1} 不是协调的，那么有

$\Sigma_n\vdash\neg(\exists x A_{n+1}(x)\rightarrow A_{n+1}(v'))$，

$\Sigma_n\vdash\exists x A_{n+1}(x)\wedge\neg A_{n+1}(v')$，

$\Sigma_n\vdash Ǝ y(\exists x A_{n+1}(x)\wedge\neg A_{n+1}(y))$，

$\Sigma_n\vdash Ǝ y(\exists x A_{n+1}(x)\wedge\neg A_{n+1}(y))\rightarrow(\exists x A_{n+1}(x)\wedge Ǝ y\neg A_{n+1}(y))$，

$\Sigma_n\vdash\exists x A_{n+1}(x)\wedge Ǝ y\neg A_{n+1}(y)$，

$\Sigma_n\vdash\exists x A_{n+1}(x)\wedge Ǝ x\neg A_{n+1}(x)$，

$\Sigma_n\vdash\exists x A_{n+1}(x)\wedge\neg\exists x A_{n+1}(x)$，

这与归纳假设 Σ_n 是协调的相矛盾. 因此 Σ_{n+1} 是协调的.

令 $\Sigma'=\bigcup_{n\vec{\in}\vec{n}}\Sigma_n$，则 Σ' 是协调的. 假设 Σ' 不是协调的. 那么存在公式 B，使得 $\Sigma'\vdash B$，并且 $\Sigma'\vdash\neg B$. 根据定理 4 可知，存在 Σ' 中的有限个公式 B_1，…，B_k，B_{k+1}，…，B_{k+l}，使得

$$B_1,\cdots,B_k\vdash B,$$

$$B_{k+1},\cdots,B_{k+l}\vdash\neg B.$$

所以，$\{B_1,\cdots,B_k,\cdots,B_{k+l}\}$ 是不协调的. 设 $B_i\in\Sigma_{m_i}(1\leqslant i\leqslant k+l,\ m_i\in\omega)$，令 $m=\max(m_1,\cdots,m_k,\cdots,m_{k+l})$. 由(2)可得，$\{B_1,\cdots,B_k,\cdots,B_{k+l}\}\subseteq\Sigma_m(\{B_1,\cdots,B_k,\cdots,B_{k+l}\}\vec{\subseteq}\Sigma_m)$，因此 Σ_m 是不协调的. 这与(3)矛盾. 所以，Σ' 是协调的.

由定理 11 可知，Σ' 能扩充为潜在性极大协调集 $\Sigma^*\vec{\subseteq}\mathrm{Form}(L^{FO+})$.

最后证明 Σ^* 具有存在性质.

对于 PIMS 中的任何存在公式 $\exists x A(x)\in\Sigma^*$，设 $\exists x A(x)$ 在序列(1)中为 $\exists x A_k(x)$，因此存在 u'，

$$\exists x A_k(x) \to A_k(u') \in \Sigma_k \ (\ \exists x A_k(x) \to A_k(u') \vec{\in} \Sigma_k\ ),$$

所以有

$$\exists x A_k(x) \to A_k(u') \in \Sigma^*,$$
$$\Sigma^* \vdash \exists x A_k(x) \to A_k(u'),$$
$$\Sigma^* \vdash \exists x A_k(x),$$
$$\Sigma^* \vdash A_k(u'),$$
$$A_k(u') \vec{\in} \Sigma^*,$$

因此，Σ^* 具有存在性质.

定理 13 设 Σ 是具有存在性质的潜在性极大协调集，令 $M = \{a \mid a$ 是 Σ 中出现的常元.），则

(1) $A \in \Sigma (A \vec{\in} \Sigma)$ 当且仅当 $\neg A \notin \Sigma (\neg A \vec{\notin} \Sigma)$；

(2) $(A \to B) \in \Sigma ((A \to B) \vec{\in} \Sigma)$，当且仅当 $A \notin \Sigma (A \vec{\notin} \Sigma)$ 或者 $B \in \Sigma (B \vec{\in} \Sigma)$；

(3) $(A \vee B) \in \Sigma ((A \vee B) \vec{\in} \Sigma)$，当且仅当 $A \in \Sigma (A \vec{\in} \Sigma)$ 或者 $B \in \Sigma (B \vec{\in} \Sigma)$；

(4) $(A \wedge B) \in \Sigma ((A \wedge B) \vec{\in} \Sigma)$，当且仅当 $A \in \Sigma (A \vec{\in} \Sigma)$ 并且 $B \in \Sigma (B \vec{\in} \Sigma)$；

(5) $(A \leftrightarrow B) \in \Sigma ((A \leftrightarrow B) \vec{\in} \Sigma)$，当且仅当“$A \in \Sigma (A \vec{\in} \Sigma)$ 并且 $B \in \Sigma (B \vec{\in} \Sigma)$”或者“$A \notin \Sigma (A \vec{\notin} \Sigma)$ 并且 $B \notin \Sigma (B \vec{\notin} \Sigma)$”；

(6) 如果 $\forall x A(x) \in \Sigma (\forall x A(x) \vec{\in} \Sigma)$，那么对于每一 $a \in M (a \vec{\in} M)$，都有 $A(a) \in \Sigma (A(a) \vec{\in} \Sigma)$；

(7) $\exists x A(x) \in \Sigma (\exists x A(x) \vec{\in} \Sigma)$，当且仅当存在 $a \in M (a \vec{\in} M)$，并且 $A(a) \in \Sigma (A(a) \vec{\in} \Sigma)$；

(8) $\text{E}\, x A(x) \in \Sigma (\text{E}\, x A(x) \vec{\in} \Sigma)$，当且仅当对于每一 $a \in M (a \vec{\in} M)$，都有 $A(a) \in \Sigma (A(a) \vec{\in} \Sigma)$.

证明

(1)先证 $\neg A \in \Sigma (\neg A \vec{\in} \Sigma) \Rightarrow A \notin \Sigma (A \vec{\notin} \Sigma)$. 假设 $\neg A \in \Sigma (\neg A \vec{\in} \Sigma)$，如果 $A \in \Sigma (A \vec{\in} \Sigma)$，那么有 $\Sigma \vdash A$ 并且 $\Sigma \vdash \neg A$，因此 Σ 是不协调的，这与 Σ 是潜在性极大协调集矛盾. 因此 $A \notin \Sigma (A \vec{\notin} \Sigma)$.

再证 $A \notin \Sigma$（$A \vec{\notin} \Sigma$）$\Rightarrow \neg A \in \Sigma$（$\neg A \vec{\in} \Sigma$）. 假设 $A \notin \Sigma$（$A \vec{\notin} \Sigma$），如果 $\neg A \notin \Sigma$（$\neg A \vec{\notin} \Sigma$），则 $\Sigma \cup \{A\}$ 是不协调的并且 $\Sigma \cup \{\neg A\}$ 是不协调的. 那么根据定理 9 的证明中有 $\Sigma \vdash \neg A$ 并且 $\Sigma \vdash \neg\neg A$，那么 Σ 是不协调的，这与 Σ 是潜在性极大协调集矛盾. 因此 $\neg A \in \Sigma$（$\neg A \vec{\in} \Sigma$）.

(2) 如果 $A \to B \in \Sigma$（$A \to B \vec{\in} \Sigma$）并且 $A \in \Sigma$（$A \vec{\in} \Sigma$），那么有 $\Sigma \vdash A \to B$ 并且 $\Sigma \vdash A$，所以有 $\Sigma \vdash B$，根据定理 9 可得 $B \in \Sigma$（$B \vec{\in} \Sigma$）.

如果 $A \to B \notin \Sigma$（$A \to B \vec{\notin} \Sigma$），那么根据(1)有 $\neg(A \to B) \in \Sigma$（$\neg(A \to B) \vec{\in} \Sigma$），根据定理 9 可得 $\Sigma \vdash \neg(A \to B)$，所以有 $\Sigma \vdash A$ 并且 $\Sigma \vdash \neg B$，根据定理 9 可得 $A \in \Sigma$（$A \vec{\in} \Sigma$）并且 $\neg B \in \Sigma$（$\neg B \vec{\in} \Sigma$），所以根据(1)有 $A \in \Sigma$（$A \vec{\in} \Sigma$）但是 $B \notin \Sigma$（$B \vec{\notin} \Sigma$）. 即有：并非如果 $A \in \Sigma$（$A \vec{\in} \Sigma$），那么 $B \in \Sigma$（$B \vec{\in} \Sigma$）.

(3) 假设 $(A \vee B) \in \Sigma$（$(A \vee B) \vec{\in} \Sigma$），但是 $A \notin \Sigma$（$A \vec{\notin} \Sigma$）并且 $B \notin \Sigma$($B \vec{\notin} \Sigma$). 因为 $A \notin \Sigma$（$A \vec{\notin} \Sigma$），由(1)可得 $\neg A \in \Sigma$（$\neg A \vec{\in} \Sigma$），因此由定理 9 可得：$\Sigma \vdash \neg A$. 同理可得：$\Sigma \vdash \neg B$，因此有 $\Sigma \vdash \neg A \wedge \neg B$，进而有 $\Sigma \vdash \neg(A \vee B)$. 同样由定理 9 可知：$\neg(A \vee B) \in \Sigma$（$\neg(A \vee B) \vec{\in} \Sigma$）. 又因为 $(A \vee B) \in \Sigma$($(A \vee B) \vec{\in} \Sigma$)，由此可得 Σ 不协调.

这与 Σ 是潜在性极大协调集相矛盾，所以假设不成立. 因此：

如果 $(A \vee B) \in \Sigma$（$(A \vee B) \vec{\in} \Sigma$），那么 $A \in \Sigma$（$A \vec{\in} \Sigma$）或者 $B \in \Sigma$（$B \vec{\in} \Sigma$）.

假设 $(A \vee B) \notin \Sigma$（$(A \vee B) \vec{\notin} \Sigma$），但是 $A \in \Sigma$（$A \vec{\in} \Sigma$）或者 $B \in \Sigma$（$B \vec{\in} \Sigma$）. 因为 $(A \vee B) \notin \Sigma$（$(A \vee B) \vec{\notin} \Sigma$），根据(1)可得 $\neg(A \vee B) \in \Sigma$（$\neg(A \vee B) \vec{\in} \Sigma$），因此由定理 9 可得：$\Sigma \vdash \neg(A \vee B)$，因此有 $\Sigma \vdash \neg A \wedge \neg B$，进而有 $\Sigma \vdash \neg A$ 并且 $\Sigma \vdash \neg B$. 同样根据定理 9 可知：$\neg A \in \Sigma$（$\neg A \vec{\in} \Sigma$）并且 $\neg B \in \Sigma$($\neg B \vec{\in} \Sigma$). 根据(1)可知：$A \notin \Sigma$（$A \vec{\notin} \Sigma$）或者 $B \notin \Sigma$（$B \vec{\notin} \Sigma$），这与 $A \in \Sigma$($A \vec{\in} \Sigma$）或者 $B \in \Sigma$（$B \vec{\in} \Sigma$）相矛盾.

因此：如果 $A \in \Sigma$（$A \vec{\in} \Sigma$）或者 $B \in \Sigma$（$B \vec{\in} \Sigma$），那么 $(A \vee B) \in \Sigma$（$(A \vee B) \vec{\in} \Sigma$）.

(4) 假设 $(A \wedge B) \in \Sigma$（$(A \wedge B) \vec{\in} \Sigma$），则 $\Sigma \vdash A \wedge B$，进而有：$\Sigma \vdash A$ 并且 $\Sigma \vdash B$. 因此由定理 9 可知：$A \in \Sigma$（$A \vec{\in} \Sigma$）并且 $B \in \Sigma$（$B \vec{\in} \Sigma$）.

假设 $A \in \Sigma$($A \vec{\in} \Sigma$)并且 $B \in \Sigma$($B \vec{\in} \Sigma$),则 $\Sigma \vdash A$ 并且 $\Sigma \vdash B$,进而有:$\Sigma \vdash A \wedge B$.因此由定理 9 可知:$(A \wedge B) \in \Sigma$($(A \wedge B) \vec{\in} \Sigma$).

(5)先证 $\Rightarrow$.

假设 $(A \leftrightarrow B) \in \Sigma$($(A \leftrightarrow B) \vec{\in} \Sigma$),并且并非"$A \in \Sigma$($A \vec{\in} \Sigma$)并且 $B \in \Sigma$($B \vec{\in} \Sigma$)".由并非"$A \in \Sigma$($A \vec{\in} \Sigma$)并且 $B \in \Sigma$($B \vec{\in} \Sigma$)"可得:$A \notin \Sigma$($A \vec{\notin} \Sigma$)或者 $B \notin \Sigma$($B \vec{\in} \Sigma$).

假设 $A \in \Sigma$($A \vec{\notin} \Sigma$),根据(1)可得 $\neg A \in \Sigma$($\neg A \vec{\in} \Sigma$),因此有 $\Sigma \vdash \neg A$.由 $(A \leftrightarrow B) \in \Sigma$($(A \leftrightarrow B) \vec{\in} \Sigma$)可得:$\Sigma \vdash A \leftrightarrow B$.所以有 $\Sigma \vdash \neg B$,因此有 $\neg B \in \Sigma$($\neg B \vec{\in} \Sigma$),根据定理 9 可得:$B \notin \Sigma$($B \vec{\notin} \Sigma$).进而有:$A \notin \Sigma$($A \vec{\notin} \Sigma$)并且 $B \notin \Sigma$($B \notin \Sigma$)并且 $B \notin \Sigma$($B \vec{\notin} \Sigma$).

假设 $B \notin \Sigma$($B \vec{\notin} \Sigma$),同样可证:$A \notin \Sigma$($A \vec{\notin} \Sigma$)并且 $B \notin \Sigma$($B \vec{\notin} \Sigma$).

所以总有:$A \notin \Sigma$($A \vec{\notin} \Sigma$)并且 $B \notin \Sigma$($B \vec{\notin} \Sigma$).

因此有:

如果 $(A \leftrightarrow B) \in \Sigma$($(A \leftrightarrow B) \vec{\in} \Sigma$),那么"$A \in \Sigma$($A \vec{\in} \Sigma$)并且 $B \in \Sigma$($B \vec{\in} \Sigma$)"或者"$A \notin \Sigma$($A \vec{\notin} \Sigma$)并且 $B \notin \Sigma$($B \vec{\notin} \Sigma$)".

再证 $\Leftarrow$.

假设"$A \in \Sigma$($A \vec{\in} \Sigma$)并且 $B \in \Sigma$($B \vec{\in} \Sigma$)"或者"$A \notin \Sigma$($A \vec{\notin} \Sigma$)并且 $B \notin \Sigma$($B \vec{\notin} \Sigma$)".则:

倘若 $A \in \Sigma$($A \vec{\in} \Sigma$)并且 $B \in \Sigma$($B \vec{\in} \Sigma$),则有 $\Sigma \vdash A$ 并且 $\Sigma \vdash B$,进而有 $\Sigma \vdash A \wedge B$,而 $A \wedge B \vdash A \leftrightarrow B$,所以有 $\Sigma \vdash A \leftrightarrow B$,根据定理 9 有 $(A \leftrightarrow B) \in \Sigma((A \leftrightarrow B) \vec{\in} \Sigma)$.

倘若 $A \notin \Sigma$($A \vec{\notin} \Sigma$)并且 $B \notin \Sigma$($B \vec{\notin} \Sigma$),则有 $\neg A \in \Sigma$($\neg A \vec{\in} \Sigma$)并且 $\neg B \in \Sigma$($\neg B \vec{\in} \Sigma$),因此有 $\Sigma \vdash \neg A$ 并且 $\Sigma \vdash \neg B$,进而有 $\Sigma \vdash \neg A \wedge \neg B$,而 $\neg A \wedge \neg B \vdash A \leftrightarrow B$,所以有 $\Sigma \vdash A \leftrightarrow B$,根据定理 9 有 $(A \leftrightarrow B) \in \Sigma$($(A \leftrightarrow B) \vec{\in} \Sigma$).

所以,不论哪种情况均有:$(A \leftrightarrow B) \in \Sigma$($(A \leftrightarrow B) \vec{\in} \Sigma$).

(6)假设 $\forall x A(x) \in \Sigma$($\forall x A(x) \vec{\in} \Sigma$),但是存在常元 $a \in M$($a \vec{\in} M$),并且 $A(a) \notin \Sigma$($A(a) \vec{\notin} \Sigma$).则:

因为 $\forall x A(x) \in \Sigma$（$\forall x A(x) \vec{\in} \Sigma$），所以 $\Sigma \vdash \forall x A(x)$，又因为：$\forall x A(x) \vdash A(a)$，所以有 $\Sigma \vdash A(a)$，根据定理 9 可得：$A(a) \in \Sigma$（$A(a) \vec{\in} \Sigma$）. 这与 $A(a) \notin \Sigma$（$A(a) \vec{\notin} \Sigma$）相矛盾. 所以假设不成立. 因此：

如果 $\forall x A(x) \in \Sigma$（$\forall x A(x) \vec{\in} \Sigma$），那么对于每一 $a \in M$（$a \vec{\in} M$），都有 $A(a) \in \Sigma$（$A(a) \vec{\in} \Sigma$）.

(7)假设 $\exists x A(x) \in \Sigma$（$\exists x A(x) \vec{\in} \Sigma$），则因为 Σ 是具有存在性质的潜在性极大协调集，所以存在 $a \in M$（$a \vec{\in} M$），使得 $A(a) \in \Sigma$（$A(a) \vec{\in} \Sigma$）.

假设存在 $a \in M$（$a \vec{\in} M$），并且 $A(a) \in \Sigma$（$A(a) \in \Sigma$）. 则根据定理 9 有 $\Sigma \vdash A(a)$，又因为：$A(a) \vdash \exists x A(x)$，所以有 $\Sigma \vdash \exists x A(x)$. 同样根据定理 9 可得：$\exists x A(x) \in \Sigma$（$\exists x A(x) \vec{\in} \Sigma$）.

(8)假设 $\mathrm{E}\, x A(x) \in \Sigma$（$\exists x A(x) \vec{\in} \Sigma$），则根据定理 9 有 $\Sigma \vdash \mathrm{E}\, x A(x)$，而对于每一 $a \in M$（$a \vec{\in} M$），有 $\mathrm{E}\, x A(x) \vdash A(a)$，所以有 $\Sigma \vdash A(a)$. 同样根据定理 9 可得：对于每一 $a \in M$（$a \vec{\in} M$），都有 $A(a) \in \Sigma$（$A(a) \vec{\in} \Sigma$）.

假设 $\mathrm{E}\, x A(x) \notin \Sigma$（$\mathrm{E}\, x A(x) \vec{\notin} \Sigma$），则根据(1)有 $\neg \mathrm{E}\, x A(x) \in \Sigma$（$\neg \mathrm{E}\, x A(x) \vec{\in} \Sigma$），因此有 $\Sigma \vdash \neg \mathrm{E}\, x A(x)$；因为 $\neg \mathrm{E}\, x A(x) \vdash \exists x \neg A(x)$，所以有 $\Sigma \vdash \exists x \neg A(x)$，因此 $\exists x \neg A(x) \in \Sigma$（$\exists x \neg A(x) \vec{\in} \Sigma$）. 因为 Σ 是具有存在性质的潜在性极大协调集，所以存在 $a \in M$（$a \vec{\in} M$），使得 $\neg A(a) \in \Sigma$（$\neg A(a) \vec{\in} \Sigma$）. 根据(1)可得：存在 $a \in M$（$a \vec{\in} M$），使得 $A(a) \notin \Sigma$（$A(a) \vec{\notin} \Sigma$）.

定义 19 由具有存在性质的潜在性极大协调集 Σ^* 产生的 $\mathscr{M}^*$ 是这样构成的：

(1) $M^* = \{a^* \mid a \text{ 是 } \Sigma^* \text{ 中出现的常元}\}$；

(2)对于任一个体常元 a， $^*(a) = a^* \in M^*$（$a^* \vec{\in} M^*$）；

对于任一常元 u'， $^*(u') = u'^* \in M^*$（$u'^* \vec{\in} M^*$）；

(3)对于任一 n 元关系符号 R 和任意常元 $a_1^*, \cdots, a_n^* \in M^*$（$a_n^* \vec{\in} M^*$），

$$< a_1^*, \cdots, a_n^* > \in \ ^*(R) (< a_1^*, \cdots, a_n^* > \vec{\in} \ ^*(R))$$

$$\Leftrightarrow R(a_1, \cdots, a_n) \in \Sigma^* (R(a_1, \cdots, a_n) \vec{\in} \Sigma^*).$$

(4)对于任一 p_i，$p_i \in \Sigma^*$（$p_i \vec{\in} \Sigma^*$）当且仅当 $^*(p_i) = 1$

定理 14 对于任一常元 c，$\mathscr{M}^*(c) = c^* \in M^*$（$c^* \vec{\in} M^*$）.

定理 15 对于任何公式 A，令 $^*(A) = 1$ 当且仅当 $A \in \Sigma^*$（$A \vec{\in} \Sigma^*$）. 则

* 是一个 F^{PIN}模型.

证明

根据定义 9,显然 * 是一个模型. 下面验证 * 是一个 F^{PIN}模型.

(1) $^*(p_i) \in \{0, 1\}$.

因为 Σ^* 是潜在性极大协调集,所以或者 $p_i \in \Sigma^*$ ($p_i \vec{\in} \Sigma^*$)或者 $p_i \notin \Sigma^*$ ($p_i \vec{\notin} \Sigma^*$). 根据定义 19,显然有 $^*(p_i) \in \{0, 1\}$.

(2) $^*(F_i^n(a_1, \cdots, a_n)) = 1$,当且仅当 $< {}^*(a_1), \cdots, {}^*(a_n) > \in {}^*(F_i^n)$ ($< {}^*(a_1), \cdots, {}^*(a_n) > \vec{\in} {}^*(F_i^n)$).

因为: $^*(F_i^n(a_1, \cdots, a_n)) = 1$ 当且仅当 $F_i^n(a_1, \cdots, a_n) \in \Sigma^*$ ($F_i^n(a_1, \cdots, a_n) \vec{\in} \Sigma^*$),

当且仅当 $< a_1^*, \cdots, a_n^* > \in {}^*(F_i^n)$ ($< a_1^*, \cdots, a_n^* > \vec{\in} {}^*(F_i^n)$),

当且仅当 $< {}^*(a_1), \cdots, {}^*(a_n) > \in {}^*(F_i^n)$,

($< {}^*(a_1), \cdots, {}^*(a_n) > \in {}^*(F_i^n)$).

(3) $^*(\neg A) = 1$,当且仅当 $^*(A) = 0$.

因为 $^*(\neg A) = 1$ 当且仅当 $\neg A \in \Sigma^*$ ($\neg A \vec{\in} \Sigma^*$),

当且仅当 $A \notin \Sigma^*$ ($A \vec{\notin} \Sigma^*$),

当且仅当 $^*(A) = 0$.

(4) $^*(A \rightarrow B) = 1$,当且仅当 $^*(A) = 0$ 或者 $^*(B) = 1$,

因为 $^*(A \rightarrow B) = 1$ 当且仅当 $(A \rightarrow B) \in \Sigma^*$ ($(A \rightarrow B) \vec{\in} \Sigma^*$),

当且仅当 $A \notin \Sigma^*$ ($A \vec{\notin} \Sigma^*$)或者 $B \in \Sigma^*$ ($B \vec{\in} \Sigma^*$),

当且仅当 $^*(A) = 0$ 或者 $^*(B) = 1$.

(5) $^*(A \vee B) = 1$,当且仅当 $^*(A) = 1$ 或者 $^*(B) = 1$,

因为 $^*(A \vee B) = 1$ 当且仅当 $(A \vee B) \in \Sigma^*$ ($(A \vee B) \vec{\in} \Sigma^*$),

当且仅当 $A \in \Sigma^*$ ($A \vec{\in} \Sigma^*$)或者 $B \in \Sigma^*$ ($B \vec{\in} \Sigma^*$),

当且仅当 $^*(A) = 1$ 或者 $^*(B) = 1$.

(6) $^*(A \wedge B) = 1$,当且仅当 $^*(A) = 1$ 并且 $^*(B) = 1$.

因为 $^*(A \wedge B) = 1$ 当且仅当 $(A \wedge B) \in \Sigma^*$ ($(A \wedge B) \vec{\in} \Sigma^*$),

当且仅当 $A \in \Sigma^*$ ($A \vec{\in} \Sigma^*$)并且 $B \in \Sigma^*$ ($B \vec{\in} \Sigma^*$),

当且仅当 $^*(A) = 1$ 并且 $^*(B) = 1$.

(7) $^*(A \leftrightarrow B) = 1$,当且仅当" $^*(A) = 1$ 并且 $^*(B) = 1$ "或者" $^*(A) = 0$ 并且 $^*(B) = 0$ ".

因为　$^*(A\leftrightarrow B)=1$ 当且仅当 $(A\leftrightarrow B)\in\Sigma^*$ （$(A\leftrightarrow B)\vec{\in}\Sigma^*$），

当且仅当“$A\in\Sigma^*$（$A\vec{\in}\Sigma^*$）并且 $B\in\Sigma^*$（$B\vec{\in}\Sigma^*$）”，

或者“$A\notin\Sigma^*$（$A\vec{\notin}\Sigma^*$）并且 $B\notin\Sigma^*$（$B\vec{\notin}\Sigma^*$）”

当且仅当“　$^*(A)=1$ 并且　$^*(B)=1$”，

或者“　$^*(A)=0$ 并且　$^*(B)=0$”.

(8) 如果　$^*(\forall x A(x))=1$，那么对于每一 $m\in M^*$（$m\vec{\in}M^*$），都有 $^*(a_i/m)(A(a_i))=1$.

因为如果　$^*(\forall x A(x))=1$ 当且仅当 $\forall x A(x)\in\Sigma^*$（$\forall x A(x)\vec{\in}\Sigma^*$），那么对于每一 $a\in M$（$a\vec{\in}M$），都有 $A(a)\in\Sigma^*$（$A(a)\vec{\in}\Sigma^*$）.

当且仅当对于每一 $a^*\in M^*$（$a^*\vec{\in}M^*$），都有　$^*(A(a))=1$，

当且仅当对于每一 $a^*\in M^*$（$a^*\vec{\in}M^*$），都有　$^*(a)\in$　$^*(A)$（　$^*(a)\vec{\in}$　$^*(A)$），

当且仅当对于每一 $a^*\in M^*$（$a^*\vec{\in}M^*$），都有 $a^*\in$　$^*(A)$（$a^*\vec{\in}$ $^*(A)$），

当且仅当对于每一 $m\in M^*$（$m\vec{\in}M^*$），都有 $m\in$　$^*(A)$（$m\vec{\in}$　$^*(A)$），

当且仅当对于每一 $m\in M^*$（$m\vec{\in}M^*$），都有　$^*(a_i/m)(a_i)\in$ $^*(a_i/m)(A)$（　$^*(a_i/m)(a_i)\vec{\in}$　$^*(a_i/m)(A)$），

当且仅当对于每一 $m\in M^*$（$m\vec{\in}M^*$），都有　$^*(a_i/m)(A(a_i))=1$.

(9)　$^*(\exists x A(x))=1$，当且仅当存在 $m\in M^*$（$m\vec{\in}M^*$），使得 $^*(a_i/m)(A(a_i))=1$. 因为　$^*(\exists x A(x))=1$ 当且仅当 $\exists x A(x)\in\Sigma^*$（$\exists x A(x)\vec{\in}\Sigma^*$），

当且仅当存在 $a\in M$（$a\vec{\in}M$），使得 $A(a)\in\Sigma^*$（$A(a)\vec{\in}\Sigma^*$），

当且仅当存在 $a^*\in M^*$（$a^*\vec{\in}M^*$），使得　$^*(A(a))=1$，

当且仅当存在 $a^*\in M^*$（$a^*\vec{\in}M^*$），使得　$^*(a)\in$　$^*(A)$（　$^*(a)\vec{\in}$ $^*(A)$），

当且仅当存在 $a^*\in M^*$（$a^*\vec{\in}M^*$），使得 $a^*\in$　$^*(A)$（$a^*\vec{\in}$　$^*(A)$），

当且仅当存在 $m\in M^*$（$m\vec{\in}M^*$），使得 $m\in$　$^*(A)$（$m\vec{\in}$　$^*(A)$），

当且仅当存在 $m\in M^*$（$m\vec{\in}M^*$），使得　$^*(a_i/m)(a_i)\in$　$^*(a_i/m)(A)$（　*

$(a_i/m)(a_i)\vec{\in}\ \ {}^*(a_i/m)(A))$,

当且仅当存在 $m\in M^*$ ($m\vec{\in}M^*$),使得 ${}^*(a_i/m)(A(a_i))=1$.

(10) ${}^*(\text{E}\,xA(x))=1$,当且仅当对于每一 $m\in M^*$ ($m\vec{\in}M^*$),都有 ${}^*(a_i/m)(A(a_i))=1$. 因为 ${}^*(\text{E}\,xA(x))=1$ 当且仅当 $(\text{E}\,xA(x))\in\Sigma^*$ ($(\text{E}\,xA(x))\vec{\in}\Sigma^*$).

当且仅当对于每一 $a\in M$ ($a\vec{\in}M$),都有 $A(a)\in\Sigma^*$ ($A(a)\vec{\in}\Sigma^*$),

当且仅当对于每一 $a^*\in M^*$ ($a^*\vec{\in}M^*$),都有 ${}^*(A(a))=1$,

当且仅当对于每一 $a^*\in M^*$ ($a^*\vec{\in}M^*$),都有 ${}^*(a)\in{}^*(A)$ (${}^*(a)\vec{\in}{}^*(A)$),

当且仅当对于每一 $a^*\in M^*$ ($a^*\vec{\in}M^*$),都有 $a^*\in{}^*(A)$ ($a^*\vec{\in}{}^*(A)$),

当且仅当对于每一 $m\in M^*$ ($m\vec{\in}M^*$),都有 $m\in{}^*(A)$ ($m\vec{\in}{}^*(A)$),

当且仅当对于每一 $m\in M^*$ ($m\vec{\in}M^*$),都有 ${}^*(a_i/m)(a_i)\in{}^*(a_i/m)(A)$ (${}^*(a_i/m)(a_i)\vec{\in}{}^*(a_i/m)(A)$),

当且仅当对于每一 $m\in M^*$ ($m\vec{\in}M^*$),都有 ${}^*(a_i/m)(A(a_i))=1$.

定理 16 设 Σ 是 PIMS 公式集,A 是 PIMS 公式.

(1) 如果 Σ 是协调的,则 Σ 是可满足的;

(2) 如果 A 是协调的,则 A 是可满足的.

证明

(1) 如果 Σ 是协调的,那么根据定理 12,Σ 能扩充为 PIMS^+ 中具有存在性质潜在性极大协调集 Σ^*,根据定理 15,Σ 在 F^{PIN} 模型 * 下是可满足的.

(2) 是(1)的特殊情形.

定理 17(F^{PIN} 完全性定理) 设 Σ 是 PIMS 公式集, A 是 PIMS 公式.

(1) 如果 $\Sigma\vDash A$,那么 $\Sigma\vdash A$;

(2) 如果 $\varnothing\vDash A$,那么 $\varnothing\vdash A$.

证明

(1) 如果 $\Sigma\nvdash A$,那么 $\Sigma\cup\{\neg A\}$ 是协调的,那么根据定理 16,$\Sigma\cup\{\neg A\}$ 是可满足的,即存在模型 ,使得 $(\Sigma\cup\{\neg A\})=1$,也即存在模型 ,使得 $(\Sigma)=1$ 且 $(\neg A)=1$,所以,存在模型 ,使得 $(\Sigma)=1$ 且 $(A)=0$,因此,$\Sigma\nvDash A$.

(2) 是(1)的特殊情形.

4.4　潜无限数学系统(Ⅳ)——集合论基础

如上所知，在 4.1 节曾将潜无限数学系统简记为 PIMS，而在 4.2 节和 4.3 节中，我们给出了 PIMS 的逻辑公理，亦即 PIMS 的逻辑演算系统. 在本节中，我们将给出 PIMS 的非逻辑公理，亦即给出 PIMS 的公理集合论系统. 为简便计，我们将 PIMS 的逻辑演算系统简记为 PIMS-Ca，而将 PIMS 的公理集合论系统简记为 PIMS-Se.

在 PIMS-Se 中，我们使用的逻辑工具是 PIMS-Ca.

PIMS-Se 的形式语言包括下列符号：

(1) 变元符号：x_1、x_2、x_3、…、$x_{\vec{n}}$；

x'_1、x'_2、x'_3、…、$x_{\vec{n}}'$；

(2) 谓词符号：一元谓词符号：FRig、PSpr；

二元谓词符号：$\in$、$\vec{\in}$；

其他谓词符号：F_1、G_1、H_1、…、$F_{\vec{n}}$、$G_{\vec{n}}$、$H_{\vec{n}}$；

(3) 联结词符号：$\neg$、$\rightarrow$、$\wedge$、$\vee$、$\leftrightarrow$；

(4) 量词符号：$\forall$、$\exists$、E；

(5) 等词符号：$=$；

(6) 技术性符号：(、).

为了叙述方便，我们常用 x、y、z 表示 x_1、x_2、x_3、…、$x_{\vec{n}}$ 中的任一个变元符号，常用 x'、y'、z' 表示 $x_1{}'$、$x_2{}'$、$x_3{}'$、…、$x_{\vec{n}}{}'$ 中的任一个变元符号，常用 u、v、w(以及加下标的形式)表示任一个变元符号.

PIMS-Se 中的任一公式用大写字母 A、B、C 等表示. PIMS-Se 中的公式定义如下：

(1) 对于任一变元符号 x，FRig(x)是公式；

对于任一变元符号 x'，PSpr(x') 是公式；

对于 n 个变元符号 u，…，w 和 n 元谓词符号 G，$G(u,\cdots,w)$ 是公式；

(2) 对于任意变元符号 u、v 而言，$u=v$ 是公式；

对于任意变元 x、y、x'、y' 而言，$x\in y$、$x'\in y$、$x\vec{\in} y'$、$x'\vec{\in} y'$ 都是公式；

(3) 如果 A、B 是公式，那么 $(\neg A)$、$(A\rightarrow B)$、$(A\wedge B)$、$(A\vee B)$、$(A\leftrightarrow B)$ 是公式；

(4) 如果 $A(u)$ 是含有变元符号 u 的公式，并且 u 出现在形如 $u\in y$ 的公式中，那么 $\forall uA(u)$ 是公式；如果 $A(u)$ 是含有变元符号 u 的公式，那么 $\exists uA(u)$、E $A(u)$ 都是公式；

(5) 只有有穷次由上述规则得到的符号串才是公式.

括号省略规则如常.

直观地说:

(1) PIMS-Se 中的变元符号有两类:①有穷刚性(rigid)集合变元 x,记为 FRig(x);②潜无限弹性(spring)集合变元 x',记为 PSpr(x').今后常用英文字母 a,b,c,…来表示任意有穷刚性集合,而用 α,β,γ,…表示任意潜无限弹性集合,又在一些 Wff 中,必要时也用 ξ,η,ζ,…表示某种情况下为有穷刚性集合,某种情况下为潜无限弹性集合,即为表达方便计,起到一种灵活表达的兼容性作用.又规定 FRig(x)解释并读为“x 是有穷刚性集合”,PSpr(x') 解释并读为“x' 是潜无限弹性集合”.

(2) PIMS-Se 中的二元常谓词有两个:①“$\in$”,解释并读为“属于”;②“$\vec{\in}$”,解释并读为“包容于”.

(3) 对于上述公式的形成规则而言,$x \in y'$、$x' \in y'$、$x \vec{\in} y$、$x' \vec{\in} y$ 都不是公式.这就是说“属于”($\in$)仅用于刻划变元与有穷刚性集合之间的关系,而“包容于”($\vec{\in}$)仅用于刻划变元与潜无限弹性集合之间的关系.

(4) 全称量词 $\forall$ 仅限使用于 FRig(a),因为在 PIMS-Se 中只有 FRig(a)才是完成式.所以除此之外,一概使用量词 E.

公理(0)

(1) $\mathrm{E}\, x\mathrm{FRig}(x)$,

(2) $\mathrm{E}\, x'\mathrm{PSpr}(x')$,

(3) $\mathrm{E}\, u(\mathrm{FRig}(u) \leftrightarrow \neg \mathrm{PSpr}(u))$,

(4) $\mathrm{E}\, u\, \mathrm{E}\, v(\mathrm{FRig}(u) \wedge v \subseteq u \to \mathrm{FRig}(v))$,

(5) $\mathrm{E}\, u\, \mathrm{E}\, v(\mathrm{PSpr}(u) \wedge u \vec{\subseteq} v \to \mathrm{PSpr}(v))$,

(6) $\mathrm{E}\, u(\mathrm{FRig}(u) \wedge \mathrm{E}\, v(v \in u \to G(v)) \to \forall v(v \in u \to G(v)))$.

实际上,本公理中的(4)、(5)并不具有独立性.在其他公理之上,它们是相互可证的.但是为了方便,我们均作为公理.这种情况在本系统的其他公理中也存在.例如,空集公理相对于其他公理也不是独立的.

公理(Ⅰ)(外延公理)

(1) $\mathrm{E}\, a\, \mathrm{E}\, b(\forall u(u \in a \leftrightarrow u \in b) \to a = b)$;

(2) $\mathrm{E}\, \alpha\, \mathrm{E}\, \beta(\mathrm{E}\, u(u \vec{\in} \alpha \leftrightarrow u \vec{\in} \beta) \to \alpha = \beta)$.

定义 20

(1) $a \subseteq b =_{\mathrm{df}} \forall u(u \in a \to u \in b)$,

(2) $a \subset b =_{\mathrm{df}} a \subseteq b \wedge a \neq b$,

(3) $a \supseteq b =_{\mathrm{df}} b \subseteq a$,

(4) $a \supset b =_{\mathrm{df}} b \subset a$,

(5) $a \not\subseteq b =_{\mathrm{df}} \neg a \subseteq b$,

(6) $a \not\subset b =_{\mathrm{df}} \neg a \subset b$,

(7) $a \overrightarrow{\subseteq} \alpha =_{\mathrm{df}} \forall u(u \in a \rightarrow u \overrightarrow{\in} \alpha)$,

(8) $a \overrightarrow{\subset} \alpha =_{\mathrm{df}} a \overrightarrow{\subseteq} \alpha \wedge a \neq \alpha$,

(9) $\alpha \overleftarrow{\supseteq} a =_{\mathrm{df}} a \overrightarrow{\subseteq} \alpha$,

(10) $\alpha \overleftarrow{\supset} a =_{\mathrm{df}} a \overrightarrow{\subset} \alpha$,

(11) $a \overrightarrow{\not\subseteq} \alpha =_{\mathrm{df}} \neg a \overrightarrow{\subseteq} \alpha$,

(12) $a \overrightarrow{\not\subset} \alpha =_{\mathrm{df}} \neg a \overrightarrow{\subset} \alpha$,

(13) $\alpha \overrightarrow{\subseteq} \beta =_{\mathrm{df}} \exists u(u \overrightarrow{\in} \alpha \rightarrow u \overrightarrow{\in} \beta)$,

(14) $\alpha \overrightarrow{\subset} \beta =_{\mathrm{df}} \alpha \overrightarrow{\subseteq} \beta \wedge \alpha \neq \beta$,

(15) $\alpha \overleftarrow{\supseteq} \beta =_{\mathrm{df}} \beta \overrightarrow{\subseteq} \alpha$,

(16) $\alpha \overleftarrow{\supset} \beta =_{\mathrm{df}} \beta \overrightarrow{\subset} \alpha$,

(17) $\alpha \overrightarrow{\not\subseteq} \beta =_{\mathrm{df}} \neg \alpha \overrightarrow{\subseteq} \beta$,

(18) $\alpha \overrightarrow{\not\subset} \beta =_{\mathrm{df}} \neg \alpha \overrightarrow{\subset} \beta$.

这些符号的读法如下：

$a \subseteq b$ 读作“a 包含于 b 中”，$a \subset b$ 读作“a 真包含于 b 中”，$a \supseteq b$ 读作“a 包含 b”，$a \supset b$ 读作“a 真包含 b”，$a \not\subseteq b$ 读作“a 并非包含于 b 中”，$a \not\subset b$ 读作“a 并非真包含于 b 中”；$a \overrightarrow{\subseteq} \alpha$ 读作“a 囿于 α 中”，$a \overrightarrow{\subset} \alpha$ 读作“a 真囿于 α 中”，$\alpha \overleftarrow{\supseteq} a$ 读作“α 囿 a”，$\alpha \overleftarrow{\supset} a$ 读作“α 真囿 a”，$a \overrightarrow{\not\subseteq} \alpha$ 读作“a 并非囿于 α 中”，$a \overrightarrow{\not\subset} \alpha$ 读作“a 并非真囿于 α 中”. 其他公式的读法依此类推.

在此应注意：对于 FRig(a)、FRig(b) 和 PSpr(α)、PSpr(β)，亦即 a、b 是有穷刚性集合，α、β 是潜无限弹性集合，不可能出现诸如：$a \subseteq \alpha$、$\alpha \subseteq a$、$\alpha \subseteq \beta$、$a \overrightarrow{\subseteq} b$、$\alpha \overrightarrow{\subseteq} a$ 等情况，当然有如 $\exists x(x \overrightarrow{\in} \alpha \wedge x \in a)$ 等等是完全合理的.

定义 21

(1) $\xi \neq \zeta =_{\mathrm{df}} \neg(\xi = \zeta)$,

(2) $x \notin a =_{\mathrm{df}} \neg(x \in a)$,

(3) $u \overrightarrow{\notin} \alpha =_{\mathrm{df}} \neg(u \overrightarrow{\in} \alpha)$.

公理(Ⅱ)(空集公理)

$$\exists x \forall v(v \notin x).$$

定理 18 $\mathrm{E}\, u(\forall v(v \notin u) \rightarrow \mathrm{FRig}(u))$.

证明 假设 $\forall v(v \notin u)$，那么显然有 $\mathrm{E}\, v(v \in u \rightarrow v \in x_1)$，因此 $u \subseteq x_1$，根据公理(0)(1)知 $\mathrm{FRig}(x_1)$，再根据公理(0)(4)可得：$\mathrm{FRig}(u)$.

定理 19 存在唯一没有任何元素的集合.

证明 存在性根据空集公理显然成立.现只需证明唯一性.

假设 u_1、u_2 均为没有任何元素的集合，即 $\forall v(v \notin u_1)$ 且 $\forall v(v \notin u_2)$，根据定理 18 知 $\mathrm{FRig}(u_1)$ 且 $\mathrm{FRig}(u_2)$. 由 $\forall v(v \notin u_1)$ 可得：$\mathrm{E}\, v(v \in u_1 \rightarrow v \in u_2)$，根据公理(0)之(6)可得：$\forall v(v \in u_1 \rightarrow v \in u_2)$；由 $\forall v(v \notin u_2)$ 可得：$\mathrm{E}\, v(v \in u_2 \rightarrow v \in u_1)$，根据公理(0)(6)可得：$\forall v(v \in u_2 \rightarrow v \in u_1)$. 因此有：$\forall v(v \in u_1 \leftrightarrow v \in u_2)$，根据公理(Ⅰ)(1)可得：$u_1 = u_2$.

定义 22 没有任何元素的集合记为 $\varnothing$，即 $\forall v(v \notin \varnothing)$.

由定理 18 可知：$\mathrm{FRig}(\varnothing)$. 即 $\varnothing$ 为有穷刚性集合.

公理(Ⅲ)(对偶公理)

$$\mathrm{E}\, u\, \mathrm{E}\, v \exists a \forall w(w \in a \leftrightarrow w = u \vee w = v).$$

公理(Ⅳ)(并集公理(初级形式))

(1) $\mathrm{E}\, a\, \mathrm{E}\, b \exists c \forall u(u \in c \leftrightarrow u \in a \vee u \in b)$,

(2) $\mathrm{E}\, \alpha\, \mathrm{E}\, \beta \exists \gamma\, \mathrm{E}\, u(u \vec{\in} \gamma \leftrightarrow u \vec{\in} \alpha \vee u \vec{\in} \beta)$,

(3) $\mathrm{E}\, a\, \mathrm{E}\, \beta \exists \gamma\, \mathrm{E}\, u(u \vec{\in} \gamma \leftrightarrow u \in a \vee u \vec{\in} \beta)$.

公理(Ⅴ)(幂集公理)

(1) $\mathrm{E}\, a \exists b \forall u(u \in b \leftrightarrow u \subseteq a)$,

(2) $\mathrm{E}\, \alpha \exists \beta\, \mathrm{E}\, u(u \vec{\in} \beta \leftrightarrow u \vec{\subseteq} \alpha)$.

公理(Ⅵ)(子集公理)

(1) $\mathrm{E} a \exists b \forall u(u \in b \leftrightarrow u \in a \wedge$ ______ $)$,

(2) $\mathrm{E} \alpha(\exists b \forall u(u \in b \leftrightarrow u \vec{\in} \alpha \wedge$ ______ $) \vee \exists \beta\, \mathrm{E} u(u \vec{\in} \beta \leftrightarrow u \vec{\in} \alpha \wedge$ ______ $))$.

定理 20

(1) $\mathrm{E} a \exists!\, b \forall u(u \in b \leftrightarrow u \in a \wedge$ ______ $)$,

(2) $\mathrm{E} \alpha(\exists!\, b \forall u(u \in b \leftrightarrow u \vec{\in} \alpha \wedge$ ______ $) \vee \exists!\, \beta\, \mathrm{E} u(u \vec{\in} \beta \leftrightarrow u \vec{\in} \alpha \wedge$ ______ $))$.

定理 21

(1) 对于任一非空集合 a，存在唯一的集合 c 恰含有属于 a 的任一元素的任一的元，

(2) 对于任一非空集合 α，存在唯一的集合 c 恰含有包容 α 的每个元素的任一的元，

(3) 对于任一非空集合 α，存在唯一的集合 β 恰含有包容 α 的每个元的任一的元.

证明

(1) 因为 a 非空，可在属于 a 的集合中任取一元 b，根据定理 20 存在唯一的集合 c，

$$
\begin{aligned}
c &= \{u : u \in b \wedge \forall v(v \in a \to u \in v \vee u \vec{\in} v)\} \\
&= \{u : \forall v(v \in a \to u \in v \vee u \vec{\in} v)\},
\end{aligned}
$$

(2)、(3)证明略.

定义 23

(1) 设 $a \neq \varnothing$，令 $\bigcap a = \{u : \forall v(v \in a \to u \in v \vee u \vec{\in} v)\}$，

(2) 设 $\alpha \neq \varnothing$，令 $\bigcap \alpha = \{u : \forall v(v \vec{\in} \alpha \to u \in v \vee u \vec{\in} v)\}$.

公理(Ⅶ)(并集公理(高级形式))

(1) $\mathsf{E} a(\forall u(u \in a \to \mathrm{FRig}(u)) \to \exists b \forall v(v \in b \leftrightarrow \exists u(u \in a \wedge v \in u)))$,

(2) $\mathsf{E} a(\forall u(u \in a \to \mathrm{PSpr}(u)) \to \exists \beta\, \mathsf{E} v(v \vec{\in} \beta \leftrightarrow \exists u(u \in a \wedge v \vec{\in} u)))$,

(3) $\mathsf{E} a(\exists u(u \in a \wedge \mathrm{FRig}(u)) \wedge \exists u(u \in a \wedge \mathrm{PSpr}(u)) \to$

$\exists \beta\, \mathsf{E} v(v \vec{\in} \beta \leftrightarrow \exists c(c \in a \wedge v \in c) \vee \exists \gamma(\gamma \in a \wedge v \vec{\in} \gamma)))$,

(4) $\mathsf{E} \alpha(\mathsf{E} u(u \vec{\in} \alpha \to \mathrm{FRig}(u)) \to \exists \beta\, \mathsf{E} v(v \vec{\in} \beta \leftrightarrow \exists u(u \vec{\in} \alpha \wedge v \in u)))$,

(5) $\mathsf{E} \alpha(\mathsf{E} u(u \vec{\in} \alpha \to \mathrm{PSpr}(u)) \to \exists \beta\, \mathsf{E} v(v \vec{\in} \beta \leftrightarrow \exists u(u \vec{\in} \alpha \wedge v \vec{\in} u)))$,

(6) $\mathsf{E} \alpha(\exists u(u \vec{\in} \alpha \wedge \mathrm{FRig}(u)) \wedge \exists u(u \vec{\in} \alpha \wedge \mathrm{PSpr}(u)) \to$

$\exists \beta\, \mathsf{E} v(v \vec{\in} \beta \leftrightarrow \exists c(c \vec{\in} \alpha \wedge v \in c) \vee \exists \gamma(\gamma \vec{\in} \alpha \wedge v \vec{\in} \gamma)))$.

定义 24　集合 u，它的后继 u^+ 被定义为：

$$u^+ = u \cup \{u\}.$$

定义 25　集合 u 是一归纳集，当且仅当

(1) $\varnothing \in u$,

(2) $\mathsf{E} v(v \vec{\in} u \to v^+ \vec{\in} u)$.

记为 $\mathrm{Ind}(u)$.

公理(Ⅷ)(无穷公理)

$$\exists u(\varnothing \vec{\in} u \wedge \mathsf{E} a(a \vec{\in} u \to a^+ \vec{\in} u)).$$

该公理指的是无条件承认分别以 $\varnothing$ 为始元的潜无限归纳集的存在性.

定理 22 若 u 为一非空的归纳集的集合，则 $\bigcap u$ 也是一归纳集.

定理 23 存在一唯一的包含在每一个归纳集中的归纳集.

定义 26 $\mathrm{E}\ u(\mathrm{Ind}(u)\rightarrow\omega\vec{\subseteq}u)$.

定义 27 $\mathrm{E}\ u(\omega\vec{\subseteq}u\leftrightarrow \mathrm{PSpr}(u))$

在 PIMS-Se 中，a 是有穷刚性集合，因此 a 的后继 a^{+} 仍为有穷刚性集合，于是 a^{+} 的后继 $a^{++}=a^{+}\cup\{a^{+}\}$ 仍为有穷刚性集合，以此类推，总有 $a^{\overbrace{++\cdots+}^{n个}}$ 仍为有穷刚性集合. 另一方面，由 a 开始不断地构造 a 的后继，后继的后继……，可以无止境地构造下去，而且这种构造一个后继，再构造一个后继的手续，当然是一种枚举手续，在 PIMS-Se 中，由于完全排斥实无限，所以对任何枚举手续在系统内都不存在穷举该枚举手续的事. 因此由 a 开始的无止境的构造后继的枚举手续形成一个潜无限弹性集合如下：

$$\{a, a^{+}, a^{++}, \cdots, a^{\overbrace{++\cdots+}^{n个}}\}.$$

在 PIMS-Se 中，因有 $\mathrm{FRig}(\varnothing)$，类同于上文所论，亦可获得由 $\varnothing$ 开始的弹性集合：

$$\{\varnothing, \varnothing^{+}, \varnothing^{++}, \cdots, \varnothing^{\overbrace{++\cdots+}^{n个}}\}.$$

现设有潜无限弹性集合 α，则完全类同地，α 的后继 α^{+} 被定义为 $\alpha^{+}=\alpha\cup\{\alpha\}$，由于 α 是潜无限弹性集合，则 α^{+} 亦为潜无限弹性集合，总之，应有 $\alpha, \alpha^{+}, \cdots, \alpha^{\overbrace{++\cdots+}^{n个}}$ 等等均为潜无限弹性集合. 类同于上文所论，我们亦可有由 α 开始的弹性集合：

$$\{\alpha, \alpha^{+}, \alpha^{++}, \cdots, \alpha^{\overbrace{++\cdots+}^{n个}}\}.$$

定义 28

(1) 如果潜无限弹性集合 α 满足如下条件：① $\varnothing\vec{\in}\alpha$；② $\mathrm{E}\,a(a\vec{\in}\alpha\rightarrow a^{+}\vec{\in}\alpha)$，则称 α 为以 $\varnothing$ 为一个始元的潜无限归纳集.

(2) 如果潜无限弹性集合 α 满足如下条件：① $a\vec{\in}\alpha$；② $\mathrm{E}\,b(b\vec{\in}\alpha\rightarrow b^{+}\vec{\in}\alpha)$，则称 α 为以 a 为一个始元的潜无限归纳集.

(3) 如果潜无限弹性集合 α 满足条件：① $\beta\vec{\in}\alpha$；② $\mathrm{E}\,\gamma(\gamma\vec{\in}\alpha\rightarrow\gamma^{+}\vec{\in}\alpha)$，则称 α 为以 β 为一个始元的潜无限归纳集.

今后特称条件 $\mathrm{E}\ a(a\vec{\in}\alpha\rightarrow a^{+}\vec{\in}\alpha)$ 和 $\mathrm{E}\ \gamma(\gamma\vec{\in}\alpha\rightarrow\gamma^{+}\vec{\in}\alpha)$ 为后继下可包容.

公理(Ⅸ)(选择公理)

(1) $\mathrm{E}\,a(a\neq\varnothing\wedge\forall u(u\in a\rightarrow u\neq\varnothing)\wedge\forall u\forall v(u\in a\wedge v\in a\wedge u\neq v\rightarrow u\cap v=\varnothing)$

$\rightarrow\exists b\forall w(w\in b\leftrightarrow\exists u(u\in a\wedge(w\in u\vee w\vec{\in}u)\wedge u\cap b=\{w\})))$,

(2) $\mathrm{E}\alpha(\mathrm{E}u(u\vec{\in}\alpha\to u\neq\varnothing)\wedge\mathrm{E}u\ \mathrm{E}v(u\vec{\in}\alpha\wedge v\vec{\in}\alpha\wedge u\neq v\to u\cap v=\varnothing)$

$\to\exists\beta\ \mathrm{E}w(w\vec{\in}\beta\leftrightarrow\exists u(u\vec{\in}\alpha\wedge(w\in u\vee w\vec{\in}u)\wedge u\cap\beta=\{w\}))).$

公理(Ⅹ)(替换公理)

(1) $\mathrm{E}a(\forall u\forall v_1\forall v_2(u\in a\wedge\varphi(u,v_1)\wedge\varphi(u,v_2)\to v_1=v_2)$
$\to\exists b\forall v(v\in b\leftrightarrow\exists u(u\in a\wedge\varphi(u,v))))$,此处 b 不在 $\varphi(u,v)$ 中出现,

(2) $\mathrm{E}\alpha(\forall u\forall v_1\forall v_2(u\vec{\in}\alpha\wedge\varphi(u,v_1)\wedge\varphi(u,v_2)\to v_1=v_2)$

$\to\exists\beta\ \mathrm{E}\ v(v\vec{\in}\beta\leftrightarrow\exists u(u\vec{\in}\alpha\wedge\varphi(u,v))))$,此处 b 不在 $\varphi(u,v)$ 中出现.

公理(Ⅺ)(正则公理)

(1) $\mathrm{E}a(a\neq\varnothing\to\exists u(u\in a\wedge u\cap a=\varnothing))$,

(2) $\mathrm{E}\alpha\exists u(u\vec{\in}\alpha\wedge u\cap\alpha=\varnothing)$.

定义 29　一个公式 A 的一个翻译 A^* 当且仅当按下列规则生成:

(1) $(\mathrm{FRig}(x))^*=x$ 是不加撇的变元符号,

(2) $(\mathrm{PSpr}(x'))^*=x'$ 是加撇的变元符号,

(3) $(G(u,\cdots,w))^*=G(u,\cdots,w)$,

(4) $(u=v)^*=u=v$,

(5) $(x\in y)^*=x\in y$,

(6) $(x'\in y)^*=x'\in y$,

(7) $(x\vec{\in}y')^*=x\in y'$,

(8) $(x'\vec{\in}y')^*=x'\in y'$,

(9) $(\neg A)^*=(\neg A^*)$,

(10) $(A\to B)^*=(A^*\to B^*)$,

(11) $(A\wedge B)^*=(A^*\wedge B^*)$,

(12) $(A\vee B)^*=(A^*\vee B^*)$,

(13) $(A\leftrightarrow B)^*=(A^*\leftrightarrow B^*)$,

(14) $(\forall uA(u))^*=\forall u(A(u)^*)$,

(15) $(\exists uA(u))^*=\exists u(A(u)^*)$,

(16) $(\mathrm{E}uA(u))^*=\forall u(A(u)^*)$,

定理 24　如果 A 是 PIMS-Se 中的定理,则 A^* 是公理集合论系统 ZFC 的定理.

证明　施归纳于 PIMS-Se 中定理证明的长度可证. 略.

定理 25　如果公理集合论系统 ZFC 是相容的,则潜无穷集合论系统 PIMS-Se 是相容的.

证明 假设潜无穷集合论系统 PIMS-Se 不是相容的. 则一定存在公式 A,使得 A 和 $\neg A$ 都是系统 PIMS-Se 中的定理. 由定理 24 可得,A^{*} 和 $\neg A^{*}$ 都是公理集合论系统 ZFC 的定理,那么公理集合论系统 ZFC 是不相容的.

如所知,古典集合论悖论的出现,导致了近代公理集合论的发展. 而近代公理集合论在相容性问题上所取得的成效可归结为如下两点:其一,对于历史上既经出现的二值逻辑悖论,都能在近代公理集合论系统中给出解释方法,即不可能在系统内出现,其二并没有在理论上证明近代公理集合论中今后一定不会出现新的悖论. 另一方面,迄至目前为止,所出现的逻辑数学悖论可归结为如下三种类型:

(1)二值逻辑悖论;

(2)多值逻辑悖论,其中包括有穷值($3\leqslant n<\omega$)逻辑悖论和无穷值逻辑悖论;

(3)无穷观悖论,即指 3.4 中的 A(poi$=$aci)和$\neg A$(poi$\neq$aci)的隐性矛盾,3.8 节中所说之极限论中的 Berkeley 悖论的阴影,还有 3.5 节、3.6 节和 3.9 节中之可数与不可数无穷集合概念中的不相容性.

在此可以明确指出:

(1)历史上既经出现之二值逻辑悖论不可能在 PIMS-Se 中出现,否则,假设有某个二值逻辑悖论在 PIMS-Se 中出现,则由定理 25 可知,该二值逻辑悖论必将在近代公理集合论中出现,这与历史上已有的结论相悖.

关于定理 25,人们会指出,既然 3.4.1~3.4.3 节已论证指出,ZFC 中存在隐性矛盾,即 A(poi$=$aci)和$\neg A$(poi$\neq$aci)在系统内并存,为何还用 ZFC 来解决 PIMS 的相对相容性问题,这里确实有点别扭,但却是一种省事而简明的处理方法,因为若不证定理 25,则对古典集合论中所出现的每一个二值逻辑悖论,都要在 PIMS 中重新解读,然后再一个一个地给出解释方法,实现这一点当然没有任何技术上的困难,但却烦琐冗长,这就不是如上简短文字就能解决问题的.

(2)由于 PIMS-Se 配套的逻辑推理工具是修正了的二值逻辑演算,因此,在二值逻辑演算框架下,无需对任何有穷值($3\leqslant n<\omega$)或无穷值悖论作出解释;

(3)由于 PIMS-Se 完全不兼容实无限,因此亦不存在什么潜无限与实无限相等或不相等的问题,也不存在肯定完成式($\top$)与否定完成式($\overline{\top}$)并列的问题. 因此,如上文所列之各种无穷观悖论不可能在 PIMS-Se 中出现. 因此,PIMS-Se 在相容性问题上所取得的成效可以认为与近代公理集合论在相容性问题上所取得之成就正好相当.

第5章　建立中介实无限数学系统的思考与原则

5.1　关于近现代数学中谓词与集合之间的无穷观问题的思考

5.1.1　近现代数学中关于数集与区间内变量趋向极限之表示法的对比分析

在近现代数学中，人们常以$[a,b]$表示一个闭区间，此时区间端点a和b在区间内．而开区间通常被记为(a,b)，表示端点a和b在区间外，为了更直观和贴切地表示a和b在区间外，应将开区间(a,b)记为$a(\ ,)b$，实际上，从某种意义上讲开区间没有端点．总之，“$b]$”表示b点在内，而“$)b$”表示b点在外．我们规定，如果变量x无限趋近于其极限b，并且最终达到极限b(gone)，则称变量x以实无限方式趋向其极限b．又若变量x无限趋近于其极限b，但却永远达不到极限b($\neg$gone)，则称变量x以潜无限方式趋向其极限b．如此，对于任何变量x趋向其极限的方式而言，要么以潜无限方式趋向其极限，要么以实无限方式趋向它的极限．

现在，让我们来分析变量x在闭区间$[a,b]$内沿X轴朝向b点无限趋近其极限b的情形，由于b点在区间内，所以变量x不仅可以无限趋近其极限b，而且变量x在区间内可以达到极限b．从而此时变量x在区间内按实无限方式趋向它的极限b．然而变量x在开区间$a(\ ,)b$内沿着X轴朝向b而无限趋近其极限b时，变量x虽然可以无限趋近b点并以b点为其极限，但因点b在区间外，因而变量x在区间内永远达不到极限b，从而变量x在区间内只能以潜无限方式趋向其极限b．这表明在闭区间的情况下，生成变量x趋向其极限b的过程是完成式(gone)，而在开区间的情况下，生成变量x趋向其极限b的过程却永远是进行式($\neg$gone)．在这里，“$b]$”的表示方法，既体现了极限点b在区间内，从而可达到，又体现了封闭和完成式．对于“$)b$”的表示方法，一方面体现出极限点b在区间外，从而在区间内永远不可达到，另一方面又体现出开放和永远是进行式．所以关于b点在区间的方括号内“$b]$”和圆括号外“$)b$”这两种关于实无穷与潜无穷的表示方法是合理的，依次体现了实无限性和潜无限性，相反地，有如“$]b$”和“$b)$”的表示方法却是不合理的．因为前者(即在方括号外)显示了封闭完成与在外永不可达的矛盾式，后者(即在圆括号内)显示了开放进行与在内可达的矛盾式．

关于区间，除了上述闭区间$[a,b]$和开区间$a(\ ,)b$之外，当然还可有如半开区间$[a,)b$，无穷闭区间$[a,+\infty]$以及无穷半开区间$[a,)+\infty$等各种不同的形式．下

文让我们在两种无穷的区间表示法基础上，进一步分析两种无穷的数集表示法．我们曾在3.6.1与3.6.2节中论及实无限刚性自然数集 $N=\{x|n(x)\}=\{1,2,\cdots,n,\cdots\}\omega$ 和潜无限弹性自然数集 $\mathcal{N}=\{x|n(x))=\{1,2,\cdots,\vec{n})\omega$．于是此处对于区间与数集中相关符号的合理对应势必为：区间的方括号"］"对应于数集的花括号"｝"，事实上，两者都是封闭完成式，又区间的圆括号"）"应对应于数集的圆括号"）"，两者都是开放进行式，如此剩下的当然是区间的 $+\infty$ 对应于数集的 ω，两者都是被变量无限趋近的极限．

在这里，我们注意到古典集合论与近代公理集合论意义下的实无限刚性自然数集合 $N=\{x|n(x)\}=\{1,2,\cdots,n,\cdots\}\omega$ 中的记法"$\}\omega$"，正好相当于区间记法中的"$]+\infty$"，然而根据上文所论可知，"$]+\infty$"的记法正好是不合理的．因为"$]+\infty$"的记法体现了封闭完成与在外不可达的矛盾式．从而在数集 $\{1,2,\cdots,n,\cdots\}\omega$ 中关于，"$\}\omega$"记法也是一种矛盾式的不合理记法，而"$\}\omega$"这种记法的不合理性和矛盾式，也从一个侧面反映了恰由全体自然数构成的实无穷刚性自然数集合的不相容性．然而由于古典集合论和近代公理集合论中的一些思想规定，又迫使人们不能不采用"$\}\omega$"这一不合理记法．因为在古典集合论和近代公理集合论中有如下两条熟知的定理：

定理1　全体自然数构成的集合N共有 ω 个两两相异的自然数．

定理2　全体自然数都是有限序数，因此所有自然数都小于 ω，即对任何自然数 n 都有 $n<\omega$．

从而首先由定理1知自然数集 N 是一个完成了的实无限刚性集合，所以 $N=\{x|n(x)\}=\{1,2,\cdots,n,\cdots\}$ 的右侧必须使用花括号"｝"，不可能用潜无限弹性自然数集合 $\mathcal{N}=\{x|n(x))=\{1,2,\cdots,\vec{n})$ 右侧的圆括号"）"取代，其次由于超限序数 ω 不是有限序数，所以由定理2知必须将 ω 置于花括号之外，从而必然出现"$\}\omega$"这一封闭完成与在外不可达的矛盾式的不合理表示法．所以在古典集合论和近代公理集合论中出现"$\}\omega$"这种不合理的矛盾式的记法是必然的．

如此看来，相应于闭区间 $[a,b]$ 内变量 x 趋向其极限 b 的实无限完成式的表示方法，实无限刚性自然数集合的合理记法应该是 $N=\{1,2,\cdots,n,\cdots,\omega\}$．而相应于开区间 $a(\ ,\ )b$ 内变量 x 趋向其极限 b 的潜无限之永远是进行式的表示方法，潜无限弹性自然数集集合的合理记法应该是 $\mathcal{N}=\{1,2,\cdots,\vec{n})\omega$．正因为从闭区间内变量 x 趋向极限 b 到开区间内变量 x 趋向极限 b 的这个转换，正好是由变量趋向极限的实无限方式到变量趋向极限的潜无限方式的转换，又从转换过程的表示方法来看，正好是方括号"］"变成圆括号"）"以及将极限点 b 从方括号内取出置于圆括号外．从而按上文所论之区间与数集表示方法的对比分析，可知当我们从实无限刚性自然数集合的合理记法 $N=\{1,2,\cdots,n,\cdots,\omega\}$ 中将 ω 取出而置于括号外时，右边的花括号“}”必须转换为圆括号“)”，并且此处变量 n 趋向极限 ω 的实无限方式由此而转换并被强化为趋向极限的潜无限方式. 因此，由上述关于区间与数集表示方法的对比分析中可有如下重要结论：

(△)当我们从实无限刚性自然数集合的合理记法 $N=\{1,2,\cdots,n,\cdots,\omega\}$ 中将 ω 取出之后，则 N 必须转换并强化为潜无限弹性自然数集合 $\mathcal{N}=\{x \mid n(x))=\{1,2,\cdots,\vec{n})$. 不可能再是那个通常认为的实无限刚性自然数集合 $N=\{x \mid n(x)\}=\{1,2,\cdots,n,\cdots\}$.

上述重要结论(△)是由区间与数集表示方法的对比分析中得到的，其实从认识论与科学哲学的普遍规律中也能分析出上述重要结论(△)是合理的. 因为自然数 n 是有限序数，而 ω 是超限序数，所以 n(有限)与 ω(超限)是一组反对对立面，又由于实无限必须是完成式，而完成式就是完成了对立面的转化，在这里就是完成了从有限(n)到超限(ω)的转化，这一转化的完成要体现出 $N=\{1,2,\cdots,n,\cdots,\omega\}$ 的形成. 现在若将 ω 从 N 中取出，这表示对完成式的一种否定，而对完成式的否定($\neg$ gone)，也就是强化为永远是进行式(f-going)，从而也就是将肯定完成式(gone)实无限的刚性自然数集合 N 转换为否定完成式($\neg$ gone)潜无限的弹性自然数集合 $\mathcal{N}$. 但在传统的层面上，都认为从 N 中将超限数 ω 取出的内涵完全等同于从 N 中取出一个有限序数 n 的内涵. 所以普遍认为，我们可以先将自然数由小到大排列起来，并且一直排到 ω，因而就已经排出了所有自然数，当然是完成式，然后再将 ω 去掉，而这时留下的仍然是所有的自然数，所以仍然是全体自然数构成的实无限刚性自然数集合. 从而与上文所获之重要结论(△)大相径庭和互不相容. 我们认为如上的哲学分析是合理的，关于数集与区间的类比分析是非常直观和自然的. 当然，直观的东西可能不足为据，我们要的是理性思维的结论，然而不妨让我们想一想，有那一个理性思维系统的实际背景和客观模型能离开直观的经验思维，至多只是直观经验思维的具体层面会有差别而已，即有时某一层面的理性思维可以成为更高层面的理性思维的直观模型. 当然，从理性思维的角度来看如上的类比和直观分析应该认为是粗糙的，就闭区间和开区间而言，我们的直观思维的基础，仅在于变量 x 沿着 X 轴在区间内朝向 b 不断地移动过去，因在闭区间的情况下点 b 在区间内，所以变量 x 能一直移到 b 点，而在开区间的情况下，b 点在区间外，所以肯定 x 只能无限地靠近 b 点，却永远达不到 b 点. 对于实无限刚性自然数集合和潜无限弹性自然数集合也是一样，让我们沿着自然数由小到大的方向走下去，先走到 ω 再说，回头再把超限数 ω 去掉，传统层面上的实无限刚性自然数集合就这样被构造出来了. 其实真正从理性思维的角度去深入思考时，无论是变量 x 移到极限点 b，还是自然数变量 n 走到极限序数 ω，都是一个非常复杂的过程. 而且当 n 走到 ω 之后再将 ω 去掉一事，决不是想象中那么简单和轻而易举，在这里，同样是一件相当复杂的事. 我们将在下文中立足于理性思维的层面去分析讨论其中的复杂情况.

5.1.2 近现代数学中实无限刚性自然数集合与中介过渡

现在让我们在中介原则的基础上,分析讨论区间中变量 x 移向极限点 b 和自然数序列 λ:{1,2,…,n,…}中变量 n 走向极限序数 ω 的复杂过程. 事实上,有限序数 n 与超限序数 ω 就是“有限”与“实无限”这个反对对立面的一个具体模型. 如此,从中介过渡的角度看,对立的此方不经过它们之非此非彼的中介状态如何能转化到对立的彼方去呢? 而且有穷序数与超穷序数的中介对象是什么? 从数学的角度讲,那个潜无限弹性自然数集 $\mathcal{N}=\{x|n(x))=\{1,2,\cdots,\vec{n})$ 中的那个可以无限增大的不固定的末元 $\vec{n}$ 就是有限序数 n 与超限序数 ω 的中介状态. 因为 $\vec{n}$ 可以无限制地增大,所以它就部分地具有超限数的性质,然而在 $\vec{n}$ 无限制地增大的进程中又要求恒保持小于 ω 的性质,从而又部分地具有有穷序数的性质.

实际上,从根本上讲,我们在 3.2.3 中确立了 poi 和 aci 之外的第三种无限概念,即基础无限 eli,并将 aci 与 poi 的定义进一步完善为

$$\begin{cases}\text{aci}=_{\text{df}}\text{eli transition}\ \top,\\ \text{poi}=_{\text{df}}\text{eli strengthen}\ \overline{\top}.\end{cases}$$

并对进行式(going)与肯定完成式(gone)这一有中介的反对对立面(going,gone)有表达式:

$$(\text{going},\sim\text{going}\&\sim\text{gone},\text{gone})$$

又对变量 x 无限趋近于其极限 b 有表达式:

$$(x\uparrow b,\ \sim(x\uparrow b)\&\sim(x\top b),x\top b),$$

以及自然数个数 kc(n)无限趋向 ω 有表达式:

$$(\text{kc}(n)\uparrow\omega,\ \sim(\text{kc}(n)\uparrow\omega)\&\sim(\text{kc}(n)\top\omega),\text{kc}(n)\top\omega),$$

如此等等. 现在面对一个小于 ω 的变量以 aci 方式无限趋近于其极限 ω 时,按照上述 aci 的定义可知,必定要通过中介过渡才得以实现,因此可知($<\omega$,$=\omega$)必为有中介的反对对立面,亦即我们有表达式:

$$(x<\omega,\ \sim(x<\omega)\&\sim(x=\omega),x=\omega).$$

现根据上文 5.1.1 节的讨论和重要结论(▽),并在中介思维模式和放弃 $\forall n(n\in N\rightarrow n<\omega)$ 的数学背景下,我们也可有表达式:

$$(n<\omega,\ \sim(n<\omega)\&\sim(n=\omega),n=\omega).$$

但若坚持 $\forall n(n\in N\rightarrow n<\omega)$ 这样的数学背景,那就只有

$$\mathcal{N}=\{x\mid n(x))=\{1,2,3,\cdots,\vec{n})\omega,$$

并且由 5.1.1 的讨论可知:

$$N=\{x\mid n(x)\}=\{1,2,3,\cdots,n,\cdots\}\omega$$

是根本不合理的.

但在古典集合论和近代公理集合论中,一个谓词唯一决定一个(实无限刚性)集合的思维模式将对立面相互转化过程中的中介过渡现象完全简化掉了,当然,这也是经典二值思维模式的必然结果.同时也在这种简化的思维模式下,将鲁宾逊(Robinson)认为没有意义的实无穷集合的表达式$\{x|P(x)\}$完全合法化,并为人们所普遍接受.在这里,也正因为不能与对立物之中介过度思想有机地结合起来,以致认可了"先让自然数变量 n 走到 ω,再把 ω 去掉"的方式去产生实无限刚性自然数集合 N 的合理性.但从中介过度的角度看,情况是远较复杂的,事实上,在那个肯定完成式的实无穷自然数集中,对于 ω 的取出和投入已不能和取出或投入一个普通自然数 n 那样同等看待了.另一方面,在古典集合论和近代公理集合论中,一个谓词唯一确定一个集合的原则主要体现了如下的思想规定,这就是任给造集谓词 p,则就能将所有完全满足该谓词的对象汇成一个整体或集合,通常记为$\{x|p(x)\}$,而且该集合一经形成,就成为一个独立的研究对象,并具有其自身的质的规定性,特别是该独立存在物纯粹由(即由且仅由)具有性质 p 的对象构成.然而,科学哲学却认为,当规定某物为界限时,就已经在超出这个界限了,亦即当我们肯定某物的质的规定性时,就已经在否定它的质的规定性了,绝对的纯是没有的.因此,当我们将某一类具有性质 P 的对象全部收集拢来而形成一个单体的研究对象时,就已经在超出形成这一单体对象的那些量性对象的质的规定性了.例如,就自然数一类对象而言,同样是一个超越其自身界限而不能单纯自封的系统,亦即当我们将自然数一类对象全部收集拢来而形成 λ 序列时,就已经在超出形成 λ 序列的那些自然数(有限序数)的质的规定性了.按照这一认识论原则,λ 序列一经形成,必将有不同于自然数的量性对象包括在其中了.然而 Cantor 本人及其往后的一系列研究,却长期以来不能意识到这一点而滞留于传统的$\{x|p(x)\}$的集概念中.须知我们所讨论的是实无限的刚性集合,亦即要将无穷多个对象汇集起来构成一个完成了的单体研究对象,这就既不可能像构成一个有穷集合那样去一个一个地罗列它的元素,也不可能像潜无限的弹性集合那样永远滞留于将对象不断地包容进来的进程中,而势必要通过质的规定性才能去完成这个汇集全体对象的过程,而质的规定性又必然要在肯定的同时进入否定自己的前提下才能构成某物的存在.从而过去那种只着眼于刚性无穷集合的元素,而缺乏使元素汇成整体这一环节的哲学思考,乃是造成片面性的根本原因.

5.2　实无限刚性集合之内涵与结构

5.2.1　无穷背景世界中谓词与集合之间的客观真实关系

为了在中介过渡思维模式下,进一步弄清楚无穷背景世界中谓词与集合的关系，首先要从谓词 p："自然数"这一特例抽象到任意的谓词 P，而且要从 Cantor 意义下用以造集的精确谓词推广到模糊谓词. 其次还要将有穷序数与超穷序数这一特殊的反对对立面推广到一般的反对对立面 P 和 $\dashv P$.

如所知，在中介系统中，曾给出了精确谓词和模糊谓词的形式定义(详见 2.4.1 节)，并且证明了这两种谓词满足排中律(在此应注意中介原则并不主张所有反对对立面都有中介)，因此任给谓词 P，则 P 要么是精确谓词，要么是模糊谓词. 并且对于精确谓词而言，不存在对象 x 能使有 $\sim p(x)$，在这里我们将 $\sim p(x) \& \sim\dashv p(x)$ 简记为 $\sim p(x)$. 又对于模糊谓词而言，必有对象 x 部分地满足该谓词，即有 x 使有 $\sim p(x)$，如图 5.1：

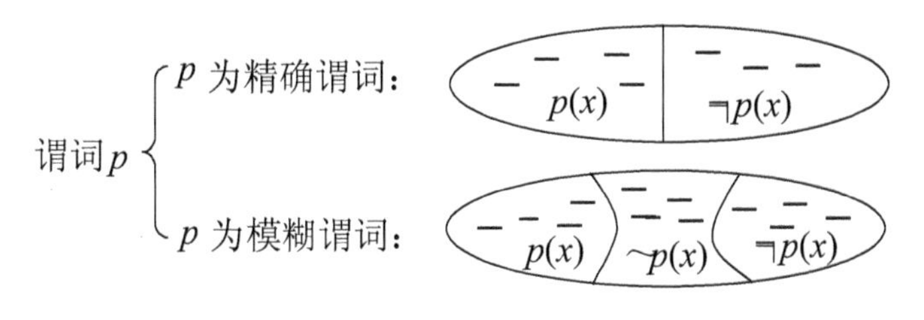

图 5.1

注意在中介系统中，形式符号～的名称是模糊否定词，解释并读为"部分地"，又形式符号 $\dashv$ 的名称是对立否定词，解释并读为"对立于". 因此 $p(x)$ 表示对象 x 完全具有性质 p，$\sim p(x)$ 表示对象 x 部分地具有性质 p，而 $\dashv p(x)$ 表示对象 x 具有性质对立于 p，因此任给反对对立面$(p,\dashv p)$，如果有对象 x 满足 $\sim p(x) \wedge \sim\dashv p(x)$，则称 x 为$(p,\dashv p)$的中介对象.

在此值得注意一点，虽然精确谓词和模糊谓词在中介系统中都有形式定义，但是任给谓词 P，该谓词究竟是精确谓词还是模糊谓词，仍然决定于直观经验，或说由人主观认定. 例如对于"自然数"(或"有穷序数")这一谓词而言，通常都认为是精确谓词，因为从直观上似乎找不到对象能使其部分地具有"自然数"这一性质，或者说在标准分析的传统思维方式下，对于"自然数"这一谓词 P 而言，都认为没有 x 能使有 $\sim p(x)$，又设有谓词 P："美男子"，大家立即认为这是模糊谓词，因为生活中肯定有对象 x 能使有 $\sim p(x)$. 这些判断实际上都来自直观的经验思维，但从理性思维的角度看，就"自然数"或"有穷序数"这一谓词而言，为什么就一定没有对象 x 能使有 $\sim p(x)$? 实际上，在理性思维不断外推和抽象的情况下，可能会发现使有 $\sim p(x)$ 的对象 x 也是存在的，例如，在非标准分析中，将实数域 R 扩充为 $^*R$ 之后，在 $^*R$ 中就有对象 x 能使有 $\sim p(x)$，所以在理性思维的层面上，更重要的是讨论模糊谓词的情况. 这表明一个谓词 P 是精确谓词还是模糊谓词，要看它在什么层面上，又在什么系统中，该谓词 P 和它的对立面 $\dashv P$ 所构成的对立关系，究竟是有中介的反对对立(P,$\exists P$)还是无中介的矛盾对立(p,$\neg p$).如果是前者则为模糊谓词,如果是后者则为精确谓词,并在实际问题中,无需考虑$\sim p(x)$时,也可在系统内设定 P 为精确谓词作处理.

大家知道,在古典集合论和近代公理集合论中,有一条著名原则,那就是一个谓词唯一决定一个集合.而且在上述传统集合论系统中,任何造集谓词都被设定为精确谓词,亦即模糊谓既不是其研究对象,更扯不上用来造集了.另外,任何无穷集合都是完成了的实无穷集合,亦即在那里既不谈潜无限,更扯不上什么潜无限弹性集合之类.但在我们这里,却既要论及潜无限弹性集合,又要论及实无限刚性集合.当然,对于任何有穷集合而言,全是刚性集合.在这里,我们郑重声明一点,即任何有穷集合都不是下文中所研究的内容,亦即下文所讨论的集合,要么是潜无限弹性集合,要么是实无限刚性集合.在这里,我们将完全改变上述传统集合论中所论及的著名原则,重新建立一条有关谓词与集合之间的关系的原则,其内涵有如下两点:

(一)一个精确谓词能且只能确定一个一意确定的潜无限弹性集合.

(二)一个模糊谓词既能确定一个一意确定的实无限刚性集合,同时也可用以确定一个一意确定的潜无限弹性集合.

上述原则表明,任给一个谓词,不论该谓词是精确谓词还是模糊谓词,总能用来唯一确定一个潜无限弹性集合.但是精确谓词不能用以确定任何实无限刚性集合,只有模糊谓词才能唯一确定一个实无限刚性集合,或者说任何实无限刚性集合必须由模糊谓词一意确定.

我们认为,上述原则或这样的思想规定是合理的.有如对上述(一)而言,既然我们已设定谓词 P 是精确谓词,从而 P 和$\exists P$ 这一反对对立面是没有中介对象的.而任何一个实无穷刚性集合都是完成式,既然是完成式就必须强调由对立的此方转化到对立的彼方.如此由认识论和科学哲学的普遍规律之一可知,对立面的相互转化是要通过中介过渡才能完成的,所以无中介的精确谓词不能完成这一转化过程.为此,一个精确谓词是不能用来确定任何实无穷刚性集合的.但因潜无限弹性集合永远是进行式,对于任何潜无限进程不存在由对立此方到对立彼方的转化问题,只要求那些完全满足该谓词 P 的对象,总能一个一个地被包容到相应的弹性集合中来就可以了.从而用精确谓词来决定一个一意确定的潜无限弹性集合是不成问题的.又对于上述(二)而言,如果谓词 P 是模糊谓词,则 P 和 $\exists P$ 这一反对对立面必然存有非此非彼的中介对象,即有对象 x 能使有$\sim p(x)$.从而由 P 通过$\sim p$ 而转化到 $\exists P$ 是可以完成的,亦即用模糊谓词 P 来确定一个肯定完成式的实无限刚性集合是可以实现的.另一方面,我们亦可由该模糊谓词 P 来确定一个一意确定的潜无穷弹性集合,因为只要此时不去考虑由 p 向 $\exists P$ 转化一事就可以了.因为对于该模糊谓词 P 而言,我们将完全满足该谓词 P 的对象永无止境地一个一个地包容到相应的弹性集合中来这件事总能实现,而且是一件能办到的事.总之,这是任何一个无穷背景世界中的谓词都能实现的.

5.2.2 建立中介实无限数学系统的重要性与必要性

本书 3.4 节揭示了近代数学及其理论基础中所隐晦地存在着的一对隐性矛盾.并在 3.5 节至 3.9 节中将其在逻辑数学层面上浮出水面.数学不仅是一门从量的侧面探索研究客观世界的学问,而且还可以毫不夸张地说数学还是一切科学的基础.数学的存在和发展,其一源自系统外部各门科学之诞生与发展的需求,特别是物理学、技术科学与计算机科学.其二也源自数学系统内部的矛盾运动,有如数学历史发展中悖论的出现及其解释方法的研究等等.正因为如此,数学也是一门特别重视追求相容性的学问.为之,本书第 3 章中诸多讨论,特别是 3.5 节中所证明的事实,即 Cantor-Zermelo 意义下的各种无穷集合 $\{x \mid P(x)\}$ 都是自相矛盾的错误概念.那么试问数学与计算机科学中众多立足于 $\{x \mid P(x)\}$ 概念之上的研究成果要被抛弃?这是不可能的.为之我们所面临的第一个亟待解决的问题,就是在什么新的解读方式下,能以全面保留数学与计算机科学中的全部研究成果.第二个亟待解决的问题,还是要为数学与计算机科学提供一个没有隐性矛盾的逻辑基础.本书第 4 章所建立的潜无限数学系统正是为此而做出的努力.

中国江苏省计算机科学技术工作始于 1956 年,半个世纪后,江苏省科学技术协会组织相关专家总结评估了省内计算机科学技术工作者 50 年来的主要工作.并于 2008 年 11 月召开第二届江苏省青年科学家大会,在计算机科学技术分论坛,由著名计算机科学家徐家福教授作大会主题报告,报告题目是"江苏省计算机科学与技术发展 50 年",内容分历程、工作、特点及展望四部分.其中有关成就与工作部分:(1)计算机科学理论;(2)计算机软件;(3)应用技术;(4)计算机网络;(5)计算机产业.其中计算机科学理论有 4 项工作,第 1 项讲的是"无穷观"并明文指出:"无穷"这一概念是数学的基础,也是计算机科学的基础.长期以来,南京航空航天大学研究了两种不同的无穷观,即"潜无穷"与"实无穷",建立了潜无穷数学系统,这是一种以修正了的二值逻辑演算为推理工具的潜无穷弹性集合的公理集合论.与直觉主义数学和近代公理集合论相比,它既保持能行性与潜无穷的完全一致性,又未舍弃任何合理内容,从而能为计算机科学提供更为合理的理论基础.

潜无限数学系统的建立,固然为上述两个亟待解决的问题给出了正面的答案.但是由于潜无限数学系统对肯定完全式之实无穷观念的完全排斥,必将给我们留下某些更为深刻的问题需要解决.举个明显的例子,我们在本书 1.2 节中曾论及著名的 Zeno 悖论.其中第一个悖论被 Aristotle 称之为"二分法"悖论,该悖论证明了

某物 K 不可能在有限的时间内由 A 点移动到 B 点，但完全违背了客观实际的事实. 本书 1.2 节中曾利用收敛无穷级数求和概念给出了二分法悖论的逻辑数学解释方法，亦即并非无穷多个有穷时间段之总和一定是无穷，某物 K 还是能在有限时间内由 A 点移动到 B 点的. 试问没有了实无限的无穷级数求和表达式，如何能有所说的二分法悖论的逻辑数学解释方法. 3.1.3 节中亦曾指出过，Zeno 包括二分法悖论在内的前两个悖论实际上就是对潜无限论者的挑战. 相容性的追求不限于系统自身的相容性追求，上述二分法悖论中所体现出来的，推理系统自身看上去能以自圆其说，但推理结论却与事实完全不相容，这也是一种不相容性，这种不相容性的求解也在相容性追求之列.

再如闭区间$[a,b]$内变量 x 趋向于其极限点 b 的实无限方式 $x \uparrow b \wedge x \top b$ 是客观存在的，完全排斥了肯定完成式的实无限，能有什么方式来刻画这类客观存在的数学内容. 相关的例子不胜枚举. 然而更为深刻的问题还在于，对立面的中介过渡，模糊现象与模糊谓词皆为客观存在. 如何可以将其置身于数学之外，对这些客观存在同样应去作数学的分析和研究. 这才是建立中介实无限数学系统之必要性的根本所在.

5.2.3　基础无限弹性体与实无限刚性集合的结构模式

本小节讨论：(1)建立中介实无限数学系统的初步设想与规划；(2)实无限刚性集合的结构内涵.

今后将中介实无限数学系统(Mathematical System of Medium Actual Infinites)简记为 MAIMS. 4.2 节中曾将潜无限数学系统(Mathematical System of Potantical Infinites)简记为 PIMS，而 PIMS 中的逻辑演算系统和公理集合论系统，则依次简记为 PIMS-Ca 与 PIMS-Se. 如此，今后欲建之 MAIMS 之逻辑演算系统和公理集合论系统，或许可以依次简记为 MAIMS-MACa 和 MAIMS-MASe. 为了便于对照和下面的讨论，此处将简要概述 PIMS-Ca 与 PIMS-Se 中某些思想规定的要点(详见第 4 章相关内容). 如所知 PIMS-Ca 是在修正经典二值逻辑演算的基础上建立起来的. 修正之处主要有两处，其一是引进枚举量词，亦即形式符号 E 的名称是枚举量词，由 every 第一个字母演变而来，解释并读作‘每一’，不允许读为‘所有’，又规定全称量词 ∀ 只允许解释并读为‘所有’，不允许读为‘每一’. 由此严格区分了‘每一’与‘所有’. 这是对经典二值逻辑中全称量词 ∀ 解读约定的一种修正. 这是为了在逻辑数学推理过程或推理层面上，阻断混淆基础无限(eli)与实无限(aci)的可能性，同时也严格区分了潜无限(poi)与实无限(aci). 总之，在推理过程中或认知层面上，枚举量词 E 指称并用于进行式(going)和永远是进行式(f-going)，而全称量词 ∀ 则指称并用于肯定完成式(gone). 此外在推理规则中也引进了枚举量词引入律(E_+)和枚举量词消去律(E_-). 其二是在 PIMS-Ca 中,将二值逻辑演算中的全称量词引入律

$$(\forall_+)\Gamma\vdash A(a),a\text{ 不在 }\Gamma\text{ 中出现}\Rightarrow\Gamma\vdash\forall xA(a)$$

舍弃不用. 因为在无穷论域中,不受约束地任选一个对象 a,仅指称并用于进行式(going)或永远是进行式(f-going). 这表明全称量词引入律($\forall_+$)在推理过程中隐晦地贯彻了混淆三种无限的思想规定,这是不合理的. 这就是说,除非隐性规定 eli=poi=aci,才能在逻辑数学推理层面上接受($\forall_+$). 当然逻辑演算中的诸多推理规则也是从演绎推理中抽象出来并作形式化处理的,例如我们证明某线段中垂线上所有点皆与线段两端点等距离时,就是按($\forall_+$)的模式进行推理的. 因此在三种无限(eli、poi、aci)之区别和联系尚未十分明确的历史背景下,隐含某些不很合理的推理思想规定也是合乎历史发展规律的. PIMS-Ca,在经典二值逻辑演算基础上进行修正而建立. 但是今后所要建立之 MAIMS-MACa 是不可能再立足于经典二值逻辑演算是十分明显的. 因为 3.2.3 节中的讨论已经明确指出:基础无限(eli)与实无限(aci)所构成的对立关系是有中介的反对对立关系(p,$\neg p$),并在抽象与实例的层面上,阐明了肯定完成式(gone)的实无限(aci)是由基础无限(eli)通过非此非彼的中介过渡(transition)实现的. 我们在 2.4 节中讨论中介数学系统时,曾简要提及了中介逻辑演算系统 ML(MP、MP*、MF、MF*、ME*). 为之,我们初步设想对于 MAIMS-MACa 的建立,若在中介逻辑演算 ML 的基础上进行必要的修正,应该是可行的方案之一. 然而关于如何建立 MAIMS-MASe 而言,立足于中介公理集合论系统 MS(详见 2.4 节)进行修正的方案却是不可行的,因为不仅 MAIMS-MASe 与 MS 中之实无穷刚性集合的结构模式完全不同,而且两个系统中各自包含的那些特殊类型集合之建立与存在的根源毫不相干,进而两个系统中的集合之间的运算关系也将大为改观.

如 4.4 节所示,在 PIMS-Se 中有两类变元符号:即有穷刚性(rigid)集合变元 x 和潜无限弹性(spring)集合变元 x',依次记为 FRig(x)和 PSpr(x'),又规定 FRig(x)解释并读为"x 是有穷刚性集合",而 PSpr(x')解释并读为"x'是潜无限弹性集合". 此外,PIMS-Se 中有两个常谓词:即$\in$与$\vec{\in}$,其中$\in$解释并读为'属于',而且$\in$仅用于刻画变元与有穷刚性集合之间的关系,又$\vec{\in}$解释并读为'包容于',并且$\vec{\in}$仅用于刻画变元与潜无限弹性集合之间的关系.

在今后欲建之 MAIMS-MASe 中,上文所涉及之变元、常谓词和集合,即$\in$、$\vec{\in}$、FRig(x)和 PSpr(x')都将引入沿用. 还将扩充引入基础无限(eli)弹性体和实无限(aci)刚性集合等概念,并依次记为 Espr(y)和 ARig(y'),并规定 Espr(y) 解释并读为"y 是基础无限弹性体", ARig(y')解释并读为"y'是实无限刚性集合". 在

MAIMS-MASe 中，$\vec{\in}$ 也用于刻画变元与基础无限弹性体之间的关系，又 $\in$ 也用于刻画变元与实无限刚性集合之间的关系.

我们在 3.2.3 节中定义了既不同于实无限(aci)，又不同于潜无限(poi)的基础无限(eli)概念，即 eli$=_{df}\neg$ fin $\wedge\uparrow$. 并将实无限(aci)与潜无限(poi)的描述性定义重新表述为：aci$=_{df}$eli transition T，poi$=_{df}$eli strengthen $\overline{\top}$. 此外，本书自 3.6.1 节开始，并在其后曾多次讨论过潜无限弹性集合的概念，又在 4.4 节中形式地引进了有穷刚性集合 FRig(x)和潜无限弹性集合 PSpr(x')，下文还将讨论实无限刚性集合 ARig(y)的内涵与结构. 应该指出，FRig(x)、PSpr(x')和 ARig(y)依次是有限(fin)、潜无限(poi)和实无限(aci)在谓词与集合层面上的独立研究对象. 现在的问题是在谓词与集合层面上，能否同样地建立一个相应于基础无限(eli)的独立研究对象？比如说，ESpr(y')解释并读为"y'是基础无限弹性集合"，这是不可能的. 因为 FRig(x)、PSpr(x')和 ARig(y)在谓词与集合层面上有独立存在的不变性和稳定性. 其中 FRig(x)和 ARig(y)不必多作解释，早在近代公理集合论中就植根于我们的思维活动中. 对于 PSpr(x')要略作说明，因为潜无限(poi)具有动态性和不确定性，然而作为永远是进行式(f-going)与否定完成式($\neg$ gone)，这一特征性却具有不变性和稳定性. 从而作为其谓词与集合层面上的潜无限弹性集合而言，表面上看也有其动态性和不确定性，然而那些完全满足谓词 p 的对象，永无止境地被包容到潜无限弹性集合中去的那种动态性，却具有不变性和稳定性，因而有其独立存在性. 然而基础无限(eli)却不一样，因为基础无限(eli)既可通过中介而过渡(transition)到肯定完成式(gone)的实无限(aci)，又可进一步强化(strengthen)到否定完成式($\neg$ gone，f-going)的潜无限(poi). 正因为基础无限(eli)存在两种完全不同趋向的不稳定性，从而在谓词与集合层面上，就无法建立起能与 FRig(x)、ARig(y)和 PSpr(x')相并列，并具有不变性与稳定性的独立研究对象. 但这并不妨碍我们去建立一种不在谓词与集合层面上，而且又不具有那种不变性与稳定性的相应于基础无限(eli)的概念，即 Espr(y')，解释并读为"y'是基础无限弹性体"，Espr(y')这个概念对我们是有用的，不仅完全满足谓词 p 的对象，同样可以不断地被包容到基础无限弹性体中来，而且可以在 Espr(y')基础上通过非此非彼的中介对象过渡(transition)到具有不变性与稳定性的实无限刚性集合 ARig(y)，也可以在 Espr(y')的基础上进一步加强而被强化(strengthen)为具有稳定性与不变性的潜无限弹性集合 PSpr(x'). 简要表示如下：

(1)无穷观层面：eli $\begin{cases}\to \text{transition} \to \text{aci},\\ \to \text{strengthen} \to \text{poi},\end{cases}$

(2)谓词与集合层面：Espr (y') $\begin{cases}\to \text{transition} \to \text{ARig}(y),\\ \to \text{strengthen} \to \text{PSpr}(y').\end{cases}$

现在我们来讨论实无限刚性集合 $\mathrm{ARig}(x)$（此处简记为 A）的内涵与结构模式. 设 P 为一模糊谓词，因此 P 和它的对立面$\dashv P$之间的对立关系是一个有中介的反对对立面$(P, \dashv P)$，即有对象满足$\sim P(x)$ & $\sim\dashv P(x)$（有时简记为$\sim P$或$\sim P(x)$）. 由于我们基于造词谓词 P 去构造一个肯定完成式(gone)的实无限刚性集合 A，因此必须完成由 P 中介过渡(transition) 到$\dashv P$，这样所要构造的那个实无限刚性集合 A 应包含如下几个方面的内容：其一是那些完全满足 P 的对象 x，即 $P(x)$，其二是那些部分满足 P 同时又部分满足$\dashv P$ 的对象 x，即$\sim P(x)$ & $\sim\dashv P(x)$，其三是至少有一个完全满足$\dashv P$ 的对象 a，即$\dashv P(a)$. 如此，所要构造的实无限刚性集合 A 的解释表达式应该是

$$A=\{x, a \mid P(x) \text{ or} \sim P(x) \,\&\, \sim\dashv P(x) \text{ or } a\},$$

其中 a 完全满足$\dashv P$，即$\dashv P(a)$.

根据上述实无限刚性集合 A 的解析表达式，构造 A 的具体步骤如下：

第一步，先基于那些完全满足 P 的对象 x 建立一个基础无限弹性体 $\mathrm{ESpr}(x)$，简记为 α，每一个完全满足 P 的对象 x 可以无止境地被包容到 α 中去，即 $x \vec{\in} \alpha$.

第二步，再让那些部分满足 P 同时又部分满足$\dashv P$ 的中介对象 x，即每一个$\sim P(x)$ & $\sim\dashv P(x)$的中介对象 x 无止境地部分包容到 α 中去，即 $x \sim\vec{\in} \alpha$.

第三步，再让那些$\sim P(x)$ & $\sim\dashv P(x)$的 x 也一个一个部分粘贴在那个完全满足$\dashv P$ 的常元 a 上.

因此所要构建的实无限刚性集合 $\mathrm{ARig}(x)=A$ 的内涵及其结构模式的直观图如图 5.2：

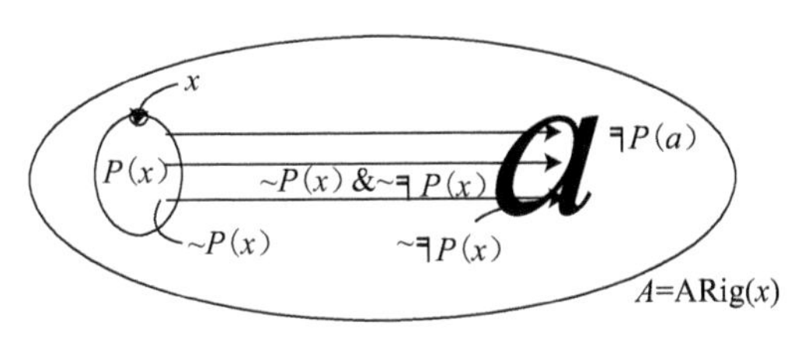

图 5.2

对于上述 $A=\mathrm{ARig}(x)$的内涵及其结构模式，应注意以下性质：

(1) 当 $A=\mathrm{ARig}(x)$构成以后，当然可以断言所有满足谓词 P 的对象都是 A 的元素，亦即 $\forall x(P(x) \rightarrow x \in A)$. 但是古典集合论、近代公理集合论和中介公理集合论中的那种$\{x \mid p(x)\}$在 MAIMS-MASe 中是不存在的，亦即在 MAIMS-MASe 的谓词与集合的层面上，不存在恰由 $A=\mathrm{ARig}(x)$中全体满足 P 的 x 的构成的所谓“集合”.

(2) 正如前文所述，我们也可以在 $A=\mathrm{ARig}(x)$中的那个基础无限弹性体 $\mathrm{Espr}(x)$

基础上强化(strengthen)生成一个 $\beta=\mathrm{PSpr}(x)$. 但要明确指出,任何基于 $\beta=\mathrm{PSpr}(x)$通过中介过渡(transition)而生成 $A=\mathrm{ARig}(x)$的设想都是错误的. 因为 $\beta=\mathrm{PSpr}(x)$是否定完成式(¬ gone, f-going),而 $A=\mathrm{ARig}(x)$却是肯定完成式(gone),所以 $A=\mathrm{ARig}(x)$与 $\beta=\mathrm{PSpr}(x)$是一种无中介的矛盾对立关系$(P,\neg P)$,从而两者之间无中介过渡(transition)可言,事实上,$A=\mathrm{ARig}(x)$与 $\beta=\mathrm{PSpr}(x)$正是实无限(aci)与潜无限(poi)这一无中介的矛盾对立关系,在谓词与集合层面上的具体实现.

(3)基于上述(2)的讨论可知,如果我们在 $A=\mathrm{ARig}(x)$中将那个完全满足$\dashv P$的常元 a 取出,则不仅是对 $A=\mathrm{ARig}(x)$之肯定完成式(gone)的一种否定,而且 a 必将那些部分粘贴在其上的中介对象带出,因为那些中介对象完全失去了过渡(transition)的目标(即$\dashv P$),而无目标的中介过渡(transition)必将完全丧失过渡(transition)意义,因此形成该中介过渡(transition)中的中介对象也将失去存在的意义,没有意义的存在就是不复存在. 由此可见,若将 $A=\mathrm{ARig}(x)$中之满足$\dashv P$ 的常元 a 从 $A=\mathrm{ARig}(x)$中取出,则 $A=\mathrm{ARig}(x)$就不复存在,剩下的要么是不在谓词和集合层面上的 $\mathrm{Espr}(x)$,要么是基于 $\mathrm{Espr}(x)$强化(strengthen)生成的潜无限弹性集合 $\mathrm{PSpr}(x)$. 从而就由肯定完成式(gone)回归到否定完成式(¬ gone, f-going),或者随着肯定完成式的被否定而退化为进行式(going)的基础无限(eli).

(4)古典集合论、近代公理集合论和中介公理集合论,都在一个谓词唯一确定一个实无限刚性集合的思维方式下,在造集过程中,将上文所讨论之$\sim P(x)\ \&\sim\dashv P(x)$和$\dashv P$ 完全简化掉,这是不合理的. 所构造出来的只是理想层面上的"肯定完成式"(gone),但在实际层面上却是否定完成式(¬ gone),亦即理想中的实无限(aci),实际上的潜无限(poi).

(5)最后还有一点要郑重明示,此乃基础无限(eli)与潜无限(poi)的明确区分,就是进行式(going)与永远是现在进行式(f-going)的严格区别. 又确认潜无限(poi)与实无限(aci)之间的对立关系是没有中介的矛盾对立$(P,\neg P)$,就是确认潜无限(poi)为否定完成式(¬ gone),从而它与肯定完成式 (gone)的实无限(aci)之间,既不存在什么中介过渡(transition),也不是什么进行式(going)到完成式(gone)的转换(详见 3.2.2 节与 3.2.3 节). 这在研究无穷观问题的历史发展中,应该是一次重大的认识和进步. 历史地说,此前对潜无限与实无限的区别与联系的讨论,都是比较模糊并有其局限性. 特别是那种认为实无限(aci)可以在潜无限(poi)基础上生成的认识,有如 Robinson 语:"潜无限(poi)是实无限(aci)的初始片断." 均有其历史局限性和模糊性. 在本书 3.2.2 节与 3.2.3 节的研究基础上,实应将 Robinson 语修改为:基础无限(eli)既是实无限(aci)的初始片断,也是潜无限(poi)的初始片断.

第6章 中介与二值两种逻辑框架的不可缺失性

6.1 预备知识

本书2.5.2节中曾明确指出,自从Aristotle以来,形式逻辑就区分了有中介的反对对立面(p, $╕p$)和无中介的矛盾对立面(p,$\neg p$),而且若有对象x满足$\sim p(x)$&$\sim ╕p(x)$,则对象x就是该反对对立面(p, $╕p$)的中介对象,该中介对象x部分地具有性质p,同时又部分地具有性质$╕p$.然而经典二值逻辑思维模式很快就占有了主流地位,人们认为,命题只能取真、假两个值,亦即一个命题只能非真即假,这就是非美即丑、非善即恶、非男即女等等.但是Aristotle,即使在这种二值思维模式已经占有了主流地位的情况下,仍然对这种二值观念提出异议.他举例说,"明天发生海战"这一命题的真值,在今天是无法决定的,因此现在该命题具有介于真与假之间的中间值.然而遗憾的是Aristotle的这一思想没有受到重视,而且在往后的很长历史阶段中,没有得到发挥.直到20世纪的20年代,波兰数学家P.J. Łukasiewicz和美国数学家E.L. Post才各自发展了一套多值逻辑系统.P.J. Łukasiewicz沿袭上述Aristotle的思想,在1920年构造了他的三值逻辑系统,他把真、假之外的第三值解释为"未决定的"或"可能的",表示未来可能发生的状态.后来他又将他的三值逻辑推广到n值及无穷值.1921年,E.L. Post又独立地建立并发展了他的有穷值逻辑系统,往后大量反映不同哲学背景,具有不同应用领域的多值逻辑系统相继问世.近现代随着计算机科学与智能科学的发展,各种非经典逻辑更是雨后春笋般地涌现出来,中介逻辑演算系统ML始建于1984年,也是一种非经典逻辑,28年来中介逻辑的发展概况详见本书2.5.1节.

本章需用到前5章的许多重要结论,反对对立与矛盾对立部分,可详见本书2.5.2节;中介原则与无中介原则详见2.5.3节;潜无限与实无限详见3.2.1节;潜无限与实无限的对立关系详见3.2.2节;第三种无限——基础无限详见3.2.3节;变量趋向其极限的aci方式及其中介过渡详见3.8.2节.

6.2 中介逻辑与数学物理危机

本书第2章曾详细论述并指出:20世纪60年代,Zadeh创建了模糊数学.随着模糊数学的诞生,必然面对如何奠定其理论基础的问题.方案之一是直接奠基于近代公理集合论,这样模糊数学将成为近现代数学的一个很小的分支,这将大大限制模糊数学的发展. 方案之二是建立 ZB 系统,但其配套的推理工具仍然是二值逻辑演算,模糊数学仍然没有它自身所特有的逻辑演算系统. 方案之三就是在中介原则下,构建中介数学系统 ML&MS,这样模糊数学就既有其特有的逻辑演算系统,又有其特有的公理集合论系统,ML&MS 也确实为处理精确现象的经典数学和处理模糊现象的不确定性数学提供了一个共同的理论基础. 应该说 ML&MS 就是在这样的时代背景和数学背景下建立起来的. 为之,可否认为,在人类智慧的知识历史进程中,对于中介观念的需求性起始于 20 世纪中、后期,或者说模糊数学诞生前后呢? 我们的回答是否定的. 下文的讨论将指出,人类智慧对于中介观念的需求性,也和中介观念的出现一样,可以追溯到古希腊的 Pythagoras 时代.

6.2.1　中介观念与第一次数学危机

本书 1.3 节中曾指出:所谓数学危机,指的是在数学发展的某个历史阶段中,出现一种相当激化的、涉及整个数学理论基础的矛盾. Pythagoras 时代的信条是一切几何量都能用有理数来表示,但 Hippasus 指出:取一个两直角边为 1 的等腰直角三角形,其斜边这个几何量,无法用整数或整数比去表示. 这就迫使 Pythagoras 学派承认这一悖论,并提出用"单子"这一概念去解决这一矛盾. 什么是"单子"概念呢? Luchins. A、Luchins. E 在文献[167]中说:"单子概念是一种如此之小的度量单位,以致其本身是不可度量的,却同时又要保持为一种单位. 这或许是企图通过'无穷'来解决问题的最早努力."如果"单子"这个概念是一种非此非彼的中介观念,那么 Pythagoras 提出要用它来解决矛盾,这就标志着一种对中介观念的需求性了. 在这里,我们来探讨一下"单子"这个概念是或不是一种中介观念? 按上文所引 Luchins. A & Luchins. E 在文献[167]对"单子"所下的描述性定义可知,单子必须保持为一种单位,大家知道 0 是不可能作为单位的,因此单子具有 >0 的性质,但是单子又是不可度量的,大家知道任何 >0 的几何量都是可以度量的,所以单子应具有 $=0$ 的性质. 但无论是有中介的反对对立面 $(P,\dashv P)$,还是无中介的矛盾对立面 $(P,\neg P)$,在任何逻辑系统中,特别是在二值逻辑系统和中介逻辑系统中,有对象 x 满足 $P(x)\wedge\dashv P(x)$ 或 $P(x)\wedge\neg P(x)$ 是不可能成立的. 在这里 $P(x)$,$\dashv P(x)$ 和 $\neg P(x)$,依次表示 x 完全满足 P、x 完全满足 $\dashv P$,x 完全满足 $\neg P$. 对于 $(>0,=0)$ 这一对立面而言,亦不应例外. 特别是在二值逻辑系统和中介逻辑系统中,不可能有对象 x 使有 $(x>0\wedge x=0)$.

但 $(x>0,x=0)$ 在中介逻辑系统中是有中介的反对对立面 $(\mathrm{p},\dashv \mathrm{p})$,而且 $\sim(x>0)\&\sim(x=0)$ 就是 $(x>0,x=0)$ 的中介对象. 当然 $\sim(x>0)\&\sim(x=0)$ 在二值逻辑框架下是不可思议且不可解读的,但 $\sim(x>0)\&\sim(x=0)$ 在中介逻辑框架下却可得到科学而合理之解读.

现将上文所论之“单子”概念简记为 μ，亦即我们有 $\mu =_{df}$“单子”. 按上文 Luchins. A & Luchins. E 在文献[167]中对 μ 的描述性定义. 我们有：

(1) μ 必须是一种单位，从而必须有 $\mu > 0$，因为只有 0 是不能做单位的.

(2) μ 本身是不可度量的，从而必须 $\mu = 0$，因为只有 0 的几何量是无法度量的①.

由如上(1)和(2)可知，若要 μ 既可以做单位，同时又不可度量，则必须 $\mu > 0$ & $\mu = 0$. 这是任何可靠相容的逻辑系统所不能接受的. 然而我们却能在中介逻辑框架下，给出($\mu > 0$，$\mu = 0$)的中介对象～($\mu > 0$)&～($\mu = 0$)，并作出如下的解读：

(1) 由～($\mu>0$)可推出 μ 不是 0，既然 μ 不是 0，那么 μ 就可以做单位，因为只有 0 才不能做单位.

(2) 由～($\mu=0$)可推出 μ 不是大于 0 的量，既然 μ 不大于 0，那么 μ 就是不可度量的，因为只有大于 0 的几何量，才有长度，才可以度量.

这表明只有取($\mu>0$，$\mu=0$)的中介值，才能使得 μ 既可以做单位，并且 μ 又是不可度量的，这两件事同时成立，亦即只有中介逻辑才是“μ 是单位 &μ 不可度量”的逻辑基础. 而且这也就是 Pythagoras 当年所需求的“单子”概念，但这在二值思维模式占主流地位的年代，Pythagoras 所提出的“单子”概念，只能被 Zeno 驳得哑口无言.

6.2.2 中介观念与物理危机

如所知，近现代物理学家在他们关于微观世界的研究中，曾以只有位置而没有大小的观念去建立基本粒子的点模型. 但是，以这种点模型为基础的量子场论的一些理论的研究中遇到了深刻困难. 坂田昌一在文献[199]中指出：“本来只有在较大的时空领域为研究对象，以致可以忽略基本粒子的内部结构时，才可以把基本粒子看做数学点. 但是以点模型为基础的理论形式一旦能够用严密的数学形式加以发展而且获得某些成功时，往往就忘记了当初所采取的近似意义，而被一种错觉所蒙蔽，好像所研究的对象本身就是数学点.”而且这就势必导致所有的基本粒子都没有了内部结构而属于同一阶层的混乱. 所以坂田昌一进一步指出：“如果基本粒子的点模型仍然袭用数学点(只有位置而没有大小)的概念来建立，那么哲学上亦将导致物质始原的混乱. W. Heisenberg 认为要引进长度的最小单位，即普遍长度这个概念去克服困难，他认为量子场论中诸如发散困难的根源就在于基本粒子的点

①当然在 Pythagoras 那个任何几量都能用有理数去度量的时代，确实存在着等腰直角三角形斜边之长度，它既大于 0 却又不可度量. 但在这里完全不影响此处的推理.

模型没有反映这个普遍长度(即长度的最小单位)的存在."[199]

其实如上所论之普遍长度这个概念被定义为“长度的最小单位”，仔细分析起来与 6.2.1 节中所说 Pythagoras 提出的“单子”概念十分类同. 因为普遍长度既然必须保持为一种单位，由于 0 是不能作为单位的，所以普遍长度应具有“>0”的性质；反之，普遍长度又是一种长度最小的单位，那么试问任给 $\varepsilon>0$，不论 ε 多么小，$\frac{\varepsilon}{2}$ 一定比 ε 还小，如此下去，长度就没有了，事实上，$1-(\frac{1}{2}+\frac{1}{4}+\cdots+\frac{1}{2^n}+\cdots)=1-1=0$，所以普遍长度这个概念又应具有“$=0$”的性质. 如果我们用符号 σ 来表示普遍长度，亦即 $\sigma=_{\mathrm{df}}$“普遍长度”，则 σ 将既具有“>0”的性质，同时又具有“$=0$”的性质. 但是在二值逻辑框架和中介逻辑系统中，$(\sigma>0)\wedge(\sigma=0)$ 是不可能成立的.

但如同 6.2.1 中对“单子”μ 的处理那样，我们在中介逻辑框架下，却可有 $(\sigma>0, \sigma=0)$ 的中介对象 $\sim(\sigma>0)\,\&\sim(\sigma=0)$，并作如下解读：

(1) 由 $\sim(\sigma>0)$ 可推出 σ 不是 0，既然 σ 不是 0，那么 σ 可以作为单位，因为只有 0 是不可以作为单位的.

(2) 由 $\sim(\sigma=0)$ 可推出 σ 不是大于 0 的量，既然 σ 不是大于 0 的量，那么与大于 0 的量相比，其长度可谓最小.

这表明只有在中介逻辑系统中，取 $(\sigma>0, \sigma=0)$ 的中介值 $\sim(\sigma>0)\,\&\sim(\sigma=0)$，才能使得：

“σ 是单位 & σ 长度最小”

能以实现，亦即中介逻辑才是 W. Heisenberg 的“普遍长度”概念的逻辑基础.

6.2.3　中介观念与第二次数学危机

在本书 1.3 节中，曾简要地言及 18 世纪微积分诞生以来，在数学界出现的混乱局面，即所谓的第二次数学危机. 在那里曾以求取自由落体在 t_0 时刻之点速度为背景言及 Berkeley 悖论. Berkeley 悖论的核心含义指的是如下矛盾：

$$(※)\begin{cases}\text{(A)为要使下落距离 } L \text{ 与时间之比 } \dfrac{L}{h} \text{ 有意义，必须 } h\neq 0\text{；}\\[2ex] \text{(B)为要求得自由落体在 } t=t_0 \text{ 时刻的点速度是 } gt_0\text{，必须 } h=0.\end{cases}$$

Berkeley 指出：在同一个问题的同一个求解过程中的同一个量 h，何以能既不等于 0，同时又等于 0 呢？实际上就是问，在系统中为什么出现 $(h>0)\wedge(h=0)$ 这种不允许出现的事情？Newton 和 Leibniz 为摆脱此困境而分别提出种种解释，在这里主要讨论如下之“无穷小量”概念的解释方法.

Newton 说："h 是'无穷小量'，故 $h \neq 0$（实指 $h > 0$），因此 $\frac{L}{h}$ 有意义，并可化为 $\frac{L}{h} = gt_0 + \frac{1}{2}gh$，但这个无穷小量 h 与大于 0 的有限量相比，已经小到可以忽略不计，于是可将 $\frac{1}{2}gh$ 丢掉，从而使得 $\frac{L}{h}$ 变为 gt_0，这就是自由落体在 $t = t_0$ 时刻的点速度，亦即 $V|_{t=t_0} = gt_0$."对照前文所已讨论过的 Pythagoras 提出的"单子"概念，W. Heisenberg 提出的"普遍长度"即"长度之最小单位"概念，以及 Newton 与 Leibniz 在这里提出的"无穷小量"概念，三者之探索和刻画的目标完全类同，都在寻求一种介于(>0)与(=0)之间的中介概念，寻求一种似 0 非 0 或既不(>0)又不(=0)的概念. 现将"单子"、"普遍长度"和"无穷小量"这三个概念的描述性定义并列在一起，用对比分析的方法重新讨论如下：首先，"单子"和"普遍长度"均要求保持为一种单位，当然不是 0，因为 0 不能作为单位. "无穷小量"则直接指明它不是 0. 反之，三者又都不是(>0)的量，"单子"指名其如此之小，小到其本身是不可度量的，因此它不具有普通(>0)的性质，因为(>0)的几何量总是可以度量的，"普遍长度"要求它是最小的单位，如果它是具有普通(>0)的性质，就不可能是最小的，例如它的一半一定比它还要小，从而"普遍长度"不具有普通(>0)的性质. 再说这个"无穷小量" h，Newton 说它与普通(>0)的量相比，已经小到可以忽略不计，大家知道除了 0 之外，还有什么量可以忽略不计，须知，这里所求的是自由落体在 t_0 时刻的点速度，要求出一个精确值，并不是在求一个某种允许的近似范围内的近似值，所以"无穷小量"也不具有普通(>0)的性质. 为之，描述或刻画"单子"、"普遍长度"和"无穷小量"的语言文字不相同，但其探索寻求的目标是一致的，都在寻求一种既不(>0)又不(=0)的概念. 然而在任何逻辑系统中($x > 0$) ∧ ($x = 0$)是不可能成立的. 唯一的出路只有在中介逻辑系统中，关于 P(>0)与╕P(=0)这个反对对立面的中介对象 $\sim(x > 0) \& \sim(x = 0)$ 才能作出合理的解读. 例如，对于那个无穷小量 h 而言，因为 h 部分地具有(>0)的性质，即 $\sim(h > 0)$，因此 h 可以被解读为不是 0，故 $\frac{L}{h}$ 有意义，另一方面，又因为 h 部分地具有(=0)的性质，即 $\sim(h = 0)$，从而 h 可以解读为不是(>0)的量，从而可以忽略不计. 对于"单子"和"普遍长度"亦可作出类似的解读，因为两者都部分地具有(>0)的性质，从而都可以被解读为不是 0，既然不是 0，就将其视为一种单位. 另一方面，两者都部分地具有(=0)的性质，从而两者又可以被解读为不是普通的(>0)的量，因而这个"单子"已是如此之小，小到不能用通常(>0)尺度去度量它了，同样对于"普遍长度"而言，相对于通常(>0)的尺度来说，它已经是最小的了. 因为该中介对象 $\sim(x > 0) \& \sim(x = 0)$ 必被包含在任何(>0)的区间内. 所以只有将所论的"单子"、"普遍长度"和"无穷小

量”视为 $\Delta x \uparrow 0 \wedge \Delta x \top 0$ 这个实无限过程的中介，亦就是由 $\Delta x \uparrow 0$ 这个进行式(going)中介过渡到 $\Delta x \top 0$ 这个肯定完成式(gone)的中介对象，才能得到合理的解读，同时还有实体感和独立存在性. 否则是不可能的，特别是在二值逻辑框架下，更是完全不可能理解的.

6.2.4　中介对象与 Newton 的“O”[①]

《科学世界》杂志 2011 年第 4 期，以很大的篇幅(p14－p47)撰文纪念微积分的诞生，总题目是“微积分——最伟大的数学成就”，其中第 2 部分“牛顿的微分法”一文(p28)中，有如下文字：

“牛顿选择一个希腊字母‘O’来表示真正一瞬间所经过的时间，以此来求在曲线上移动的一个点在这真正一瞬间的瞬时行进方向，即计算切线的斜率.”

“牛顿用这个符号‘O’代表的时间虽然无限逼近零，却不是真正的零. 也就是说，‘O’是一段无限小的“瞬间时间”，又不可能说它具体代表了 1 秒的多少.”

“假定在曲线上移动的一点在某个时刻位于点 A，紧接着，经过‘O’的瞬间时间，它从‘点 A’移动一段极短的距离来到‘点 A'.’经过这段极短时间，设这个动点在 x 轴方向移动的距离为‘ op ’，在 y 轴方向移动的距离为‘ oq ’(见图 6.1).”

“牛顿为什么要使用不能确切知道代表了什么数值的符号‘O’，‘p’和‘q’呢?”

在图 6.1 中，经过“O”的瞬间时间，动点在 x 轴方向行进了“ op ”，在 y 轴方向行进了“ oq ”. 按照斜率的定义，动点在这一瞬间移动所形成的直线 $A-A'$ 的斜率就是“ $\frac{oq}{op}$ ”，即等于“ $(=\frac{q}{p})$ ”. 这条直线 $A-A'$ 就是动点在点 A 处的行进方向，也就是说，它是通过点 A 的切线.

“经过瞬间时间‘O’，动点从点 A 移动到了点 A'. 动点虽然是在曲线上移动，但是移动的距离极短. 牛顿认为可以把动点移动的轨迹 $A-A'$ 看做直线.”

在如上所录的文字中，有如下几点值得我们去作分析讨论：

(1) Newton 的“O”不是真正的零.

(2) Newton 的“O”又不可能说它具体代表了 1 秒的多少.

(3) 多处用“极短”这个词来形容曲线上由点 A 移动到点 A' 所产生的距离，并说直线 $A-A'$ 是通过点 A 的切线.

首先由上文之(1)可推知并用符号表达为

$$\neg(\text{“}O\text{”}=0), \tag{1'}$$

---

①朱俚治不仅提供了《科学世界》杂志与本小节内容相关的资料，特别是他对相关文字的质疑，引起了重视和思考，并作相关研究，特此致谢.

其次，我们再来分析上文之(2)，大家知道，秒是计时单位，故具有大于 0 的性质. 因此无论是 1 秒的多少倍，或者是 1 秒的多少份之一，也总是具有大于 0 的性质. 为之，由上文之(2)可推知并用符号表达为

$$\neg(\text{“}O\text{”}>0). \tag{2'}$$

在二值逻辑框架下，任意量 Δx，要么 $\Delta x>0$，要么 $\Delta x=0$，也就是 $\Delta x>0$ 与 $\Delta x=0$ 必须满足排中律 $\vdash(\Delta x>0)\vee(\Delta x=0)$，从而我们有

$$\neg(\Delta x>0)\vdash\Delta x=0, \tag{a}$$

$$\neg(\Delta x=0)\vdash\Delta x>0. \tag{b}$$

于是若上述(a)与(b)同时成立，则有

$$\neg(\Delta x>0)\wedge\neg(\Delta x=0)\vdash(\Delta x=0)\wedge(\Delta x>0),$$

但$(\Delta x=0)\wedge(\Delta x>0)$却是任何可靠相容的逻辑系统所不能接受的自相矛盾的东西，同时在系统内也无法作出科学而合理的解读.

现在的问题是在二值逻辑占主流地位的 Newton 时代，Newton 提出了那个瞬时时间“O”概念，那么二值逻辑系统能成为 Newton 之“O”的逻辑基础吗？如果回答是肯定的，那么“O”就是二值逻辑框架内的任意量 Δx，然而这样一来，上文所说之“O”的两条性质(1)和(2)却是不能同时成立的. 否则若设(1)与(2)同时成立，则由(1)与(2)分别推出之(1′)与(2′)就要同时成立，如此就有

$$\neg(\text{“}O\text{”}>0)\wedge\neg(\text{“}O\text{”}=0)\vdash(\text{“}O\text{”}=0)\wedge(\text{“}O\text{”}>0). \tag{*}$$

如所知，任何可靠相容之逻辑系统都不允许(∗)中自相矛盾之结论$(\text{“}O\text{”}=0)\wedge(\text{“}O\text{”}>0)$出现的. 由于二值逻辑 CL 与中介逻辑 ML 都是可靠相容的逻辑系统，所以 Newton 之“O”既不可能是 CL 的任意量，也不可能是 ML 的任意量. 但在这里，我们却不能由此结论 ML 也不是 Newton 之“O”的逻辑基础. 因为在中介逻辑 ML 中有如下重要的逻辑定理，该定理就是“非此非彼”概念的逻辑表达式，即

$$\sim A\,\vDash\!\dashv\,\neg A\wedge\neg\,⫤A.$$

而且$(x>0, x=0)$在 ML 中是有中介的反对对立面$(p, ⫤p)$，而且 $x\uparrow 0$ (going)是通过 $\sim(x>0)\&\sim(x=0)$ 过渡到 $x\top 0$(gone)去的.

既然如此，根据上述定理以及上文所述 Newton 之两条性质(1)和(2)所推出之符号表达式(1′)与(2′)，我们就有

$$\sim(\text{“}O\text{”}>0)\&\sim(\text{“}O\text{”}=0)\vDash\!\dashv\neg(\text{“}O\text{”}>0)\wedge\neg(\text{“}O\text{”}=0). \tag{**}$$

上述(∗∗)表明，要使得 Newton 之“O”所具有的两条性质：

(1)“O”不是真正的零 $\vdash$(1′) $\neg(\text{“}O\text{”}=0)$,

(2)“O”不代表 1 秒的多少 $\vdash$(2′) $\neg(\text{“}O\text{”}>0)$.

能够同时成立的充分必要条件是将 Newton 之“O”视为$(>0,=0)$的中介对象$\sim(\text{“}O\text{”}>0)\&\sim(\text{“}O\text{”}=0)$.

所以 Newton 之“O”虽然也不是 ML 之任意量 $\Delta x>0$，但是中介逻辑仍然不失为 Newton 当年所提出之瞬时时间“O”概念的逻辑基础. 然而 Newton 时代还远未始建中介逻辑，二值逻辑才是当时的主流.

下文讨论(3)，即文中多处用“极短”这个词来形容曲线上由点 A 移动到点 A' 所产生的距离，并说直线 $A-A'$是通过点 A 的切线，如图 6.1 所示：

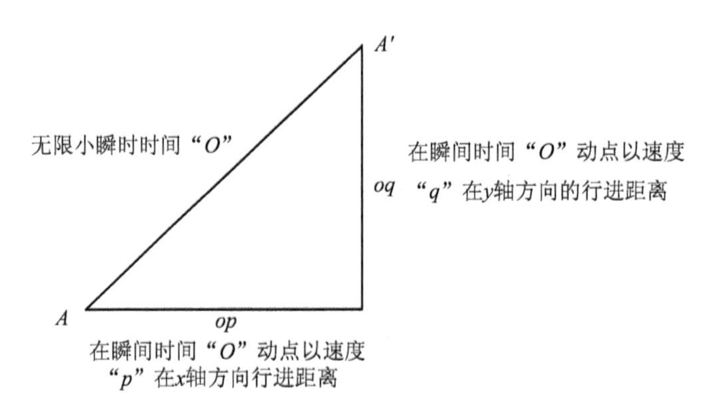

图 6.1

其实“极短”这个词，在中文词典中有两种含义：其一是“极短”，即“最短”的意思；其二是“非常非常……短”的意思. 若按第一种解释，“最短距离”这个概念是不存在的，因任给距离 $\varepsilon>0$，无论 ε 多么小，$\frac{\varepsilon}{2}$ 总是比 ε 小，而且

$$\varepsilon-\left(\frac{\varepsilon}{2}+\frac{\varepsilon}{4}+\cdots+\frac{\varepsilon}{2^n}+\cdots\right)=\varepsilon-1\cdot\varepsilon=0.$$

所以“最短距离”概念在二值逻辑框架中是说不通的. 若将“极短距离”按第二种解释，即使写上一大串“非常”来形容距离之短，也是无济于事的，它仍然是一个大于零的距离. 所以直线 $A-A'$只能是通过 A 点的一条割线，它不可能是切于点 A 的一条切线. 所以 Newton 当年这个切于点 A 的切线 $A-A'$的原始思想的描述，无疑是说不明白的. 至于切于曲线上点 A 之切线在中介逻辑中的理解，可参阅本书 6.6.1 节之末所论之中介点“A”概念.

6.3　光物质波粒二象性的逻辑基础

17 世纪以来，关于光这一特殊物质的波动学说与微粒学说的争论，前后经历了 300 多年之久，而且关于光的波动说与微粒说，都各有诸多物理实验的支撑. 直到 1905 年 3 月，A. Einstein 的题为“关于光的产生和转化的一个推测性观点”的论文在德国《物理年报》上发表之后，关于光的波动说与微粒说之争论，才以“光具有波粒二象性”而告一段落，光物质的波粒二象性最终获得学术界的广泛认可. A.

Einstein 的这一贡献获诺贝尔物理学奖. 这是近代物理学界的著名大事. A. Einstein 在上述论文中结论性地指出:"对于时间的平均值,光表现为波动性,对于时间的瞬间值,光物质却表现为粒子性."这就是所说的关于光物质的波粒二象性. 文献[200]指出:"能量越高的光子,其频率也越高,而其波长越短. 这时光子显现的粒子性越强. 如 x 射线 γ 射线几乎呈现出粒子的集合的性质. 相反,能量低的光子,则呈现的波动性很强,粒子性很弱. 例如无线电波基本上就是一种波动."由此可见,作为物质的"波"与"粒子"两种存在形态而言,既有物质具有波动性存在形态,又有物质具有粒子性存在形态. 因此物质存在形态中的"波"与"粒子"是一对反对对立面$(P, \exists P)$=(波,粒子). 由上述 A. Einstein 对光物质波粒二象性所作的结论,可将光物质存在形态视为"波"与"粒子"这一反对对立面的中介状态. 现用符号$—\omega—$简记波动性,$—\Diamond—$简记微粒性,亦即$—\omega— =_{df}$"波动性",$—\Diamond— =_{df}$"粒子性",再将"光物质"简记为 α,即 $\alpha =_{df}$"光物质". 那么"波"与"粒子"这一反对对立面就是$(P, \exists P) = (—\omega—, —\Diamond—)$,该反对对立面的中介对象 x 就是$\sim—\omega—(x) \& \sim—\Diamond—(x)$. 因此,光物质的波粒二象性存在形态就是$\sim—\omega—(\alpha) \& \sim—\Diamond—(\alpha)$. 先举个例子,导体与绝缘体是一种反对对立面,半导体是指这样一些金属与非金属材料,在一定温度以上,其电阻很小,它就导电,表现为导体;但是在一定温度以下,其电阻很大,就不导电了,表现为绝缘体. 从而半导体(简记为 l)就是导体(简记为 m)和绝缘体(简记为 n)的中介对象,按它们的简记,半导体是$\sim m(l) \& \sim n(l)$. 即半导体 l 部分地具有导体的性质,同时又部分地具有绝缘体的性质. 应该指出,没有这样的材料,在同一个温度条件下,它既导电同时又不导电,亦即不可能有这样的物质 α 在同一温度下满足 $m(a) \wedge n(a)$. 光物质的存在形态也是一样,不可能在相同能量相同频率的条件下,它表现为既是波动性同时又表现为粒子性,亦即不存在$—\omega—(\alpha) \wedge —\Diamond—(\alpha)$的存在形态. 否则半导体与光物质的存在形态就没有了逻辑基础. 亦即从逻辑的角度看,$m(l) \wedge n(l)$ 与$—\omega—(\alpha) \wedge —\Diamond—(\alpha)$都和$(h > 0) \wedge (h = 0)$一样,在任何逻辑系统中都无法接受也无法解读. 所以物理学界在没有中介逻辑的支持下,特别是在二值逻辑框架下,就接受半导体观念和波粒二象性概念是没有逻辑基础的,仅仅是在物理实验支撑下的一种无法否定的认知. 只有在上文所论之$\sim m(l) \& \sim n(l)$和$\sim—\omega—(\alpha) \& \sim—\Diamond—(\alpha)$在中介逻辑中的解读,才使得半导体观念和波粒二象性概念,既有物理实验的支撑,同时又有了它们的逻辑基础,现在我们将$\sim—\omega—(\alpha) \& \sim—\Diamond—(\alpha)$与 6.2.3 节中 Newton 所提出的"无穷小量"中介观念联系起来,并作如下的类比对应:①A. Einstein 的时间平均值对应于自由落体平均速度 $\frac{L}{h}$;② $—\omega—$对应于 $h > 0$;③A. Einstein 的时间瞬间值对应于自由落体在 $t = t_0$ 时刻之点速度;

④ —◇—对应于 $h=0$. 由上所论而知，— ω —(α) ∧ —◇—(α)和 $(h>0) \wedge (h=0)$ 在二值逻辑系统与中介逻辑系统中都不能解读也不能被接受，但～— ω —(α) &～—◇—(α)和 $\sim(h>0) \wedge \sim(h=0)$ 在中介逻辑系统中都将合情合理地接受，并得到合情合理的解读.

为下文行文方便起见，特将如上所规定之类比对应①、②、③、④简记为(Ein↔New).

由 6.2.3 节可知，Newton 说 h 是无穷小量，所以 h 不是 0(实指 $h>0$)，所以 $\frac{L}{h}$ 有意义，但无穷小量 h 与大于 0 的量相比，已经小到可以忽略不计. 如此可求得自由落体在 t_0 时刻之点速度 $V|_{t=t_0}=gt_0$，但这在二值框架中，几乎是无稽之谈，不能解决任何问题. 但在中介逻辑系统中，将无穷小量 h 视为$(h>0, h=0)$的中介对象

$$\sim(h>0) \& \sim(h=0).$$

于是我们有：

(1)由$\sim(h>0)$可推出 h 不是 0，其符号表达式就是 $\neg(h=0)$，从而 h 可以做分母，并使 $\frac{L}{h}$ 有意义，既然 $\frac{L}{h}$ 有意义，自由落体之速度是平均速度 $V|_{t\neq t_0}$，而不是 t_0 时刻之点速度 $V|_{t=t_0}=gt_0$.

(2) 由$\sim(h=0)$可推出 h 不是大于 0 的量，其符号表达式就是 $\neg(h>0)$，从而 h 与大于 0 的量相比已经小到可以忽略不计，进而求得自由落体在 t_0 时刻之点速度为 $V|_{t=t_0}=gt_0$.

现在按上文所规定的对应关系(Ein↔New)来讨论 A. Einstein 之光物质 α 的波粒二象性存在形态. 现在我们将光物质 α 视为物质存在形态之(波动性，粒子性)这一有中介的反对对立面的中介对象：

$$\sim(\alpha:\text{—}\omega\text{—}) \& \sim(\alpha:\text{—}\Diamond\text{—}).$$

于是我们有：

(1) 由～(α :— ω —)可推出 α 的存在形态不是—◇—，其符合表达式为¬(α :—◇—)，从而 α 的存在形态不是高能量的，从而 α 在 A. Einstein 之时间平均值界限内，可视光物质 α 的存在形态呈波动性存在形态.

(2)由～(α :—◇—)可推出 α 的存在形态不是— ω —，其符号表达式是¬(α :—ω—)，因此 α 的存在形态不是低能量的，从而 α 在 A. Einstein 之时间瞬时值界限内，可视光物质 α 的存在形态呈粒子性存在形态.

我们在这里探讨了光物质之波粒二象性的逻辑基础. 当然光物质的波粒二象性是近代物理学界普遍认同的著名事件，但这仅仅是在物理实验支撑下的一种不可否认的认知，但并无逻辑基础. 作为实验科学注重的是实验事实，疏于从逻辑的

角度思考. 在本节中,我们论证指出,光物质的波粒二象性只有在中介逻辑系统中才能获得合理解读. 因而中介逻辑才是它真正的逻辑基础.

6.4 Leibniz 割线切线问题在数学无穷之逻辑基础层面上的分析与研究

6.4.1 变量 x 无限趋近其极限 x_0 的 poi 方式与 aci 方式

我们曾讨论过变量趋向其极限的 aci 方式及其中介过渡,主要目的是讨论并确认(>0,$=0$)在中介逻辑框架下是一个有中介的反对对立面(p,$\dashv p$). 在这里,我们要进一步定义变量趋向其极限的 poi 方式. 特别是要讨论并确认变量趋向其极限的 poi 和 aci 这两种方式,究竟是有中介的反对对立面(p, $\dashv p$),还是无中介的矛盾对立面(p, $\neg p$).

如所知,我们曾在 3.8.2 节中选取关于"$\uparrow$""$\top$""$\overline{\top}$"相适应的解读方式和定义. 关于 aci 和 poi 之切入点之一:

$$\text{非有限进程}\begin{cases}\text{实无限:肯定达到进程终极处,}\\ \text{潜无限:否定达到进程终极处.}\end{cases}$$

在这里可表述为:

$$\text{非有限进程}\begin{cases}\text{aci 方式:} x\uparrow x_0 \wedge x\top x_0 \text{(肯定达到 } x_0\text{,reach } x_0\text{),}\\ \text{poi 方式:} x\uparrow x_0 \wedge x\overline{\top} x_0 \text{(否定达到 } x_0\text{,}\neg\text{reach } x_0\text{).}\end{cases}$$

在 ZFC 和 ML&MS 中,变量 x 无限趋向其极限的 aci 方式和 poi 方式同样是无中介的矛盾对立面(p, $\neg p$),否则同样会出现达到($\top$:gone)与永远达不到($\overline{\top}$:$\neg$gone)并存的矛盾. 在 $\vdash$ poi $\vee$ aci, $\vdash\neg$(poi $\wedge$ aci)的前提下,当变量 x 无限趋近于其极限 x_0 时,不再允许既采用肯定完成式(gone)的 aci 方式($x\uparrow x_0 \wedge x\top x_0$),同时又采用否定完成式($\neg$gone)的 poi 方式($x\uparrow x_0 \wedge x\overline{\top} x_0$). 亦即只能要么采用 aci 方式,要么采用 poi 方式.

事实上,如果我们反设变量 x 无限趋近于其极限 x_0 时,既可采用 aci 方式,同时又可采用 poi 方式,则有

$$(x\uparrow x_0 \wedge x\overline{\top} x_0)\&(x\uparrow x_0 \wedge x\top x_0). \tag{*}$$

另一方面,我们又有

$$(x\uparrow x_0 \wedge x\overline{\top} x_0)\rightarrow |x-x_0|>0; \tag{1}$$

$$(x\uparrow x_0 \wedge x\top x_0)\rightarrow |x-x_0|=0; \tag{2}$$

于是由上述(*)而知有

$$|x-x_0|>0 \ \&\ |x-x_0|=0 \tag{**}$$

令 $\alpha=_{\rm df}|x-x_0|$,则由(**)知有 $\alpha>0\rightarrow\alpha>0\&\alpha=0\rightarrow\alpha=0$. 这是任何可靠相容之

系统所不允许出现的自相矛盾的情形. 故反设不成立. 于是当任何变量 x 无限趋近于其极限 x_0 时,只能要么采用 aci 方式,要么采用 poi 方式.

例如,在 x 轴上取一闭区间$[a,b]$,在$[a,b]$内变量 x 无限趋近于它的极限点 b 时,由于端点 b 在区间内,则变量 x 将按 aci 方式趋向其极限点 b,即变量 x 在$[a,b]$内达到其极限点 b,故 $x \uparrow b \wedge x \top b$. 但在开区间 $a(,)b$ 内(这里特将(a,b)记为 $a(,)b$,以明示 b 点在区间外). 于是变量 x 在开区间内只能以 poi 方式趋向其极限点 b,即 $x \uparrow b \wedge x \not\top b$. 事实上,也无法想象变量 x 在$[a,b]$内永远达不到($\neg$ gone, f-going)它的极限点 b. 同样也无法想象变量 x 在开区间 $a(,)b$ 内能达到它的极限点 b,除非存在着这样的区间,它既是闭区间,同时又是开区间,但这是不可能的.

现任给一个极限表达式 $\operatorname*{Lim}_{x \to x_0} f(x) = A$,若 $f(x)$ 在 x_0 点有定义,则变量 x 将以 aci 方式趋向其极限 x_0 ,即 $x \uparrow x_0 \wedge x \top x_0$,此时就不能同时再设变量 x 以 poi 方式趋向其极限点 x_0 ,即 $x \uparrow x_0 \wedge x \not\top x_0$,否则将导致该极限表达式中之自变量 x 趋向其极限点 x_0 的 aci 方式与 poi 方式并存,以致出现 gone$\wedge\neg$ gone 与 $x \top x_0 \wedge x \not\top x_0$ 的矛盾式. 事实上,在 $f(x)$ 于 x_0 点有定义的前提下,怎么也无法想象变量 x 永远达不到它的极限点 x_0 的情况. 举个例子,极限表达式 $\operatorname*{Lim}_{x \to 0} ax = a \operatorname*{Lim}_{x \to 0} x = a \cdot 0 = 0$,其中函数 $f(x) = x$ 在 $x = 0$ 处有定义,而且 $x = f(x) = 0$ iff $x = 0$,请问此时如何设想变量 x 永远达不到它的极限点 0,所以此时变量 x 能且只能按 aci 方式趋向其极限点 0,即 $x \uparrow 0 \wedge x \top 0$.

现设极限表达式 $\operatorname*{Lim}_{x \to x_0} f(x) = A$ 中之函数 $f(x)$ 在 x_0 处没有定义,则变量 x 将以 poi 方式趋向极限点 x_0 ,即 $x \uparrow x_0 \wedge x \not\top x_0$,此时就不允许再设变量 x 又按 aci 方式趋向其极限点 x_0 ,即 $x \uparrow x_0 \wedge x \top x_0$,否则必将导致 gone$\wedge\neg$gone 与 $x \top x_0 \wedge x \not\top x_0$ 的矛盾. 事实上,在 $f(x)$ 于 x_0 处没有定义的前提下,也无法去想象变量 x 能达到它的极限 x_0 的情况,例如 $\operatorname*{Lim}_{x \to 0} \frac{1}{x} = \omega$,由于 $f(x)$ 在原点 0 处没有定义,如果你设想变量 x 按 aci 方式趋向其极限点 0,那么 $\operatorname*{Lim}_{x \to 0} \frac{1}{x}$ 在 $x \uparrow 0 \wedge x \top 0$ 的情况下,只能趋向无意义. 因而此时变量 x 能且只能按 poi 方式趋向其极限点 0. 由于不存在这样的极限表达式 $\operatorname*{Lim}_{x \to x_0} f(x) = A$,其中函数 $f(x)$ 在 x_0 点既是有定义的,同时又是没有定义的. 所以极限表达式 $\operatorname*{Lim}_{x \to x_0} f(x) = A$ 中位于极限符号下方的自变量 x ,要么以 aci 方式趋向其极限点 x_0 ,要么以 poi 方式趋向其极限点 x_0 .

综上所论,我们有如下重要结论:

在 ZFC 与 ML&MS 框架内,基于(poi, aci)为无中介之矛盾对立面$(p, \neg p)$,

即在 $\vdash \mathrm{poi} \vee \mathrm{aci}$，$\vdash \neg(\mathrm{poi} \wedge \mathrm{aci})$ 的前提下，变量 x 无限趋向其极限 x_0 的 poi 方式与 aci 方式，同样是无中介的矛盾对立面(p，$\neg p$)，即($x \uparrow x_0 \wedge x \not\top x_0$，$x \uparrow x_0 \wedge x \top x_0$)是无中介的矛盾对立面($p$，$\neg p$)，从而我们有如下的排中律：

$$\vdash x \uparrow x_0 \wedge x \not\top x_0 \vee x \uparrow x_0 \wedge x \top x_0 .$$

6.4.2 谓词与集合层面上的 poi 与 aci

如所知，逻辑演算中的谓词，就是面对各种个体的某种性质或概念，其中某些个体满足该谓词，另一些却不满足该谓词. 例如“自然数”是一个面对个体的性质或概念，其中如个体 1，2，3，… 是自然数，但如个体 $\sqrt{2}$，0.5，π，… 不是自然数，所以“自然数”是一个谓词.

又如 aci 与 poi 也都是面对个体的性质或概念，例如自然数集合 $N = \{x \mid n(x)\}$，有理数集合 $Q = \{x \mid q(x)\}$，无理数之解析表达式 $\theta = 0.p_1p_2\cdots p_n\cdots$，非标准数域 $^*R$ 中的无穷大和无穷小等等个体都具有性质 aci，却完全不具有性质 poi. 反之诸如极限论中的无穷大和无穷小，直觉主义数学中的展形连续统和构造性实数表达式，还有 3.6.1 节中的弹性自然数集 $\mathcal{N} = \{x \mid n(x)\}$ 或 Cauchy 剧场等等个体，都具有性质 poi，却完全不具有性质 aci，为之在逻辑演算之谓词与集合层面上，我们有：

poi 与 aci 均为逻辑演算中的谓词.　　　　(*)

6.4.3 关于 Leibniz 的割线与切线问题

在这里，先简要回顾一下 Leibniz 的割线与切线问题. 如图 6.2 所示，点 $A(x_0, y_0)$ 是曲线 $y = f(x)$ 的一个定点，那么什么样的直线叫做 $y = f(x)$ 在点 $A(x_0, y_0)$ 的切线，我们在曲线 $y = f(x)$ 上取另一点 $B(x_0 + \Delta x, y_0 + \Delta y)$，作出 $y = f(x)$ 的割线 AB，再令 B 点沿着 $y = f(x)$ 向 A 点移动，则割线 AB 的位置也随之移动，当点 B 沿曲线无限趋近于它的极限点 A 时，则割线 AB 也无限趋近于一个极限位置，这个极限位置的直线(即图 6.2 中的直线 AT)就称为曲线 $y = f(x)$ 在点 A 处的切线. 现在确定切线 AT 的斜率，设割线 AB 的倾斜角为 ϕ，切线 AT 的倾斜角为 α，则如图 6.2(Ⅰ)可知割线 AB 的斜率为

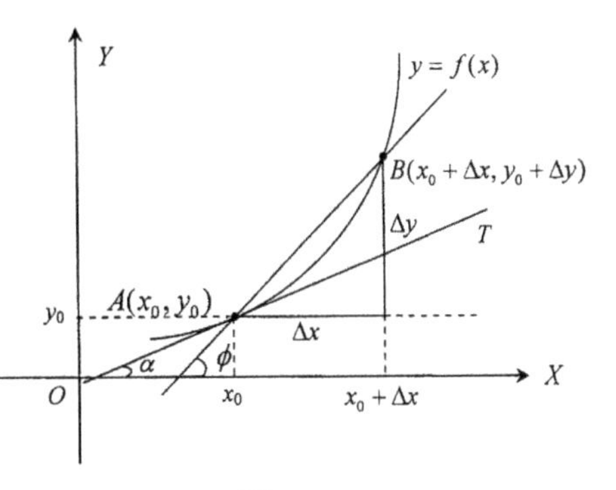

图 6.2

$$\mathrm{tg}\phi = \frac{\Delta y}{\Delta x} = \frac{f(x_0 + \Delta x) - f(x_0)}{\Delta x}.$$

当 Δx 无限趋近于 0 时，割线的斜率 $\mathrm{tg}\phi$ 也就无限趋近于切线 AT 的斜率 $\mathrm{tg}\alpha$，亦即

$$\mathrm{tg}\alpha=\operatorname*{Lim}_{\substack{\Delta y\to 0\\ \Delta x\to 0}}\mathrm{tg}\phi=\operatorname*{Lim}_{\substack{\Delta y\to 0\\ \Delta x\to 0}}\frac{\Delta y}{\Delta x}=\operatorname*{Lim}_{\substack{\Delta y\to 0\\ \Delta x\to 0}}\frac{f(x_0+\Delta x)-f(x_0)}{\Delta x}.$$

这就是说，切线 AT 的斜率 $\mathrm{tg}\alpha$ 等于 Δy 与 Δx 之比在 Δy 与 Δx 无限趋于 0 时的极限. 我们将 $\mathrm{tg}\alpha$ 及其极限表达式记为 $\frac{\mathrm{d}y}{\mathrm{d}x}$，亦即

$$\frac{\mathrm{d}y}{\mathrm{d}x}=_{\mathrm{df}}\mathrm{tg}\alpha=\operatorname*{Lim}_{\substack{\Delta y\to 0\\ \Delta x\to 0}}\frac{\Delta y}{\Delta x}. \tag{∇}$$

因此我们根据 6.4.1 节最后所获结论在此提出如下问题，即在上式（∇）中，当 Δy 与 Δx 无限趋向它们的极限 0 时，究竟是按否定完成式（$\neg$gone）的潜无限方式还是肯定完成式（gone）的实无限方式趋向其极限 0 的. 如果是按 $\Delta y\uparrow 0\wedge\Delta y\not\top 0$ 和 $\Delta x\uparrow 0\wedge\Delta x\not\top 0$ 这种潜无限方式，那么 Δy 与 Δx 将永远达不到 0，如此将有

$$\frac{\mathrm{d}y}{\mathrm{d}x}\text{永远是}\frac{\Delta y(>0)}{\Delta x(>0)}. \tag{1}$$

如果是按 $\Delta y\uparrow 0\wedge\Delta y\top 0$ 和 $\Delta x\uparrow 0\wedge\Delta x\top 0$ 这种实无限方式，那么 Δy 与 Δx 必须达到 0，那么又有

$$\frac{\mathrm{d}y}{\mathrm{d}x}\text{将走向无意义的}\ \frac{0}{0}. \tag{2}$$

由(1)知 $\frac{\mathrm{d}y}{\mathrm{d}x}$ 永远是割线而 $\frac{\mathrm{d}y}{\mathrm{d}x}\neq\mathrm{tg}\alpha$，由(2)知 $\frac{\mathrm{d}y}{\mathrm{d}x}$ 走向无意义的 $\frac{0}{0}$，同样 $\frac{\mathrm{d}y}{\mathrm{d}x}\neq\mathrm{tg}\alpha$，从而无论用 poi 方式还是 aci 方式都说不通.

如所知，$p(x)\wedge$ ╕ $p(x)$ 或 $p(x)\wedge\neg p(x)$ 在任何可靠相容的逻辑系统中都无法解读且不予接受，而 ZFC 框架下的二值逻辑演算和中介逻辑演算都是可靠相容的系统，从而这两种逻辑系统都将拒绝接受 $\mathrm{d}y>0\wedge\mathrm{d}y=0$ 与 $\mathrm{d}x>0\wedge\mathrm{d}x=0$，同时也无法在系统内解读. 但由于中介逻辑系统中贯彻中介原则，从而接受（>0，=0）这个反对对立面的中介对象，即

$$\begin{cases}\sim(\mathrm{d}x>0)\wedge\sim(\mathrm{d}x=0),\\ \sim(\mathrm{d}y>0)\wedge\sim(\mathrm{d}y=0),\end{cases}$$

并在系统内可有合理的解读方式.

至于如何在中介逻辑系统中解读 Leibniz 之上述割线与切线问题，并在逻辑数学层面上，严格给出该问题的解释方法，将在下文 6.5.3 节中讨论.

6.5 Leibniz 割线切线问题在中介逻辑框架下的逻辑数学解释方法

6.5.1 排中律的命题化分析和谓词层面上的潜无限与实无限

现将排中律 $\vdash A \vee \neg A$ 命题化为 $\vdash A(x) \vee \neg A(x)$，被解读为对象 x 要么具有性质 A，要么具有性质 $\neg A$. 若另有命题 $B(x)$ 和 $D(x)$，并满足如下条件：

(1) $B(x) \leftrightarrow A(x)$，

(2) $D(x) \leftrightarrow \neg A(x)$，

则必有 $\vdash B(x) \vee D(x)$. 然后去命题化后可有 $\vdash B \vee D$. 尽管如上论述只是些不证自明的道理. 但因其作用的重要性和便于引用. 我们将其作为一条定理的形式陈述如下：

定理(LOEM(Ⅰ)) 设有排中律 $\vdash A(x) \vee \neg A(x)$ 和命题 $B(x)$ 和 $D(x)$，并满足如下条件：① $B(x)$ iff $A(x)$；② $D(x)$ iff $\neg A(x)$，则有 $\vdash B(x) \vee D(x)$，去命题化后即为 $\vdash B \vee D$.

如所知，6.4.2 讨论了谓词与集合层面上的 poi 与 aci. 并有如下结论：

aci 与 poi 均为逻辑演算中的谓词.　　　　(*)

另外，在 ML&MS 框架内有排中律 $\vdash \text{poi} \vee \text{aci}$，即(poi, aci)是无中介的矛盾对立面$(P, \neg P)$. 现在我们也将排中律 $\vdash \text{poi} \vee \text{aci}$ 命题化为 $\vdash \text{poi}(x) \vee \text{aci}(x)$，被解读为对象 x 要么满足谓词 poi，要么满足谓词 aci，亦即对象 x 要么具有潜无限性，要么具有实无限性. 现再设有命题 $K(x)$ 和 $R(x)$，并满足条件：

(1) $K(x) \leftrightarrow \text{poi}(x)$，

(2) $R(x) \leftrightarrow \text{aci}(x)$.

则与上文定理 LOME(Ⅰ)之讨论一样，我们有 $\vdash K(x) \vee R(x)$ 和 $\vdash K \vee R$. 同样由于这一定理的重要性和便于引用，因此也作为定理的形式陈述如下：

定理(LOEM(Ⅱ)) 设有排中律 $\vdash \text{poi}(x) \vee \text{aci}(x)$ 和命题 $K(x)$ 和 $R(x)$，并满足如下条件：① $K(x)$ iff $\text{poi}(x)$；② $R(x)$ iff $\text{aci}(x)$，则有 $\vdash K(x) \vee R(x)$ 和 $\vdash K \vee R$.

此外，我们在 6.4.1 中，充分分析研究了变量 x 无限趋近其极限 x_0 的 poi 方式与 aci 方式，并最终获得了如下命题化了的排中律：

$$\vdash x \uparrow x_0 \wedge x \top x_0 \vee x \uparrow x_0 \wedge x \overline{\top} x_0,$$

有时也简记为 $\vdash x \top x_0 \vee x \overline{\top} x_0$，现在我们将变量 x 无限趋近之极限 x_0 特取为 0，那么我们又有如下命题化了的排中律：

$$\vdash x \uparrow 0 \wedge x \top 0 \vee x \uparrow 0 \wedge x \overline{\top} 0,$$

有时也简记为 $\vdash x \top 0 \vee x \overline{\top} 0$. 如此我们又有如下形式的定理：

定理(LOEM(Ⅲ)) 设有排中律 $\vdash x \uparrow 0 \wedge x \top 0 \vee x \uparrow 0 \wedge x \overline{\top} 0$ 和命题 $F(x)$

和 $G(x)$，并满足条件：① $F(x)$ iff $x\uparrow 0\wedge x\top 0$；② $G(x)$ iff $x\uparrow 0\wedge x\text{干}0$，则有 $\vdash F(x)\vee G(x)$ 和 $\vdash F\vee G$.

以上命题化了的排中律：

(1) $\vdash x\uparrow x_0\wedge x\top x_0\vee x\uparrow x_0\wedge x\text{干}x_0$，

(2) $\vdash x\uparrow 0\wedge x\top 0\vee x\uparrow 0\wedge x\text{干}0$.

也可去命题化之后记为

(1) $\vdash\uparrow x_0\wedge\top x_0\vee\uparrow x_0\wedge\text{干}x_0$，

(2) $\vdash\uparrow 0\wedge\top 0\vee\uparrow 0\wedge\text{干}0$.

可简记为：$\vdash\top x_0\vee\text{干}x_0$ 和 $\vdash\top 0\vee\text{干}0$.

6.5.2　非此非彼概念在中介逻辑框架下的逻辑表达式

我们在 6.2.4 节中分析讨论 Newton 之“O”时，曾引用过中介命题逻辑演算中的一条逻辑定理. 由于该定理在下文分析讨论 Leibniz 割线切线问题之解决方案时，起到核心作用，故在这里再专门议论一番.

中介逻辑系统是一个可靠相容的系统，系统内对于有中介的反对对立面(P, $\exists P$)而言，确认有 $\sim P(x)\&\sim\exists P(x)$，并且由 $\sim P(x)$ 可推出 $\neg\exists P(x)$，而且由 $\sim\exists P(x)$ 也可推出 $\neg P(x)$. 例如男人和女人是一个有中介的反对对立面，因为半男半女的中性人客观存在，对于该中性人 x 而言，既然 x 部分地具有男人的性质，所以该 x 不是真正的女人；同时又因 x 部分地具有女人的性质，所以该 x 不可能是真正的男人. 所以非此非彼概念在中介逻辑系统中是有其逻辑数学根据的.

大家知道中介逻辑演算 ML 由 MP、MP*、MF、MF* 和 ME* 5 个系统构成，其中在 MP 系统中有如下定理(MP 定理 27[3][112]279～280)，即

$$\sim A\ \mathrel{\vdash\!\dashv}\ \neg A\wedge\neg\exists A.$$

该逻辑定理就是哲学层面上之非此非彼的概念在中介逻辑系统中的逻辑表达式. 该定理对后续的研究和论述至关重要.

6.5.3　Leibniz 割线与切线问题在中介逻辑系统中的逻辑数学解释方法

6.4.3 节论述了微积分与极限论中 Leibniz 割线与切线之不相容性问题，与之相关的还有如 Newton 的平均速度与点速度的不相容性问题，如此等等. 这一类不相容性问题的提出和解决，基本上都要涉及变量 x 无限趋近于其极限 0 的 poi 方式($x\uparrow 0\wedge x\text{干}0$)和 aci 方式($x\uparrow 0\wedge x\top 0$)，上文 6.4.3 节详细论述了 Leibniz 割线与切线问题，简言之，即面对如下极限表达式：

$$\frac{\mathrm{d}y}{\mathrm{d}x}=\mathrm{tg}\alpha=\mathop{\mathrm{Lim}}_{\substack{\Delta y\to 0\\ \Delta x\to 0}}\frac{\Delta y}{\Delta x}, \tag{∇}$$

其中$\frac{\mathrm{d}y}{\mathrm{d}x}$是切线斜率 $\mathrm{tg}\alpha$ 及其极限表达式$\mathop{\mathrm{Lim}}\limits_{\substack{\Delta y\to 0\\ \Delta x\to 0}}\frac{\Delta y}{\Delta x}$的一种简记，即该极限表达式$\mathop{\mathrm{Lim}}\limits_{\Delta x\to 0}\frac{\Delta y}{\Delta x}=\mathrm{tg}\alpha$被简记为$\frac{\mathrm{d}y}{\mathrm{d}x}$. 相关不相容性问题是指：该极限表达式中的变量 Δx 无限趋近于其极限 0 时，究竟是按肯定完成式(gone)的实无限方式($\Delta x\uparrow 0\wedge\Delta x\top 0$)，还是按否定完成式($\neg$ gone$=f$-going)之潜无限方式($\Delta x\uparrow 0\wedge\Delta x\overline{\top} 0$)无限趋近于其极限 0 的. 如果是按 aci 方式，则$\frac{\mathrm{d}y}{\mathrm{d}x}$必定走向无意义的$\frac{0}{0}$，从而无法求得$\frac{\mathrm{d}y}{\mathrm{d}x}=\mathrm{tg}\alpha$；如果是按 poi 方式，则$\frac{\mathrm{d}y}{\mathrm{d}x}$将永远是割线斜率(即永远有 $\Delta y>0\wedge\Delta x>0$)，同样无法求得$\frac{\mathrm{d}y}{\mathrm{d}x}=\mathrm{tg}\alpha$. 所以无论是 poi 方式，还是 aci 方式都说不通. 现在我们将在中介逻辑系统中解决这个不相容性问题，亦即我们要在中介逻辑系统内给出上述 Leibniz 割线与切线问题的逻辑数学解释方法.

第一步：设有排中律 $\vdash\Delta x\uparrow 0\wedge\Delta x\top 0\vee\Delta x\uparrow 0\wedge\Delta x\overline{\top} 0$ 和命题“$\frac{\Delta y}{\Delta x}$无意义”与“$\frac{\Delta y}{\Delta x}$有意义”，显然满足条件：

(i) $\frac{\Delta y}{\Delta x}$无意义 iff $\Delta x\uparrow 0\wedge\Delta x\top 0$,

(ii) $\frac{\Delta y}{\Delta x}$有意义 iff $\Delta x\uparrow 0\wedge\Delta x\overline{\top} 0$.

如此根据 6.5.1 中之定理 LOEM(Ⅲ)推知有排中律：

$$\vdash\frac{\Delta y}{\Delta x}\text{无意义}\vee\frac{\Delta y}{\Delta x}\text{有意义}.$$

这表明($\frac{\Delta y}{\Delta x}$无意义，$\frac{\Delta y}{\Delta x}$有意义)是无中介的矛盾对立面($P,\neg P$).

第二步：设有排中律 $\vdash\Delta x\uparrow 0\wedge\Delta x\top 0\vee\Delta x\uparrow 0\wedge\Delta x\overline{\top} 0$ 和命题“$\frac{\mathrm{d}y}{\mathrm{d}x}$是切线斜率”与“$\frac{\mathrm{d}y}{\mathrm{d}x}$是割线斜率”，显然满足条件：

(i) $\frac{\mathrm{d}y}{\mathrm{d}x}$是切线斜率 iff $\Delta x\uparrow 0\wedge\Delta x\top 0$,

(ii) $\frac{\mathrm{d}y}{\mathrm{d}x}$是割线斜率 iff $\Delta x\uparrow 0\wedge\Delta x\overline{\top} 0$.

同样根据 6.5.1 中之定理 LOEM(Ⅲ)推知有排中律：

$$\vdash\frac{\mathrm{d}y}{\mathrm{d}x}\text{是切线斜率}\vee\frac{\mathrm{d}y}{\mathrm{d}x}\text{是割线斜率},$$

这表明($\frac{\mathrm{d}y}{\mathrm{d}x}$是切线斜率，$\frac{\mathrm{d}y}{\mathrm{d}x}$是割线斜率)也是无中介的矛盾对立面($P,\neg P$).

在 ZFC 和 ML&MS 系统中知有：① $\vdash$poi $\vee$ aci；② $\vdash\neg$(poi $\wedge$ aci)；③ $\vdash$poi $\neq$ aci. 从而如上第一步和第二步所获结论，都是在 ML&MS 系统内，由 $\vdash$poi $\vee$ aci 这一前题出发，在系统内推导出来的. 从而我们在此将如上第一步和第二步所获结论概述为 ML&MS 系统内的一条特殊而重要的定理，即

定理 Leibnig：($\frac{\Delta y}{\Delta x}$无意义，$\frac{\Delta y}{\Delta x}$有意义)和($\frac{\mathrm{d}y}{\mathrm{d}x}$是切线斜率，$\frac{\mathrm{d}y}{\mathrm{d}x}$是割线斜率)在中介逻辑系统中，都是无中介的矛盾对立面(P，$\neg P$)，所以都满足排中律 $\vdash A\vee\neg A$.

根据如上定理 Leibniz 知有

①$\neg$($\frac{\Delta y}{\Delta x}$ 无意义) iff $\frac{\Delta y}{\Delta x}$ 有意义，

②$\neg$($\frac{\mathrm{d}y}{\mathrm{d}x}$ 是割线斜率) iff $\frac{\mathrm{d}y}{\mathrm{d}x}$ 是切线斜率.

在中介逻辑系统中，($x>0$，$x=0$)是有中介的反对对立面(P，$\exists P$)，在这里具体指($\Delta x>0$，$\Delta x=0$)这一有中介的反对对立面(P，$\exists P$)，因而在(P，$\exists P$)中存在中介对象 x 使有$\sim P(x)$&$\sim\exists P(x)$. 具体在这里是指($\Delta x>0$，$\Delta x=0$)这一有中介的反对对立面有中介对象 x 使有$\sim(\Delta x>0)$ &$\sim(\Delta x=0)$. 现在我们在中介逻辑框架内继续进行如下的推导：因为

③$\frac{\Delta y}{\Delta x}$无意义 iff$\Delta x=0$，

④$\frac{\mathrm{d}y}{\mathrm{d}x}$是割线斜率 iff$\Delta x>0$.

现对③和④取它们的否命题，即

⑤$\neg$($\Delta x=0$)iff $\neg$($\frac{\Delta y}{\Delta x}$ 无意义)，

⑥$\neg$($\Delta x>0$)iff $\neg$($\frac{\mathrm{d}y}{\mathrm{d}x}$ 是割线斜率).

现由上述⑤和①知有

⑦$\neg$($\Delta x=0$)iff $\frac{\Delta y}{\Delta x}$ 有意义，

再由上述⑥和②可有

⑧$\neg$($\Delta x>0$)iff $\frac{\mathrm{d}y}{\mathrm{d}x}$ 是切线斜率.

于是由⑦和⑧可有

$$(\frac{\Delta y}{\Delta x}\text{有意义} \ \& \ \frac{dy}{dx}\text{是切线的斜率})^{①}\text{iff}(\neg(\Delta x=0)\ \&\ \neg(\Delta x>0)) \quad (*)$$

由 6.5.2 中之中介命题逻辑演算 MP 中的 MP 定理 27[3]知有

$$(\frac{\Delta y}{\Delta x}\text{有意义} \ \& \ \frac{dy}{dx}\text{是切线的斜率})\text{iff}(\sim(\Delta x=0)\ \&\sim(\Delta x>0)) \quad (**)$$

在这里$\sim(\Delta x=0)\ \&\sim(\Delta x>0)$、$\neg(\Delta x>0)$和$\neg(\Delta x=0)$依次相对于上述 MP 定理 27[3]中之$\sim A$、$\neg A$ 和$\neg\exists A$.

上述(**)表明使得“$\frac{\Delta y}{\Delta x}$有意义”同时又有“$\frac{dy}{dx}$是切线斜率”的充分必要条件是$\sim(\Delta x=0)\ \&\sim(\Delta x>0)$，亦即在中介逻辑系统中只有取$(\Delta x>0, \Delta x=0)$这一有中介的反对对立面的中介值，才能使“$\frac{\Delta y}{\Delta x}$有意义 & $\frac{dy}{dx}$是切线的斜率”这一事实能以实现.

6.6 关于$\frac{\Delta y}{\Delta x}$有意义 & $\frac{dy}{dx}$是切线斜率在中介逻辑系统中的数学解读与逻辑分析

本章 6.5.3 节给出了 Leibniz 的割线切线不相容性问题在中介逻辑中的逻辑数学解释方法，但对 6.5.3 节中的⑦与⑧合成的(*)($\frac{\Delta y}{\Delta x}$有意义 & $\frac{dy}{dx}$是切线斜率)而言，在二值逻辑框架内是不可思议的，因为(*)中前一命题要求Δx 大于 0，后一命题要求Δx 等于 0，从而(*)是$(A\wedge\neg A)$的矛盾式，试问在中介逻辑演算 ML 中，为何该(*)就不是$(A\wedge\neg A)$ 矛盾式？即便如此，又因 ML 是二值逻辑演算 CL 的真扩张，同时 ML 的可靠相容性已被严格证明，那么我们又要问，在相容可靠的 ML 中，为何允许(*)既是$(A\wedge\neg A)$的矛盾式又不是$(A\wedge\neg A)$的矛盾式同时成立. 下文将对此做仔细的逻辑分析和逻辑数学的解读，两者分析研究的结论完全一致，从而严格而彻底地回答了上述问题.

6.6.1 关于 6.5.3 中⑦与⑧合并后之(*)($\frac{\Delta y}{\Delta x}$有意义 & $\frac{dy}{dx}$是切线斜率)的逻辑数学解读

在这里应注意，在中介逻辑框架内，不能将($\frac{\Delta y}{\Delta x}$有意义 & $\frac{dy}{dx}$是切线斜率)误认为是$(A\wedge\neg A)$的矛盾式. 因为我们现在是在中介逻辑系统内，针对$(\Delta x>0,$

---

①在此应注意：上文所论之($\frac{\Delta y}{\Delta x}$有意义 & $\frac{dy}{dx}$是切线的斜率)在二值逻辑框架内是不可思议的，但在中介逻辑中是可以实现的. 下文做出严格的逻辑数学回答.

$\Delta x = 0$）这一有中介的反对对立面（p, $\dashv p$）进行推理和讨论问题，因而有对象 x 使有 $\sim p(x) \& \sim \dashv p(x)$，此处即 $\sim(\Delta x > 0) \& \sim(\Delta x = 0)$．由 6.5.3③式而知 $\frac{\Delta y}{\Delta x}$ 无意义 iff $\Delta x = 0$，如此什么是 $\frac{\Delta y}{\Delta x}$ 有意义？指的是 $\Delta x > 0$ 或者 $\sim(\Delta x > 0)$ 时，$\frac{\Delta y}{\Delta x}$ 都是有意义的，事实上，由 $\sim(\Delta x > 0)$ 可推出 Δx 不是 0，既然 Δx 不是 0，就可以作分母而使 $\frac{\Delta y}{\Delta x}$ 有意义．所以 $\Delta x > 0$ 或 $\sim(\Delta x > 0)$ 均可作分母而使 $\frac{\Delta y}{\Delta x}$ 有意义，如图 6.3 所示：

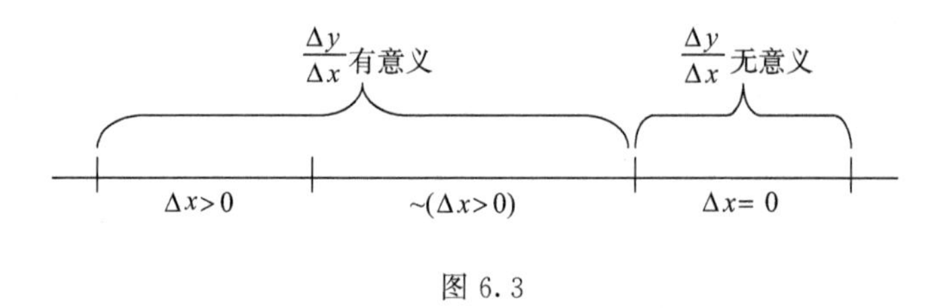

图 6.3

类同地由 6.5.3④式而知$\frac{\Delta y}{\Delta x}$是割线 iff$\Delta x > 0$，如此什么是$\frac{dy}{dx}$是切线？指的是 $\Delta x = 0$ 或$\sim(\Delta x = 0)$时，$\frac{dy}{dx}$均为切线．事实上，由$\sim(\Delta x = 0)$可推知 Δx 不是>0 的量，既然 $\Delta x \ngtr 0$，$\frac{dy}{dx}$就是切线而不是割线．所以当 $\Delta x = 0$ 或$\sim(\Delta x = 0)$时，$\frac{dy}{dx}$均为切线，如图 6.4 所示：

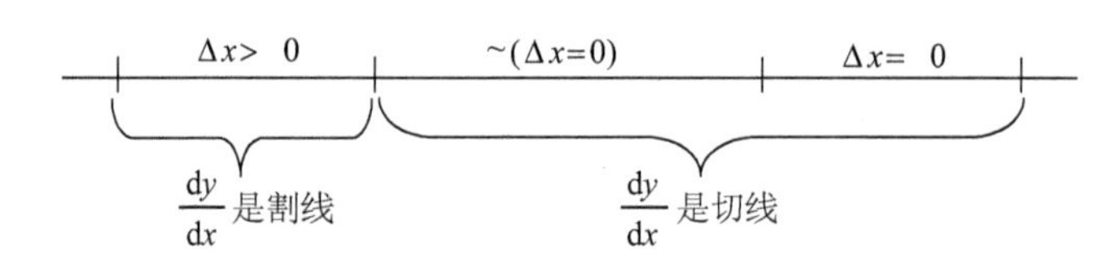

图 6.4

如果将上面两图合并起来看，会感到更直观清晰，在这里（$\frac{\Delta y}{\Delta x}$ 有意义 & $\frac{dy}{dx}$ 是切线的斜率）已经与二值逻辑演算框架下之($A \wedge \neg A$)的矛盾式不相干了．

当然，还有一个可能产生的疑问是这样：中介逻辑演算系统 ML 已被证明是一个可靠相容的系统，那么在 ML 中，对于命题 K 和 R 而言，为何能允许($K \wedge R$)是($A \wedge \neg A$)的矛盾式和不是($A \wedge \neg A$)之矛盾式在系统内并存呢？这是因为中介逻辑演算 ML 是二值逻辑演算 CL 的真扩张，在 ML 中已严格证明了 CL 的任何推理规则都是 ML 的导出规则，CL 的任何一个演算系统都是 ML 的子系统，CL 中的排中律 $\vdash A \vee \neg A$ 在 ML 中可被严格地推演出来，而且以 CL 为其子系统的 ML 的可靠相容性是早已被严格证明了的.所以CL中的任何推理结论,不仅在其扩张区域ML中可以使用,同时也不会由此而导致ML的不相容性.特别是ML所贯彻之中介原则,确认有中介的反对对立(P,$\dashv P$)和无中介的矛盾对立(P,$\neg P$)在系统内都客观存在,所以对于系统内可刻划的两个命题K和R而言,即使按二值模式证明了它们满足排中律$\vdash K \vee R$,但在ML中之CL的扩张区域中,只要存在或者说能找到与命题K和R相关的一个有中介的反对对立面

$$(p(x), \sim p(x) \& \sim \dashv p(x), \dashv p(x)),$$

能按中介模式运用$\sim p(x)$与$\sim\dashv p(x)$去重新刻划所说命题K和R的内涵后,就已经不同于二值模式所刻划之命题K和R的内涵了.所以在ML中之CL的扩张区域中,运用$\sim p(x)$和$\sim\dashv p(x)$重新刻划了命题K和R之内涵后,$(K \wedge R)$就不可能再是$(A \wedge \neg A)$的矛盾式了.所以我们不能在上文经由$\sim(\Delta x>0)$与$\sim(\Delta x=0)$分别重新刻划过的命题“$\frac{\Delta y}{\Delta x}$有意义”与“$\frac{dy}{dx}$是切线”之内涵后,再将两者的合取式($\frac{\Delta y}{\Delta x}$有意义 & $\frac{dy}{dx}$是切线)误认为是$(A \wedge \neg A)$的矛盾式.当然在ML&MS也存在着另一类满足排中律$\vdash A \vee \neg A$的命题D和E,在ML之CL的扩张区域中,不存在或找不到相应的有中介的反对对立面

$$(A(x), \sim A(x) \& \sim \dashv A(x), \dashv A(x)),$$

能用$\sim A(x)$与$\sim\dashv A(x)$去分别重新刻划命题D和E的内涵,从而这类命题$(D \wedge E)$就只能是$(A \wedge \neg A)$的矛盾式了.

在这里,我们还可进一步阐明上文所论之几何意义.如图6.5所示:

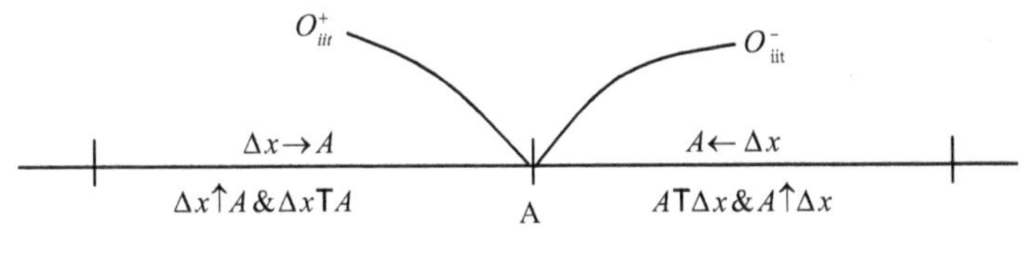

图6.5

图中点A原为一个只有位置没有大小的数学点,现有变量Δx在点A左、右两侧按aci方式无限趋向极限点A,于是$\Delta x \uparrow A \wedge \Delta x \top A$是通过中介过渡去实现的,该中介就是$\sim(\Delta x>0) \& \sim(\Delta x=0)$,我们将左侧的中介记为$O^+_{iit}$,解读为$A$的左中介,又将右侧的中介记为$O^-_{iit}$,解读为$A$的右中介.我们将数学点$A$与$A$的左中介与右中介合在一起解读为$A$的中介点,并记为$^+A^-$,而该$^+A^-$既不是$(>0)$的量,又不是$(=0)$的量,所以$^+A^-$仍然落在任何一个包含$^+A^-$的任何一个$>0$的节套中.在此应指出,上文所说的那条“$\frac{dy}{dx}$是切线”,在中介思维模式的几何意义上,它已经不

是切在极限论中那个数学点 A，而是与 A 附有左中介 O^{+}_{iit} 与右中介 O^{-}_{iit} 的中介点 $^{+}A^{-}$ 相切.

当然应予指出：上文所言及的左中介 O^{+}_{iit}、右中介 O^{-}_{iit} 和中介点 $^{+}A^{-}$ 等概念仅仅是一种直观思维的素朴描述，远远不是逻辑数学层面上的论述.

6.6.2　关于 Δx 的[>0]处理与[=0]处理在 CL 和 ML 中的逻辑分析

在这里，我们针对 6.5.3 节中将⑦与⑧合并之后的

$$(\frac{\Delta y}{\Delta x}\text{有意义} \,\&\, \frac{dy}{dx}\text{是切线的斜率})\,\text{iff}\,(\neg(\Delta x=0)\,\&\,\neg(\Delta x>0))$$

进行[>0]处理与[=0]处理的逻辑分析，因为对于"$\frac{\Delta y}{\Delta x}$有意义"而言，$\Delta x$ 要作[>0]处理，对于"$\frac{dy}{dx}$是切线的斜率"而言，Δx 要作[=0]处理. 问题是在什么情况下，才能使 Δx 的[>0]处理和 Δx 的[=0]处理同时成立？从而我们将在二值逻辑演算 CL 和中介逻辑演算 ML 中，对于 Δx 的[>0]处理和 [=0]处理进行仔细的逻辑分析. 分析结果与 6.6.1 节所论完全一致.

(1)在二值逻辑演算 CL 中，对任意量 Δx，要么 $\Delta x>0$，要么 $\Delta x=0$，这表明我们有

"在 CL 中，不允许出现 $\Delta x>0\,\&\,\Delta x=0$ 一类自相矛盾的表达式".　(*)

并在 CL 中可以证明，同样不允许出现 $\neg(\Delta x>0)\,\&\,\neg(\Delta x=0)$ 表达式，因为在 CL 中有

(7′) $\neg(\Delta x>0)\vdash\Delta x=0$，

(8′) $\neg(\Delta x=0)\vdash\Delta x>0$，

于是若反设 CL 中有 $\neg(\Delta x>0)\,\&\,\neg(\Delta x=0)$，则由如上(7′)与(8′)就有

$$\neg(\Delta x>0)\,\&\,\neg(\Delta x=0)\vdash\Delta x>0\,\&\,\Delta x=0,$$

从而与上文结论(*)相矛盾. 因此反设不成立，即 CL 中没有表达式 $\neg(\Delta x>0)\,\&\,\neg(\Delta x=0)$.

事实上，对于无中介的矛盾对立面($p,\neg p$)而言，首先

"没有对象 x 能使有 $p(x)\wedge\neg p(x)$"　(*′)

同样也没有对象 x 能使有 $\neg p(x)\wedge\neg\neg p(x)$，因为 CL 中有 $\neg\neg p=p$，从而有

$$\neg p(x)\wedge\neg\neg p(x)\vdash\neg p(x)\wedge p(x)\vdash p(x)\wedge\neg p(x),$$

于是矛盾上述(*′)，这表明 CL 中不可能有非此非彼的逻辑表达式 $\neg p\wedge\neg\neg p$.

(2)在中介逻辑演算 ML 中，对于任一有中介的反对对立面($p,\exists p$)而言，有对象 x 使有 $\sim p(x)\,\&\sim\exists p(x)$，但由 MP 定理 2：

[1] $A,\neg A\vdash B$，[2] $A,\exists A\vdash B$，[3] $A,\sim A\vdash B$，[4] $\sim A,\exists A\vdash B$.

而知，在 ML 中不允许有对象 x 使有 $p(x) \& \neg p(x)$，$p(x) \& ╕ p(x)$，$p(x) \& \sim p(x)$ 和 $\sim p(x) \& ╕ p(x)$ 等一类自相矛盾之表达式出现.

另外，上文(1)中有结论指出，CL 中不存在非此非彼的逻辑表达式，但是 ML 却不是如此，因 ML 中 MP 定理 27[3]：

$$\sim A ⊨⊣ \neg A \wedge \neg ╕ A$$

就是非此非彼在 ML 中的逻辑表达式.

在 ML 中对于 $p(x)$，$\sim p(x)$，$╕ p(x)$ 而言，根据 ML 中之下述 MP 定理 27[4]—[6]：[4]$\neg A ⊨⊣ \sim A \vee ╕ A$，[5]$\neg ╕ A ⊨⊣ \sim A \vee A$，[6]$\neg \sim A ⊨⊣ A \vee ╕ A$ 而知，如下推理是合理且成立的.

[1]$\neg p(x) \vdash \sim p(x) \vee ╕ p(x)$，[2]$\neg ╕ p(x) \vdash \sim p(x) \vee p(x)$，[3]$\neg \sim p(x) \vdash ╕ p(x) \vee p(x)$.

但诸如[1]$\neg p(x) \vdash \sim p(x)$，[2]$\neg p(x) \vdash ╕ p(x)$，[3]$\neg ╕ p(x) \vdash \sim ╕ p(x)$，[4]$\neg ╕ p(x) \vdash p(x)$ 等一类推理在 ML 中是不合理且不能成立的，就像有 3 个人分别住在 A，B，C 三栋楼里，则由其中某个人不住在 A 楼这个前提，只能推断该人住 B 楼或 C 楼，由该前提既无法推断该人一定住在 B 楼，也无法推断该人一定住在 C 楼.

现在将上述 ML 中合理且成立的推理[1]与[2]合并起来就是

$$\neg p(x) \wedge \neg ╕ p(x) \vdash (\sim p(x) \vee ╕ p(x)) \wedge (\sim p(x) \vee p(x)). \tag{1}$$

由 ML 中 MP 定理 29[1]：

$$(A \vee B) \wedge (A \vee C) ⊨⊣ A \vee (B \wedge C)$$

可知有

$$(\sim p(x) \vee ╕ p(x)) \wedge (\sim p(x) \vee p(x)) \vdash \sim p(x) \vee (p(x) \wedge ╕ p(x)). \tag{2}$$

但是由上述 MP 定理 2[2]推知在 ML 中 $p(x) \wedge ╕ p(x)$ 是自相矛盾而不能成立的，所以联合上述(1)和(2)我们知道如下推理：

$$\neg p(x) \wedge \neg ╕ p(x) \vdash \sim p(x) \tag{∇}$$

在 ML 中是合理而成立的.

由上述(∇)可知，对于($\Delta x > 0$，$\Delta x = 0$)这一具体的有中介的反对对立面而言，下述推理

$$\neg(\Delta x > 0) \wedge \neg(\Delta x = 0) \vdash \sim(\Delta x > 0) \wedge \sim(\Delta x = 0) \tag{∇'}$$

在 ML 中是合理而成立的.

(3)对于($\Delta x > 0$，$\Delta x = 0$)这一具体的有中介的反对对立面(p，$╕ p$)而言，由 ML 中之 MP 定理 27[5]知有

$$\neg(\Delta x = 0) \vdash (\Delta x > 0) \vee \sim(\Delta x > 0). \tag{7 *}$$

又由 ML 中之 MP 定理 27[4]知有

$$\neg(\Delta x>0)\vdash\sim(\Delta x>0)\vee(\Delta x=0). \tag{8*}$$

在 6.5.3 中将(7)和(8)合并起来而得到

$$(\frac{\Delta y}{\Delta x}\text{有意义} \;\&\; \frac{\mathrm{d}y}{\mathrm{d}x}\text{是切线的斜率})\ \text{iff}\ \neg(\Delta x=0)\wedge\neg(\Delta x>0). \tag{*}$$

由上述(*)知道,若要($\frac{\Delta y}{\Delta x}$)有意义,则要对$\Delta x$ 作[>0]处理,若要 $\frac{\mathrm{d}y}{\mathrm{d}x}$ 是切线的斜率,则要对Δx 作[=0]处理,现在从上述(7*)和(8*)中分析一下,在$\sim(\Delta x>0)$,$\Delta x>0$ 和$\Delta x=0$ 三者中,如何组合才能使得Δx 既能作[>0]处理,同时又能作[=0]处理?

首先由 MP 定理 2[2]知道$\Delta x>0\wedge\Delta x=0$ 不可能处理.

其次由 MP 定理[3]知道$\Delta x>0\wedge\sim(\Delta x>0)$不可能处理.

再则由 MP 定理[4]知道$\Delta x=0\wedge\sim(\Delta x>0)$不可能处理.

由此可以得出结论:唯有(7*)和(8*)中的$\sim(\Delta x>0)$才能使得Δx 既能作[>0]处理,同时又能作[=0]处理.

总之,无论在 CL 还是 ML 中,$\neg(\Delta x=0)\vdash\Delta x>0$,同时又有$\neg(\Delta x>0)\vdash\Delta x=0$ 是不可能成立的,因为 CL 和 ML 中都不允许出现 $p(x)\wedge\neg p(x)$一类自相矛盾的东西出现.所以在 ML 中,让Δx 既能作[>0]处理,同时又能作[=0]处理,只有取($\Delta x>0$,$\Delta x=0$)之中介值$\sim(\Delta x>0)\wedge\sim(\Delta x=0)$才能使$\Delta x$ 的[>0]处理和[=0]处理同时成立.

所谓Δx 的[>0]处理和[=0]处理的具体含义是这样,由$\sim(\Delta x>0)$可推出Δx 不是 0,命题"$\frac{\Delta y}{\Delta x}$有意义"就成立.亦即$\Delta x>0$ 与$\sim(\Delta x>0)$都能使$\frac{\Delta y}{\Delta x}$有意义.这表明中介值$\sim(\Delta x>0)$能作[>0]处理.另外一方面,由$\sim(\Delta x=0)$可推出$\Delta x$ 不是大于 0 的量,既然Δx 不是大于 0 的量,可知$\frac{\mathrm{d}y}{\mathrm{d}x}$不是割线而是切线,这说明$\sim(\Delta x=0)$能作[=0]处理,也说明$\Delta x=0$ 与$\sim(\Delta x=0)$都能使得$\frac{\mathrm{d}y}{\mathrm{d}x}$是切线.这样用$\sim(\Delta x>0)$与$\sim(\Delta x=0)$依次重新刻划"$\frac{\Delta y}{\Delta x}$有意义"和"$\frac{\mathrm{d}y}{\mathrm{d}x}$是切线"这两个命题之后,就表明在中介逻辑系统中,取($\Delta x>0$,$\Delta x=0$)的中介值$\sim(\Delta x>0)\ \&\ \sim(\Delta x=0)$,不失为使得"$\frac{\Delta y}{\Delta x}$有意义"和"$\frac{\mathrm{d}y}{\mathrm{d}x}$是切线的斜率"这两个命题同时成立的一种方案,进而能给出 Leibniz 割线与切线问题在中介逻辑系统中的逻辑数学解释方法.

6.7　Zeno 第二个悖论在数学无穷之逻辑基础层面上的分析与研究

Kline 在文献[156]中论及第二个 Zeno 悖论时指出:"第二个悖论叫 Achilles

和乌龟赛跑的悖论.”据 Aristole 所述:“动得最慢的东西不能被动得最快的东西赶上”.[156]这是一种推理过程是合理而有根据的,但推理结论却与客观实际完全相背的悖论.在二值逻辑框架内,Zeno 悖论迄未得到令人满意的解决方案,亦即未能给出科学而合理的解释方法.在这里,我们将在一系列准备工作的基础上,先给出 Zeno 悖论在变量无限趋近于其极限过程中的表述方式,为解决 Zeno 悖论做好前期工作,后续文字将在中介逻辑系统内给出 Zeno 第二个悖论的逻辑数学解释方法.最终结果会表明,中介逻辑是解决 Zeno 悖论的逻辑基础.

6.7.1 关于 Zeno 第二个悖论的解说

本书 1.2 节曾对 Zeno 第二个悖论做过简要介绍,在这里,为使下文讨论与陈述方便起见,再作如下翻译说明,如图 6.6:

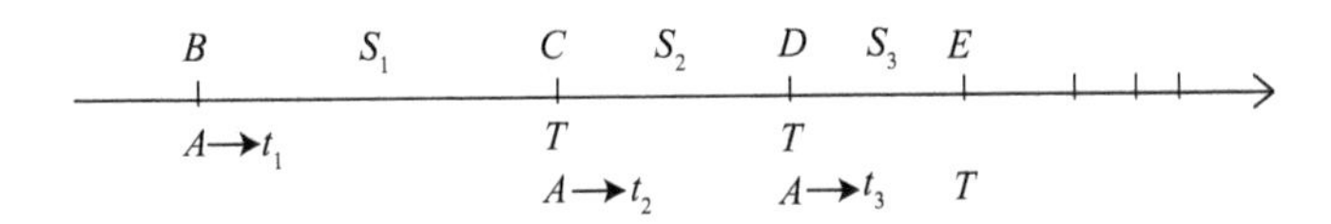

图 6.6

令 A 表示希腊的神行太保 Achilles,又以 T 表示乌龟,现 A 在 B 点,T 在点 C 处,令 A 沿 BC 方向追赶 T.如果 A 要赶上 T,则首先要跑完 B 到 C 这段距离 S_1,无论 A 跑的速度有多快,总要有一定的时间 t_1 才能跑到点 C 处,即跑完 S_1 这段距离,既有时间 t_1,则不论 T 爬得多么慢,总能爬出去一段距离而达到点 D 处.因而 A 要赶上 T,又必须先跑完 C 到 D 这段距离 ΔS_2,无论 A 跑的速度多么快,总要有一定的时间 t_2 才能跑完由 C 到 D 的距离,即跑完 S_2 这段距离,既有一定的时间 t_2,则不论 T 爬得多么慢,总能爬出去一段距离而达到点 E 处,如此等等.这种推理过程,循环往复,可以无限制地一直重复下去,所以 A 永远追不上 T,这种推理过程是合理而有根据的,然而推理的结论却与客观实际完全相反,因为任何人都会有如下的实践经验;即移动得慢的东西,一定会在有限时间内被移动得比它快的东西追到.

6.7.2 Zeno 第二个悖论在变量与极限概念中的表述方式

由 6.7.1 节所述 Zeno 第二个悖论可知,其中涉及如下两个以 0 为极限的变量,即

(1)距离变量 $s_1 > s_2 > \cdots > s_n > s_{n+1} > \cdots \to 0$,

(2)时间变量 $t_1 > t_2 > \cdots > t_n > t_{n+1} > \cdots \to 0$.

今为下文陈述简明计,我们用 $\Delta S \to 0$ 表示上述距离变量(1),又用 $\Delta t \to 0$ 表示上述时间变量(2).我们将“A 在有限时间内永远追不上 T”简记为 $A \prec T$,将“A 恰

追上了 T”简记为 $A \succeq T$,亦即我们约定:

$$A \prec T =_{\mathrm{df}} \text{“}A\text{ 在有限时间内追不上 }T\text{”},$$

$$A \succeq T =_{\mathrm{df}} \text{“}A\text{ 恰追上了 }T\text{”}.$$

Zeno 第二悖论表现为 “Zeno 推理成立”与“客观事实成立”的矛盾,其中实为

(3)Zeno 推理成立 iff $A \prec T$,

(4)客观事实成立 iff $A \succeq T$.

此外,我们还有

(5)$A \prec T$ iff $\dfrac{\Delta S > 0}{\Delta t > 0}$ iff $\dfrac{\Delta S}{\Delta t}$有意义 iff$\Delta S \uparrow 0 \wedge \Delta S \not\top 0 \,\&\, \Delta t \uparrow 0 \wedge \Delta t \not\top 0$,

(6)$A \succeq T$ iff $\dfrac{\Delta S = 0}{\Delta t = 0}$ iff $\dfrac{\Delta S}{\Delta t}$ 无意义(即 $\dfrac{\Delta S}{\Delta t}$ 变为无意义的 $\dfrac{0}{0}$) iff$\Delta S \uparrow 0 \wedge \Delta S \top 0 \,\&\, \Delta t \uparrow 0 \wedge \Delta t \top 0$.

为使往后行文不至冗长,我们约定如下:

(a)$\Delta t \uparrow 0 \wedge \Delta t \top 0 =_{\mathrm{df}}$“$\Delta S \uparrow 0 \wedge \Delta S \top 0 \,\&\, \Delta t \uparrow 0 \wedge \Delta t \top 0$”,

(b)$\Delta t \uparrow 0 \wedge \Delta t \not\top 0 =_{\mathrm{df}}$“$\Delta S \uparrow 0 \wedge \Delta S \not\top 0 \,\&\, \Delta t \uparrow 0 \wedge \Delta t \not\top 0$”.

在此特别指出,所谓给出 Zeno 第二个悖论的解决方案,由上文(3)和(4)而知,就是要使得“Zeno 推理成立”同时又有“客观事实成立”,或者说要使得“$A \prec T$”同时又有“$A \succeq T$”作出逻辑数学的解释方法. 再由上文(5)和(6)可知,所谓给出 Zeno 第二个悖论的解决方案,亦可表述为:要对($\dfrac{\Delta S}{\Delta t}$有意义 $\&A \succeq T$)作出逻辑数学解释方法,这在二值逻辑演算框架下是不可思议的,但在中介逻辑演算系统中是可以实现的. 在续文中,我们将在中介逻辑系统中给出($\dfrac{\Delta S}{\Delta t}$有意义 $\&A \succeq T$)的逻辑数学解释方法.

6.7.3　Zeno 第二个悖论之($\dfrac{\Delta S}{\Delta t}$有意义 $\&A \succeq T$)在中介逻辑系统中的逻辑数学解释方法

在 6.7.2 节之末论述指出:给出 Zeno 第二个悖论的解决方案,等价于对($\dfrac{\Delta S}{\Delta t}$有意义同时又有 $A \succeq T$)给出逻辑数学解释方法,现对此证明如下:

第一步:设有排中律$\vdash \Delta t \uparrow 0 \wedge \Delta t \not\top 0 \vee \Delta t \uparrow 0 \wedge \Delta t \top 0$,另有两个命题:“$\dfrac{\Delta S}{\Delta t}$有意义”,“$\dfrac{\Delta S}{\Delta t}$无意义”,这两个命题显然满足如下条件:

(i) $\dfrac{\Delta S}{\Delta t}$ 有意义　iff $\Delta t \uparrow 0 \wedge \Delta t \not\top 0$,

(ii) $\dfrac{\Delta S}{\Delta t}$ 无意义　iff $\Delta t \uparrow 0 \wedge \Delta t \top 0$.

于是由 6.5.1 节定理 LOEM(Ⅲ)推知有排中律：

$$\vdash \frac{\Delta S}{\Delta \mathrm{t}}\text{有意义} \vee \frac{\Delta S}{\Delta \mathrm{t}}\text{无意义}.$$

第二步：设有排中律 $\vdash \Delta t \uparrow 0 \wedge \Delta t \not\top 0 \vee \Delta t \uparrow 0 \wedge \Delta t \top 0$，另有两个命题：$A \prec \top$ 和 $A \succeq T$.

由 6.7.2 节之(5)与(6)，可知这两个命题满足如下条件：

(i) $A \prec \top$ iff $\Delta t \uparrow 0 \wedge \Delta t \not\top 0$，

(ii) $A \succeq T$ iff $\Delta t \uparrow 0 \wedge \Delta t \top 0$.

于是由 6.5.1 节定理 LOEM(Ⅲ)推知有排中律：

$$\vdash A \prec \top \vee A \succeq T.$$

在中介逻辑系统 ML&MS 中有排中律 $\vdash \mathrm{poi}(x) \vee \mathrm{aci}(x)$. 如上第一步与第二步所获结论，都是由系统内从 $\vdash \mathrm{poi} \vee \mathrm{aci}$ 出发推导出来的. 因此，我们有如下特殊和重要定理，亦即

定理 Zeno $\left(\frac{\Delta S}{\Delta t}\text{有意义}, \frac{\Delta S}{\Delta t}\text{无意义}\right)$ 和 $(A \prec T, A \succeq T)$ 在中介逻辑系统中，都是无中介的矛盾对立面 $(p, \neg p)$，并满足排中律 $\vdash A \vee \neg A$.

根据定理 Zeno 而知有

① $\neg\left(\frac{\Delta S}{\Delta t}\text{无意义}\right)$ iff $\left(\frac{\Delta S}{\Delta t}\text{有意义}\right)$，

② $\neg(A \prec T)$ iff $(A \succeq T)$.

在中介逻辑系统中，$(>0, =0)$ 是有中介的反对对立面 $(p, ╕p)$，在这里具体指 $(\Delta t > 0, \Delta t = 0)$ 这个有中介的反对对立面，故对象 Δt 使有

$$\sim(\Delta t > 0) \& \sim(\Delta t = 0).$$

现于中介逻辑框架内，根据上述①和②，进一步推导如下：因为

③ $\frac{\Delta S}{\Delta t}$ 无意义 iff $\Delta t = 0$，

④ $A \prec T$ iff $\Delta t > 0$.

对③和④取它们的否命题而有

⑤ $\neg(\Delta t = 0)$ iff $\neg\left(\frac{\Delta S}{\Delta t}\text{无意义}\right)$，

⑥ $\neg(\Delta t > 0)$ iff $\neg(A \prec T)$.

由⑤和①有

⑦ $\neg(\Delta t = 0)$ iff $\left(\frac{\Delta S}{\Delta t}\text{有意义}\right)$，

由⑥和②有

⑧ $\neg(\Delta t > 0)$ iff $(\mathrm{A} \succeq \mathrm{T})$.

现将上述⑦和⑧合并起来就有

$$\left(\frac{\Delta S}{\Delta t}\text{有意义}\ \&\ A \rightleftharpoons T\right)\ \text{iff}\ \neg(\Delta t = 0)\ \&\ \neg(\Delta t > 0)\ , \qquad (*)$$

由 6.5.2 节 MP 定理 27[3]可知

$$\left(\frac{\Delta S}{\Delta t}\text{有意义}\ \&A \rightleftharpoons T\right)\text{iff} \sim (\Delta t = 0)\ \&\ \sim (\Delta t > 0)\ . \qquad (**)$$

上述(**)表明使得 $\frac{\Delta S}{\Delta t}$ 有意义,同时又有 $A \rightleftharpoons T$ 成立的充分必要条件是

$$\sim(\Delta t=0)\ \&\sim(\Delta t>0),$$

亦即只有在中介逻辑系统中取 $(\Delta t > 0, \Delta t = 0)$ 这一有中介的反对对立面的中介值,才能使得($\frac{\Delta S}{\Delta t}$ 有意义 $\&A \rightleftharpoons T$)这一事实能以实现,亦即才能使得 Zeno 推理成立,同时 $A \rightleftharpoons T$(即 A 能追上 T 的客观事实成立),两者不再互相矛盾.

6.7.4　解决 Zeno 第二个悖论的方法在中介逻辑系统中的科普解读方式

因为 $(\Delta t > 0, \Delta t = 0)$ 在中介逻辑系统中是有中介的反对对立面 $(p, \exists p)$,因此,我们有

$$(\Delta t > 0,\ \sim (\Delta t > 0)\ \&\ \sim (\Delta t = 0), \Delta t = 0)\ .$$

①由 $\sim (\Delta t > 0)$ 可推出 Δt 不是 0,由于只有 0 不能做分母,既然已知 Δt 不是 0,我们就解读为 Δt 可以做分母,从而 $\frac{\Delta S}{\Delta t}$ 有意义,即 $\frac{\Delta S}{\Delta t}$ 不会走向无意义的 $\frac{0}{0}$. 从而 $(A \prec \top)$ (见 6.7.2 节之(5)).

②由 $\sim (\Delta t = 0)$ 可推出 Δt 不是大于 0 的量,因只有当 ΔS 与 Δt 大于 0 时,A 追不上 T,即 $A \prec T$. 既然 ΔS 与 Δt 不是大于 0 的量,从而可解读为 $A \rightleftharpoons T$(见 6.7.2 节之(6)),即 A 正好追上了 T.

6.8　关于$\frac{\Delta S}{\Delta t}$有意义 $\&A \rightleftharpoons T$ 在中介逻辑系统中的逻辑数学解读与逻辑分析

6.8.1　对($\frac{\Delta S}{\Delta t}$有意义 $\&A \rightleftharpoons T$)在中介逻辑系统中进行逻辑数学解读与逻辑分析的必要性

对于 6.7.3 节中由⑦和⑧合并而获得之

$$\left(\frac{\Delta S}{\Delta t}\text{有意义}\ \&\ A \rightleftharpoons T\right) \qquad (*)$$

而言，在二值思维模式下是不可思议的，因为(∗)中之命题“$\frac{\Delta S}{\Delta t}$有意义”，要求$\Delta t>0$，而(∗)中之后一命题“$A \doteq T$”(即A恰好追上T)又要求$\Delta t=0$，从而(∗)将是$(\Delta t>0 \& \Delta t=0)$的矛盾式.试向在中介逻辑演算ML框架下，所论之(∗)是不是$(A \wedge \neg A)$的矛盾式？如果回答是，那么6.7.3节中所给证明是无效的.如果回答说上述(∗)不是$(A \wedge \neg A)$矛盾式.则因中介逻辑演算ML是二值逻辑演算CL的真扩张，又ML的相容可靠性已被严格证明，为之我们又要向，一个相容可靠的系统中，为什么允许同一个(∗)是$(A \wedge \neg A)$的矛盾式，同时又不是$(A \wedge \neg A)$矛盾式呢？为之，澄清所有这些可能产生的疑问是必要的，所以在下文中将对所说的这些疑问，先作逻辑数学解读，再作仔细的逻辑分析，两者所获结论完全相同，从而严格而彻底地回答了如上所述之问题，也表明6.7.3节中所给证明是严格而有效的.

6.8.2 关于6.7.3中⑦和⑧合并之后的(∗)($\frac{\Delta S}{\Delta t}$有意义 &$A \doteq T$)的逻辑数学解读

在这里应注意，不能将($\frac{\Delta S}{\Delta t}$有意义 & $A \doteq T$)误认为是$(A \wedge \neg A)$的矛盾式.因为我们现在是在中介逻辑系统内，针对$(\Delta t>0, \Delta t=0)$这一有中介的反对对立面$(p, \exists p)$进行推理和讨论问题，因而有对象x使有$\sim p(x) \& \sim \exists p(x)$，此处即$\sim(\Delta t>0) \& \sim(\Delta t=0)$.由6.7.3节之③式而知$\frac{\Delta S}{\Delta t}$无意义 iff $\Delta t=0$，如此什么是$\frac{\Delta S}{\Delta t}$有意义？指的是$\Delta t>0$或者$\sim(\Delta t>0)$时，$\frac{\Delta S}{\Delta t}$都是有意义，事实上，在$\sim(\Delta t>0)$可推出$\Delta t$不是0，既然$\Delta t$不是0，就可以作分母而使$\frac{\Delta S}{\Delta t}$有意义.所以$\Delta t>0$或$\sim(\Delta t>0)$均可作分母而使$\frac{\Delta S}{\Delta t}$有意义，如图6.7所示：

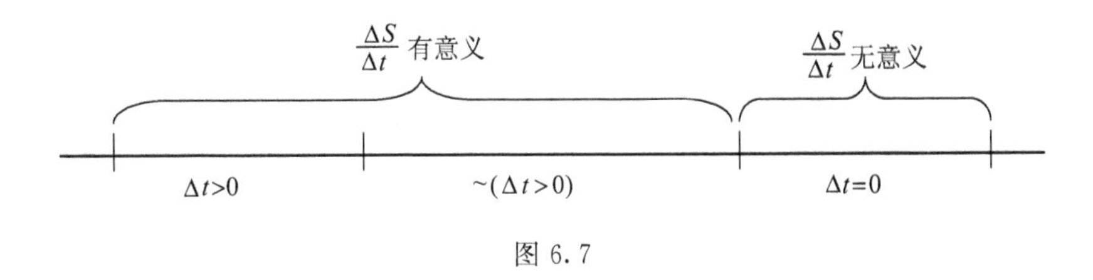

图6.7

类同地由6.7.3节之④式而知$A \prec T$ iff $\Delta t>0$，如此什么是$A \doteq T$？指的是$\Delta t=0$或$\sim(\Delta t=0)$时，均为$A \doteq T$.事实上，由$\sim(\Delta t=0)$可推知Δt不是>0的量，既然$\Delta t \not> 0$，我们就有$A \doteq T$.所以当$\Delta t=0$或$\sim(\Delta t=0)$时，均有$A \doteq T$，如图6.8所示：

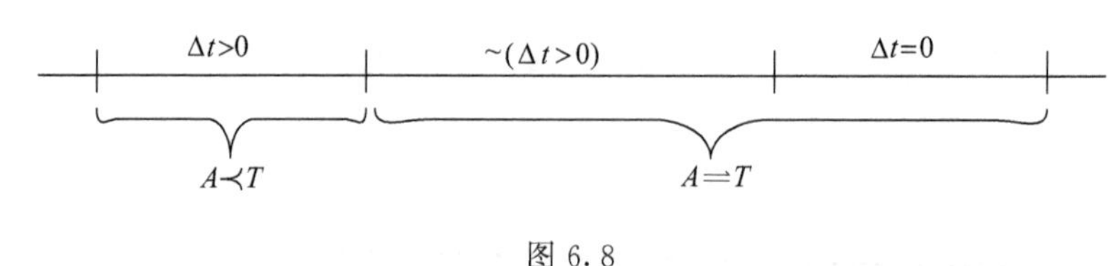

图 6.8

如果将上述两图合并起来看，会感到更直观清晰，在这里($\frac{\Delta S}{\Delta t}$有意义 & $A \doteq T$)已经与($A \wedge \neg A$)的矛盾式不相干了.

当然，还有一个可能产生的疑问是这样：中介逻辑演算系统ML已被证明是一个可靠相容的系统，那么在ML中，对于命题K和R而言，为何能允许($K \wedge R$)是($A \wedge \neg A$)的矛盾式和不是($A \wedge \neg A$)之矛盾式在系统内并存呢？这是因为中介逻辑演算ML是二值逻辑演算CL的真扩张，在ML中已严格证明了CL的任何推理规则都是ML的导出规则，CL的任何一个演算系统都是ML的子系统，CL中的排中律$\vdash A \vee \neg A$在ML中可被严格地推演出来，而且以CL为其子系统的ML的可靠相容性是早已被严格证明了的.所以CL中的任何推理结论，不仅在其扩张区域ML中可以使用，同时也不会由此而导致ML的不相容性.特别是ML所贯彻之中介原则，确认有中介的反对对立(p,$\dashv p$)和无中介的矛盾对立(p,$\neg p$)在系统内都客观存在，所以对于系统内可刻划的两个命题K和R而言，即使按二值模式证明了它们满足排中律$\vdash K \vee R$，但在ML中之CL的扩张区域中，只要存在或者说能找到与命题K和R相关的一个有中介的反对对立面

$$(p(x), \sim p(x) \& \sim \dashv p(x), \dashv p(x)),$$

能按中介模式运用$\sim p(x)$与$\sim \dashv p(x)$去重新刻划所说命题K和R的内涵后，就已经不同于二值模式所刻划的命题K和R的内涵了.所以在ML中之CL的扩张区域中，运用$\sim p(x)$和$\sim \dashv p(x)$重新刻划了命题K和R之内涵后，($K \wedge R$)就不可能再是($A \wedge \neg A$)的矛盾式了.所以我们在上文经由$\sim(\Delta t > 0)$和$\sim(\Delta t = 0)$分别重新刻划过的命题"$\frac{\Delta S}{\Delta t}$有意义"与"$A \doteq T$"之内涵后，就不可以再将两者的合取式($\frac{\Delta S}{\Delta t}$有意义 & $A \doteq T$)误认为是($A \wedge \neg A$)的矛盾式了.

在这里，我们借用2.5.6节中图2.5，加上(*)和箭头所示，直观示意上文所论如图6.9：

当然在ML&MS也存在着另一类满足排中律$\vdash A \vee \neg A$的命题D和E，在ML之CL的扩张区域中，不存在或找不到相应的有中介的反对对立面

$$(A(x), \sim A(x) \& \sim \dashv A(x), \dashv A(x))$$

能用$\sim A(x)$和$\sim \dashv A(x)$去分别重新刻划命题D和E的内涵，从而这类命题

$(D \wedge E)$ 就只能是$(A \wedge \neg A)$的矛盾式了.

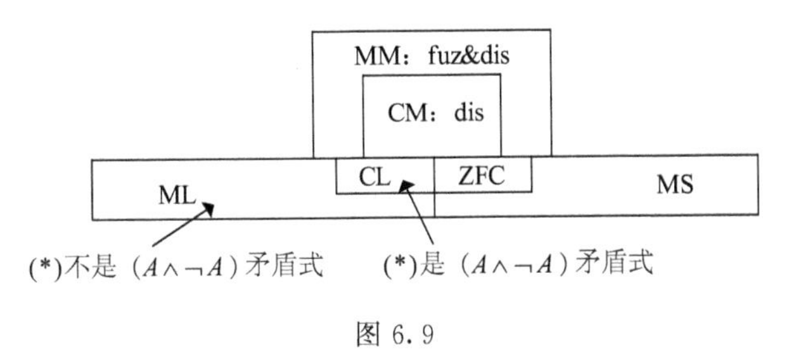

图 6.9

6.8.3 关于 Δt 的[>0]和[$=0$]处理在 CL 和 ML 中的逻辑分析

在这里，Δt 与 6.6.2 节中 Δx 的逻辑分析类似，故可参见 6.6.2 节而做类似的逻辑分析.

近现代数学对 Zeno 悖论未能给出令人满意的逻辑数学解释的方法. 原因在于：

①虽然 ZFC 兼容 poi 与 aci，却并不使用兼容 poi 与 aci 的方法分析处理问题.

②完全不知道(poi,aci)是无中介的矛盾对立面$(p, \neg p)$，因此不知道也更不会使用$\vdash$poi$\vee$aci 去分析处理问题.

③作为 ZFC 推理工具的二值逻辑演算中，不存在反应“非此非彼”的逻辑表达式$\sim A \boxminus \neg A \vee \neg \exists A$.

④极限论中对于变量 x 无限趋近于极限 x_0 的关系，刻意停留在 $x \uparrow x_0$ 的层面上，拒绝讨论 $x \top x_0$ 和 $x \overline{\top} x_0$ 的情况.

⑤对于变量 x 尚未达到其极限 x_0，x 永远达不到 x_0，x 已经达到 x_0 三者之间的区别和联系根本不清楚，也刻意不想弄清楚.

6.9 定积分的定义及其计算曲边梯形面积问题

每一个学过高等数学或微积分的人，都很熟悉定积分定义及其计算曲边梯形之面积的问题，摘录一段文献[201]中的相关内容，也算是一种简要的回顾. 摘录内容如下：如图 6.10 所示，设 $f(x)$是定义在$[a, b]$上的连续函数，在$[a, b]$上取 $n+1$ 个点：

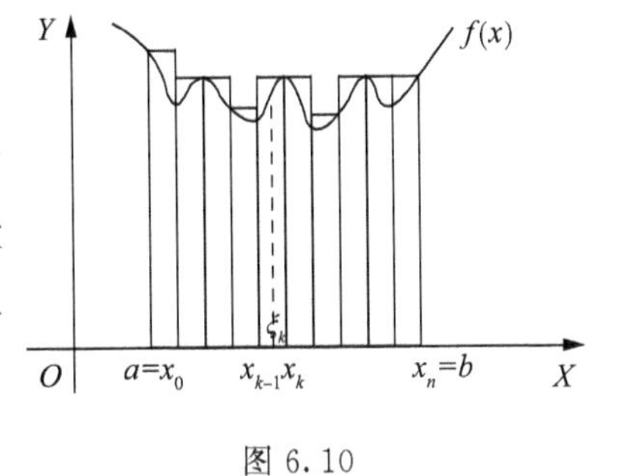

图 6.10

$$a=x_0<x_1<x_2<\cdots<x_{k-1}<x_k<\cdots<x_{n-1}<x_n=b,$$

将它分为 n 个小区间(这种方法以 D 表之)：

$[x_0,x_1],[x_1,x_2],\cdots,[x_{k-1},x_k],\cdots,[x_{n-1},x_n]$，命 $\Delta x_i=x_i-x_{i-1}$，$\delta=\max\limits_{1\leqslant k\leqslant n}|\Delta x_k|$，习惯上，称 δ 为分法 D 的模. 在 $[x_{k-1},x_k]$ 内任取一点 ξ_k，组成和 $\sigma_n=\sum\limits_{k=1}^{n}f(\xi_k)(x_k-x_{k-1})=\sum\limits_{k=1}^{n}f(\xi_k)\Delta k$，这样的和称为积分和. 显然，若令

$M_i=f(x)$ 在 $[x_{i-1},x_i]$ 上的最大值，

$m_i=f(x)$ 在 $[x_{i-1},x_i]$ 上的最小值，

便有

$$m_i\leqslant f(\xi_k)\leqslant M_i,$$

因而

$$A_n=\sum_{i=1}^{n}m_i\Delta x_i\leqslant\sigma_n\leqslant\sum_{i=1}^{n}M_i\Delta x_i=S_n,$$

在理论上可以证明：只要 $f(x)$ 在 $[a,\ b]$ 上是连续的，不论采用何种方式划分 $[a,b]$，当 $\delta\to0$ 时，S_n 与 A_n 都有有限的极限：

$$\operatorname*{Lim}_{\delta\to0}S_n=S \text{ 和 } \operatorname*{Lim}_{\delta\to0}A_n=A,$$

而且 $S=A$，因而这时候不问 ξ_k 为区间 $[x_{k-1},x_k]$ 上哪一点，都有 $S=\operatorname*{Lim}\limits_{\delta\to0}\sigma_n=A$，其公共值以 $\int_a^b f(x)\mathrm{d}x$ 表之，并称其为 $f(x)$ 在 $[a,\ b]$ 上的定积分，常称 $f(x)$ 为被积函数，a 为积分下限，b 为积分上限，$[a,\ b]$ 为积分区间，x 为积分变量（详见文献[201]第四章§40）.

如所知，Leibniz 最早使用积分符号 $\int$，其意在于将求和符号 S 拉长而变为积分符号 $\int$，为之 $\int$ 仍隐涵从求和角度计算曲边梯形面积之意. 其直观思想在于将曲边梯形先划分为矩形条，被划分出来的小区间 $[x_{k-1},x_k]$ 是各个矩形条的宽，而 $f(x_{k-1})$ 和 $f(x_k)$ 就是诸矩形条的长，进而用这些矩形条面积之和

$$A_n=\sum_{i=1}^{n}m_i\Delta x_i\leqslant\sigma_n\leqslant\sum_{i=1}^{n}M_i\Delta x_i=S_n$$

去逐步逼近曲边梯形之精确面积 S，因之当矩形条之宽还是 $\Delta x_i>0$ 时，则 $A_n\leqslant S_n$ 仍为 S 的近似值，只有当 $\delta\to0$ 时，才有如下极限表达式

$$\operatorname*{Lim}_{\delta\to0}\sigma_n=\operatorname*{Lim}_{\delta\to0}A_n=\operatorname*{Lim}_{\delta\to0}S_n=\int_a^b f(x)\mathrm{d}x=S.$$

如此曲边梯形之精确面积 $S=\int_a^b f(x)\mathrm{d}x$ 就计算出来了.

然而我们却要以兼容 poi 与 aci 的分析方法重新考量如上的计算方法. 问题是当变量 $\delta=\max\limits_{1\leqslant k\leqslant n}|\Delta x_k|$（即矩形条的宽度）无限趋近于其极限 0 时，究竟是以肯定完成式(gone)的实无限方式（$\delta\uparrow0\wedge\delta\top0$），还是以否定完成式（$\neg$ gone$=f$-going）的潜无限方式（$\delta\uparrow0\wedge\delta\overline{\top}0$）去实现的.

如果 δ 以 aci 方式趋向它的极限点 0，则因 δ 必须达到 0($\delta \top 0$)而知所有矩形条的宽度皆为 0，则矩形条全都变为只有长度而没有宽度的直线段 $f(x)$，从而曲边梯形之面积消失，也就是 $\int_a^b f(x)\mathrm{d}x = 0$. 如果 δ 以 poi 方式趋向它的极限点，则因 δ 永远达不到 0($\delta \overline{\top} 0$)而使所有矩形条宽度永远是 $\Delta x_i > 0$，从而无论你怎样取极限，永远只有曲边梯形精确面积 S 的近似值. 也就是只能有 $\int_a^b f(x)\mathrm{d}x \simeq S$. 在这种背景下，将无法计算出曲边梯形面积之精确值 $\int_a^b f(x)\mathrm{d}x = S$.

对于 $\delta = \max\limits_{1\leqslant k\leqslant n} |\Delta x_k|$ 而言，可靠相容的二值逻辑演算和中介逻辑演算都不可能接受 $\delta > 0 \wedge \delta = 0$，也无法解读这类 $p(x) \wedge ╕ p(x)$ 或 $p(x) \wedge \neg p(x)$ 逻辑矛盾式. 但在中介逻辑系统中，面对(>0，$=0$)这个有中介的反对对立面的中介对象不仅完全接受，而且在系统内能作出科学而合理的解读：

$$\sim(\delta > 0) \,\&\, \sim(\delta = 0).$$

如上所论可知，$\delta = 0$ 是不能做矩形条之宽度的，否则会导致曲边梯形之面积消失. 但是 $\delta > 0$ 也不能做矩形条之宽度，否则只能求得曲边梯形面积的近似值. 现在让我们在中介思维模式中换一种思维方式，我们可以取($\delta > 0$，$\delta = 0$)的中介对象 $\sim(\delta > 0) \,\&\, \sim(\delta = 0)$ 作为矩形条的宽度，于是我们有：

(1) 由 $\sim(\delta > 0)$ 可推出 δ 不是等于 0 的量，既然 δ 不是 0，这说明 δ 可以作为矩形条的宽度，也不会使得曲边梯形之面积消失.

(2) 由 $\sim(\delta = 0)$ 可推出 δ 不是大于 0 的量，既然 δ 不大于 0，则所求得之曲边梯形面积就不会是近似值，而是曲边梯形的精确值.

尽管如上所论这(1)与(2)不是什么严格的逻辑数学证明，只能是一种素朴而直观的解读. 但这应该是一种直指事物本质的直觉.

6.10 含义概述与简要总结

总体来说，在人类智慧的知识历史进程中，二值逻辑的思维模式是永远不可缺失的，否则任何推理判断都没有了确定性. 尽管随着智能科学与计算机科学的近现代发展，各种多值逻辑系统相继出现，各种非经典逻辑的诞生更是层出不穷，但是众多非经典逻辑的元逻辑工具都是二值逻辑. 另一方面，由 6.1～6.9 节所作的分析讨论也表明了一个事实，在人类智慧的知识历史进程中，对于中介观念的需求性不仅溯之久远(详见 6.2.1 节)，同样也是不可缺失的，因为精确性与模糊性都是客观存在，亦即无中介的矛盾对立面(P，$\neg P$)和有中介的反对对立面(P，$╕ P$)都是客观存在，从而二值思维与中介思维必须并存，理应同步发展才是最佳模式. 然而真实的文化发展史，特别是逻辑史的进程与发展，却远非如此.

附录　简评与答复“有关无限观的三个问题”中的问题

0　引言与主题简述

文献[212]与[213]对文献[127]的某些论述提出了某些不同的看法，归纳起来，就下述3个问题表达了他们的不同认识，这3个问题是：

(1)自然数系统相容与否的问题；

(2)运用对角线方法证明不可数集合的存在是否有效的问题；

(3)极限论是否真正解决了Berkeley悖论问题.

这也就是文献[213]的题目:“有关无限观的三个问题”.

在我们逐条答复与澄清文献[212]与[213]对文献[127]所提出的相关质疑之前，要从总体上先陈述如下几点：

文献[212]～[213]与文献[127]的出发点或立论根据有很大的差别，据文献[213]之摘要中所述:“本篇评述立足于经典分析数学与Cantor-Zermel-Halmos素朴集合论的理论基础.”亦即文献[212]与[213]的出发点是古典分析与素朴集合论，不妨将其简记为CZH.而文献[127]就全书内容而言，其出发点和立论根据却如下所示：

①以二值逻辑演算为推理工具的近代公理集合论ZFC系统，简记为ZFC.

②数学无穷的逻辑基础，简记为FOMI.

③以中介逻辑演算为推理工具的中介公理集合论，简记为ML&MS.

④以修正了的二值逻辑演算(简记为PIMS-Ca)为推理工具的潜无限弹性集合的公理集合论(简记为PIMS-Se)系统.

⑤Euclid几何公理系统(简记为EGS)与Лобачеъский几何公理系统(简记为ЛGS).

但仅就文献[212]与[213]所涉及之上文所列的三个问题而言，亦即本附录所论及之内容的出发点和立论根据只有上述①和②，那就是上述ZFC&FOMI.下文逐条列出ZFC&FOMI与CZH的差别和联系：

(1)ZFC&FOMI中不采用概括原则，但主张一个谓词唯一确定一个集合的原则.

(1′)CZH 中既采用概括原则为一条公理，同时也主张一个谓词唯一确定一个集合的原则.

(2)FOMI 中明确给出了基础无限(简记为 eli)、潜无限(简记为 poi)与实无限(简记为 aci)的符号化了的描述性定义如下：

$$\text{eli} =_{\text{df}} \neg \text{fin} \wedge \uparrow(\text{going}),$$

$$\text{poi} =_{\text{df}} \text{eli strengthen} \,\overline{\top}(f\text{-going} = \neg\, \text{gone}),$$

$$\text{aci} =_{\text{df}} \text{eli transition} \top(\text{gone}).$$

详见本书 3.2.1 节与 3.2.3 节.

(2′)历史上只有一大堆关于 poi 与 aci 的素朴描述，CZH 中当然也没有定义过 poi 与 aci，更没有从 poi 与 aci 中分离出第三种无限 eli，特别是对 going、f-going＝¬ gone 和 gone 三者之间的区别和联系更是模糊不清.

(3)FOMI 中确认(poi，aci)在 ZFC 系统内外都是无中介的矛盾对立面(A，$\neg A$)，同时在谓词与集合的层面上确认 poi 与 aci 均为谓词，(详见本书 6.4.2 节)，并满足排中律 $\vdash$ poi $\vee$ aci 和无矛盾律 $\vdash \neg$(poi $\wedge$ aci)(详见本书 3.2.2 节).

(3′)在 CZH 中既不涉及有中介的反对对立面(P，$\exists P$)和无中介的矛盾对立面(A，$\neg A$)，更没有 $\vdash$ poi $\vee$ aci 一类概念，直至某些推理中混淆 poi 与 aci.

(4)在 FOMI 中，不仅明确定义了一个变量 x 无限趋向其极限 x_0 的 poi 方式与 aci 方式，并由本书 6.4.1 节中之结论(三)如下：

在 ZFC 与 ML&MS 框架内，在 $\vdash$ poi $\vee$ aci 前提下，变量 x 无限趋向其极限 x_0 的 poi 方式与 aci 方式，同样是无中介的矛盾对立面(P，$\neg P$)，即($x \uparrow x_0 \wedge x \,\overline{\top}\, x_0$，$x \uparrow x_0 \wedge x \top x_0$)是无中介的矛盾对立面($P$，$\neg P$)，从而我们有如下的排中律(详见本书 6.4.1 节)：

$$\vdash x \uparrow x_0 \wedge x \,\overline{\top}\, x_0 \vee x \uparrow x_0 \wedge x \top x_0 .$$

(4′)在 CZH 中，非但不去定义什么变量 x 无限趋向其极限 x_0 的 poi 方式与 aci 方式，而且永远停留在 $x \uparrow x_0$ 的层面上，拒不考虑 $x \,\overline{\top}\, x_0$ 和 $x \top x_0$ 一类概念，甚至对于变量 x 无限趋向其极限 x_0 的过程，完全不清楚 x 尚未达到 x_0(going)，x 永远达不到 x_0(f-going＝¬ gone)，以及 x 已经达到 x_0(gone)三者之间的区别和联系，或者刻意不去涉及相关内容.

(5)在 ZFC&FOMI 中，所有在 CZH 中出现的二值逻辑悖论不在 ZFC&FOMI 中出现，当然也未能在理论上直接证明 ZFC 中不可能出现其他新的悖论(详见本书 1.4 节).

(5′)在 CZH 中，特别是 Cantor 的素朴集合论中，由于使用概括原则为公理，致使出现了诸多自相矛盾的二值逻辑悖论.

1 文献[212]与[213]在总体上所存在的3个问题

第一个问题:上节指出,CZH 和 ZFC&FOMI 这两个公理系统的出发点和立论根据有重大区别,就像欧氏几何系统与罗氏几何系统的平行公理是互相矛盾的,但两者的绝对几何系统的思想规定却是完全一致的,但罗氏几何中有一条定理,即三角形内角和(简记为 $\sum\triangle$)小于 180°,即 $\sum\triangle < \pi$. 对于 Euclid 来讲,当然对 $\sum\triangle < \pi$ 十分不满,于是 Euclid 就在欧氏几何系统内论证指出,罗氏几何证明 $\sum\triangle < \pi$ 这条定理的证明过程是错的,这是不合乎逻辑推理的. 正确的逻辑推理,Euclid 应该这样做,在罗氏几何系统内,指出其证明 $\sum\triangle < \pi$ 这条定理的证明过程中,有一步推理不成立,那么 Лобачеъский 应该实事求是认错,否则认错的应该是 Euclid. 在这里,让我们类比地指出,文献[212]与[213]在 CZH 框架下论证指出,在 ZFC&FOMI 框架下所证的某条定理的证明过程是错误的,然而正如上文所论,CZH 与 ZFC&FOMI 两个系统的公理或思想规定有着重大区别. 文献[212]与[213]合乎逻辑的做法应该是在 ZFC&FOMI 框架内,明确指出某条定理的证明过程中有哪一步推理有误,而不是在 CZH 系统中去论证指出某条定理的证明是错的. 否则若设 A 与 B 是两个相关而又不同的公理系统,如果总是在 A 系统中将 B 系统中的内容扯过来扯过去,这是不合逻辑推理规则的,当然,我们并不反对在元理论层面上,讨论和评价 A 和 B 这两个相关而又不同的公理系统,究竟哪一个系统更先进或更合理些. 例如,学术界普遍认为近代公理集合论 ZFC 要比素朴集合论 CZH 更合理更先进,事实上从历史发展的角度来看,确实是 CZH 中之集合论悖论的出现和解除,导致了 ZFC 的诞生和发展.

第二个问题:如果我们在某公理系统 A 的框架内做研究或论述什么问题,必须严格按照 A 系统的推理规则和思想规定(即公理)去论述,不允许另加其他公理,否则就成了被修正了的 A 系统了. 尤其不能另加一条与 A 系统中某条公理相悖的公理或思想规定,否则就将 A 变成了一个自相矛盾的系统了. 现在具体针对 CZH 系统讨论问题,大家知道,素朴集合论使用概括原则,而概括原则最核心的思想规定就是一个谓词唯一决定一个集合,亦即任给谓词 P,概括原则指出必有

$$x \in A \leftrightarrow p(x).$$

亦即凡是属于 A 的元素 x 必定具有性质 P,而且凡是具有性质 P 的对象 x 必为 A 的元素. 因此集合 A 由且仅由全体具有性质 P 的对象构成,这就是一个谓词唯一决定一个集合的原则. 大家知道自然数是一个谓词,记为 n,则我们有

$$n(x) \leftrightarrow x \in N.$$

这就是所有的自然数都是自然数集合 N 的元素,而且 N 中的任何元素都是自然

数. 重复地说,所有的自然数都在 $N=\{x \mid n(x)\}$ 中,又 $N=\{x \mid n(x)\}$ 中除了自然数之外,什么也没有.

通常用符号 $\upharpoonright$ 表示“限制”,即 $\upharpoonright =_{\text{df}}$“限制”. 如此,我们有

$$N=\{x \mid n(x)\} \upharpoonright \lambda:\{1,2,3,\cdots,n,\cdots\} \Rightarrow \aleph_0=\omega.$$

另外,数学上有规定,所有的自然数都是有限序数,即 $\forall n(n \in N \rightarrow n < \omega)$,如此就有了如下的两条熟知定理:

定理 A:自然数集合 $N=\{x \mid n(x)\}$ 恰由 ω 个两两相异的自然数构成.

定理 B:自然数集合 $N=\{x \mid n(x)\}$ 中所有的自然数都是有限序数.

若将上述定理 A 和定理 B 合并起来,可陈述如下:

定理:自然数集合 $N=\{x \mid n(x)\}$ 由且仅由 ω 个两两相异的有限序数组成.

但是文献[212]3.6 节中指出:“这正如本章 3.1 节与 3.4 节中所分析过的,任意自然数 n 与 ω 之间恒存在一个元素不可明示的飞跃段,所以无法肯定说 λ(指自然数序列 $\lambda:\{1,2,\cdots \text{n},\cdots\}$)与 N(指自然数集合 $N=\{x \mid n(x)\}$)中恰好有 ω 个两两相异的元素.”

上述这段文字恰是在 CZH 系统中另立了一条公理,而且该公理与 CZH 系统中概括原则所主张的“一个谓词唯一决定一个集合”的思想规定正好相反. 由此而将 CZH 修正为一个自相矛盾的系统了.

而且在文献[212]2.4 节中又有如下文字:“于是上述简例说明两点事实:(1)$\{\theta_n\}$ 中的 ω 个不同实数的差位都两两相异,(2)存在实数 θ 与 $\{\theta_n\}$ 中 ω 个不同实数全都相异.”此处 $\{\theta_n\}$ 指的是:$\{\theta_1,\theta_2,\theta_3,\cdots\theta_n,\cdots\}$. 于是将出现如下所示之 $A \wedge \neg A$ 而违背无矛盾律 $\vdash \neg(A \wedge \neg A)$:

无法肯定说是 ω 个(3.6)($\neg A$)

|

$\{\theta_1,\theta_2,\theta_3,\cdots,\theta_n,\cdots\}$

|

又肯定说是 ω 个(2.4)(A)

显然 $\{\theta_n\}$ 之足码全体就是$\{1,2,3,\cdots,n,\cdots\}$,从而

无法肯定说是 ω 个(3.6)($\neg A$)

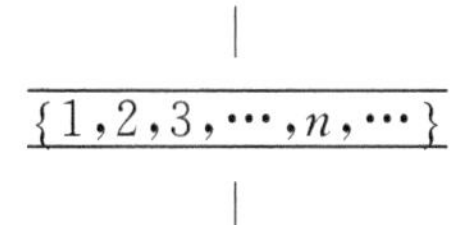

又肯定说是 ω 个(2.4)(A)

总之,文献[212]3.6 中说:“无法肯定说 λ 与 N 中恰好有 ω 个两两相异个元素.”但同在文献[212]之 2.4 中又说:“λ 与 N 中恰好有 ω 个两两相异个元素.”这是自相

矛盾的论述.

第三个问题：大家知道，数学第二次危机中，面对 Berkeley 悖论，Newton 和 Leibnig 曾提出过种种解释，计有(a)无穷小量 h 说；(b)终极比说；(c)极限说；(d)h 正好变为 0 时说（详见文献[162]p27～p29 或本书 1.3 节）. 逻辑学界对上述(a)、(b)、(c)、(d)等说法均予以否定，特别是著名逻辑学家莫绍揆在文献[162](p29)中指出：以上种种说法，都不能令人满意地认为已经解决了如下矛盾：

$$(*)\begin{cases}\text{(A)为要使}\dfrac{L}{h}\text{有意义，必须 } h\neq 0;\\ \text{(B)为要求得落体在 } t=t_0 \text{ 时刻之点速度是 } gt_0\text{，又必须 } h=0.\end{cases}$$

文献[212]用上述(b)“终极比说”和(d)“h 正好变为 0 时说”作为论据（详见文献[212]p24、p28－30 及注 1 与注 2），借以说明 Berkeley 悖论已经解决，但应指出这违背了相关论述与立论根据必须立足于逻辑数学层面这一基本原则，所以其存在问题.

2 自然数系统的相容性问题

2.1 自然数个数变量 kc(n)与自然数数值变量 nv(n)截然不同

文献[127]之 6.8.1 节和本书 3.9.1 节中，都曾引进了“自然数的个数”与“自然数的数值”这两个概念，并做过较为仔细说明.

有关 kc(n)和 nv(n)之内涵可详见本书 3.9.1 节.

大家知道，数学有构造性数学和非构造性数学之分，设 S 表示一个无穷论域，那么非构造性数学认为能将 S 的全部元素（论域中的个体）逐一检验完毕，这就是数学演绎推理中常说的走遍或遍历无穷论域中的一切个体，如此等等. 而构造性数学则认为，即使假设有那么一个无穷论域 S 存在着，也不承认能对 S 的一切个体全部复查完毕，因为构造性数学根本不接受走遍无穷论域 S 之一切个体的概念，就像对于自然数序列：

$$\lambda:\{1,2,3,\cdots,n,\cdots\}$$

而言，如果我们在 λ 内部去做一个作业，即逐个逐个地去数自然数的个数(kc(n))，则有如下重要的结论：

(*)非构造性数学认为做作业者能将 λ 序列内部所有的自然数全部数完或者一个不漏地全部数一遍，但构造性数学却认为作业者可以一个一个地、无止境地数下去，决不承认能将 λ 序列内部的自然数全部数完或全部数一遍. 在此还应指出，所有以集合论为理论基础的近现代数学都是非构造性数学，因而无论是文献[212]与[213]之出发点 CZH，还是文献[127]与本书相关内容的出发点 ZFC&FOMI 都是非构造性数学.

现在根据上述重要结论(*),就在非构造性数学框架内,对自然数序列 λ:{1,2,3,…,n,…}内的自然数进行点数和统计,如果我们点了 100 个自然数就停,不再点下去,则用上文引入之 kc(n)概念及其表示方法,就有 ∃ kc(n)(kc(n)=100),若点了 1000 个自然数就停,不再点下去,就可表示为 ∃ kc(n)(kc(n)=1000),100 和 1000 都是有限[fin],为之,我们统一表达为 ∃ kc(n)(kc(n)[fin]),我们也可在 λ 序列中,先将全部偶数点完就停下来,不再点奇数,当然也可将 λ 序列中全部自然数一个不漏地点完.由于我们有如下定理:

定理 A:λ 序列中有可数无穷多个自然数.

定理 B:λ 序列中有可数无穷多个偶数.

定理 C:λ 序列中有可数无穷多个奇数.

定理 D:λ 序列中有可数无穷多个质数.

因此我们有如下表达式:

∃ kc(n)(kc(n)[inf])或 ∃ kc(n)(kc(n)[¬fin]).

另一方面,我们有如下熟知定理:

定理:λ 序列中所有自然数都是有限序数.

所以,从自然数之数值 nv(n) 概念看,上述定理指的是:$\forall n(n \in N \to nv(n) < \omega)$,因此,我们又有如下表达式:

¬∃ nv(n)(nv(n)[inf])或¬∃ nv(n)(nv(n)[¬fin]).

由于 ∃ 与¬∃ 满足排中律 ⊢ ∃ ∨¬∃ 而互相矛盾,故证得自然数个数变量 kc(n)与自然数数值变量 nv(n)截然不同.

2.2　相关等价命题与自然数个数变量 kc(n)无限趋向其极限 ω 的肯定完成式

文献[127]6.4.1 和本书 3.5.1 节中都曾明确指出:若令@是代表某种数量的符号,既可代表有穷多,亦可代表无穷多,更具体一点,@既可代表 n,亦可代表∞或 ω,也可以代表种种超限势,有如$\aleph_0$,$\aleph_1$,$\aleph_2$,…,$\aleph_n$,…,甚或连续统势 c,在此基础上,我们再引入如下简记:

$S\,\overline{k}\,@ =_{\mathrm{df}}$“理想容器 S 中存贮有@个对象”.

今设 S 为一理想容器,则如下两个命题是等价的:

(α)S 中存贮的 D-原子有@个;

(β)S 中存贮的 D-原子的个数或数量已经达到@个.

亦即我们有:命题(α)iff 命题(β).

今以 k 表示 D-原子的个数或数量无限制地增多并无限趋近于@变量,则由如上简记和变量趋向极限的一组简记及其解读方式(详见本书 3.5.1 节或[127]

6.4.1节)，可将(α)iff(β)具体表示为如下的符号表达式：

$$S\overline{k|}@\text{iff } k\uparrow @ \text{ and} T @. \qquad (\square)$$

现在我们用集合论语言并针对自然数集合 N 来翻译如上的讨论，亦即理想容器 S 对应自然数集合 N，D-原子对应于 N 的元素(即自然数)，@对应于自然数集合 N 的势$\aleph_0$，又在 $N\upharpoonright\lambda:\Rightarrow\aleph_0=\omega$. 之下，可用 ω 取代$\aleph_0$，如此，亦有如下两个等价命题：

(α') N 包含的自然数有 ω 个；

(β') N 包含的自然数个数已经达到 ω 个.

亦即：命题 (α') iff 命题 (β') .

今以 k' 表示自然数的个数无限地增多并无限趋近 ω 的变量，并引入简记：

$$\lambda\overline{|k'}\omega =_{\text{df}} \text{“自然数集合 } N \text{ 包含有 } \omega \text{ 个两两相异的自然数”}.$$

则由相关简记可将“命题 (α') iff 命题 (β') ”，具体表示为如下的符号表达式：

$$\lambda\overline{|k'}\omega \text{iff } k'\uparrow\omega \wedge k'\top\omega. \qquad (\nabla)$$

其实自然数变量 n 形成的 λ 序列，自然数的数值序列 $\lambda\text{nv}(n)$ 和自然数个数序列 $\lambda\text{kc}(n)$，在非构造性数学框架内，这三个序列不仅互相一一对应，而且都是完成了的实无限可数序列，如下所示：

$$\begin{array}{llll}
\lambda: & \{1, & 2,\cdots, & n,\cdots\}, \\
 & \updownarrow & \updownarrow & \updownarrow \\
\lambda\text{kc}(n): & \{\text{kc}(n)=1, & \text{kc}(n)=2,\cdots, & \text{kc}(n)=n,\cdots\} \\
 & \updownarrow & \updownarrow & \updownarrow \\
\lambda\text{nv}(n): & \{\text{nv}(n)=1, & \text{nv}(n)=2,\cdots, & \text{nv}(n)=n,\cdots\}
\end{array}$$

但是并不能由此认为变量 n、变量 $\text{kc}(n)$、变量 $\text{nv}(n)$ 是完全相同的，相反地(由上文所论可知)自然数个数变量 $\text{kc}(n)$ 与自然数数值变量 $\text{nv}(n)$ 是截然不同的. 其次所谓 $\text{kc}(n)$ 达到 ω(即 $\text{kc}(n)\top\omega$)，指的是变量 $\text{kc}(n)$ 已经遍历或走遍全体自然数，如下所示：

$$\underbrace{\lambda_1:\{1,2,3,\cdots,n,\cdots\}}$$

$$\exists\ \text{kc}(n)(\text{kc}(n)[\text{inf}])$$

$$\text{kc}(n)\uparrow\omega \,\&\, \text{kc}(n)\top\omega$$

$$\underbrace{\lambda_2:\{2,4,\cdots,2n,\cdots,1,3,\cdots,2n+1,\cdots\}}$$

$$\exists\ \text{kc}(n)(\text{kc}(n)[\text{inf}]), \qquad \exists\ \text{kc}(n)(\text{kc}(n)[\text{inf}])$$

$$\text{kc}(n)\uparrow\omega \,\&\, \text{kc}(n)\top\omega, \qquad \text{kc}(n)\uparrow\omega \,\&\, \text{kc}(n)\top\omega$$

如此等等，从形象到内涵，丝毫无损自然数系统，作为自然数个数变量 $\text{kc}(n)$ 必须达到 ω(即 $\text{kc}(n)\top\omega$)，以及在 ZFC&FOMI 中$\exists\text{kc}(n)(\text{kc}(n)[\text{inf}])$一类公式都是顺

理成章的.

然而文献[212]与[213]认为自然数个数(即计数)变量 kc(n)和 λ 中的有限序数 n(即自然数数值变量 nv(n))是完全相同的,界定在 λ 上的计数变量不可到达 ω. 这是错误的,因为其忽略了对于 kc(n)变而言,不存在 $\forall\ n(n\in N\rightarrow \mathrm{kc}(n)<\omega)$ 这个限制的实际情况.

现将文献[212]与[213]与本问题相关的文字摘录如下,以便让读者分析对比思考.

文献[212]3.6 节中指出:“文献[127]6.4.2 节中所给证明的关键是引进表示自然数个数的计数变量 k' 和对无穷序列:

$$N=\{1<\omega,\ 2<\omega,\ 3<\omega,\ \cdots,n<\omega,\cdots\}$$

之中不断的增多的不等式个数的计数变量 k. 显然 k',k 都等同于 N 中的有序变量 n.”

下面来分析文献[213]对文献[127]中定理 1 的“证明”过程.

定理 1 证明中的关键步骤有二:一是将 λ 序列表示成由 ω 个两两相异不等式组成的序列:

$$N=\{1<\omega,\ 2<\omega,\ 3<\omega,\cdots,n<\omega,\cdots\}.$$

二是引入两个计数变量 k 与 k',分别用以逐个计数 $N^{<}$ 中不等式个数和 λ 中自然数个数,(当然与 n 的增长是一致的),它们都趋向于 ω,于是“证明”中给出两个论断:一是由“自然数集合 N 中包含有 ω 个两两相异的自然数”可推知“$(k'\uparrow\omega)\wedge(k'\top\omega)$”,意即变量 k' 不仅趋向于 ω,而且还可以达到 ω;二是同样因为 $N^{<}$ 计有 ω 个两两相异的不等式……从而类同于上文对 λ 序列的讨论,亦应有真命题“$(k'\uparrow\omega)\wedge(k'\top\omega)$”,这就得到了变量 k 也可达到 ω 的结论.

显然“证明”中的两个论断都是不对的,因为 k 与 k' 都和 λ 中的有限序数 n 同步增大,不能由逐步增 1 的方式抵达没有前邻的超限序数 ω. 所以奇异定理的证明是无效的(见文献[213]p5).

文献[212]、[213]的观点有两点:其一是计数变量 k 与 k' 都等同于自然数(有限序数)变量 n,其二是计数变量不可到达 ω.

大家知道,基于 ZFC 的数学都是非构造性数学,并且接受选择公理,因此在任何一个不可数数集合中,可由选择公理选出一个可数集,今设 S 为一个不可数集合,我们要在 S 中选出 ω 个元素,并规定每次只选一个元素,那么要选 ω 次才能选出 ω 个元素,这就是选元素的次数的计数变量必须达到 ω 的含义所在.

前文已经明示命题 (α') 与命题 (β') 是互相等价的,那么下述两个命题却是互相矛盾的,即

(α') N 包含的自然数有 ω 个;

(β') N 包含的自然数个数没有达到 ω 个.

亦即:命题 (α') 与命题 (β') 互相矛盾.

我们还可用图文语言来明示计数变量 k 与 k' 必须达到 ω 这个概念,如图 1 所示有两个理想容器 N 和 N',现在 N' 是空的,而 N 中存有 ω 个两两相异的自然数,现在我们要从 N 中将自然数取出来投放到 N' 中去,但规定取出自然数的规则是"每次只能取出一个自然数",那么据此规则一共要取多少次才能将 N 中的自然数全部取完呢?合乎逻辑的回答应该是:"必须取 ω 次."因为,基于 ZFC 的数学是非构造性的,所以一定能将 N 中的 ω 个两两相异的自然数全部取完.这就是取出自然数的次数变量 γ 必须达到 ω 的含义所在,那么在 N 中一个一个地取自然数和在 λ 序列中一个一个地数自然数的个数有什么区别呢?文献[212]与[213]的观点错在没有理解如下两点:其一,计数变量与自然数变量 n 是两个不同的概念;其二在非构造性数学中,能将 λ 序列中的自然数一个一个地全部点数完毕,因此计数变量 k 与 k' 必须达到 ω.相关问题的其他细节,在文献[214]中均有说明,有兴趣的读者,不妨查阅之.

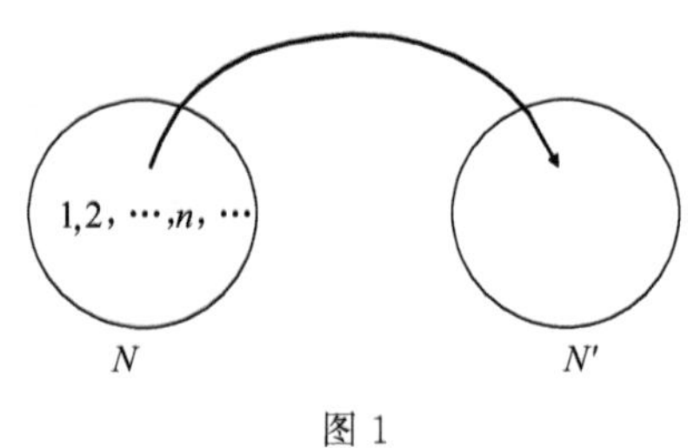

图 1

3　关于 Cantor-Hilbert 对角线论证方法的有效性问题

3.1　几个重要前提或结论

大家知道,二值逻辑演算中有一个全称量词 $\forall$,解释并读为"每一"或"所有",现给一形式符号 E,其名称为枚举量词,解释并读为"每一",不允许解读为"所有",又规定 $\forall$ 只能解读为"所有",不允许解读为"每一",按照二值逻辑演算中关于 $\forall$ 的解读约定.我们有

$$\forall = \mathrm{E}. \qquad (\triangle)$$

另外,大家都知道如下两条熟知定理:

定理 A:全体自然数的个数为可数无穷多,即 $N=\{x \mid n(x)\}$($n(x)=_{\mathrm{df}}$"x 为自然数")中共有 ω 个互不相同的元素.

定理 B:全体自然数都是有限序数,即设 $N=\{x \mid n(x)\}$,则 $\forall n(n \in N \rightarrow n < \omega)$.

其实上述定理A和定理B合并起来就是“存在有ω个两两相异的有限序数”，或者说：“存在有ω个数值有限的自然数.”

在文献[127]之6.4.2节、6.5.2节、6.8.2节中或本书之3.5.2节、3.6.2节、3.9.2节中，基于上述定理A与定理B，并用上述二值逻辑演算中的(△)，分别用三种不同的方法在ZFC&FOMI框架内证明了下述定理.

定理：恰由全体自然数构成的自然数集$N=\{x|n(x)\}$是一个自相矛盾的概念.

由上述定理直接推知如下重要结论为真：

结论(一)：“存在有ω个两两相异的有穷序数”不成立.

下文讨论潜无限(poi)与实无限(aci)的对立关系，亦即讨论一下，poi与aci究竟是有中介的反对对立关系(P, ╕P)，还是无中介的矛盾对立关系(P,$\neg P$). 从直观上说，由于aci是肯定完成式(gone)，而潜无限是否定完成式($\neg$ gone)，从而aci与poi应该是无中介的矛盾对立关系，但对我们来说，更重要的是在近现代数学系统中，特别是在二值逻辑演算框架下，poi与aci是什么样的对立关系？对此我们已经在本书3.2.2节中讨论并明确指出：由于二值逻辑与近现代数学贯彻无中介原则，所以在论域适当限制下，反对对立(P, ╕P)与矛盾对立(P,$\neg P$)视为同一，亦即╕$P=\neg P$，这就是说，在二值逻辑与精确性经典数学框架内，所有对立面都是无中介的矛盾对立关系(P,$\neg P$)，从而poi与aci亦无例外地是矛盾对立关系，此外，在二值逻辑演算中，有反证律

$$(\neg)\ \Gamma,\neg A\vdash B,\neg B\Rightarrow\Gamma\vdash A.$$

由此开始可以证明排中律$\vdash A\vee\neg A$和无矛盾律$\vdash\neg(A\wedge\neg A)$，从而我们有如下重要结论：

结论(二)：在以二值逻辑演算为推理工具的近现代数学系统中，我们有

(1) $\vdash$ poi $\vee$ aci；

(2) $\vdash\neg$(poi $\wedge$ aci)；

(3) poi $\neq$ aci.

另外，我们在本书3.3节中已讨论并指出过，近现代数学及其理论基础，不仅在整体上兼容潜无限(poi)和实无限(aci)，就其涉及无穷观的任何子系统而言，也都是兼容两种无穷观的，为此，我们也将这一事实以重要结论的形式明确列出如下：

结论(三)：兼容poi与aci的分析方法为近现代数学及其理论基础自身所固有，并非人为地外加进去的思想规定，这为我们在近现代数学及其理论基础中贯彻和使用兼容两种无穷观的分析方法提供了合理性根据.

3.2　证明 $R=\{x|r(x)\}(r(x)=_{df}$“x 为一实数”)为不可数无穷集合之简要回顾

在经典集合论中，运用对角线方法去证明实数集合 R 的势 $\overline{\overline{R}}$ 为不可数的过程如下：今反设(0,1)区间中的所有实数构成的集 R 具有可数势 ω ($N=\{x|n(x)\}\upharpoonright\lambda:\{1,2,\cdots,n,\cdots,\}\Rightarrow\aleph_0=\omega$)，从而可用自然数给 R 的元素编号，亦即 R 与 N 可建立一一对应关系，如图 2 所示：

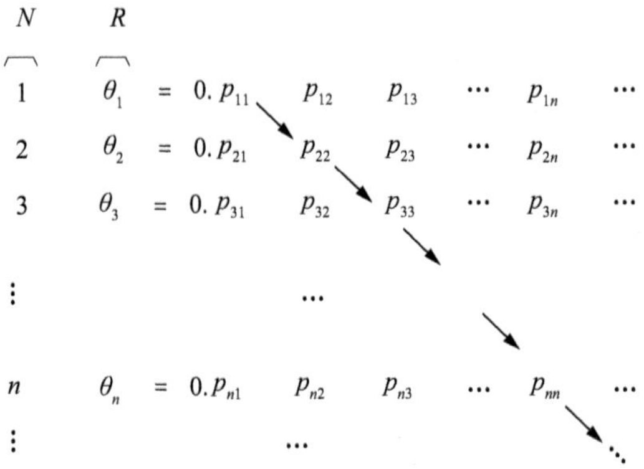

$$\begin{array}{cccccccc}
N & R & & & & & & \\
1 & \theta_1 & = 0.p_{11} & p_{12} & p_{13} & \cdots & p_{1n} & \cdots \\
2 & \theta_2 & = 0.p_{21} & p_{22} & p_{23} & \cdots & p_{2n} & \cdots \\
3 & \theta_3 & = 0.p_{31} & p_{32} & p_{33} & \cdots & p_{3n} & \cdots \\
\vdots & & & \cdots & & & & \\
n & \theta_n & = 0.p_{n1} & p_{n2} & p_{n3} & \cdots & p_{nn} & \cdots \\
\vdots & & & \cdots & & & & \ddots
\end{array}$$

图 2

现构造一个实数：

$$\theta=0.p_1p_2p_3\cdots p_n\cdots.$$

其中 $p_i=p_{ii}+1$，当 $p_{ii}=9$ 时，取 $p_i=0$，在这里 $\theta\in(0,1)$，即 θ 为一实数是显然的，另一方面，θ 却与 R 中任一元 θ_m 相异，因为 θ 与 θ_m 有一个有穷差位 m，即 $p_m\neq p_{mm}$，既然 $\text{E}\,\theta_m(\theta_m\in R\rightarrow\theta\neq\theta_m)$ 由 $\forall=\text{E}$，再用等值替换公理，就有 $\forall\theta_m(\theta_m\in R\rightarrow\theta\neq\theta_m)$，因此 $\theta\notin R$. 可见 R 没有包括(0,1)中之全体实数，矛盾. 这说明反设(0,1)中全体实数所构成的集 R 之势 $\overline{\overline{R}}$ 为可数势一事不成立，从而 $R=\{x|x\in(0,1)\wedge r(x)\}$ 之势 $\overline{\overline{R}}$ 不可数.

3.3　对角线方法中的“每一”(E)与“所有”($\forall$)

在文献[127]之 6.6 节或本书 3.7.3 节中以对角线方法往证实数集 R 之势 $\overline{\overline{R}}$ 不可数之过程为例，论证指出二值逻辑演算中关于全称量词 $\forall$ 之解读约定有其历史局限性，具体如下文所示.

经典集合论中有所谓“相异实数有穷差位判别原则”，即设有二实数：

$$\theta=0.p_1p_2p_3\cdots p_n\cdots,$$
$$\theta'=0.p'_1p'_2p'_3\cdots p'_n\cdots.$$

如果 $\theta\neq\theta'$，则必须 $\exists m(m<\omega\wedge p_m\neq p'_m)$，反之亦然，亦即应有

$$\theta \neq \theta' \text{ iff } \exists m(m < \omega \wedge p_m \neq p'_m).$$

试看上文3.2节中运用对角线方法往证(0,1)中全体实数所构成之集R具有不可数势的过程，判定那个构造出来的实数

$$\theta = 0.p_1p_2p_3...p_n...$$

与所设可数无穷集合$R=\{\theta_1,\theta_2,\theta_3,\cdots,\theta_n,\cdots\}$中任一实数$\theta_i = 0.p_{i1}p_{i2}p_{i3}\cdots p_{in}\cdots$为相异实数时，所用之有穷差位正好是第$i$位，即$p_i \neq p_{ii}$，亦即

$$\theta \neq \theta_i \text{ iff } \exists i(i < \omega \wedge p_i \neq p_{ii}).$$

现任选R中两个实数θ_i与θ_j，只要$i \neq j$，那么“判定θ与θ_i相异时所用的差位位数i”就不等于“判定θ与θ_j相异时所用的差位位数j”，从而就有如下结论：

用以判定实数θ与R中之实数相异时所用的各个有穷差位是两两相异的.

亦就是

$$\theta_i \neq \theta_j \text{ iff 差位 } i(\theta \neq \theta_i,\ p_i \neq p_{ii}) \neq \text{差位 } j(\theta \neq \theta_j,\ p_j \neq p_{jj}). \quad (*)$$

由于所设实数集合$R=\{\theta_1,\theta_2,\theta_3,\cdots,\theta_n,\cdots\}$中有$\omega$个实数，从而所谓判定实数$\theta = 0.p_1p_2p_3...p_n...$与$R$中所有实数相异，就是要判定$\theta$与$R$中之$\omega$个实数全都相异，那么根据上述结论(*)可知，必须要有ω个两两相异的有穷差位才能判定θ与R中之ω个实数全都相异，这就是说，在有穷差位判别原则前提下，运用上述对角线方法往证(0,1)中全体实数所构成之集R具有不可数势的过程中，应有如下结论：

判定实数θ与所设可数实数集R中之ω个实数全部相异”iff“存在有ω个两两相异的有穷差位. (**)

根据上文3.1节中之重要结论(一)“存在有ω个两两相异的有穷序数”不成立，同样可以有结论：“存在有ω个两两相异的有穷差位”不成立. 既然如此，由上述结论(**)可知，“判定实数θ与所设可数集R中之ω个实数全部相异”也不成立. 这表明在有穷差位判别原则前提下，所用对角线方法证明实数集$R=\{x|r(x)\}$有不可数势的证明过程是无效的.

另一方面，我们虽然有

$$\text{E}\,\theta_i(\theta_i \in R) \rightarrow \exists i(i < \omega \wedge p_i \neq p_{ii}),$$

然而

$$\forall \theta_i(\theta_i \in R) \rightarrow \exists i(i < \omega \wedge p_i \neq p_{ii})$$

却不成立，仅此一例就是以说明上文3.1节中之(Δ)并没有普遍性，从而二值逻辑演算中关于全称量词∀之解读约定有其局限性.

3.4 对角线论证方法的不科学性与不相容性

文献[212]之2.4节中关于对角线论证方法的核心结论是：Cantor-Hilbert对

角线方法是以贯彻“实无限观”为原则的，判定实数相异性的小数差位序号 n 可以走遍一切自然数，所以 Cantor 对角线论证方法是对的，不存在逻辑推理上的矛盾。而文献[127]之 6.6 节在兼容两种无穷观之分析方法的前提下，论证得出与上述核心结论相反的结论。

在这里，我们将在逻辑数学层面上论证指出，对角线方法是无效的和自相矛盾的，然后逐条评说文献[212]之 2.4 节中之相关论点。本书 6.4.2 节指出：

aci 与 poi 均为逻辑演算中的谓词。　　　　（*）

另外，无论是有中介的反对对立面（P, $\dashv P$），还是无中介的矛盾对立面（P, $\neg P$），有如 $P(x) \wedge \dashv P(x)$ 或 $p(x) \wedge \neg p(x)$ 一类表达式，在任何可靠相容的逻辑系统中都无法解读且不予接受，即在中介逻辑演算系统中也只有 $\sim P(x)$ & $\sim \dashv P(x)$），决不会出现 $P(x) \wedge \dashv P(x)$ 或 $p(x) \wedge \neg p(x)$。因此，若在某个逻辑系统 α 中，有对象 x 满足 $P(x) \wedge \dashv P(x)$ 或 $p(x) \wedge \neg p(x)$，则要么该逻辑系统 α 不是可靠相容的，要么该对象 x 是自相矛盾的。亦即可有如下结论：

在一个可靠相容的逻辑系统中，若有对象 x 满足 $P(x) \wedge \dashv P(x)$ 或 $p(x) \wedge \neg p(x)$，则该对象 x 必为一个自相矛盾的矛盾体。　　　　（**）

现根据（*）和（**）讨论对角线论证方法问题，也就是本附录 3.2 节中所示，那个构造出来的实数

$$\theta = 0.p_1 p_2 p_3 \cdots p_n \cdots$$

是如何通过对角线论证方法去判定 θ 与所设之可数实数集

$$R = \{\theta_1, \theta_2, \theta_3, \cdots, \theta_n, \cdots.\}$$

中所有实数全相异的，其实对角线方法的核心是两个概念：其一是“差位位数”，指的是判定实数 θ 与 R 中某个实数 θ_i 相异时所用的差位是第几位，例如判定 θ 与 θ_3 相异时所用的差位是第 3 位小数相异（$p_3 \neq p_{33}$），判定 θ 与 θ_{12} 相异时所用的差位是第 12 位小数不同（$p_{(12)} \neq p_{(12)(12)}$）等等；其二是“差位序号”，指的是判定实数 θ 与 R 中某个 θ_i 相异时，在 R 中按自然数编号，并按自然数由小到大之自然顺序排列后，该 θ_i 排在第几个，即其差位序号是多少？因此我们用实数 θ 之各位小数之足码来表示“差位位数”，并简记为 nv(i)（$i=1,2,3,\cdots,n,\cdots$），又用 R 中诸实数之足码来表示“差位序号”，并简记为 kc(i)（$i=1,2,3,\cdots,n,\cdots$）。

现用数学归纳法证明 $\forall \mathrm{nv}(i)(\mathrm{nv}(i) = \mathrm{kc}(i))$。

奠基：由于我们在对角线论证法中，以 $p_1 \neq p_{11}$ 来判定 θ 与 θ_1 相异，故有 $\mathrm{nv}(1)=\mathrm{kc}(1)$。

归纳：设 $\mathrm{nv}(m)=\mathrm{kc}(m)$ 成立，由于我们是用 $p_{(m+1)} \neq p_{(m+1)(m+1)}$ 判定 θ 与 $\theta_{(m+1)}$ 相异，故有 $\mathrm{nv}(m+1)=\mathrm{kc}(m+1)$。

由上述奠基与归纳知有

结论：$\forall\, \mathrm{nv}(n)(\mathrm{nv}(n)=\mathrm{kc}(n))$.

由于我们有 $\forall\, \mathrm{nv}(n)(\mathrm{nv}(n)=\mathrm{kc}(n))$. 我们就用实数

$$\theta = 0.\, p_1 p_2 p_3 \cdots p_n \cdots$$

之足码($i=1,2,3,\cdots,n,\cdots$)既表示“差位位数”($\mathrm{nv}(n)$),同时又表示“差位序号”($\mathrm{kc}(n)$). 由于判定实数 θ 与 R 中所有实数皆相异的过程中,用的是对角线论证方法,不妨将 θ 记为

$$\mathrm{D}\,\theta = 0.\, p_1 p_2 p_3 \cdots p_n \cdots,$$

其中 D 是“对角线论证法”的简记.

现立足于 $\mathrm{D}\theta$ 的 $\mathrm{kc}(n)$. ,亦即将 $\mathrm{D}\theta$ 之所有小数之足码视为“差位序号”,则因 R 中有 ω 个两两相异的实数,其差位序号 $\mathrm{kc}(n)$ 不仅可以无限增多,而且必将多达 ω,无疑是肯定完成式(gone),也就是文献[212]之 2.4 节主要论点中所述:“此例表明差位序号遍历全体自然数”(见文献[212]P21).“正因为判定实数相异性的小数差位序号确实可以走遍一切自然数”(见文献[212]P21),这表明 $\mathrm{D}\theta$ 满足谓词 aci,亦即我们有

$$\mathrm{aci}(\mathrm{D}\,\theta). \tag{1'}$$

另一方面,我们再立足 $\mathrm{D}\theta$ 的 $\mathrm{nv}(n)$,亦即将 $\mathrm{D}\theta$ 之所有小数之足码视为“差位位数”,则因判定两个实数相异的有穷差位判别法规定其差位的位数必为有穷,正如文献[212]之 2.4 节中之如下文字所述:“所谓‘有穷差位’判别相异性的准则是:按一意性小数展式表示的两个实数(不妨假定是十进制小数):

$$x = 0.\, p_1 p_2 p_3 \cdots p_n \cdots,$$

$$y = 0.\, q_1 q_2 q_3 \cdots q_n \cdots.$$

其中 p_i,q_i 均为 $0,1,2,\cdots,9$ 中的数字,则 x 与 y 相异的必要充分条件是,存在一个有限的差位序号 n 使得 $p_n \neq q_n$,这里的 n 就是有穷差位序号.”(以上文字摘录于文献[212]之 2.4,其文字中之不妥之处在于将“差位序号”与“差位位数”两个概念混淆不清,但差位位数必须有穷这一点是明确的.)这表明:

$$\forall\, \mathrm{nv}(n)(\mathrm{nv}(n) < \omega),$$

或者说 $\forall\, i$(i 是判定二实数相异的差位位数 $\rightarrow i<\omega$). 这表明立足 $\mathrm{D}\theta$ 的 $\mathrm{nv}(n)$,即将 $\mathrm{D}\theta$ 之所有小数之足码视为“差位位数”时,虽然 $\mathrm{nv}(n)$ 可以无限增大,无限趋近于 ω,却永远达不到 ω. 这是否定完成式($\neg$ gone)的潜无限,从而 $\mathrm{D}\theta$ 应满足谓词 poi,亦即我们有

$$\mathrm{poi}(\mathrm{D}\,\theta). \tag{2'}$$

由(1′)和(2′)而有

$$\mathrm{aci}(\mathrm{D}\,\theta) \wedge \mathrm{poi}(\mathrm{D}\,\theta). \tag{β}$$

由本文 1.5 节之结论(二)和二值逻辑演算之可靠相容性而知上述(β)必然不

能成立(同时请参阅本附录 3.1 节中之重要结论(二)),这表明在“判定相异实数有穷差位判别原则前题下,运用对角线论证方法往证实数 θ 与 R 中所有实数皆相异的证明过程自相矛盾,再由文献[127]之 6.6 节(详见本附录 3.3 节)中所论:

“判定实数 θ 与 R 所设可数实数集 R 中之 ω 个实数全部相异”iff“存在有 ω 个两两相异的有穷差位”. (* *)

由本附录 3.1 节之重要结论(一)可推知:“存在有 ω 个两两相异的有穷差位”不成立. 最后还应指出,根据本附录 3.1 节中之结论(三)可知,在近现代数学系统内,运用兼容两种无穷观的方法处理问题是有其合理性根据的.

注　关于本小节中所论及之概念差位序号 kc(i)和差位位数 nv(n)概念的引进和使用,请仔细参阅本附录 2.1 节、2.2 节对 kc(n)和 nv(n)概念的引进和使用. 在这里不再详文论述了.

文献[212]2.4 节讨论“Cantor 对角线方法的本质”,现将其主要论点归纳罗列并逐条质疑如下:

下文中的(1′)、(2′)依次是针对文献[212]论点(1)、(2)所作的简评.

(1)试取半开区间$[0,\frac{1}{3})$中的一个可数无限数列:

$$\theta_1=0,\theta_2=0.3,\theta_3=0.33,\cdots,\theta_n=0.333\cdots3\ (\text{含 } n-1 \text{ 个 } 3),\cdots.$$

易见 $\theta_1<\theta_2<\theta_3<\cdots$, $\operatorname*{Lim}_{n\to\infty}\theta_n=\theta=\frac{1}{3}=0.333\cdots$,且 $\theta_n<\theta(n\in\overline{N})$,此例表明差位序号遍历全体自然数,各差位数字都是 3.

上述简例说明两点事实:(1) $\{\theta_n\}$ 中的 ω 个不同实数全都相异;(2)存在实数 θ 与$\{\theta_n\}$中的 ω 个不同实数全部相异.

上例启示人们,正因为判定实数相异性的小数差位序号 n 确实可以走遍一切自然数,所以 Cantor 对角线论证方法是对的.

(1′)所举实例不能说明任何问题,这样的例子可以举出很多,特别是由“判定实数相异性的小数差位序号 n 确实可以走遍一切自然数”这个前提,根本推不出“Cantor 对角线论证法是对的”这个结论,两者之间不存在任何推理关系,从所说的这个前提只能推出“在对角线方法思维方式下的那个构造出来的实数

$$\mathrm{D}\theta=0.p_1p_2p_3\cdots p_n\cdots$$

具有实无限性”,即有 aci(D θ),并由此而与“有穷差位判别原则”导致矛盾,详见本节之(β). 总之,无论举出多少个实例,都无法解决对角线论证方法所存在之肯定完成式(gone)与否定完成式(¬ gone)的矛盾,亦即解释不了 ω 个差位序号 kc(n)的实无限性与差位位数 nv(n)必须有限的潜无限性之间的不相容性.

(2)正因为 Cantor 对角线证明方法是以贯彻“实无限观”为原则的,故并不存

在逻辑推理上的矛盾.

(2′)由 Cantor 对角线方法是贯彻“实无限观为原则”这个前题,同样推不出“不存在逻辑推理上的矛盾”这个结论. 相反由于 Cantor 对角线论证方法同时还要遵守“有穷差位判别原则”,以致又在贯彻“潜无限观”原则时而自相矛盾.

3.5 反证律(¬)与归缪律(¬⁺)

在逻辑演算中的反证律指的是

$$(\neg)\Gamma, \neg A \vdash B, \neg B \Rightarrow \Gamma \vdash A,$$

这在演绎推理中就是指的反证法,又在逻辑演算中的归缪律指的是

$$(\neg_{+})\ \Gamma,\ A \vdash B,\ \neg B \Rightarrow \Gamma \vdash \neg A,$$

这在演绎推理中就是指的是归缪法.

在逻辑演算之自然推理系统中,(¬)与($\neg_{+}$)有很大的区别,(¬)在自然推理系统中是一条逻辑公理,进而在系统内($\neg_{+}$)是一条可证明的定理,但若在自然推理系统中将(¬)这条公理去掉,而代之以($\neg_{+}$)作为公理加进去,则在这种系统中是不可能将(¬)作为定理来证明的,所以(¬)与($\neg_{+}$)有重大区别,特别是直觉主义者,接受($\neg_{+}$)而拒绝接受(¬),因为(¬)是证明某物的存在,从而必须可构造,而(¬)反设¬A 导致矛盾而推出 A 的存在是非构造性证明方法,所以不接受. 但($\neg_{+}$)是证明某物的不存在,既然反设某物的存在(A)要导致矛盾,那么导致某物不存在(¬A)的结论也是可接受的,因为直觉主义的口号只是“存在必须可构造”,但没有提出“不存在也要可构造”的思想规定.

对角线方法是要证明不可数无穷集合的存在,所以准确的说法是用反证法,文献[212]之 2.4 中将反证法改为归缪法之说是不妥的.

4 在 ZFC&FOMI 系统中如何认识 Berkeley 悖论

如所知,当代极限论最终由下述极限表达式解决问题:

$$\begin{aligned} V\big|_{t=t_0} &= \operatorname*{Lim}_{\Delta t\to 0}\frac{\Delta S}{\Delta t} \\ &= \operatorname*{Lim}_{\Delta t\to 0}\left(gt_0 + \frac{1}{2}g\Delta t\right) \\ &= gt_0 + \frac{1}{2}g\operatorname*{Lim}_{\Delta t\to 0}\Delta t \\ &= gt_0 + 0 \\ &= gt_0. \end{aligned} \qquad (*)$$

当年在数学第二次危机中,如图 3 所示,Berkeley 悖论是这样表述的(详见文献[127]6.7.1 节):“在同一个问题的求解过程中的同一个量 h,何以能既不等于

0，同时又等于 0 呢？”

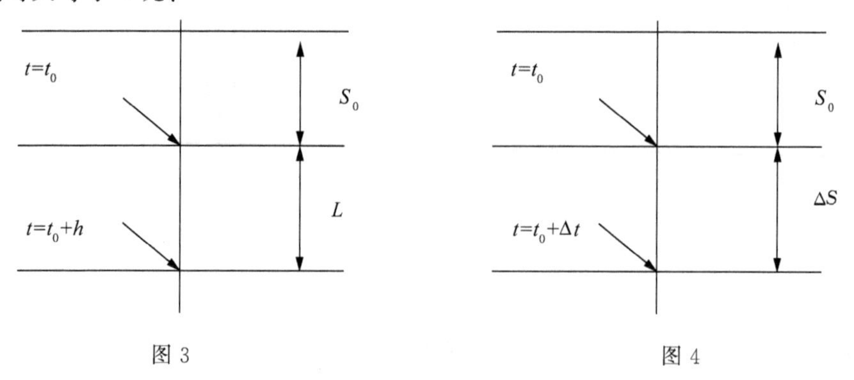

图 3　　　　　　　　　　　　图 4

实际上 Berkeley 悖论指的是 $h>0 \wedge h=0$ 在任何可靠相容的逻辑系统中，既不能接受也无法解读.

现在让我们在本附录 0 节中关于 ZFC&FOMI 与 CZF 之差别与联系的(3)与(4)及本书 6.4.1 节中结论(一) $\vdash$ poi $\vee$ aci 和结论(二) $\vdash x \top x_0 \vee x \overline{\top} x_0$ 的前提下，重新审视上述极限表达式(＊). 如图 3 和图 4 所示，当 $\Delta S>0 \wedge \Delta t>0$ 时，则为自由落体在 $t \neq t_0$ 时的平均速度，可记为：$V|_{t\neq t_0}=V|_{|t-t_0|>0}=V|_{\Delta t>0}$. 我们可将自由落体在 t_0 时刻之点速度记为：$V|_{t=t_0}=V|_{|t-t_0|=0}=V|_{\Delta t=0}$. 又由上文极限过程(＊)知道自由落体在 t_0 时刻之点速度：

$$V|_{t=t_0}=\operatorname{Lim}_{\Delta t\to 0}\frac{\Delta S}{\Delta t}=gt_0 .$$

亦即 gt_0 是 ΔS 与 Δt 之比在 ΔS 与 Δt 无限趋近于 0 时的极限，让我们将该极限表达式简记为 $\frac{\mathrm{d}S}{\mathrm{d}t}$，亦即：

$$\frac{\mathrm{d}S}{\mathrm{d}t}=_{\mathrm{df}}V|_{t=t_0}=\operatorname{Lim}_{\substack{\Delta S\to 0\\ \Delta t\to 0}}\frac{\Delta S}{\Delta t}=\operatorname{Lim}_{\Delta t\to 0}\frac{\Delta S}{\Delta t}. \tag{∇}$$

那么我们要问，在 (∇) 中，ΔS 与 Δt 究竟是按否定完成式 ($\neg$ gone) 的潜无限方式 ($\Delta S \uparrow 0 \wedge \Delta S \overline{\top} 0$, $\Delta t \uparrow 0 \wedge \Delta t \overline{\top} 0$)，还是按肯定完成式(gone)的实无限方式 ($\Delta S \uparrow 0 \wedge \Delta S \top 0$, $\Delta t \uparrow 0 \wedge \Delta t \top 0$) 无限趋向其极限 0？

如果是按 $\Delta S \uparrow 0 \wedge \Delta S \overline{\top} 0$ 和 $\Delta t \uparrow 0 \wedge \Delta t \overline{\top} 0$ 这种潜无限方式无限趋向其极限点 0，那么 ΔS 与 Δt 将永远达不到 0，从而我们有

$$\frac{\mathrm{d}S}{\mathrm{d}t}\text{ 永远是 }\frac{\Delta S(>o)}{\Delta t(>0)}. \tag{1}$$

如果是按 $\Delta S \uparrow 0 \wedge \Delta S \top 0$ 和 $\Delta t \uparrow 0 \wedge \Delta t \top 0$ 这种实无限方式无限趋向其极限点 0 的，那么 ΔS 与 Δt 都必须达到 0，从而我们又有

$$\frac{\mathrm{d}S}{\mathrm{d}t}\text{ 将走向无意义的 }\frac{0}{0}. \tag{2}$$

由(1)知，$\frac{dS}{dt}$ 永远是平均速度，亦即

$$\frac{dS}{dt} = V|_{t \neq t_0} = V|_{|t-t_0|>0} = V|_{\Delta t>0} ,$$

因为平均速度不等于 t_0 时刻的点速度，故 $\frac{dS}{dt} \neq gt_0$ 亦即

$$\frac{dS}{dt} = V|_{\Delta t>0} = V|_{|t-t_0|>0} = V|_{t \neq t_0} \neq V|_{t=t_0} = V|_{|t-t_0|=0} = V|_{\Delta t=0} = gt_0 ,$$

由(2)知 $\frac{dS}{dt}$ 走向无意义的 $\frac{0}{0}$，同样 $\frac{dS}{dt} \neq gt_0$，这表明无论用 poi 方式还是用 aci 方式都无法求得上文极限过程(＊)的下述结论：

$$V|_{t=t_0} = \lim_{\substack{\Delta S \to 0 \\ \Delta t \to 0}} \frac{\Delta S}{\Delta t} = \lim_{\Delta t \to 0} \frac{\Delta S}{\Delta t} = gt_0 ,$$

亦即无论用 poi 方式还是用 aci 方式都说不通.

如所知，在 ZFC 框架下的二值逻辑演算是可靠相容的系统，从而无法接受 $ds>0 \wedge ds=0$ 与 $dt>0 \wedge dt=0$，同时在系统内也无法解读.

自从微积分诞生到极限论的建立和发展，普遍认为已经给出了 Berekeley 悖论的解释方法. 但由上文所论，极限论并没有自圆其说.

5 结　束　语

二值逻辑演算与中介逻辑演算都是相容可靠的系统，因此都不可能接受 $p(x) \wedge ╕p(x)$，$p(x) \wedge \neg p(x)$，$x>0 \wedge x=0$ 直至 $\mathrm{poi}(x) \wedge \mathrm{aci}(x)$ (即 $\neg \mathrm{gone}(x) \wedge \mathrm{gone}(x)$)一类命题，在系统内也无法解读. 但作为有中介的反对对立面(P,╕P)而言，中介逻辑接受

$$\sim p(x) \,\&\, \sim ╕p(x)$$

这样的中介对象 x，在系统内可作出科学而合理的解读. 本书 6.10 曾指出：在人类智慧的知识历史进程中，二值思维模式与中介思维模式都是不可缺失的，因为无中介的精确性与有中介的模糊性都是客观存在的.

冯・诺依曼认为：“数学家们在开始创造性工作时，常常会受到两种截然不同的推动力：第一种去为现存的数学大厦添砖加瓦，只要能做出未被解决过的问题，很快就能得到人们的承认；第二种希望指出新的路径，创造出新理论，当然后者是一种更加冒险的事业，因为评判其价值或成就只能留待后人.”[①]

我们提倡学术争论，但应力求遵循一些原则，尤其是涉及传统观念与原始创新观念之间的争论，尤应重视这些规则：

---

①斯・乌拉姆. 约翰・冯・诺依曼传. 上海：上海科学技术出版社，1982.

(1)尊重传统但切不可永远定势在传统层面上.

(2)乐于迎新,拥抱原始创新,但原始创新绝不是胡思乱想地去标新立异.

(3)必须仔细全面地了解和研究争论对方的观点、内容和方法之后,不可仅知对方工作之一二甚或一知半解就去批评对方.

唯有遵循这些原则的学术争论才有益于学术事业的发展,否则对于学术研究不仅无益甚至重蹈 Kronecker 覆辙.

参考文献

[1] 朱梧槚，肖奚安. 数学基础与模糊数学基础，自然杂志. 1984，7：723-726，800.

[2] 洪龙，肖奚安，朱梧槚. 中介真值程度的度量及其应用（Ⅰ）. 计算机学报，2006，29（12）：2186-2194.

[3] 洪龙，肖奚安，朱梧槚. 中介真值程度的度量及其应用（Ⅱ）. 计算机学报，2007，30（9）：1551-1558.

[4] 洪龙. 中介真值程度的度量及其在计算机系统结构研究中的应用. 博士论文，南京航空航天大学，2006.

[5] Long Hong，Wujia Zhu，Jiandong Wang. Hierarchical structure of application oriented bio-molecular computers. Chinese Journal of Electronics，2006，15（3）：408-412.

[6] 洪龙，朱梧槚，王建东. 分子生物计算机层次结构及分子计算基本概念的讨论. 南京邮电大学学报，2006，26（6）：43-47.

[7] Ningning Zhou，Zhengxu Zhao，Long Hong，Yulong Deng. A new image edge detection algorithm based on measuring of medium truth scale. Proceedings of 5th IEEE International Conference on networking，Sensing and Control，2008：698-703.

[8] 成卫青，龚俭，丁伟. 基于流特性和真值程度的 VoIP 语音质量单端客观评价. 通信学报，2008，29（4）：30-39.

[9] 周宁宁，赵正旭，秦文虎. 图像的中介滤波器算法与图像中介保真度度量. 电子学报，2008，36（5）：979-984.

[10] Ningning Zhou，Long Hong. Medium mathematics systems：review and prospect. IEEE World Congress on Computational Intelligence Proceedings，2008：531-538.

[11] 洪龙，肖奚安，朱梧槚. 过渡转换为反对对立的研究. 中国第 11 届多值逻辑学术会议论文集. 数学季刊，2008，6：175-182.

[12] 周宁宁，洪龙，赵正旭. 基于中介真值程度度量的图像去噪滤波器的设计与实现. 中国第 11 届多值逻辑学术会议论文集. 数学季刊，2008，6：649-659.

[13] 洪龙，周宁宁. 中介逻辑与中介公理集合论的综述. 南京邮电大学学报，2008，28（4）：87-94.

[14] 洪龙. 广义中介件概念及其应用. 计算机工程与科学，2008，30（A1）：157-160.

[15] Ningning Zhou，Zhengxu Zhao，Yulong Deng. A new evaluation method based on measuring of medium truth scale. The First International Workshop on Computer System Education and Innovation，（IWCSEI 2008），2464-2469.

[16] — [18] 朱梧槚，肖奚安. 中介逻辑的命题演算系统（Ⅰ）、（Ⅱ）、（Ⅲ）. 自然杂志，1985，8：315-316，1985，5：394-395，1985，6：473.

[19] — [20] 肖奚安，朱梧槚. 中介逻辑的谓词演算系统（Ⅰ）、（Ⅱ）. 自然杂志，1985，7：540，1985，8：601.

[21] — [22] 朱梧槚，肖奚安. 中介逻辑命题演算的扩张（Ⅰ）、（Ⅱ）. 自然杂志，1985，9：681，1895，10：761.

[23] 肖奚安，朱梧槚. 中介逻辑谓词演算的扩张. 自然杂志，1985，11：841-842.

[24] 朱梧槚，肖奚安. 中介逻辑的带等词的谓词演算系统. 自然杂志，1985，12：916.

[25] Wujia Zhu，Xian Xiao. On the Naive Mathematics Models of Medium Mathematical System MM，J.

Math Res. & Exposition, 1988, 8: 139.

[26] – [28] Xian Xiao, Wujia Zhu. Prositional Calculus System of Medium Logic (Ⅰ), (Ⅱ), (Ⅲ), J. Math Res. & Exposition, 1988, 8: 327, 457, 617.

[29] – [30] Wujia Zhu, Xian Xiao. Predicate Calculus System of Medium Logic (Ⅰ), (Ⅱ). Journal of Nanjing University, 1988, 24: 583, 1989, 25: 165.

[31] – [32] Xian Xiao, Wujia Zhu. An Extension of the Propositional Calculus System of Medium Logic (Ⅰ), (Ⅱ). Journal of Nanjing University, 1990, 26: 564, 1991, 27: 209.

[33] Wujia Zhu, Xian Xiao. An Extension of the Predicate Calculus System of Medium Logic. Mathematical Biquarterly, 1988, 5: 177.

[34] Xian Xiao, Wujia Zhu. Predicate Calculus System with Equality Symbol "=" of Mediuim Logic. Mathematical Biquarterly, 1989, 6: 52.

[35] 朱梧槚，肖奚安. 中介公理集合论系统（Ⅰ）——两种谓词的划分与定义. 自然杂志，1986，9：554-555.

[36] 肖奚安，朱梧槚. 中介公理集合论系统（Ⅱ）——集合的运算. 自然杂志，1986，8：632-633.

[37] 朱梧槚，肖奚安. 中介公理集合论系统（Ⅲ）——谓词与集合. 自然杂志，1986，9：714-715.

[38] 肖奚安，朱梧槚. 中介公理集合论系统（Ⅳ）——小集与巨集. 自然杂志，1986，10：794-795.

[39] 朱梧槚，肖奚安. 中介公理集合论系统（Ⅴ）——MS 和 ZFC 的关系. 自然杂志，1986，11：873-874.

[40] 肖奚安，朱梧槚. 中介公理集合论系统（Ⅵ）——逻辑数学悖论在 MS 中的解释方法. 自然杂志，1986，12：948-949.

[41] 朱梧槚，肖奚安. 从古典集合论和近代公理集合论到中介公理集合论. 自然杂志，1987，10：3-6，80.

[42] 朱梧槚，肖奚安. 中介公理集合论系统 MS. 中国科学（A 辑），1988（2）：113-123.

[43] Wujia Zhu, Xian Xiao. A System of Medium Axiomatic Set Theory. SCIENTIA SINICA (Science in China), Series A, 1988, 11: 1320-1335.

[44] Xian Xiao, Wujia Zhu. The Foundation of Logic and Set Theory for Uncertain Mathematics, Proc. of 19th International Congress of Logic, Methodology and Philosophy of Science, 1991.

[45] 朱梧槚，肖奚安. 答"中介数学没有包括经典数学"一文及其他. 数学研究与评论，1989，9（1）：149-151.

[46] 朱梧槚，肖奚安. 关于模糊数学奠基问题研究情况的综述. 自然杂志，1986，1：45-50.

[47] 钱磊. 中介逻辑 ML 的相容性证明. 模糊系统与数学，1987，1：135-147.

[48] Lei Qian. The Gentzen System of Medium Logic. Proc. of IEEE 19th Int. Symp. Multiple-Valued Logic, 1989, 75-81.

[49] 潘正华. 中介谓词逻辑 MF 完备性的一些结果. 曲阜师范大学学报，1988，14（4）：47-49.

[50] 邹晶. 中介逻辑命题演算系统 MP 的语义解释及可靠性、完备性. 数学研究与评论，1988，8（3）：263-265.

[51] 邹晶. 带等词的中介谓词逻辑系统 ME* 语义解释及可靠性、完备性. 科学通报，1988，33（13）：961-963.

[52] 盛建国. 中介逻辑命题演算系统 MP* 的一些特征. 应用数学，1989，4：40-44.

[53] 潘吟，吴望名. 中介代数. 数学研究与评论，1990，2：265-270.

[54] Yin Pan, Wangming Wu. Medium Algebras, Proc of IEEE 19th Int. Symp. Multiple-Valued Logic, 1989, 300-304.

[55] 肖奚安，朱梧槚，邓国彩. 带函词的中介谓词演算系统 MF* 的消解原理，智能计算机基础研究'94. 北京：清华大学出版社，1994.

[56] 肖奚安，朱梧槚，邓国彩. 基于中介逻辑 ML 的不完全信息推理系统 SML，智能计算机基础研究'94. 北京：清华大学出版社，1994.

[57] 谭乃. MP* 系统中命题联结词的完全性. 石油天然气学报，1987，2：75-78.

[58] Xian Xiao, Wujia Zhu. Independence Lssues of the Propositional Connectives in Medium Logic Systems MP and MP*, A Friendly Collection of Mathematical Papers I, Jilin University Press, 1990.

[59] Xian Xiao, Wujia Zhu. The Non-increment of Minkovski Distance of Propositional Connectives in System MP. Proc. of IEEE 19th Int. Symp. Multiple-Valued Logic, 1989, 70-74.

[60] Jianying Zhu, Xian Xiao, Wujia Zhu. A Survey of the Development of Medium Logic Calculus System and the Research of Its Semantic, A Friendly Collection of Mathematical Papers I, Jilin University Press, 1990.

[61] 朱梧槚，张东摩. 中介自动推理的理论与实现（Ⅰ）——中介命题逻辑的表推演系统. 模式识别与人工智能，1994，7（2）：87-93.

[62] 朱梧槚，张东摩. 中介自动推理的理论与实现（Ⅱ）——中介谓词逻辑的表推演系统. 模式识别与人工智能，1994，7（3）：175-180.

[63] 张东摩，朱梧槚. 中介自动推理的理论与实现（Ⅲ）——中介逻辑定理证明器. 模式识别与人工智能，1994，7（4）：263-268.

[64] 宫宁生，张东摩. 中介自动推理的理论与实现（Ⅳ）——一类基于中介逻辑的模态逻辑系统. 模式识别与人工智能，1995，8（1）：6-13.

[65] 张东摩，朱梧槚. 中介自动推理的理论与实现（Ⅴ）——中介模态逻辑 MK 的表推演系统. 模式识别与人工智能，1995，8（2）：114-120.

[66] 张东摩，宫宁生. 中介自动推理的理论与实现（Ⅵ）——中介模态逻辑 MS_5 的表推演系统. 模式识别与人工智能，1995，8（4）：278-282.

[67] 张东摩，肖奚安，朱梧槚. 中介谓词逻辑演算系统 ME* 与 ME 之间的化归算法及其应用. 南京航空航天大学学报. 1993，25（5）：575-582.

[68] 宫宁生，张东摩，朱梧槚. 关于中介模态逻辑 MS_4 的表推演系统. 南京航空航天大学学报. 1995，27（5）：668-673.

[69] 朱梧槚，肖奚安，宋云波. 中介逻辑程序设计语言 MILL 及其解释系统.《程序设计语言研究与发展》，电子工业出版社，1994.

[70] 钱磊，周以铨. 中介逻辑的模型论性质. 南京航空航天大学学报，1992，24（3）：57-63.

[71] 钱磊. 中介逻辑的内插定理. 模糊系统与数学（增刊），1992.

[72] 张东摩，朱梧槚，肖奚安. 中介谓词演算的 Skolem 范式及其应用. 全国人工智能学术会议论文集，1992.

[73] 张东摩，肖奚安. 经典公理集合论系统与中介公理集合论系统之间的包含关系. 数学研究与评论，1997，17（3）：475-478.

[74] 张东摩，施庆生，姜宁根，朱梧槚. MS 中的自然数系统. 南京航空航天大学学报，1997，29（2）：179-184.

[75] 朱朝晖，施庆生，朱梧槚．程序兼纳集：由力迫描述的中介逻辑程序语义．中国科学（E辑），1996，(6)：567-573.

[76] Qingsheng Shi，Wujia Zhu．Model characters of medium temporal logic．Journal of Nanjing University of Aeronautics and Astronautics，1996，28 (6)：800-805.

[77] 毛宇光，朱梧槚．中介逻辑演算系统 MP^N 及 MF^N．模糊系统与数学，1999，13 (2)：45-51.

[78] 毛宇光，徐洁磬．用于不完全信息数据库的中介逻辑演算系统 MP^M．计算机科学，2001，28 (8增)：365-368，412.

[79] 毛宇光，徐洁磬．用于不完全信息数据库的中介逻辑演算系统 MF^M．计算机科学，2001，28 (9增)：144-148.

[80] 顾红芳，白鹏，肖奚安，朱梧槚．MP^* 与各种命题联结词含量完全的三值逻辑在语言表达能力上的等效性研究．数学杂志，2000，20 (3)：305-310.

[81] 顾红芳，肖奚安，朱梧槚．不完全三值逻辑在语言表达上的相互比较．模糊系统与数学，2001，15 (1)：28-83.

[82] 潘正华．中介谓词逻辑系统的 λ-归结．软件学报，2003，14 (3)：345-349.

[83] Zheng Hua Pan．An interpretation of infinite valued for medium propositional logic．In：Proceedings of 2004 International Conference on Machine Learning and Cybernetics，2004，(4)：2495-2499.

[84] ZhengHua Pan，Wujia Zhu．Strong Completeness of Medium Logic System．Journal of Southwest Jiaotong University，2005，13 (2)：177-180.

[85] 曹汝鸣，毛宇光，陈文彬．中介命题演算系统 MP^M 的公理完备集．计算机科学，2006，33 (2)：151-154.

[86] 潘正华．中介逻辑：ML 的语法完全性．计算机科学，2006，35 (10)：131-133.

[87] 曹汝鸣，毛宇光，陈文彬．中介命题演算系统 MP^M 的代数系统．数学研究与评论，2006，26 (4)：846-850.

[88]《现代科技综述大辞典》编委会．现代科技综述大辞典．北京：北京出版社，1998：7-10.

[89]《数学辞海》编委会．数学辞海（第四卷）．山西大学出版社，东南大学出版社，中国科学技术出版社，2002：97，36-38，188.

[90]《现代数学手册》编纂委员会．现代数学手册·近代数学卷．武汉：华中科技大学出版社，2001：17-20，41-43.

[91] 杨百顺，李志刚主编．现代逻辑辞典（Modern Logic Dictionary），武汉：湖北教育出版社，1995：54-72.

[92] 徐利治，朱梧槚．超穷过程论中的两个基本原理与 Hegel 的消极无限批判．东北人民大学自然科学学报，1956，2：111-121.

[93] 徐利治，朱梧槚．超穷过程论的基本原理．东北人民大学自然科学学报，1957，1：41-45.

[94] 徐利治，朱梧槚．在素朴集论与超穷过程论观点下的 Cantor 连续统假设的不可确定性．东北人民大学自然科学学报，1957，1：53-61.

[95] 朱梧槚．量的性质与 Cantor 公式 $C=2^{\aleph_0}$．东北人民大学第一届科学讨论会文集，1957.

[96] 朱梧槚．数学真实无限大．东北人民大学第一届科学讨论会文集，1957.

[97] 朱梧槚．潜尾数论导引．辽宁师范学院自然科学学报，1979，3：1-9.

[98] 朱梧槚．论一维空间的超穷分割．辽宁师范学院自然科学学报，1979，4：7-13.

[99] 洪声贵，朱梧槚．非 Cantor 连续统 $\widehat{\dot{E}}$ 中的 Dedekin 割切原理．辽宁师范学院自然科学学报，1980，

2：19-25.

[100] 洪声贵，朱梧槚．潜尾数论与非标准分析．辽宁师范学院自然科学学报，1981，1：42-46.

[101] 朱梧槚、袁相碗．论集合与点集空间．南京大学学报（自然科学版），1980，3：129-135.

[102] 徐利治，朱梧槚等．论 Gödel 不完备性定理．数学研究与评论，1981，1：151-162.

[103] －[105] 徐利治，朱梧槚等．悖论与数学基础问题（Ⅰ）、（Ⅱ）、（Ⅲ）．数学研究与评论．1982，3：99-108，1982，4：121-134，1983，2：93-102.

[106] －[108] 朱梧槚，袁相碗．关于数学基础诸流派的研究与评论（Ⅰ）、（Ⅱ）、（Ⅲ）．南京大学学报自然科学版．1983，3：596-602，1983，4：753-763，1984，1：181-189.

[109] 朱梧槚．几何基础与数学基础．沈阳：辽宁教育出版社，1987.

[110] 朱梧槚，肖奚安．数理逻辑引论．南京：南京大学出版社，1995.

[111] 朱梧槚，肖奚安．集合论导引．南京：南京大学出版社，1991.

[112] 朱梧槚，肖奚安．数学基础概论．南京：南京大学出版社，1996.

[113] Rósa Péter 著，朱梧槚，袁相碗，郑毓信译．无穷的玩意．南京：南京大学出版社，1985.

[114] 陈祥硕，朱梧槚．Hegel 论消极无限与积极无限．南京大学学报（社会科学版），1983，2.

[115] 朱梧槚，肖奚安，宋方敏，顾红芳．无穷观问题的研究（Ⅰ）——历史的回顾与思考．南京航空航天大学学报．2002，34（2）：101-107.

[116] 朱梧槚，肖奚安，宋方敏，顾红芳．无穷观问题的研究（Ⅱ）——从 Hausdorff 的直觉和 Poincaré 的名言到 Brouwer 剧场现象．南京航空航天大学学报．2002，34（3）：201-205.

[117] 朱梧槚，肖奚安，宋方敏，顾红芳．无穷观问题的研究（Ⅲ）——“每一”与“所有”．南京航空航天大学学报．2002，34（3）：206-210.

[118] 朱梧槚，肖奚安，宋方敏，顾红芳，宫宁生．无穷观问题的研究（Ⅳ）——自然数系统与无穷公理．南京航空航天大学学报．2002，34（4）：307-311.

[119] 肖奚安，宋方敏，顾红芳，宫宁生，朱梧槚．无穷观问题的研究（Ⅴ）——一个兼容实无限与潜无限的公理集合论系统 APAS．南京航空航天大学学报．2002，34（4）：312-317.

[120] 朱梧槚，肖奚安，宋方敏等．分析基础中的无穷观问题．科学，2005，57（1）：29-33.

[121] 朱梧槚，肖奚安，宋方敏等．可数集合的无穷观问题．科学，2006，58（2）：25-28.

[122] 朱梧槚，徐敏，周勇．略论近现代数学系统对两种无穷观的兼容性．自然杂志，2005，27（6）：336-339.

[123] 朱梧槚，徐敏，周勇．近现代数学及其理论基础中的若干隐性思想规定．自然杂志，2006，28（1）：28-30.

[124] 朱梧槚，肖奚安，杜国平，宫宁生．关于无穷集合概念的不相容性问题的研究．南京邮电大学学报．2006，26（6）：36-39.

[125] Wujia Zhu，Xian Xiao，Fangmin Song，et al. On Infinity In The Classical Set Theory And ZFC Framework. The Proceeding Of The Second Asian Workshop On Foundations Of Softward，Southeast University Press，2003：3-8.

[126] Wujia Zhu，Xian Xiao，Hongfang Gu，et al. On Infinity And Inconsistency In Foundation Of Mathematics. The Proceeding Of The Second Asian Workshop On Foundations Of Softward，Southeast University Press，2003：44-48.

[127] 朱梧槚．数学与无穷观的逻辑基础．大连：大连理工大学出版社，2008.

[128] Wujia Zhu，Yi Lin，Ningsheng Gong，Guoping Du. Descriptive definitions of potential and actual in-

finities. Kybernetes: The international journal of systems & cybernetics, 2008, 37 (3/4): 424-432.

[129] Wujia Zhu, Yi Lin, Ningsheng Gong, Guoping Du. Wide-range co-existence of potential and actual infinities in modern mathematics. Kybernetes: The international journal of systems & cybernetics, 2008, 37 (3/4): 433-437.

[130] Wujia Zhu, Yi Lin, Ningsheng Gong, Guoping Du. Modern system of mathematics and a pair of hidden contradictions in its foundation. Kybernetes: The international journal of systems & cybernetics, 2008, 37 (3/4): 438-445.

[131] Wujia Zhu, Yi Lin, Guoping Du, Ningsheng Gong. The inconsistency of countable infinite sets. Kybernetes: The international journal of systems & cybernetics, 2008, 37 (3/4): 446-452.

[132] Wujia Zhu, Yi Lin, Guoping Du, Ningsheng Gong. Inconsistency of uncountable infinite sets under ZFC framework. Kybernetes: The international journal of systems & cybernetics, 2008, 37 (3/4): 453-457.

[133] Wujia Zhu, Yi Lin, Guoping Du, Ningsheng Gong. Modern system of mathematics and special Cauchy theater in its theoretical foundation. Kybernetes: The international journal of systems & cybernetics, 2008, 37 (3/4): 458-464.

[134] Wujia Zhu, Yi Lin, Guoping Du, Ningsheng Gong. Modern system of mathematics and general Cauchy theater in its theoretical foundation. Kybernetes: The international journal of systems & cybernetics, 2008, 37 (3/4): 465-468.

[135] Wujia Zhu, Yi Lin, Ningsheng Gong, Guoping Du. Cauchy theater phenomenon in diagonal method and test principle of finite positional differences. Kybernetes: The international journal of systems & cybernetics, 2008, 37 (3/4): 469-473.

[136] Wujia Zhu, Yi Lin, Ningsheng Gong, Guoping Du. New Berkeley paradox in the theory of limits. Kybernetes: The international journal of systems & cybernetics, 2008, 37 (3/4): 474-481.

[137] Wujia Zhu, Yi Lin, Guoping Du, Ningsheng Gong. The inconsistency of the natural number system. Kybernetes: The international journal of systems & cybernetics, 2008, 37 (3/4): 482-488.

[138] Wujia Zhu, Yi Lin, Guoping Du, Ningsheng Gong. Mathematical system of potential infinities (I) - preparation. Kybernetes: The international journal of systems & cybernetics, 2008, 37 (3/4): 489-493.

[139] Wujia Zhu, Yi Lin, Guoping Du, Ningsheng Gong. Mathematical system of potential infinities (Ⅱ) - formal systems of logical basis. Kybernetes: The international journal of systems & cybernetics, 2008, 37 (3/4): 494-504.

[140] Wujia Zhu, Yi Lin, Guoping Du, Ningsheng Gong. Mathematical system of potential infinities (Ⅲ) - metatheory of logical basis. Kybernetes: The international journal of systems & cybernetics, 2008, 37 (3/4): 505-515.

[141] Wujia Zhu, Yi Lin, Guoping Du, Ningsheng Gong. Mathematical system of potential infinities (IV) - set theoretic foundation. Kybernetes: The international journal of systems & cybernetics, 2008, 37 (3/4): 516-525.

[142] Wujia Zhu, Yi Lin, Ningsheng Gong, Guoping Du. Problem of infinity between predicates and infinite sets. Kybernetes: The international journal of systems & cybernetics, 2008, 37 (3/4): 526-533.

[143] Wujia Zhu, Yi Lin, Ningsheng Gong, Guoping Du. Intension and structure of actually infinite, rigid

sets. Kybernetes：The international journal of systems & cybernetics，2008，37（3/4）：534-542.
[144] 朱梧槚，杜国平，宫宁生. 自然数系统的不相容性. 中国第11届多值逻辑学术年会论文集，成都，2007，数学季刊，2008，6：1-11.
[145] M. Kline. 西方文化中的数学. 张祖贵译. 上海：复旦大学出版社，2005.
[146] Hausdorff. Mengenlehre. Watter de Hruyler，1935.
[147] F. 豪斯道夫著，张义良，颜家驹译. 集论. 北京：科学出版社，1960.
[148] Robinson.《Fofmalism 64》，Logic，Methodology，and Philosophy of Science，Procedings of the 1964 International Congress，ed Y. Bar-Hilell（North-Houand and Pub co.）：246-288.
[149] 徐利治. 关于Cantor超穷数论上几个基本问题的定性分析和连续统假设的不可确定性的研究. 东北人民大学自然科学学报，1956，1：67-103.
[150] 徐利治. 略论近代数学流派的无穷观和方法论. 吉林大学社会科学论丛，1980，1：76-91.
[151] －[153] 徐利治. 无限的数学与哲学（一）、（二）、（三）. 高等数学研究，2007，10（1）：3-7，10（4）：3-8，2008，11（1）：3-7.
[154] M. Kline. 古今数学思想，第3册. 上海：上海科技出版社，1980.
[155] 莫里斯·克莱因. 数学基础（上）. 陈以鸿译. 自然杂志，1979（4）：39-43.
[156] M. Kline. 古今数学思想，第1册. 上海：上海科技出版社，1979.
[157]《逻辑学辞典》试写辞条选登. 社会科学战线，1980，2：68-74.
[158] 张锦文. 集合论与连续统假设浅说. 上海：上海教育出版社，1980.
[159] 黄耀枢. 论逻辑在数学发展中的作用——学习列宁《哲学笔记》的札记. 哲学研究，1979，7：47-55.
[160] A. A. Fraenkel，Y. Bar-Hilell. Foundations of Set Theory. Amsterdam：North-Holland，1958.
[161] 莫绍揆. 数学三次危机与数理逻辑. 自然杂志，1980，6：5-11.
[162] 莫绍揆. 数理逻辑初步. 上海：上海人民出版社，1980.
[163]《科学美国人》编辑部. 从惊讶到思考——数学悖论奇景. 李思一，白葆林译. 北京：科学技术出版社，1982.
[164] 朱梧槚. 两点意见. 数学研究与评论，1982，2（4）：188.
[165] 莫绍揆. 关于Epimenides悖论. 数学研究与评论，1983，3（4）：131-132.
[166] 朱梧槚. 答《关于Epimenides悖论》一文. 数学研究与评论，1985，5（1）：155-156.
[167] Luchins. A.，Luchins. E.. Logical Foundation of Mathematics bor Behavioral Scientists. New York Holt Rine Hart and Vinston Inc，1965.
[168] N. 那汤松著，徐瑞云译. 实变函数论. 北京：高等教育出版社，1956.
[169] Shen Yu Ting. Paradox of the Class of All Grounded Classes，J. S. L.，1953，18：114.
[170] Hilbert. Uber das Unendlicse. Math. Ann，1925：161-190，English trans in〈1〉：134-151.
[171] 杨熙龄. 悖论研究八十年. 国外社会科学，1980，7：.
[172] Gödel. Russell’s Mathematical Logic. In the Philosophy of Bertrand by P. A. Sehilpp，New York. Tudor：1944. Reprinted in This Anthology，211-312.
[173] Russell. Introduction to Mathematical Philosophy. London：G. Allen，1919. Excerpts Repinted in this Anthology，113-133.
[174] Herbert B. Enderton. Elements of Set Theory，1977.
[175] Chang C. L.. Fuzzy Topological Spaces. Jour. of Math. Anal. Appl.，1968，24（1）：182-190.

［176］Lowen R.. Fuzzy Topological Spaces and Fuzzy Compactness，Jour. of Math. Anal. Appl.，1976，56（2）：621-623.

［177］蒲保明，刘应明. Fuzzy Topology，Jour. of Math. Anal. Appl.，1980，76（2）：571-599.

［178］刘应明. Fuzzy 拓朴空间中的近邻构造. 模糊数学，1982，3.

［179］RosenfeldA.. Fuzzy Groups. Jour. of Math. Anal. Appl.，1971，35（3）：512-517.

［180］Katsaras A. K，Liu DB.. Fuzzy Vector Spaces and Fuzzy Topological Vector Spaces. Jour. of Math. Anal. Appl.，1979，58（1）：135-146.

［181］张锦文. 正规弗晰集合结构与布尔值模型. 华中工学院学报数理逻辑专辑，1979，2：12-18.

［182］张锦文. 正规弗晰集合结构的一些基本性质. 华中工学院学报数理逻辑专辑，1979，3：1-7.

［183］E. W. Chapin，Jr.. Set-Valued Set Theory. Notre Dame Jour. Formal Logic，1974，15：614-634，1975，16：255-267.

［184］A. J. Weidner. Fuzzy Set and Boolean-Valued Universes. Fuzzy Sets and Systems，1981，6：61-72.

［185］Shaw-kwei，Moh.. Logical Paradoxes for Many-Valued Systems. The Journal of Symbolic Logic，1954，19：37-40.

［186］朱梧槚，肖奚安. 多值逻辑系统与概况原则的不相容性问题研究情况综述. 数理化信息，1986，2.

［187］Yuxin Zheng，Xian Xiao，Wujia Zhu. Finite-Valued or Infinite-Valued Logical Paradoxes，Proc. of IEEE 14th Int. Symp. Multiple-Valued Logic，1985.

［188］Bin He，Jun Chen. Research outline on extension mathematics. ACM SIGICE Bulletin，1997，22（3）：10-16.

［189］Boyer. The concept of the calculus. Hafner Pub Co. 1984.

［190］马克思. 数学手稿. 北京：人民出版社，1976.

［191］北京大学外国哲学史教研室编译. 古希腊罗马哲学. 北京：商务印书馆，1962.

［192］列宁著，中共中央马、恩、列、斯编译局译. 哲学笔记. 北京：人民出版社，1974：82.

［193］Hilbert. Uber das unendlicse. Math. Ann.（1925），1995，161-190. English Trans in［1］，134-151.

［194］Wayl. Mathematics and logic. Amer Math Monthly，1946，53.

［195］Benacerraf. Putnam. Philosophy of Mathematics［M］. Englewood Cliffs，N J. Preetice Hall，1946.

［196］Kreisel. Hilbert’s Programm. Reprinted in ＜1＞：157-180.

［197］中国科学院政治思想研究会选编. 中国当代科学家锦言集. 北京：科学出版社，1990.

［198］H. H. Лузин. Теори Фyнкчий Лействитедъноро Леременноро. Государственное уиебно-Ледагогическое Издательство Министерства Прос вещения РСФСР，1948.

［199］坂田昌一. 关于新基本粒子观的对话. 红旗杂志，1965，（6）.

［200］王忠和，张光寅编著. 光子学物理基础. 北京：国防工业出版社，1998.

［201］黄正中. 高等数学（上册）. 北京：人民教育出版社，1978.

［202］Wujia Zhu，Ningsheng Gong，Guopin Du. Elementary Infinite——The Third Type of The Infinite Besides potential Infinife And Actual Infinity. Proceedings of The 9th International FLINS Conference，Computational Intelligence Foundations And AppLications，p186-198，2010.

［203］Wujia Zhu，Guopin Du，Ningsheng Gong. The Relation of opposition Between Potential Infinity And Actual Infinite，Proceedings of The 9th International FLINS Conference. Computational Intelligence Foundations And Applications，p144-149，2010.

［204］Wujia Zhu，Ningsheng Gong，Guoping Du，Xian Xiao. Medium Logic And The Crises of Mathematie And Physics. Proceedings of The 9th International FLINS Conference, Computational Interligence Foundations And Applications, p58-65, 2010.

[205] Dauben J. W. 著，郑毓信，刘晓力编译. Cantor的无穷的数学和哲学. 大连：大连理工大学出版社，2008.

[206] Wujia Zhu, Ningsheng Gong, Guoping Du. Mathematical Infinity and Medium Logic (I) ——Logical-Mathematical Interpretation of Leibniz's Secant and Tangent Lines Problem in Medium Logic. Chinese Quarterly Journal Of Mathematics.

[207] Wujia Zhu, Ningsheng Gong, Guoping Du. Mathematical Infinity and Medium Logic (Ⅱ) ——Logical-Mathematical Interpretation and Logical Analysis of ($\frac{\Delta y}{\Delta x}$ is meaningful and $\frac{dy}{dx}$ is the tangent slope) in the Context of Medium Logic. Chinese Quarterly Journal of Mathematics.

[208] Wujia Zhu, Ningsheng Gong, Guoping Du. An Analytical Study of Leibniz's Secant and Tangent on The Logical Basis of Mathematical Infinity. Chinese Quarterly Journal of Mathematics.

[209] Wujia Zhu, Yuping Zhang, Ningsheng Gong, Jianbin Yuan. Expression of The Second Zeno Paradox in The Logical Foundation of Mathematical Infinty. Chinese Quarterly Journal of Mathematics.

[210] Wujia Zhu, Yuping Zhang, Ningsheng Gong, Jianbin Yuan. Logico-Mathematical Interpretation Method of The Second Zeno Paradox in Medium Logical System (1). Chinese Quarterly Journal of Mathematics.

[211] Wujia Zhu, Yuping Zhang, Ningsheng Gong, Jianbin Yuan. Logico-Mathematical Interpretation Method of The Second Zeno Paradox in Medium Logical System (2). Chinese Quarterly Journal of Mathematics.

[212] 徐利治. 论无限——无限的数学与哲学 [M]. 大连：大连理工大学出版社，2008.

[213] 徐利治，郭锡伯. 有关无限观的三个问题. 高等数学研究，2009，12 (1)：3-6.

[214] 黄秀琴，陈桂正，朱梧槚. 关于自然数系统不相容性证明的分析与研究. 南京晓庄学院学报，2009，(6)：5-15.

[215] 黄秀琴，陈桂正，朱梧槚. 关于Cantor-Hilbert对角线论证方法的分析与研究. 南京晓庄学院学报，2010，(3)：20-26.

[216] 黄秀琴，朱梧槚. 关于数学第二次危机的分析研究. 南京晓庄学院学报，2010，(6)：15-19.

[217] 黄秀琴，朱梧槚. 关于极限论对Berkeley悖论之解释方法的分析与研究. 南京晓庄学院学报，2011，(6).

后　　记

借此书出版之际，有些情况说明如下：

（Ⅰ）1983年以来，我和肖奚安教授长期合作研究，共同建立了中介逻辑演算系统和中介公理集合论系统，在整个合作过程中，学术观点一致，互信互让，合作愉快，并由此而结下了终身不忘的深厚友谊. 在数学无穷之逻辑基础的研究过程中，曾计划再度共同合作，但因种种原因，再度合作计划未能实现. 因而在充分尊重肖奚安教授意见的基础上，除了明确指出本书2.1～2.4这4节为肖奚安教授所撰写之外，不再联名出版《数学无穷与中介的逻辑基础》一书了.

（Ⅱ）Yi Lin(林益)成为[128]—[143]这16篇系列论文之署名者的情况说明如下：1995年7月13～15日，我应邀出席Inaugural Workshop of the International Institute for General Systems Studies，其间与Yi Lin相识，但因研究领域不同，此后几无联系. 2007年6月中旬，我接到Yi Lin的电话，获悉他已来南京航空航天大学经济管理学院访问讲学. 其间，他要求与我见面. 叙谈中，我言及2000年以来一直在专注研究数学无穷之逻辑基础，以及组建相关讨论班的经过，引起了Yi Lin的极大兴趣. 应Yi Lin的要求，我为他和几位有兴趣的专家作了多次有关无穷观问题之研究的讲演. 由于相关研究结果与某些传统观点有所冲突，Yi Lin建议放弃在传统数学杂志上发表这批文章的想法，并举例指出，Zadeh的模糊数学文章最初也是在信息与控制论杂志上发表的. Yi Lin表示，他在美国从事教学科研工作已有24个年头，在英语水平上可以达到国际一流杂志的要求，他可负责翻译并投稿. 我认为Yi Lin的看法有理，在与研究中的合作者杜国平、宫宁生协商后决定，为促进"关于数学无穷之逻辑基础的研究成果与国际学术界接轨"，同意Yi Lin作为出版中的合作者和文章的署名者. 2007年6月20日，甲方（朱梧槚、宫宁生、杜国平）与乙方（Yi Lin）签署了相关的合作协议.

在这里，让我代表协议书甲方，向林益教授致以衷心的感谢，因为他非常出色地完成了协议书中的两项承诺，其一就是以高水平的英语翻译了甲方所提供的16篇（即文献[128]—[143]）系列文章，其二是成功地完成了该16篇论文的投稿和发表任务，特别是该杂志（*Kybernetes: The International Journd of Systems & Cybemetic*，2008，*Vol*，37 *Nos* 3/4）能以2008年第3、4两期合刊一次性刊出这16篇论文，实在是很不容易的一件事，特别是该杂志面向数学家、计算机科学家和工程师，而且又是美国《数学评论》、《计算机文摘》等杂志的数据源. 后来该16篇系列论文全部由 SCI 收录.应该说,没有林益教授的努力,我们很难使这 16 篇系列文章如此顺利地面世,并与国际学术界接轨.

根据协议书的约定和通讯作者的定义,林益作为这 16 篇论文的通讯作者,是杂志和读者的联系人. 我们认为林益教授作为出版中的合作者和文章的署名者,按协议书中的共识完成了文章的翻译与出版任务,在作为杂志与读者的联系人这种解释下,他成为这 16 篇文章的通讯作者是合适的.但其不得在第一作者不知情的情况下,擅自把自己标为通讯作者. 其次,根据林益所完成的工作,其作为通讯作者,只能解读为杂志和读者的联系人,不得用其他任何方式重新解读.

我的第一篇有关数学无穷之逻辑基础的研究论文于 1956 年发表(即文献[92]),而这 16 篇系列论文发表之前的最后 2 篇有关数学无穷之逻辑基础的论文在 2006 年发表(即文献[121]与[123]),跨度长达半个世纪,所以该 16 篇系列论文的完成全靠 50 余年的积累,这不是灵机一动或者短短几个月时间就能研究出来的.

半个世纪以来,我的兴趣和精力始终专注在数学基础这个领域之中.例如早年与老师徐利治教授合作研究连续统假设之不可确定性,即文献[92]—[94](1956~1958),又如西方数理哲学界流传甚久的抛球问题,即文献[103]—[105]和[109](1982~1985)和无穷值逻辑与概括原则相容与否问题,即文献[186]与[187](1985~1986),特别是 1983 年以来,我与肖奚安教授长期合作研究,共同建立和发展的中介系统即文献[1]—[87],以及无穷观问题的研究和 2000 年以来专注研究数学无穷之逻辑基础即文献[92]—[144]等,全都归属于数学基础领域.这足以说明我的兴趣所在,同时也反映了我思考问题只会跟着兴趣和问题走,并视其为治学和修身的第一要素.我有四句话被收录在文献[197]中,其中有一句话说:“做人的原则是:人品第一,学问第二.”

本人于 2004 年退休,其后我终能全身心地去想、去做、去讲我最有兴趣的东西,作为八旬老人,我仍在努力工作,我一定会做到“生命不息,奋斗不止”.让我们记住莎士比亚的名言:“放弃时间的人,也会被时间放弃.”愿与读者以此共勉.

最后,我还想说几句长期思考基础问题之后的感悟之言,以供读者和有志介入基础领域研究工作的青年学者参考.这就是:首先,思维永远定势在传统层面上的人不宜从事基础理论研究,其中道理可谓不言自明;其次,任何一位从事基础理论的研究者,所必须具备的心理素质,至少有如下 4 点:

(1)勇于直面失败和勇于承受失败的压力,因为基础研究风险大.

(2)充分做好长时间投入和艰辛探索的思想准备,彻底远离急功近利的不良心态.

(3)善于在极端孤独和被人误解指责的环境中充满自信,时时牢记“人不自信谁信之”的古训.

(4)勇于追求真理并为真理奋斗不懈.

在这里,我要向我的两位老友王建东教授和罗亮生教授,还有美国国家能源技术实验室首席科学家王丛峻博士、科学出版社的罗吉编辑、我的两位博士生徐敏博士和洪龙教授一并表示衷心感谢! 他们对于本书的撰写和出版都给予了大量的诚挚的帮助,付出了诸多辛勤劳动.

衷心感谢中山大学鞠实儿教授以及逻辑与认知研究所的朋友们,因为他们十年如一日地关心和支持着数学无穷与中介系统之逻辑基础的研究和发展,而这也正是本书的两个核心内容.

我还要向正在抱病撰写本人传记的李绪蓉博士致谢.本世纪初李绪蓉拥有一本《幽雷放光朱梧槚》(刘宇飞,1991),该书是《中外数学家传奇》丛书之一,她在细读该书之余萌发了写《朱梧槚传》的念头,我曾多次劝阻,但她很固执,后来竟视作愿为此而奋斗的事业.因此我也更加不敢懈怠,必须在修身和治学这两个方面继续修炼自己,以使自己不致辜负了这种精神.最后,让我衷心感谢我的妻子胡月琴,她对我事业上的支持和鼓励数十年如一日.婚后30多年来,她为了我们这个家一直很辛苦.

朱梧槚

2011年12月于南京江宁揽翠苑寓所